土木與營建

應用地質學
Applied Geology

潘國樑　著

五南圖書出版公司 印行

五南出版

自 序

　　我從小就愛寫書，可能是細胞裡隱藏著的一種特質。記得小學畢業、考上初中不久，就自不量力地提筆想要寫一本算數的參考書；可惜因為功課緊，只好半途而廢。直到大學畢業後22年才出版第一本專業書，後來陸陸續續出了一些不同的著作。如果再版的不算，迄今已經有12本專業書及1本叫做《面試學》的求職參考書問世，連同這一本就是第14本了。不過令人詫異的是，「玩票書」《面試學》的銷路反而奪冠，一共出版了2版4刷。

　　這本《應用地質學》算是我的著作中最花心力、最經典的一本，因為它是集結50年工作經驗的結晶，也許是這一生當中出版的最後一本專業書籍了。

　　我在民國68年自美返國，進入工研院的第一個職位就是「應用地質研究室主任」。當時我推動了四樣東西，包括工程地質、環境地質、水文地質及遙測地質。這4樣東西成為我這一生所追求及推動的4個寶貝，也是本書的骨幹。今天大家在談防災科技，其中有一部分就是源自環境地質。工研院從民國73年起就開始為當時的台灣省政府建立「環境地質資料庫」，後來雖被凍省，但是「環境地質資料庫」的香火卻從未熄滅，連台北市及新北市等地方政府都在建置。

　　「遙測地質」是我所推動的應用地質工作中，與「環境地質」同屬最有成就的兩個領域。「影像判釋」現在已經成為地質師及工程師調查、分析，及評估崩塌、地滑、土石流與邊坡破壞的重要工具。當國外專家還在依賴航空照片研究崩塌與地滑時，我們已經可以利用高解像力的衛星影像做同樣的事情；同時，我們更發現了一個規律：崩塌及地滑只不過是位於一個更大滑體（復發帶）的一隅之小滑體，這項技術使我們可以確判許多邊坡破壞的真正原因。我們都知道，唯有確認災害的原因，才能提出正確的處理對策。這套技術已經轉移給工程師及技師們，接受過我的短期課程（24至54小時）者應不下於500人，希望你們青出於藍，能夠再予發揚光大。復發帶可以從衛星影像上加以辨認及檢出，如果它的遺傳性就像土石流及活動斷層一樣，只在某固定的線狀槽溝或活動帶內一再的復發，則利用復發帶的概念也可以從事山崩預測。

　　書中有不少插圖係由高世鍊先生用電腦重繪及美化，他的電腦繪圖技能及美學造詣使本書增輝不少，特此致謝。我目前仍居於退而不休的狀態，我熱愛我的專業，我也熱愛台灣，希望藉這本書留下一些對台灣有用及有價值的東西。當然，知識如瀚海，一個人窮其一生也難窺其全貌。本書若有謬誤或不妥之處，敬請讀者不吝指正。

潘國樑　謹識

中華民國104年8月23日　於台北市

目　錄

第1章

緒　言

1.1　地質學

地質學（Geology）是研究地球的一門科學，它的研究內容主要包括地球內部的結構、物質組成、其各圈層之間的相互作用與演變歷史，以及地球外部的作用（Process）與特徵等。

人類必須依賴地球、適應地球的環境及大自然的條件，並利用其資源才能延綿不斷、永續發展，同時，人類也要有所防護，當受到地球上所發生的各種天然災害之侵襲才不至於滅絕。因此，研究地球及了解地球是多麼的重要且必要。

人類生活在地球上，食衣住行樣樣都離不開地球。我們一眼望去，除了人造物體之外，不是植生，就是水體，這兩種物質占了地球表面90%以上的面積，其餘的便是土壤與岩石，如果以體積計，則岩土更是最大的主體。我們由外而內將地球分成大氣圈、生物圈、水圈，及岩石圈。其中岩石圈（Lithosphere）就是由厚達幾十到上百公里的岩石所構成，它是地球的表圈，為人類的生存及發展提供了衣食的來源，以及居住的基地，也是本書所要探討的目標（見圖2.1）。

研究地球有幾個面向必須特別注意：第一是岩石圈的表面積超過5×10^8平方公里，平均厚度約100公里，所以即使研究及調查一個小的地質單元，其規模都比我們日常生活中所習慣的尺度還要大得多，因此必須由很多零碎的資料拼湊成一個全體，彷如瞎子摸象一般。第二，地球是一個非常複雜的天體，在地球的內部及外部隨時隨地都有各種動力作用在進行著；也就是說地球是一個動態的球體，它一直在不斷的發展與演化，不停的有各種物理的、化學的，甚至還有生物的作用，錯綜複雜的交織著；因此隨著時間的推移，地球的內部及外部一直在變化中。由於變化過程中所關聯的因素非常複雜而多變，所以變化的結果就很難量化，這是地質學與其他科學不太一樣的地方。第三是岩石圈有很明顯的區域差異性，例如在幾百萬年到幾億年的演化過程中（地球的歷史約有47億年），不同區域的岩土組成及岩體構造都會有很大的差異；有時候相鄰的兩個鑽孔，其鑽出來的岩心（Core）都可能不會相同，因此岩石圈其實是一個很複雜的非均質體。從以上的特性可以知道，在漫長的地球歷史中，地球的面貌及岩石圈的結構並不是

一成不變的，它必然經過一系列的大小地質事件（Event），所以研究地球就必須導入時間尺度的觀念，這是地質學與其他科學另外一個不同的地方。譬如調查崩塌地分布的人必須確定一個時間點，它可以是某個颱風後或某次地震後的崩塌地分布，而另外一個颱風或另外一個地震將形成不同的崩塌地分布；即使在平常時間，崩塌地的分布也不會一樣，因為有些崩塌地已經癒合了，植生又長回來了。

　　地質學的研究以觀察地質現象為基礎，並且從觀察事實中找出規律、問題、原因及答案；因此野外調查乃成為研究地質的基本方法，大自然從來就是最好的地質實驗室。由於岩石圈的複雜，當然還需要其他很多方法作為輔助。

　　從觀察的結果要導致規律的形成，本質上是以「現在是認識過去的鑰匙（以今鑑古）」（The present is the key to the past）為基本思想。也就是說用現在正在發生的地質作用（Geologic Process）去推測過去、類比過去，及認識過去。例如現在的河流將大量的泥砂攜帶出海，然後在海盆中沉積下來，並且形成具有一定特徵的沉積物，因而過去的河流也一樣的應有類似的作用，且形成類似特徵的岩石。這就是所謂「將今論古」的指導原則，但是應用此原則時，必須考慮不同地質時期的地質及物化條件有所不同，地質作用的規律也將產生相應的變化；現在並不只是單純的重複著過去，必須將不同地質時期的內在及外在條件一同列入考慮與分析。

1.2　應用地質學

　　凡是將地質學的知識、原理，及方法等應用於其他領域的科技都可以稱為「應用地質學」。地質學在理論上及解決實際問題上都有很高的實用性，它與土木建設及人民的生活息息相關，舉凡土木、建築、水工、都市計畫、環境保護、水土保持、資源探勘、天災防治、軍事工程等，都需要用到地質學的知識。

　　眾所周知，很多金屬及非金屬礦產都是工業的重要原料，它們與科技發展及國防建設具有密切的關係，而磷、鉀等礦產是農業發展所不可或缺的肥料來源；石油、天然氣及煤炭則是當前最重要的能源；水資源（含地下水）是工農業及人

民生活不可一日無之的資源。上述所有金屬及非金屬礦產、能源及水資源都需要利用地質學的理論及方法去探查及開採。

地質學知識更可應用於土木建築及水利工程的規劃與設計，例如岩土層的深度及強度決定了工程基礎的形式及安全；地下水的情況及條件又制約了工程基礎及邊坡的穩定，因此，地質在工程建設方面的貢獻誠不容忽視。現今人們所重視的環境保護及災害防治更是與地球環境密切相關，如果沒有地質知識的引入及配合，就很難抓住重心，處置起來將會出現盲點，甚至無效。

地質學應用於軍事工程似乎很少聽聞，但是因為現代的軍事作戰非常倚賴飛彈，所以很多軍事設施大多躲入地下，如果要使飛彈能夠擊中目標，而且還要加以摧毀，則落彈的方向及角度就非常關鍵。根據經驗，飛彈如果沿著岩層的不連續面穿入，則於進入一段短距離之後，將會循著原路反彈回來。問題是我們如何量測敵方工事所在地的岩體之不連續面？這就是地質專業可以派上用場的例子之一（見3.4.4節）。

由以上許多例子顯示，凡是與地球牽涉到關係的領域都需要地質知識的輸入，有了足夠的地質資訊，才能進行規劃及解決問題。可見地質的應用非常廣泛，儼然成為解決問題的重要工具之一。

1.3　本書的內涵及利用

本書除了提供必要的基礎地質知識之外，還涵蓋了工程地質、環境地質（災害地質）、水文地質，及遙測地質，最後一章則談論堪輿地質，涉及我們老祖宗的一些地質經驗。

地質專業人士是產出地質資訊的主要及重要來源者，他們將調查及研究成果濃縮在一張地質圖上，這是一張集眾人多年來所花下的勞力及心力之經典傑作，其價值連城。非地質專業人士如果能讀懂這一張圖，那就等於省下無數金錢、無數人力及無數時間的成本。因此，作者一直努力在推廣「地質圖閱讀」這方面的知識。本書第九章「閱讀地質圖就像挖寶」是非讀不可的一章。

學得「遙測地質讓我們見林又見樹」這一章的知識之後，讀者將可輕易的從

衛星影像上（尤其是Google Earth）掌握岩性、順向坡、逆向坡、崩塌、落石、地滑、土石流、向源侵蝕、流水側蝕、大規模崩塌、復發帶等種種潛在災害，以及歷史災害所遺留下來的微地形證據，更能迅速及正確的診斷既生災害的發生原因及機制，絕非單純地面調查可及。

　　作者期望非地質專業人士讀了本書之後，能夠將所學到的知識應用到自己所熟悉及專業的領域，或是將所學的知識用來評估地質專業人士的報告、委託給地質專業人士辦理，如此將可使本書發揮其最大的利用價值。

第 2 章

岩石是地質的基礎

　　當我們睜開眼睛時，最先映入眼簾的便是地形，而不同的地形常是因為不同的岩性所造成，所以我們首先必須認識不同的岩石，先曉得岩石才抓得住岩性。

　　岩石是組成地殼（更精確的講，應該是岩石圈）的物質；我們所賴以生存的天然資源（包含水資源及能源）均來自地殼，我們的工程建設也都立基於岩石，所以認識岩石乃是從事應用地質工作者的首要課題。

2.1　岩石的類別

　　分類是科學研究的第一步，同一類物質具有相同的特徵與特性，不同類的物質則具有不同的特徵與特性。分類的方法可以基於不同的參數，或者不同的準則進行。

　　根據岩石的成因，我們通常將岩石分成火成岩、沉積岩，及變質岩三類。顧名思義，火成岩是由熾熱的岩漿（Magma）所冷凝生成，它們可以形成於地殼深處，也可以噴出地表而形成於地表環境；沉積岩則是由於流體（如水流、風、海浪及海流、冰河等）或重力的攜帶，然後在地表適宜的環境下所形成；而變質岩則是由既有的岩石（不管是哪一種類型），在地殼深處受到高溫及高壓的作用（主要是受到板塊擠壓的作用），使得原岩中的礦物發生了變種及變質，因而產生一種新的岩石（見圖2.1）。

2.2　火成岩

　　火成岩的英文稱為Igneous Rock，Ignis是火的意思，它們是來自地殼深部的高溫熔融岩漿，向上流動並且在地殼內冷凝，或者以火山的形式噴出或湧出地表，然後凝固成岩石，前者稱為侵入岩（Intrusive），表示它是在地下深處侵入到其他岩石的內部之意；後者稱為噴出岩（Extrusive），表示它是噴出地表之意。今天我們看到侵入岩露出地表，乃是因為原來被它所侵入的岩石（稱為圍岩），已經被侵蝕殆盡，現在只剩下比較堅硬或者比較耐侵蝕的侵入岩。

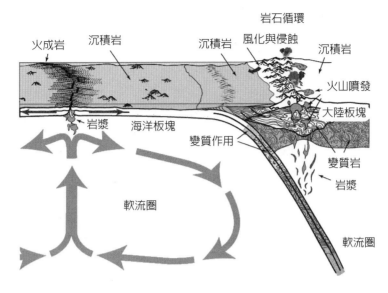

圖2.1　岩石的形成及分類

2.2.1　侵入岩的形成與組構的意義

　　岩漿（Magma）是一種高溫熔融的物質，其溫度一般在700～1300°C，最低可達650°C，高則可達1400°C；其成分主要為矽酸鹽，此外常含有約1～8%的水份，及一些揮發性（氣體）物質；另外還有少數先行結晶的礦物顆粒。

　　氣體含量的多寡會影響岩漿的黏稠性，氣體含量多時黏性大，氣體含量少時黏性小。同時，岩漿中的二氧化矽含量越高（趨於酸性），將使岩漿的黏度變稠，以致流動性越差；而二氧化矽的含量越低（趨於基性），將使岩漿的黏度變稀，以致流動性越強。

　　冷凝後的岩漿，尤其是侵入岩，其生成的礦物互相鑲嵌在一起，不留一點空隙，這是火成岩與沉積岩在結構上最大的不同。侵入岩因為是在封閉的地殼內慢慢的凝固，溫度降得慢，氣體的含量又高，所以礦物結晶時有充裕的時間可以逐漸成長，因此礦物的粒徑較粗。相反的，噴出岩（或稱火山岩，Volcanic Rock）是在地表凝固，岩漿（這時稱為熔岩，Lava）的溫度及圍壓驟降，而且氣體又快速逸出，所以礦物來不及結晶，因此顆粒非常細，一般細到肉眼及放大鏡都無法

辨識，而突然凝固，則會形成玻璃質。像這種有粗細之分的礦物顆粒，我們稱為組構（Texture）。

　　組構是岩石分類所依據的重要準則之一，它可以告訴我們岩石形成時的環境，對火成岩而言，組構還可指示形成時的深度。粗粒火成岩的礦物可以用肉眼觀察及鑑定，不需要顯微鏡，其粒徑均一，粗細差別不大，代表是在地殼深部生成；細粒火成岩的礦物一般則需用放大鏡觀察及鑑定，代表是在地殼淺部或熔岩的內部生成；微粒或玻璃質的火成岩即使用放大鏡也看不出礦物顆粒，代表岩漿是在降溫很快或驟然冷凝的環境下形成，因為礦物快速結晶或來不及結晶而變成微粒或玻璃質，具有這種組織結構的火成岩通常形成於地表的熔岩流（Lava Flow）之表層，或者熔漿流入水體的場合。有些火成岩則由粗細不同的雙組構所組成，稱為斑狀（Porphyritic）組構，其粗粒的礦物稱為斑晶（Phenocrystal），細粒的稱為基質（Groundmass），具有這種組構的火成岩代表是兩個階段及兩種冷卻速度的產物，即大顆粒形成於冷卻速度慢的環境，而小顆粒則形成於快速冷卻的環境。如果粗粒礦物特別豐富，這種火成岩就叫做斑岩（Porphyry）。

2.2.2　噴出岩的形成與特殊構造

　　在岩漿向上運移的過程中，上覆岩石的覆壓逐漸降低，溶解在岩漿內的氣體會漸漸的釋放出來，這就成為火山噴發的前兆。岩漿到達地表時，由於氣體大量釋放而分離出來，這時的岩漿稱為熔漿；岩漿噴出後因為氣體突然釋放，其膨脹力及因而所導致的噴射力，使得在地下已經冷凝或半冷凝的岩漿物質被炸碎，並且向上拋射，其尚未冷凝的熔漿則在空中冷凝成團塊（大於50mm）、細粒（2～50mm）或微末（小於2mm），這些固體物質統稱為火山碎屑物（Pyroclastic）。其他在地表流動的熔漿則凝固成熔岩（Lava），熔漿沿著地表斜坡或山谷流動，稱為熔岩流（Lava Flow）。基性的熔漿黏度小，流速快，常覆蓋幾百至幾萬平方公里的面積，例如玄武岩就是屬於這一類；酸性的熔漿黏度大，流動不遠，因而覆蓋的面積小，安山岩就是屬於這一類。

　　黏性低的基性岩漿，其噴發活動比較寧靜，一般不會引起強烈的爆炸，也不會形成大量的火山灰，而是湧出大量的熔岩。中性及酸性的岩漿則黏性較大，噴發通常非常猛烈，其噴發物常堆積成複式火山錐，其特點是錐體由火山碎屑岩與火山熔岩交疊而形成層狀構造，日本的富士山及我國的七星山都是屬於這一類；火山錐的錐坡很陡，上部可達 30° 至 40°，下部略緩。沉積岩雖然也具有層狀構造，但是從岩性的不同，兩者可以很容易的分辨。火山錐的錐頂具有火山口，其腰部則常有寄生的火山錐，高大的火山錐體一般是火山多次噴發所造成，每次噴發都以大量的碎屑物開始，而以熔岩流溢出告終，世界上有很多現代的火山常在豪雨季節發生災難性的火山灰泥流，稱為Lahar。

　　從火山熔岩中有時可以見到流動構造，其柱狀或片狀的斑晶呈現平行而定向的排列方式，表示熔漿一邊冷凝一邊流動，接近地表的熔漿因為氣泡的逸出而留下氣孔構造（Fumarole Structure），直徑由數毫米至數厘米不等；氣孔內如果有礦物充填（由地下水帶來沉澱生長的），就稱為杏仁構造（Amygdaloidal Structure），澎湖早期出產的文石即是這樣生成的。

　　由於岩石的熱導性很差，在熔漿流動的過程中，其外殼接觸到大氣，所以冷卻得較快，但是其內部則可保持熔融狀態，並且繼續流動。於內部熔漿流動的推擠，以及外殼冷凝的收縮下，熔岩的表面就會發生變形，而表現出不同的形態；其中有一種是表面比較光滑，或呈波浪狀起伏，或扭曲似繩索，稱為繩狀熔岩（Pahoehoe），這是流動性較強（通常是較基性）的熔岩所常見。另外一種是熔岩表殼破碎成大小不等的稜角狀碎塊，熔岩表面極為參差不齊，稱為塊狀熔岩（Aa），這是流動性較差（通常是較酸性）的熔岩所常有。流動性較佳（黏滯性較小）的岩漿噴出地表後，在接近噴出口的地方常形成繩狀熔岩；在遠離噴射口的地方因為熔岩溫度降低，黏滯性變大，可過渡為塊狀熔岩。

　　熔岩在逐漸散熱及冷凝固結的過程中，其表面會形成很多冷凝收縮中心，如果岩石的成分均勻，則這些收縮中心也將均勻而等距的分布；在連結各個收縮中心的垂直平分線之兩側，因為受到張力的拉扯，所以就形成許多張力裂面，在冷凝面（與大氣接觸的面）上觀之，就形成許多規整的六邊形，如果整體來看，則形成一根根六角柱，垂直的站立著。這種張力裂縫我們稱之為柱狀節理

（Columnar Joint）（見圖2.2）。柱狀節理是工程上的隱患，因為它的邊坡容易傾塌，加上裂縫容易漏水，即不能有效的蓄水，所以不宜作為壩址。同時，裂縫既通水又通氣，所以風化作用可以到達很深的地表下。

圖2.2　玄武岩的柱狀節理及其風化層（澎湖）

（另附彩圖於本書487頁）

2.2.3　火成岩的分類

　　火成岩係根據礦物的組成（成分）及礦物顆粒的大小（組構）兩大要素進行分類，如表2.1所示，茲簡單介紹於下。

　　根據化學成分，火成岩常被分成酸性、中性、基性，及超基性四種，其中SiO_2的含量大於65%者稱為酸性；介於52～65%者為中性；介於45～52%者為基性（Basic）；而小於45%者為超基性（Ultrabasic）。因為化學分析費時費工，而且我們的肉眼在現場無法立刻或直接知道化學成分，所以利用化學成分來分類並不切實際，但是我們卻可以間接的利用組成岩石的礦物成分來推斷其化學成

分。由於岩石的化學成分決定了岩石的礦物種類及不同礦物的數量關係，所以這四類火成岩就具有各自特有的礦物組成，因此鑑定火成岩的礦物及其相對數量便成為識別火成岩的基本途徑。在表2.1中我們省略了超基性火成岩，主要是因為這一類岩石在台灣並不多見，其分布幾乎可以忽略。

表2.1　火成岩簡略分類表

火　成　岩				火　山　碎　屑　岩		
礦物粗細	礦　物　成　分			碎　屑　粗　細		
	酸性	中性	基性	< 2mm	2～50mm	> 50mm
	SiO_2含量					
	> 65%	52～65%	45～52%			
粗　侵入岩	花崗岩	閃長岩	輝長岩	凝灰岩	火山角礫岩	集塊岩
細　噴出岩	流紋岩	安山岩	玄武岩			

　　火成岩的礦物可以粗分為兩大類：一類是長英質礦物，含有鉀、鈉、鈣的化學成分，主要的礦物有長石、石英、白雲母等，它們的顏色偏白、偏灰或偏肉紅，所以看起來比較淺、比較淡；其中長石又分成正長石（鉀長石）及斜長石，而斜長石再分成鈉長石、鈣長石以及鈉與鈣依不同比例混合而成的許多中間礦物。第二類的鐵鎂質礦物，因為含有鐵、鎂的化學成分而得名，主要的礦物有黑雲母、角閃石、輝石、橄欖石等，它們的顏色偏黑或偏綠，所以看起來比較深、暗。

　　酸性火成岩的長英質礦物主要有：酸性斜長石（鈉長石）、鉀長石（正長石）、石英及白雲母；鐵鎂質礦物主要有黑雲母。中性火成岩中長英質礦物主要是中長石（鈉與鈣的比例大略相等），鐵鎂質礦物主要是角閃石。基性火成岩中長英質礦物主要是基性斜長石（鈣長石），鐵鎂質礦物主要是輝石。而超基性火成岩中則全由鐵鎂質礦物所組成，主要為輝石及橄欖石，不存在有長石及石英。從酸性岩到基性岩，鐵鎂質礦物的含量逐漸增多，長英質礦物逐漸減少；岩石的顏色由淺色或淡色漸變為深色或暗色，因此從顏色的深淺上往往就可以對火成岩進行概略的分類。

一、花崗岩及流紋岩

花崗岩是我們常聽到的一種火成岩，常見於牆壁上的貼飾，花崗岩（Granite）多呈淺肉紅色或淺灰色，且呈粒狀結構，顆粒大小均一，其中的肉紅色是來自正長石的顏色。花崗岩磨光後，其個別礦物多呈不規則的輪廓，且密接在一起，是優良的建築石材，抗壓強度平均為 1480 kg/cm^2。

成分跟花崗岩類似的噴出岩稱為流紋岩（Rhyolite），顏色呈淺灰或灰紅，少數呈深灰或磚紅色；其顆粒細到肉眼無法辨識，但是常會鑲雜一些斑晶（顆粒大到肉眼可以辨識之粗粒礦物）。流紋岩因顯示流紋構造而得名，表示熔漿流動時所遺留的痕跡，部分具有氣孔及杏仁構造，緻密流紋岩的抗壓強度可達到 $1500 \sim 3000 \text{ kg/cm}^2$。

二、閃長岩及安山岩

閃長岩（Diorite）一般呈灰色至綠灰色；跟花崗岩一樣也呈粒狀結構，但是顏色較深且肉紅色消失。

成分跟閃長岩相當的噴出岩稱為安山岩（Andesite），在南美洲太平洋沿岸的安底斯山脈發育得最好因而得名。台灣的大屯火山群（包括觀音山）、基隆火山群（石英含量較高），及幾個外島（澎湖群島除外）就是屬於這一類岩石。它是板塊向下隱沒後部分熔融形成岩漿，然後噴發到地表的產物，因此有安山岩分布的地帶即指示板塊的隱沒帶。安山岩呈灰色，經風化後往往呈灰褐、灰綠、紅褐等色，多數表現斑狀結構，常見氣孔及杏仁構造。

安山岩及閃長岩也可作建築石材，其平均抗壓強度約為 1500 kg/cm^2，緻密的安山岩稍優於閃長岩。

三、輝長岩及玄武岩

輝長岩（Gabbro）呈灰黑色，比花崗岩及閃長岩的顏色還要深灰，一般為中（5mm以下）、粗粒（5mm以上）的粒狀結構。

與輝長岩相當的噴出岩稱為玄武岩（Basalt），多呈黑色、灰綠色至暗紫

色，表現斑狀結構，且常見氣孔及杏仁構造；澎湖的文石即是生長在氣孔內的礦物。海底噴發形成的玄武岩常見枕狀構造，就像擠在一起的饅頭或氣泡，故名之，厚度較大的玄武岩層常形成柱狀節理，垂直於地表（見圖2.2）。

玄武岩與安山岩的區別除了顏色之外，主要看其斑晶。玄武岩的鐵鎂質斑晶主要為橄欖石（Olivine）（新鮮時為綠色，風化後變為紅色），其長英質斑晶主要為長板狀的斜長石（鈣質斜長石）。安山岩的鐵鎂質斑晶主要為角閃石或黑雲母；長英質斑晶則主要為寬板狀的斜長石（鈉鈣質或鈉質斜長石）。

玄武岩多為板塊分離時從地函噴出來的熔岩，今天的大洋洋殼幾乎都是由玄武岩所構成。然而澎湖群島的玄武岩卻是由地殼內深大的裂縫溢出者。

緻密玄武岩的平均抗壓強度可以高達2750 kg/cm^2，是很好的鑄石材料及建築材料；但是淺層的玄武岩則多氣孔構造，強度大減。

四、火山碎屑岩

集塊岩（Agglomerate）主要由噴到空中的火山塊或火山彈（粒徑大於64mm）組成，火山塊常為稜角狀。火山角礫岩（Volcanic Breccia）主要由火山礫（粒徑介於2～64mm）及火山渣（粒徑由數厘米至數十厘米不等）所組成；凝灰岩（Tuff）則主要由火山灰（粒徑小於2mm）組成，是最細小的火山碎屑岩。不同粒徑的火山碎屑物常常混雜在一起，形成過渡性的火山岩。上述火山碎屑物既可以由液體狀態噴出的岩漿微沫或細滴在空中冷凝而成，也可以是在地下已經冷凝或半冷凝的岩漿被氣體逸出炸碎後形成的。

火山碎屑物大部分降落在火山口附近，呈環狀分布，並且由內向外顆粒逐漸變細；而細小的火山灰則可能噴到大氣層的上層，然後隨大氣飄移散落到全球。因此，凝灰岩有時會夾在沉積物裡而成為夾層或透鏡層。不同時期噴發物所形成的火山碎屑岩常會逐層堆積，因而可有較好的成層性。

2.2.4　火成岩的肉眼鑑定

在野外鑑定火成岩時，首先要區分它是侵入岩或是噴出岩，侵入岩顆粒

大，礦物可辨；噴出岩顆粒微細，礦物難辨，但是常見斑晶。又侵入岩會截斷圍岩的構造，尤其是層理或葉理，與圍岩會顯示不調和的接觸關係。有時候在侵入岩的周緣可能會發現圍岩被其刮入內部的情形，稱為捕獲岩。

噴出岩常發現火山錐或層狀的構造，如果岩性為火山碎屑岩或熔岩，則是火山岩無疑。層狀噴出岩常可發現氣孔、流動（片狀或柱狀礦物呈流線型排列），或杏仁等構造。

由火成岩的顏色可以反映其為酸性、中性、基性、或超基性；一般的情況，酸性火成岩的顏色較淺，而朝超基性的方向，岩石的顏色逐漸變深，最後再從礦物的種類及相對含量加以鑑定，即可對火成岩進行命名。在鑑定礦物時，通常都是先觀察有無石英（石英的斷面崎嶇，且呈油脂或玻璃光澤），及其相對數量；其次是觀察有無長石，以及區別是屬於正長石（常呈肉紅色）或斜長石（常為灰白色，具有平滑的晶面，可與石英辨別），以上這些礦物都是鑑別不同火成岩的指標性礦物。此外，還需要注意有沒有黑雲母（黑色，具片狀構造，用小刀可撬起），它通常與酸性火成岩有關。角閃石與輝石在野外並不容易區別，有一個原則是：岩石中如果以斜長石為主，並且石英含量很少，加上岩石的顏色深，則可能是輝石，否則即為角閃石。

2.2.5　火成岩的工程地質特性

侵入岩的粒徑均勻，孔隙很少、緻密堅硬，力學強度比較高，透水性比較差。深成岩受壓時，首先發生彈性變形，等到弱礦物屈服，發生蠕動（Creep）時，即進入塑性變形階段。但是侵入岩容易風化，而且風化層的厚度一般都很厚，其表層5～10m可能都深受風化。侵入岩跟土壤的界面起伏很大，特別要注意的是風化層內可能隱藏尚未完全風化的孤石。對於輕微風化的火成岩，其內部可能含有風化囊（Pocket of Weathering）（順著節理發生的風化槽），使得岩體的空隙增大，其風化產物必須加以清除，並且進行灌漿處理。侵入岩露出地表後，由於殘餘應力的釋放，常常出現一組平行於地表的板狀剝離，稱為席狀節理（Sheet Joint），或稱為解壓節理（見圖2-3），席狀節理越接近地表其間距越

密，所以承重後壓縮量很大。

圖2.3　席狀節理與構造節理的區別（新疆）

（另附彩圖於本書487頁）

　　噴出岩中，熔岩流的淺部常有氣孔構造，所以受力時，氣孔必須先壓密，產生塑性變形，等到氣孔被壓實後才進入彈性變形階段，這種過程正好與侵入岩相反。

　　噴出岩由於急驟冷凝，所以原生節理（Primary Joint）（與岩石生成時同時產生的節理）特別發達，如玄武岩的柱狀節理及流紋岩的板狀節理。凝灰岩的強度低，易透水；風化後可能形成膨脹性土壤（Expansive Soil），具有吸水膨脹、失水收縮的特性，容易龜裂或滑移；但是在地下深處，凝灰岩的工程地質特性卻表現良好。

　　整體而岩，緻密的噴出岩顆粒細、強度高，其工程性質比侵入岩還好。美國的高放射性核能廢料就是準備放在玄武岩及凝灰岩內（放在地下500～1000m深的地方）。在噴出岩中，錐狀火山容易發生順向坡滑動，豪雨時則可能發生致命的土石流。

2.3　沉積岩

　　沉積岩（Sedimentary Rock）是由鬆散狀態的沉積物經過成岩作用，而後轉變成固結狀態的岩石，例如礫石轉變為礫岩，砂粒轉變為砂岩，黏土轉變為頁岩或泥岩等。這些沉積物原來呈碎屑狀，透過流體，如河水、海浪、海流、風、冰川等介質，攜帶到適宜的沉積盆地，因為流速降低而靠重力作用停積下來。一般的沉積環境包括：山口、山間盆地、河谷、河口、水庫、湖泊、沼澤、陸上窪地、海岸、海洋等。因為碎屑物被搬運了距離不一的長度，所以顆粒常被磨圓，而且搬運距離越遠，磨圓的程度越佳。

2.3.1　沉積岩的結構

　　沉積岩與火成岩最大的不同在於沉積岩的顆粒是互相分離的，不像火成岩的顆粒是互相鑲嵌的，如果仔細觀察的話，沉積岩的顆粒是由不同的膠結物把它們膠黏在一起，這些膠結物通常是由地下水所帶來的，它們就沉澱在顆粒與顆粒之間的空隙間。主要的膠結物有二氧化矽、三氧化二鐵、碳酸鈣等，有時候黏土也可以將砂、礫固結起來，扮演著類似填充料的作用；這些細粒的碎屑物稱為基質（Matrix），而膠結物及基質則統稱為填隙物。不同的膠結物會影響沉積岩的抗壓強度，一般而言，被矽質（二氧化矽）膠結的沉積岩強度較強；而鈣質（碳酸鈣）及鐵質（三氧化二鐵）膠結的則較弱。

　　從結構上來看，按照膠結物與碎屑顆粒之間的支撐特性來分，我們可以將膠結類型分成基質式、支架式、接觸式，及鑲嵌式四種（見圖2.4）。基質式膠結是指膠結物及基質的含量多（一般少於50%），碎屑顆粒之間彼此很少接觸，所以顆粒很像「浮」在填隙物內，這種結構不但不易排水，而且岩石的工程性質係受填隙物的性質之控制。岩石在受力的狀態下，填隙物可能發生塑性變形，進而牽動碎屑顆粒發生轉動，尤以在含水的狀態下為甚。在支架式膠結的狀況，碎屑顆粒緊密相接，填隙物充滿粒間的空隙，這類岩石雖然一樣不易排水，但是抗壓強度卻比基底式膠結大。接觸式膠結也是顆粒緊密相接，但是膠結物存在碎屑的

接觸點附近，即碎屑間保留有較多的空隙，所以容易排水，抗壓強度也不錯；但是卻有管湧（Piping）的顧慮，也就是粗顆粒間的細粒料很可能被地下水攜走流失，結果造成地面下陷。鑲嵌式膠結則在碎屑顆粒間呈凹凸相接，且緊密嵌合，其膠結物極少；這一類岩石不但抗壓強度最好，而且也容易排水，沒有管湧之虞。

在野外工作時，礫石層或礫岩的調查一定要將膠結方式作正確的分類，並且加以詳細的描述及記錄，因為這些都關係到岩石的承載力、沉陷量、排水、管湧、邊坡穩定性等多種工程性質。一般而言，礫石層或礫岩如果排水良好的話，其邊坡可以站立得又高又陡。

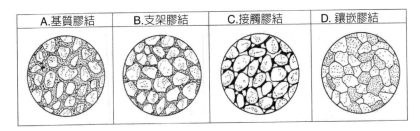

圖2.4　碎屑沉積物的膠結類型

粒徑是分辨顆粒及沉積岩分類所依據的最重要參數，按照碎屑粒徑的大小，顆粒的分類如表2.2所示。

表2.2　顆粒的分類

顆粒別	粒徑，mm	備　註
礫	＞ 2	─
砂	0.05～2	─
粉砂	0.005～0.05	─
泥（黏土）	＜ 0.005	─
晶粒	─	由化學沉積作用形成的結晶
生物碎屑	─	生物遺體或生物碎屑

　　具有礫級及砂級的顆粒用肉眼可以清楚辨認其外形，具有粉砂級的顆粒需用放大鏡才能辨識其界線；而泥級的顆粒則需藉助於顯微鏡，甚至電子顯微鏡才能辨識其形狀。碎屑顆粒粗細的均勻度稱為分選性（Sorting），工程上稱為級配（Grading），大小均勻者稱為分選良好，或級配差；大小混雜者稱為分選差，或級配良好。一般而言，由風力搬運或流水搬運的碎屑具有較好的分選性及較好的磨圓度，且其搬運距離越遠，分選性及磨圓度越佳；由落石、崩落等作用所形成的碎屑物總是大小參差不齊，且稜角分明。

　　沉積岩也有由化學沉積作用或生物化學沉積作風形成的，其中大多數為結晶質，其晶粒相互緊密嵌合，其結構與火成岩類似，且同樣可以分為粗粒、中粒、細粒、微粒等。此外，有些沉積岩是如生物骨格般構成骨架，然後骨架內部再充填其他填充物的，稱為生物碎屑沉積岩，如珊瑚礁石灰岩（Reef Limestone）即是，地方上通稱為骷栳石。

2.3.2　沉積岩的層理

　　沉積岩普遍具有層狀構造，它是由具有上、下層面的板狀岩層所堆疊起來的，這種構造稱為層理（Stratification）。在垂直於層理的方向上，以沉積物的顏色、粒徑、成分等變化及差異性而顯現出來，這是由於不同時期的沉積作用之性質變化所形成的。如果岩層的層序沒有倒轉的話（岩層受地質力的作用，有可能翻轉過來，即先沉積的在上，而後沉積的反而在下），則越底下的岩層形成的時間越早，而越往上部則形成的時間越晚。岩層的形成時間（至少要曉得相對的形成時間）對地質構造的研判有很大的助益，地質學除了需要三維空間的概念之外，另外還要加上時間的概念，變成四度空間；這也是地質學與其他科學很不一樣的地方。

　　每一個板狀岩層都有上、下兩個界面，稱為層面（Bedding），可以與其上、下岩層互相區隔；上界面稱為頂面，下界面稱為底面。層面上往往分布有黏土礦物薄層，或白雲母細片，因而岩石容易沿著層面劈開，所以層面也是屬於一種不連續面（Discontinuity）。如果仔細觀察岩層裡的細紋（即細層理），大部

分岩層的細層理都是平直而且互相平行，並與層面一致，稱為水平層理，一般是在靜水環境下緩慢沉積形成的。如果在平穩的急流中沉積而成，且近乎水平的細層理，稱為平行層理；如果是在水流呈波浪狀運動的條件下形成，且細層理呈波浪狀起伏，但總方向還是平行於層面者，則稱為波狀層理；如果層理呈斜交（細層理與層面斜交），或交切（細層理與層面相切）的形式構成，稱為交錯層理（Cross-bedding）（見圖2.5），這是砂粒在水流速度較高時產生波動的環境下形成的。在垂直剖面上觀察，交錯層的頂部常被層面所截斷，呈現斷頭的型態，但是底部則斜切層面，這一點很容易與斷層分辨。況且，斷層會將層面錯開，而交錯層的頂面及底面則還是連續且平行的。

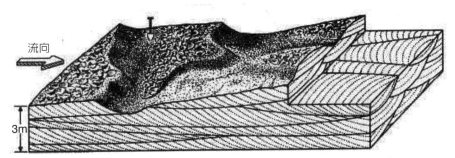

圖2.5　交錯層理與水流方向的關係（Harms and others, 1975）

2.3.3　沉積岩的分類

沉積岩及鬆散沉積物覆蓋大陸面積的四分之三，並幾乎覆蓋了全部大洋底，但是其體積並不大，總計還不到岩石圈的5%，所以它只是很薄的一層，不過我們的食衣住行及資源開採等活動大多離不開它，常見的沉積岩如表2.3所示。

表2.3　沉積岩簡要分類表

| 碎　屑　質 | | | 碎屑－生物－化學質 |
顆粒大小	粒徑（mm）	岩石名稱	岩　石　名　稱
礫質	> 2	礫　岩 角礫岩	石灰岩 白雲岩
砂質	0.05～2	砂　岩	
粉砂質	0.005～0.05	粉砂岩	
泥質	< 0.005	頁　岩 泥　岩	

一、礫岩

　　顆粒的粒徑大於2mm，且其含量大於50%的碎屑沉積岩稱為礫岩（Conglo-merate）；如果礫石多數為稜角狀，則稱為角礫岩（Breccia），表示在沉積之前，搬運的距離不遠。板狀的礫石受水力帶動的作用，有時會呈現覆瓦狀的排列，稱為覆瓦狀構造（Imbrication）；礫石的平面會傾向上游，在土石流中最常見到這種構造（圖2.6），因此，覆瓦狀構造可以指示古水流的流向。礫岩一般不顯示層理，也很少見到交錯層理。

　　按照礫石的粒徑，我們可以將礫石再細分為：細礫岩（礫徑介於2～10mm）、中礫岩（礫徑介於10～100mm）、粗礫岩（礫徑介於100～250mm）、巨礫岩（礫徑大於250mm）。

　　由於礫石較粗大，其成分多為岩屑，膠結物常為碳酸鈣、三氧化二鐵，及二氧化矽等，且以黏土、粉砂，及細砂為基質。進一步命名時，主要根據岩屑的種類來分：如果岩屑主要為砂岩，則稱為砂岩質礫岩；岩屑主要為安山岩，就稱為安山岩質礫岩。礫岩的基質如果含有豐富的某種碎屑物時，則可以以該種碎屑物為形容詞來命名，例如某岩石中，礫石占60%、砂占30%、黏土占10%，則稱該岩石為含黏土砂質礫岩。一般原則是：將含有量介於25%～50%的稱為某某質，而將含量介於10%～25%的稱為含某某，作為形容詞。

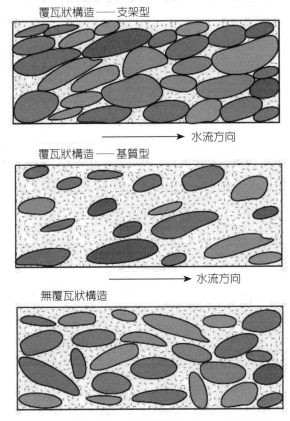

圖2.6　礫石的覆瓦狀構造與水流方向的關係

二、砂岩

　　粒徑介於0.05～2mm的碎屑，其含量大於50%的沉積岩稱為砂岩（Sandstone），砂岩具有砂粒結構，用手觸摸時有砂粒的感覺。碎屑成分常為石英、長石、白雲母、岩屑，及生物碎屑，而其中以石英占多數。碎屑砂岩多數是由於母岩遭受強烈風化剝蝕而產生大量碎屑，在附近快速堆積形成的，多分布在山前或坡腳下。砂岩的膠結物為碳酸鈣、二氧化矽、三氧化二鐵等成分，常含有黏土及粉砂作為基質。

　　砂岩的顏色多樣，常因碎屑成分及填隙物成分的不同而異，例如富含黏土

的顏色較暗；含鐵質的呈紫紅色；碎屑爲石英，且膠結物爲二氧化矽的多爲灰白色；碎屑富含鉀長石的則顯示灰紅色。

砂岩通常是較好的貯水層及貯油層，也是良好的建築基地及骨材成分。質純的石英砂岩（砂岩中石英碎屑的含量大於90%）可作玻璃材料。

三、粉砂岩

粒徑爲0.005～0.05mm的碎屑，且含量大於50%的沉積岩，稱爲粉砂岩（Siltstone），其碎屑成分以石英爲主，常含有少量的白雲母，含長石及岩屑的則很少；填隙物多爲泥質，膠結物以碳酸鈣最常見，且多與泥質基質混合在一起；鐵質及矽質的膠結物較少見。粉砂岩的顏色多爲灰黃、灰綠、灰黑、紅褐等色，依填隙物的成分而定。

粉砂岩中常見薄層的水平層理及波狀層理，交錯層理很少見。野外工作中難以憑肉眼分辨粉砂岩，其外貌頗似泥岩，但是比較堅硬，且順著其斷面觸摸，具有粗糙感；在放大鏡之下觀察，勉強可以看出爲顆粒狀的集合體，有時可以認出石英微粒。

四、頁岩及泥岩

粒徑小於0.005mm的碎屑沉積岩稱爲頁岩（Shale）或泥岩（Mudstone）；主要由黏土礦物所組成，其中具有頁理構造的，稱爲頁岩；無頁理構造的，稱爲泥岩；泥岩的固結不佳，稱爲黏土（Clay）。頁理構造是因爲泥質沉積物在成岩作用時，片狀的水雲母礦物呈定向排列（平行於層理）而形成的。

黏土礦物中常見的有高嶺石（Kaolinite）、蒙脫石（Montmorillonite），及水雲母（Hydromica）（即伊利石，Illite）；碎屑物則以石英及白雲母（Muscovite）爲主，長石很少見。泥質沉積物在壓密過程中高嶺石及蒙脫石會轉化爲水雲母。

頁岩在剖面上呈薄片狀，可用小刀撬起；泥岩呈泥狀，硬度低，用指甲能刻劃，用手觸摸則有滑感，潮濕時其切面很光滑；乾燥時，折斷或敲裂後，其斷面

呈貝殼狀，見不到頁理。含砂及粉砂量越高的泥岩，手感越粗糙，刀切面越不光滑。

泥岩及細粉砂岩很難分辨。一般以手順著岩石表面滑移，有砂粒感的即為粉砂岩，如果還無法分辨，則可用牙齒，甚至舌頭加以感覺。

五、石灰岩

石灰岩（Limestone）是以碳酸鈣（礦物名稱為方解石，Calcite）為主，及含少量（約10%以下）的碳酸鈣鎂（礦物名稱為白雲石，Dolomite）的一種沉積岩。如果以碳酸鈣鎂為主（含量在90%以上），則稱為白雲岩。

石灰岩的成因是沉積岩中最為複雜的一種。其中有一種是在海盆中沉澱的碳酸鈣（$CaCO_3$），被海浪沖擊、破碎，及磨蝕而成的顆粒。還有一種是海中動物的介殼、骨格，或植物的硬體被海水沖擊、破碎，及磨蝕而成的顆粒，稱為生物碎屑。另外一種是在海水中由碳酸鈣凝聚而成的包粒，它們是由藻類、有孔蟲，或放射蟲的骨架為核心的碳酸鈣包殼，以及由膠體溶液中產生的鮞粒（粒徑小於2mm）及豆粒（粒徑大於2mm）。造礁生物（如珊瑚礁）的碳酸鈣骨架與充填在骨架間的碳酸鈣細小晶粒也可以形成石灰岩，石灰岩也有由方解石或白雲石的晶體鑲嵌而成的，稱為非碎屑石灰岩，主要由生物化學或化學作用所形成。也有由其他原因形成的石灰岩，在適合的環境下重新結晶而成，其岩質極為緻密，結構似火成岩。

石灰岩呈灰色、灰黑色，或灰白色；硬度為3.5，可用小刀（硬度為5.5）刻劃；遇稀鹽酸會猛烈起泡（因為碳酸鈣與鹽酸起化學作用，釋出大量的二氧化碳），這是石灰岩非常獨特的現象，也是鑑定石灰岩最好的方法。白雲岩遇冷鹽酸並不起泡，只有把它碎成粉狀時才會微弱起泡，這是分辨石灰岩與白雲岩最常用的方法。

在潮濕的氣候下，石灰岩會緩慢的溶解於地下水（每年約0.1～1mm），所以在厚層石灰岩的地區常可發現溶洞、鐘乳石、石筍、暗河、落水洞（Sinkhole）等許多岩溶的特徵。溶洞不斷的向上發展，常常形成使建築物的基礎發生

突然塌陷的隱患。

六、白雲岩

白雲岩（Dolomite）由白雲石（分子式為$CaMg(CO_3)$）組成，岩石常呈淺灰色、灰白色，少數為深灰色，用肉眼幾乎無法與石灰岩分辨。白雲岩的斷口呈粒狀，硬度較石灰岩略大，遇冷的稀鹽酸並不起泡，岩石風化面上有刀砍狀的溶蝕溝紋，以上幾點是白雲岩的特徵，也是用來與石灰岩區別的地方。

部分白雲岩是在氣候炎熱、海水鹹度增高的環境下，由化學方式沉澱而成，具有結晶的結構。也有的是碳酸鈣（即石灰岩）在固結過程中被富含鎂質的海水作用後，方解石被白雲石交代置換而成，常保留原有石灰岩的結構。

2.3.4　沉積岩的肉眼鑑定

沉積岩都具有層狀構造，這是沉積岩最主要的特徵。鑑定沉積岩時應先根據其結構特徵，將碎屑岩及生物－化學岩加以區分。碎屑岩為顆粒膠結的產物，生物－化學岩則呈結晶的結構，顆粒相嵌，類似火成岩。還有生物－化學岩（例如石灰岩）遇酸會起泡。

碎屑岩的命名是以顆粒的大小為根據，從粗到細分成礫岩、砂岩、粉砂岩、頁岩或泥岩。如果顆粒太細，肉眼難辨，則可用手觸摸，看是否有砂粒感；如果感覺不出來，則可用牙齒或舌頭測試。有時可以觀察岩石的斷面，如果斷面暗淡呈土狀，硬度低，觸摸有滑膩感，則是泥岩；如果有薄片構造，可用小刀挑起，則是頁岩。

石灰岩遇5%的稀鹽酸會強烈起泡，如果泡沫黃濁，則表示石灰岩中黏土的含量高，稱為泥灰岩（Marl）。白雲岩遇酸起泡微弱，但是研成粉末時，則會發生泡沸現象，並且伴有吱吱的響聲。

2.3.5　沉積岩的工程地質特性

沉積岩是所有岩類中，工程地質性質變化最大的一種岩類，尤其在垂直方向

上最為顯著。沉積岩的工程地質特性可以分成鬆散的沖積層及固結的岩盤兩種類型來說明。

　　沖積層是覆蓋在岩盤上的鬆散沖積物，顆粒間尚未膠結，其孔隙率、透水性，及壓縮性都很大。沖積層在水平及垂直方向上的延伸及分布，變化都很快。在水平方向上，個別的沖積層常以尖滅或呈透鏡狀存在（在短距離內，兩端都尖滅），所以其基礎承載力及沉陷特性係隨地而異。

　　固結沉積岩的強度通常受到膠結、壓密，及岩溶的影響很大。一般而言，由矽質及鐵質膠結的岩層，其強度較大；由鈣質及泥質膠結的岩層，其強度較小。受過地下水溶解的石灰岩因為含有溶洞、溶孔，或溶隙，所以強度自然會被弱化，如果溶洞逐漸往上發展，其岩板可能因為變薄而塌陷，結果形成落水洞（Sinkhole）。

　　礫岩的強度及透水性主要受其固結程度的影響，從尚未固結的礫石層到完全固結的礫岩，其強度從小到大增加，透水性則從良到差遞減；填隙物的有無可以決定其透水性的大小，礫岩一般是很好的透水層，也是很好的含水層（Aquifer）。由於礫岩的透水性良好，不容易形成孔隙水壓，所以礫岩的邊坡可以站立得又高又陡。礫岩的填隙物容易被地表水沖刷，或被地下水攜走淘空（稱為管湧），所以殘留的礫石就以落石的方式墜落到坡趾堆積，稱為落石堆（Talus Cone）；鐵公路通過這種地區時，必須設置攔石籬將落石攔截，以防止落石滾落或跳躍到路面而傷及人車。

　　砂岩的膠結作用不如想像中的均勻，因此同一層砂岩的孔隙率可以隨處而異。影響砂岩強度的因素除了膠結物之外，還有孔隙率、填隙料、固結程度，及孔隙水壓等。砂岩的強度與孔隙率成反比，一般而言，孔隙率每增加1%，強度降低約4%，當砂岩飽水時，其強度比乾燥時要減弱約30～60%；但是孔隙率大的砂岩卻可以成為良好的含水層，富含地下水資源。砂岩的工程地質性質常受到頁岩、泥岩夾層，或砂岩、頁岩互層的影響。受地下水軟化，且墊底的頁岩或泥岩常常成為滑動面或滑床，在順向坡的地形地質條件下，很容易發生順向坡滑動，尤其當坡腳被人為開挖或河流側蝕所砍斷時最甚。

　　頁岩具有可劈性（Fissility），其頁理的間隙常成為地表水的滲透管道，而

風化作用更擴大其張開度。深度風化的頁岩常呈泥狀，性質軟弱。很多新鮮的頁岩一旦暴露在空氣中，立刻就會發生裂解（Disintegration）；少數頁岩則有膨脹的特性，其在吸水後體積發生膨脹；或覆岩壓力解除後，發生隆起現象，這些現象都可將較輕的結構物抬起，或使鋪面產生龜裂。頁岩難以透水，所以比砂岩容易受地表水的沖蝕，因此有頁岩分布的地區，其水系密度較大，地表被切割得較嚴重，地形粗糙度變大，有些地方則形成惡地形（Badland）。

泥岩不具可劈性，此與頁岩不同。泥岩浸水後會慢慢的膨脹，其密度逐漸降低，強度則會隨著時間而漸漸變弱。像這種依時漸變的現象是泥岩的一大特色。泥岩遇水形成泥狀，泥濘不堪，其新鮮面與空氣接觸時，立刻裂解成碎塊。

石灰岩的最大特色是在潮濕的氣候環境下具有可溶性，經過長時間的溶解作用，常產生溶洞、溶孔、溶隙、暗河、落水洞等許多岩溶現象；蓋在上方的結構物有發生塌陷的潛在危險。石灰岩性脆，容易開裂，加上岩溶作用所產生溶孔，使得石灰岩很容易漏水，所以大壩及水庫應該避免蓋在石灰岩地區。

2.4　變質岩

變質岩（Metamorphic Rock）是由原有的某種岩石經過變化或重結晶而來的，變質岩的前身稱為原岩，原岩可以是火成岩、沉積岩，或者變質岩本身。原岩基本上是在固體狀態下，由於高溫、高壓，及化學活動性高的流體之作用，發生化學成分、礦物成分，以及結構上的變化，中間並未經過熔融的過程。

2.4.1　變質岩礦物的定向排列

變質作用發生在地下深處，溫度、壓力都較高的環境下，原岩經過變質後，廣泛發育出片狀、長柱狀、針狀，或纖維狀的礦物，而且常出現一些相對密度較大的指示型礦物（指示岩石變質時的溫度與壓力），如紅柱石、藍晶石（Kyanite）、石榴子石（Garnet）等，它們所占的份量不大，但是卻具有特殊的意義。

片狀及長柱狀礦物在變質岩內都呈定向排列，片狀者都垂直於最大主應力軸的方向（可以當成是最大壓應力的方向）；柱狀者則都平行於最小主應力軸的方向（可以當成是最小壓應力的方向，甚至是張力的方向）。也就是說，新生成的礦物都朝阻力最小的方向生長。

片狀礦物呈定向排列的結構，稱為葉理（Foliation），葉理也是屬於不連續面的一種，它是剪力強度比較弱的面，沿著葉理面比較容易滑動。

2.4.2　變質岩的分類

變質岩在台灣的分布面積不算小，主要出露於中央山脈的兩翼及南端，現在將主要的類別說明如下（見表2.4）。

表2.4　變質岩簡要分類表

具有葉理		不具有葉理
構造	岩石名稱	岩石名稱
板狀	板岩	大理岩 石英岩 蛇紋岩
千枚狀	千枚岩	
片狀	片岩	
片麻狀	片麻岩	

一、板岩及千枚岩

板岩（Slate）是泥質沉積岩或凝灰岩經過變質作用後的產物，變質程度很低。原岩的礦物基本上沒有重結晶，只是經過脫水，岩石變得堅硬一點而已，不過，經過變質後，岩性呈現一種互相平行的易剝面（常斜割層理），面上略見一些絹雲母、綠泥石等微晶片狀礦物。因為礦物的顆粒太細，肉眼無法辨識，通常就按其顏色或含雜質的不同而加以命名，如黑色碳質板岩、黃綠色粉砂質板岩、灰色凝灰質板岩等。

在野外工作時，板岩與頁岩的辨別主要在於頁岩呈土狀，不會發亮；新鮮的

板岩因為在葉理面的方向上有一些板狀的微細變質礦物，如雲母及綠泥石等，所以光滑閃亮，如果閃亮的程度升高，例如在陽光下會發生很強的亮光，有如鏡面反射，就稱為千枚岩（Phyllite）。千枚岩的原岩與板岩相似，但礦物重行結晶的程度較高，基本上已全部重結晶；其礦物主要為絹雲母、綠泥石、及石英（非片狀），礦物顆粒都小於0.1mm。在葉理面上常能見到定向排列的絹雲母細小鱗片，呈絲絹光澤，這就是它能夠強烈發亮的主要原因。

二、片岩

片岩（Schist）的變質程度比板岩及千枚岩又更進一步，所以礦物的顆粒變粗，用肉眼可辨，其原岩全部重結晶；這就是片岩與板岩不同的地方，礦物大到可以分辨的程度時就是片岩。

片岩的片狀礦物主要有白雲母（Muscovite）、黑雲母（Biotite）、綠泥石（Chlorite）、滑石（Talc）、石墨（Graphite）等；柱狀礦物則有角閃石（Hornblende）、陽起石（Actinolite）等；粒狀礦物則有石英（Quartz）、長石（Feldspar）等；有時會出現石榴子石（Garnet）、矽線石（Sillimanite）、藍晶石（Kyanite）等礦物。

片岩中，片狀礦物或柱狀礦物的含量通常不少於30%。它們呈現連續、平行、定向排列，因而造成一種平行、密集，而不甚平坦的剝離面，沿該面易於劈開。片理的形成主要是因為礦物在平行於最大主應力的方向（可看成是最大壓應力的方向）上溶解，而在最小主應力的方向（可看成是最小壓應力或是張力的方向）上生長；即在壓力的作用下，原礦物一邊溶解，新礦物則一邊生長。至於粒狀礦物（如石英、長石等）則在定向壓力下，可以被壓扁或拉長，產生型態上的改變，所以也會形成定向排列。

片岩可以根據其主要礦物或特徵礦物而進一步命名，如雲母片岩、石英片岩（台灣稱為矽質片岩）、綠泥石片岩（台灣稱為綠色片岩）、角閃石片岩、石墨片岩（台灣稱為黑色片岩）等。片岩中如果含有兩種主要或特徵礦物，則以多數者在後，少數者在前命名，例如雲母較多，石榴子石較少，則可稱為石榴子石雲

母片岩。如果粒狀礦物的含量少於50%，則以主要的片狀礦物命名，如絹雲母片岩、綠泥石片岩；也可以以主要的柱狀礦物命名，如角閃石片岩、石英片岩等。如果粒狀礦物的含量大於50%，則以占主導地位的兩種礦物命名，如白雲母石英片岩、角閃石石英片岩。一般的命名法規定，片岩中的長石含量為少於25%；如果大於25%，就要歸入片麻岩一類。

三、片麻岩

片麻岩（Gneiss）是變質度最高的一種變質岩；礦物顆粒一般大於1mm。粒狀礦物中，鉀長石（K-Feldspar）、斜長石（Plagioclase），及石英（Quartz）的總含量約占一半以上，其中長石要大於岩石中礦物總量的25%。

至於呈定向排列的片狀及柱狀礦物有雲母、角閃石、輝石等，它們在粒狀礦物中呈斷續的帶狀分布，稱為片麻狀構造。這種構造的成因可能是受原岩成分的控制，即不同成分的層次變質成為不同的礦物條帶；也可能是在變質過程中，岩石的不同組分發生分異作用，並且分別聚集的結果。

四、大理岩

大理岩（Marble）的原岩為石灰岩，經過變質後，方解石（Calcite）重新結晶的一種變質岩。大理岩一般呈白色，方解石結晶呈粒狀，粒徑非常均勻。純粹的大理岩幾乎不含雜質，潔白似玉，但是多數的大理岩因為含有雜質，所以會顯示不規則的條帶及花紋，如蛇紋石大理岩因含有蛇紋石（Serpentine）而呈綠色，係由含鎂的石灰岩（如白雲質石灰岩）變質而來，岩石色澤瑰麗漂亮，常作為建築及工藝製品的材料。

大理岩也會微溶於水（尤其是含有二氧化碳的地下水），石灰岩特有的岩溶現象，大理岩也都有，大理岩遇稀鹽酸也會猛烈起泡。

五、石英岩

石英岩（Quartzite）的原岩為石英砂岩，主要由石英組成，其含量大於

85%；石英岩具有粒狀結構，岩質極爲堅硬。石英岩中除了石英之外，還含有少量的長石、雲母、綠泥石、角閃石、輝石等。

　　石英岩是一種優良的建材，石英含量如果大於90%，並且暗色礦物甚少的石英岩可作玻璃的原料。

六、蛇紋岩

　　蛇紋岩（Serpentinite）是由鎂質超基性岩變質而來，其礦物成分主要爲蛇紋石（Serpentine），其次是磁鐵礦（Magnetite）、鈦鐵礦（Ilmenite）等，有時含少量的透閃石（Tremolite）、滑石（Talc）等。岩石一般呈黃綠色至暗綠色，質地較軟，用手觸摸具有滑感。含鎂高的蛇紋岩可作耐火材料及化肥原料。

2.4.3　變質岩的肉眼鑑定

　　變質岩的肉眼鑑定，首先要分出有葉理的以及沒有葉理的，葉理的有無需從斷面（垂直於葉理的方向）來看。葉理有板理、千枚理、片理、及片麻理之分，主要的區別在於礦物的顆粒大小，它們代表著變質度的大小。依據變質度由小到大的順序，具有葉理構造的有板岩、千枚岩、片岩及片麻岩；不具葉理構造的變質岩則主要有大理岩、石英岩等。

　　板岩與頁岩的顆粒都很細，無法鑑定其礦物，所以有時兩者不易區分。一般而言，板岩質地較爲堅硬，用地質鎚敲擊時會發出清脆的響聲，且葉理面比較光滑，反射光線的能力比較強，有時候可以見到閃亮的礦物；頁岩的頁理面及斷面都呈土色，反射光線的能力很差。板岩與千枚岩的區分在於千枚岩的葉理面上常可見到定向排列的絹雲母細小鱗片，呈現絲絹光澤，在太陽光底下會閃爍發亮；片岩的變質度比千枚岩又更高一級，礦物顆粒更大，憑肉眼即可鑑定。片麻岩是變質度最高的一種變質岩，其特徵是礦物顯示粗略分層的現象，即同一類礦物（例如黑色礦物）會聚集成層，並與其他類礦物分層相間。

　　沒有葉理構造的大理岩，顆粒均一，亮度比石灰岩高，滴稀鹽酸時也會強烈起泡，此則與石灰岩相同。石英岩極爲堅硬，用地質鎚敲擊時會反彈，而且出火

花，其硬度及結晶程度均較砂岩爲高。

2.4.4 變質岩的工程地質特性

變質岩經過重結晶作用，所以結構緊密、孔隙較小、透水性差、強度較高。但是變質岩的葉理往往使岩石的連結減弱，強度降低，且表現顯著的異向性。

具有葉理的變質岩，其強度與葉理的方向具有密切的關係，當荷重方向平行於葉理時，單軸抗壓強度最大；荷重方向與葉理呈30°交角時，單軸抗壓強度最小，約可減弱5倍之多。

片麻岩隨著黑雲母的含量增多及片麻理的發育，其強度及抗風化能力會顯著的降低。片岩由於礦物成分的不同，性質差別很大。石英片岩（矽質片岩）、角閃石片岩等性質較好，強度較高；雲母片岩、綠泥石片岩（綠色片岩）、石墨片岩（黑色片岩）、滑石片岩等性質較差，強度較低，且異向性極爲明顯。片岩風化後容易沿著其片理發生潛移（Creep）。

板岩在台灣的分布很廣，主要位於中央山脈的稜線、西翼，及南端。板岩性脆、板理明顯、裂隙發達、強度較低、易生滑動；尤其是位態傾斜的板岩，因爲其表層風化程度較深，所以沿著它的板理發生軟化，遂而引起淺層滑移，形成如蠕蟲行走時的拱身現象，其實就是一種扭曲變形作用，稱爲壓曲作用（Buckling）。結果使得板岩的表層與深層產生脫離現象，在地表下遂造成空洞，因此建築時需加以剝除，接近於地表的板岩也會因爲解壓的關係而裂解成碎片。因此在板岩地區施工，其表層很容易挖除，但是一到深部可能就需要採用爆破的方式開挖。

石英岩的性質均一、緻密堅硬、強度極高、抗風化能力強，但是因爲性脆，所以裂隙發達，容易貯水，地下開挖（如隧道、地下電廠、軍事工程等）艱困，且有突然湧水的潛在危險。雪山隧道在開鑿期間曾經遇到10次以上的抽坍及湧水，有一半以上就是發生在石英岩的岩層內。大理岩的均一性極佳，強度也高，但是與石灰岩一樣，也有岩溶的問題，應予注意。

第 3 章

地質構造是地形的骨架

　　岩石中除了火成岩具有原生的整體性及不規則性外，沉積岩及火山岩基本上是以水平狀態形成的，而且在一定的範圍內具有橫向（水平方向）的連續性；變質岩則受變質作用的影響，被扭曲變形得很嚴重。

　　受到板塊運動的影響，原來水平的岩層會變為傾斜或彎曲，如果受力超過岩層可以負荷的程度，則連續的岩層會被斷開或錯動，完整的岩體會發生破裂或破碎等，這些變形、變位、及破裂的現象統稱為構造變形，構造變形的產物就稱為地質構造（Geological Structure）。各種不同的地質構造經過地質作用（Geological Process）之後，就會形成千變萬化的地形，雖然地形的樣式繁多，但還是有一些規律可循。

3.1　岩層的空間位態

　　如果從型態上對岩層進行解剖，其幾何要素離不開點、線、面三種。岩層最基本的幾何單元是面，例如岩層的界面（每一個岩層都有它的頂面及底面）、岩土層的界面，以及節理、斷層等各種不連續面。兩個面相交成一條線，而兩條線或線與面則相交於一點，例如古河道可以認為是一條線，它與斷層面將交會於一點。

　　岩層的位態（Attitude）是由走向、傾向，及傾角三要素所決定（見圖3.1）。走向（Strike）是層面與一個假想水平面的交線之方位，或者將一個面浸水後，其與水面的交線之方位，它代表著岩層的延長方向，這一條線就稱為走向線。同一個面會有無數個走向線，它們都互相平行，所以只有一種方位，但是都具有不同的高程。習慣上走向要從真北向東量測，或者從真北向西量測；分別記錄成N（數字）°E或N（數字）°W。換另外一個方式來說，如果在同一個面上，將任意兩個高程相等的點連結起來，這條連線就稱為走向線；所以我們在這個面上就會有許許多多不同高程的走向線，依據不同的高程，我們就可以稱這個面在某某高程的走向線。走向線在地質上是一個非常有用的概念，我們會經常提到它。

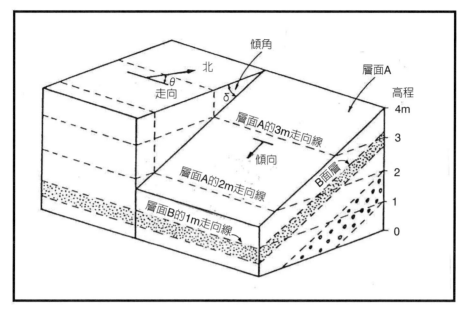

圖3.1　岩層位態的三要素

　　傾向是層面傾斜的方向，在層面上，垂直於走向線，且指向下傾方向的直線，就稱為傾斜線；傾斜線的方向就代表著層面傾斜的方向，恆與走向線垂直。傾角（Dip Angle）是層面與假想水平面的最大夾角，或者是走向線與傾斜線的夾角（取銳角）。如果傾角為零，即為水平岩層，水平岩層既無走向線，也無傾斜線。傾角如果是沿著傾向線量測，稱為真傾角；沿著其他方向量測，都是視傾角（Apparent Dip）。視傾角恆小於真傾角。垂直於走向線切剖面，稱為正剖面，在正剖面上所看到的岩層傾角為真傾角（見圖3.2的A與D）；斜交走向線切剖面，稱為斜剖面，在斜剖面上所看到的岩層傾角為視傾角（見圖3.2的B與C）。例如公路建設常常要削坡，如果平行於走向線切（此為順剖面），則在切面上岩層看起來是水平的（見圖3.2的E）；如果垂直於走向線切，則在切面上岩層看起來是真傾角；如果斜切走向線，則在切面上岩層看起來是視傾角，比真傾角還要小。

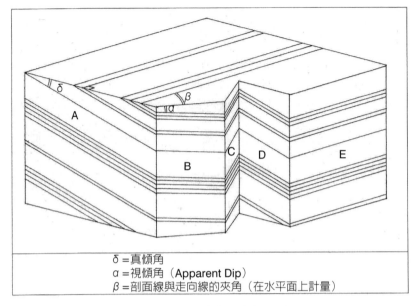

δ ＝真傾角
α ＝視傾角（Apparent Dip）
β ＝剖面線與走向線的夾角（在水平面上計量）

圖3.2　真傾角與視傾角的區別

真傾角與視傾角可以用公式（3.1）互相換算：

$$\tan\alpha = \tan\delta \cdot \sin\beta \tag{3.1}$$

式中，α ＝視傾角

β ＝切面與走向線的夾角（在水平面或地質圖上量之）

δ ＝真傾角

上式中，如果β ＝ 90°（即垂直於走向線切，此為正剖面），則α ＝ δ，即剖面上看到的是真傾角；如果β ＝ 0°（即沿著走向線切，此為順剖面），則α ＝ 0°，即剖面上看到的岩層是水平的，砍斷順向坡的坡腳時就會看到這種視位態。當90°＞β＞0°時，α＜δ，所以視傾角小於真傾角。

3.2 褶　皺

　　岩層受到擠壓或抬舉而發生彎曲的現象稱爲褶皺（Fold），單個彎曲常稱爲褶曲。岩層被褶皺後，其原來的空間位置及型態即發生改變，但是其連續性則未受到破壞或錯斷，這是褶皺與斷層不同的地方。

　　褶皺是地球上最醒目也最漂亮的地質景觀，其規模大小懸殊，大的往往可以延伸幾十或幾百公里，小的則要在顯微鏡下才能見到。我們現在在地表所見到的褶皺型態絕不是在地表的條件下可以形成的，它們是在地殼深處發生的可塑性變形，因爲受到侵蝕作用後才露出地表的。

3.2.1　褶皺的幾何要素

　　爲了描述的方便，我們必須對褶皺的各部位名稱作一番說明（參考圖3.3）。

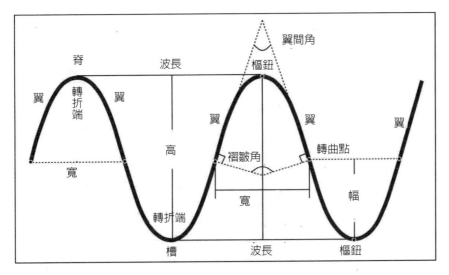

圖3.3　褶皺的幾何要素

1. 翼（Limb）：褶皺岩層的兩側。

2. 核心（Core）：褶皺岩層的中心區。

3. 軸面（Axial Plane）：褶皺兩翼的近似對稱面（假想的面），它可以是平面也可以是不規則的曲面。

4. 樞紐（Hinge）：軸面與層面的交線，它是層面曲率最大點的連線。

5. 軸線（Axial Line）：軸面與水平面或地面的交線，即地質圖上所繪的褶皺軸位置。

3.2.2　褶皺的分類

褶皺的基本類型為背斜及向斜（見圖3.4），另外還有許許多多變型。

一、背斜

原始水平的岩層受力之後向上凸曲的稱為背斜（Anticline），有如被劈開的竹竿，開口向下的樣子。地質上則以老地層在核心部的褶皺為背斜，這是因為地殼變動的關係，有時候背斜可能被翻轉過來，使得地層變成向下凹曲，所以不能單純以型態來分類。

二、向斜

原始水平的岩層受力之後向下凹曲的稱為向斜（Syncline），有如被劈開的竹竿，開口向上的樣子。地質上則以新地層在核心部的褶皺為向斜。

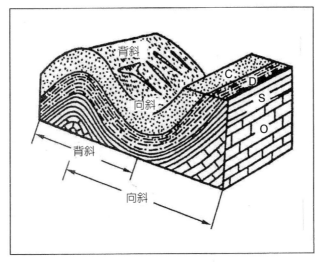

圖3.4　褶皺的類型

三、其他變型

以下簡單介紹一些其他常聽到的褶皺型態。

在橫剖面（垂直於褶皺軸所切的剖面）上呈扇形展開的褶皺稱爲扇形褶皺（Fan Fold），其兩翼的岩層均爲倒轉（Overturned）層序，即老岩層在上、年輕岩層在下；在橫剖面上呈箱形的稱爲箱形褶皺（Box Fold），其兩翼岩層陡立，而頂部或底部的岩層則非常平緩。岩層同向一個方向傾斜，並且向下逐漸過渡爲水平的稱爲單斜構造（Monocline）。

如果從軸面的位態來看，當軸面傾斜，兩翼岩層向同一個方向傾斜，且傾角可能相同，也可以不相同的，稱爲倒轉褶皺（Overturned Fold）；其一翼岩層爲正常層序，另外一翼的岩層則爲倒轉層序。倒轉褶皺中，如果兩翼岩層的傾向及傾角都相同的，就稱爲同斜褶皺（又稱爲等斜褶皺，Isoclinal Fold）；這種褶皺多形成於岩性均勻的地層，如板岩之類的，是強烈變形的產物。如果有一套岩層都向同一個方向傾斜，雖然與同斜褶皺很類似，但並不是褶皺，稱爲均斜（Homocline），它可以是背斜、向斜、單斜、或同斜的一翼而已。軸面近乎水平，

兩翼岩層的位態也近乎水平並重疊，稱爲偃臥褶皺（Recumbent Fold），其一翼的岩層爲正常層序，另一翼的岩層則爲倒轉層序。

　　根據單一岩層厚度的變化，褶皺又可分爲平行褶皺、相似褶皺，及薄頂褶皺。所謂平行褶皺（Parallel Fold）是指一套大致呈同心狀彎曲的褶皺，所以又稱爲同心褶皺（Concentric Fold）。在平行褶皺中，同一個岩層的眞厚度在各部位都相等（見圖3.5左），因此平行褶皺又可稱爲等厚褶皺（Isopach Fold）。當褶皺由多層岩層組成時，所有各層具有一個共同的曲率中心及多個不同的曲率半徑，因此各層有相同的褶皺面，但是順著軸面向下，各層的型態隨著深度而逐漸變尖，最後終止於層間滑脫面上；順著軸面向上，岩層的曲率越來越小，褶皺最終趨於消失。平行褶皺通常是在平行於岩層的側向壓力下，使一套岩性較爲一致的強硬岩層產生了彎曲，其愈近彎曲中心處，岩層的褶皺愈強烈；遠離彎曲中心處，岩層的褶皺愈平緩。在岩層之間則發生層間滑動，但是沒有顯著的塑性流動，其層間滑動係以上層向著背斜軸部滑移，而下層則背離背斜軸部滑移（或向著向斜軸部滑移）的方式進行。平行褶皺大多出現在褶皺不十分強烈的地區。

　　相似褶皺（Similar Fold）是各個岩層成相似彎曲；其特點是各層的曲率相等，但是沒有共同的曲率中心，其褶曲型態不隨深度而發生任何變化（見圖3.5右）。當相似褶皺的軸面是直立時，在其任一部位上的岩層，其鉛垂厚度都相等；相似褶皺的這些特點使其在外形上成爲核心部的岩層厚，兩翼的岩層薄的頂厚褶皺，這是在可塑變形的環境下產生的，表示岩層的物質有從翼部向頂部轉移的現象，相似褶皺是軟弱岩層的一種褶皺型式。與頂厚褶皺相反的是頂薄褶皺，其兩翼的眞厚度及鉛垂厚度都大於核心部，當其由多層岩層組成時，各層既不平行，也不相似。

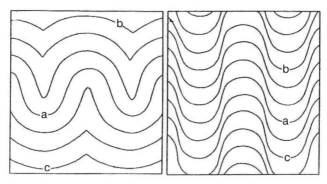

圖3.5　平行褶皺（左）與相似褶皺（右）

3.2.3　褶皺對工程的意義

　　褶皺地區的地形一般起伏較大，尤其是褶皺特別強烈的地區，岩層因為受到強烈擠壓及破裂，所以裂隙非常發達，而且岩層的位態變化大，傾角很陡。在這種地區進行工程建設，其挖、填方都特別大，雨水的沖刷比較嚴重，邊坡的穩定性也比較差。

　　岩層中具有特殊工程顧慮時，如軟弱夾層、泥化夾層、膨脹性岩層、含水層、含煤層、含鹽層等，它們會隨著岩層的褶皺跟著褶皺，因此它們的空間分布完全受到褶皺型態的控制；通常會因褶皺作用而被抬高到地表淺處，如果有斷層伴生時，還會重複被抬起，而且分布在很多地區。

　　在褶皺的軸部位置，由於岩層受到的彎曲最嚴重，且變動最大，所以裂隙特別發達。如果地下工程（如隧道、礦坑、地窖、地下貯藏室、地下發電廠、地下軍事工程等）沿著軸部開鑿，有可能造成大量的頂盤坍落，尤其是在向斜的軸部，由於裂隙間的岩塊處於倒插狀態，V型開裂的尖端朝上（見圖3.6），更容易發生這種危險；再者，向斜構造有利於地下水的聚集，所以在其軸部的地下水非常豐富，水壓較高，很有可能出現大量湧水的工程事故。因此，洞址或隧道的軸線不應選在褶皺（尤其是向斜）的軸部位置。如果無法避開褶皺的軸部時，則洞軸線應與褶皺的軸線垂直，或以較大的交角（最好在50°以上）通過，相交的長度越短越有利。

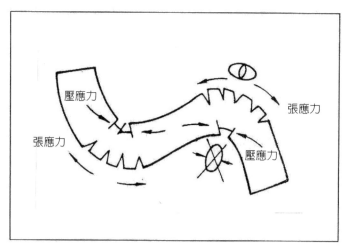

圖3.6　褶皺軸部的X型破裂（誇張的示意）

　　在褶皺的翼部布置地面結構體時，如果邊坡的開挖面平行於岩層的走向線時，且邊坡的傾向與岩層的傾向一致，邊坡的坡度又大（大於岩層的傾角），則很容易引起順向坡滑動。特別是在砂、頁岩互層（尤其是砂岩在上、頁岩居下的層序關係）、雲母片岩、綠泥石片岩、滑石片岩、石墨片岩、千枚岩等軟質岩石分布的地區，如果路塹開挖太深，坡度太陡，都非常容易引起順向滑動。如果邊坡的走向與岩層的走向之交角大於50°（不論傾向是否一致），或者兩者的走向雖然一致，但是傾向相反（即逆向坡），或者兩者的傾向一致，但是邊坡的坡度比岩層的傾角還小，則邊坡的開挖比較安全。以上都是原則性的敘述，實際情況還得考慮其他不連續面（如節理）的干擾，例如在順向坡的情況下，假定順向坡的坡度小於岩層的傾角，理論上是安全的，但是如果坡體內有一組順著岩層走向的節理，則邊坡還是危險的。

　　樁基如果要坐落在傾斜的岩層上時，基端一定要入岩層至少3m以上，否則基腳可能在傾斜的層面上滑移，甚至折斷。

3.3　斷　層

　　岩石受力的極限就是破裂，如果破裂的岩塊沿著破裂面兩側發生明顯的相對位移（這種行為稱為錯動），就形成斷層（Fault），斷層會使得岩層的連續性遭到破壞。破裂（或稱斷裂，Fracture）主要可以分成節理及斷層兩類，破裂面兩側的岩塊如果沒有發生明顯的相對位移，這個破裂面就稱為節理（Joint）。我們首先來談斷層：

3.3.1　斷層的幾何要素

　　要描述斷層之前，我們必須先知道斷層各部位的名稱（見圖3.7）。

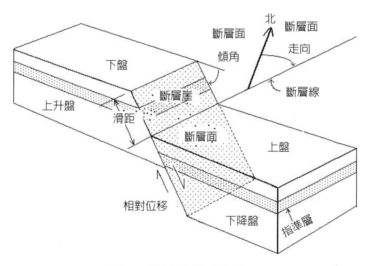

圖3.7　斷層各部位的名稱

一、斷層面

　　斷裂岩塊之間發生相對位移的滑動面稱為斷層面（Fault Plane）。斷層面有時平坦光滑，有時略呈波狀起伏，也有的斷面呈粗糙狀；斷層面是一種面的要

素，它的位態（即走向、傾向、傾角）與岩層的位態是採用同樣的計測方法。

還有我們說斷層面兩側斷塊的位移是相對的，因為沒有參考點，所以很難推斷位移量，更無從知道哪一個斷塊移動？哪一個斷塊不動？或者兩個斷塊雖然一起動，但是不知道是反向移動？或是位移量不同的同向移動？

二、斷層帶

大型斷層的斷層面實際上並不是一個單一的幾何面，而是由一系列次級斷層或破裂面所組成的一個有寬度的帶，稱為斷層帶（Fault Zone）。在斷層帶內還夾雜或伴生有搓碎的小岩塊及岩屑。斷層如果是在強大的壓應力之下錯動時，小岩塊及岩屑都會被碾磨成粉，形成一種有潤滑感的泥質物質，出現緊密的剪裂面，稱為斷層泥（Fault Gouge）。

三、斷盤

斷層面兩側的岩層及岩體稱為斷盤（Fault Wall），斷層面上方的一盤稱為上盤（Hanging Wall），斷層面下方的一盤稱為下盤（Foot Wall）；相對上升的一盤稱為上升盤（Upthrown Block），相對下降的一盤稱為下降盤（Downthrown Block）；上盤可以是上升盤，也可以是下降盤，下盤亦然。

如果斷層面是直立的，就分不出上、下盤，這時可用方位來描述，如東盤、西盤，或北盤、南盤等；如果斷塊作水平移動，則沒有上升盤或下降盤，這時一樣可以用方位來描述。

四、斷層線

斷層面與地面的交線稱為斷層線（Fault Line），即斷層在地表的出露線。如果斷層面是傾斜的，則斷層線就呈現歪歪扭扭的樣子，完全受斷層面的位態及地形起伏的控制。斷層面的傾角越小，地面的起伏越大，斷層線的走勢就越複雜；如果斷層面是直立的，則斷層線不受地形的控制，它會以一條直線呈現。在地質圖上，斷層線是重要的地質界線之一，同地層界線一樣的重要。

五、斷層崖

斷層形成的峭壁或隆起斷崖，稱為斷層崖（Fault Scarp），它是認別斷層一個很重要的證據，多數斷層崖在形成後均受到侵蝕作用的改造。

六、斷層線崖

沿著斷層線或斷層崖，因差異侵蝕作用而形成的陡坡或懸崖，稱為斷層線崖（Fault Line Scarp），這是斷層崖受到改造後的結果，因為斷層一側的軟岩比另外一側的硬岩更迅速的受到侵蝕之故。斷層線崖不代表原來的斷層崖及斷層面。

3.3.2　斷層的位移

測定斷層真實的位移量是相當困難的，如前所述，因為出現了很多相對位移的術語。

一、絕對位移——滑距

斷層的絕對位移稱為滑距（Slip），它是指斷層兩盤的實際位移距離，是根據兩盤在錯開前相對應的點（稱為對應點），錯動後分開的距離。滑距還可以分解成下列三種（見圖3.8）：

1. 總滑距（Net Slip）：指兩個對應點之間的直線距離，它明確表示位移的方向及大小。
2. 走向滑距（Strike Slip）：指總滑距在斷層走向線上的分量。
3. 傾向滑距（Dip Slip）：指總滑距在斷層傾斜線上的分量。
4. 水平滑距（Horizontal Slip）：指總滑距在水平面上的投影長度。

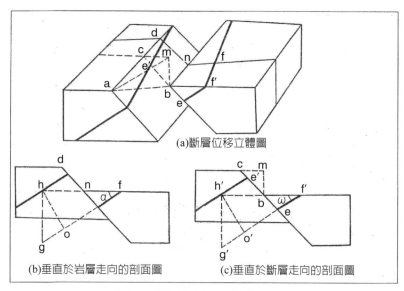

圖3.8　斷層的滑距及斷距

ab = 總滑距　　　ho = 岩層斷距
ac = 走向滑距　　hf = 水平岩層斷距
bc = 傾向滑距　　hg = 鉛垂岩層斷距
am = 水平滑距

二、相對位移——斷距

　　斷層面兩側的岩層或岩脈，其對應層或對應脈之間的相對距離稱為斷距，或稱離距（Separation），它不是真正的位移；在不同方位的剖面上，斷距是可以不同的。在垂直於被錯斷岩層走向的剖面上（圖3.8(b)），我們將斷距分成以下幾種：

　　1. 岩層斷距：在斷層兩盤上，對應層之間的垂直線距離。當斷層兩盤的岩層之位態近乎一致時，在垂直於岩層走向的橫剖面上所測定的同一岩層間的垂直線距離就是岩層斷距（Stratigraphic Separation）。岩層斷距的大小基本上就是由斷層所造成的岩層重複或缺失的厚度，所以野外調查時，可根據岩層重複或缺失的厚度測定岩層的斷距。

　　2. 水平岩層斷距（Horizontal Stratigraphic Separation）：在斷層兩盤上，對

應層之間的水平（Horizontal）距離。

3. 鉛垂岩層斷距（Vertical Stratigraphic Separation）：在斷層兩盤上，對應層之間的鉛垂距離。

在地下工程，我們常常在垂直於目標岩層的走向線作橫剖面，然後順著斷層傾斜線，量度相應層的錯開距離，稱為斷層傾向斷距（Dip Separation），斷層傾向斷距的水平分量稱為平錯（Heave）；斷層傾向斷距的鉛垂分量稱為落差（Throw），如圖3.9所示。在地質圖上，相應層位移後可能有一小段會互相重疊，其重疊的距離就稱為覆距（Overlap）；但是相應層也可能被錯離分開，則兩個相應層之間的垂直線距離就稱為錯距（Offset）；沿著岩層走向線，兩個相應層被斷開的距離就稱為隔距（Gap）。

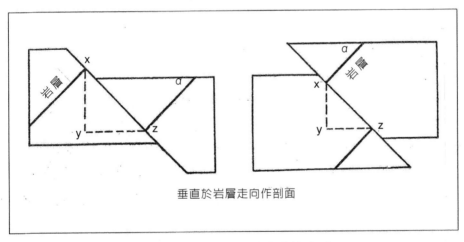

垂直於岩層走向作剖面

圖3.9　岩層的平錯（yz）與落差（xy）

3.3.3　斷層的分類

斷層有很多種分類法，根據不同的準則，可以分成許多類。我們首先根據斷層的相對運動方向來分，這是最普遍的一種分類法。

一、根據兩盤的相對運動方向

1. 正斷層

　　斷層的上盤沿著斷層面相對的向下滑動的斷層稱為正斷層（Normal Fault），兩側的對應層相互分離。正斷層的位態一般較陡，斷層面傾角多在45°～60°之間，且往往從上到下會逐漸的由陡變緩，在整體上呈鏟狀（見圖3.10上）。

　　正斷層一般形成於水平方向為張力的狀態下，如板塊分離或裂谷等地，因此地殼在水平方向會被拉伸，或在鉛垂方向會發生陷落，故正斷層又稱為重力斷層。

2. 逆斷層

　　斷層的上盤沿著斷層面相對的向上滑動的斷層稱為逆斷層（Reverse Fault），上盤掩覆了下盤，即老地層覆蓋在新地層之上（見圖3.10中）。根據斷層面傾角的大小，逆斷層又可分為高角度及低角度兩類，高傾角的逆斷層，其傾角多在45°以上，常在正斷層發育的地方出現；低傾角的逆斷層又稱為逆掩斷層（Thrust Fault），是一種位移量很大的緩傾斜逆斷層，其傾角一般在30°以下，位移量一般在數公里以上。

　　逆斷層一般形成於水平方向為壓應力的狀態下，如板塊的擠壓或碰撞的地方，因此它們常與褶皺相伴生。逆斷層會使得地殼在水平方向縮短，或在鉛垂方向上發生隆起。

3. 平移斷層

　　斷層兩盤的相對運動與斷層面的走向一致的斷層稱為平移斷層（Strike-slip Fault），即水平方向的錯動，其斷層面常近乎直立（見圖3.10下），規模巨大的平移斷層又稱走向滑移斷層。根據兩盤運動的相對方向，平移斷層還可進一步分為右移（Right-lateral Slip）及左移（Left-lateral Slip）斷層，或稱右旋及左旋斷層，其判斷方法是沿著被錯斷的岩層走向前進，遇到斷層時，如果需要向右轉才能找到被錯斷的對應層，則為右移斷層；反之，則是左移斷層。

　　平移斷層是由水平的剪力偶或者水平壓應力所造成，如果剪力偶是順時針方向的，則為右移斷層；如果是逆時針方向的，則為左移斷層。在水平壓應力的狀況下，平移斷層常與壓應力的方向相交呈30°左右。

　　平移斷層中，有一種傾角很陡，甚至直立的斷層面，只發生在低角度逆掩斷層的輾掩岩席或滑體上，稱為撕裂斷層（Tear Fault）；其走向常與逆掩斷層相垂直，而且是水平位移。它是由輾掩岩席或滑體在逆衝過程中的差動運動所造成，其與平移斷層不同的地方，在於它只發生在逆掩斷層的上盤。

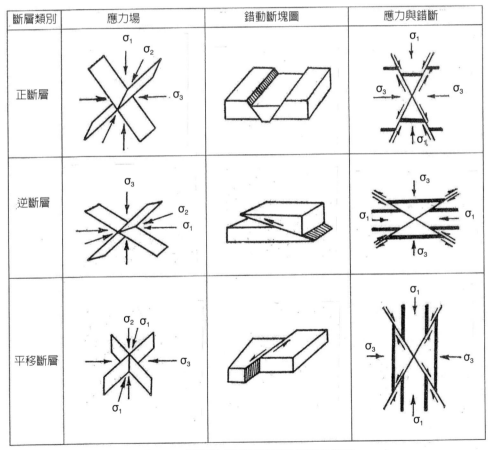

圖3.10　斷層的類別及其所受的應力作用

二、根據斷層與岩層或區域構造線的相對方位關係

1. 走向斷層或縱斷層（Longitudinal Fault）：斷層的走向與岩層或區域構造的走向一致。

2. 傾向斷層或橫斷層（Transverse Fault）：斷層的走向與岩層或區域構造的走向垂直。

3. 斜向斷層或斜斷層（Diagonal Fault）：斷層的走向與岩層或區域構造的走向斜交。

4. 順層斷層（Bedding Fault）：斷層的位態與岩層層面的位態一致（一般是斷層遵循某一岩層的層面）。

三、斷層的組合類型

1. 以正斷層為主

由兩條以上相向傾斜的正斷層組成，即形成地塹（Graben），其公共盤為下降盤；由兩條以上反向傾斜的正斷層組成，即形成地壘（Horst），其公共盤為上升盤，地塹與地壘往往互相毗鄰或相間發育（見圖3.11）。

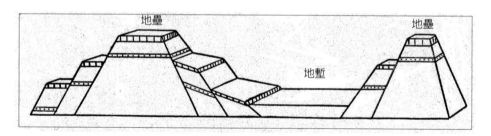

圖3.11　地塹與地壘

如果是由一系列位態一致的正斷層組合而成的，就稱為階梯狀斷層（Step Faults）。順著斷層的傾向，一條斷層的上盤同時構成下一個斷層的下盤，所有斷層的上盤都朝向同一個方向滑動。有時候，一系列弧型斷層呈同心狀分布，稱為環型斷層（Ring Faults）；如果一系列斷層呈放射狀排列，就稱為放射狀斷

層（Radial Faults）。環型斷層與放射狀斷層常常伴生於穹窿（Dome）或鹽穹（Salt Dome）構造的頂部，或相伴出現在火山口（Crater）構造的周圍。

2. 以逆斷層為主

由一系列位態一致的逆斷層組合而成稱為疊瓦狀斷層（Imbricate Faults）。一條斷層的上盤同時也是相鄰另外一條斷層的下盤，所有斷層的上盤都朝同一個方向往上逆衝，台灣的斷層群大多屬於此類斷層，大多往西北方向逆衝。

由逆衝斷層及其上盤掩覆體或逆衝岩幕（或稱岩席，Nappe）組合而成的大規模構造稱為掩覆構造（Nappe Structure），它主要形成於造山帶及其前緣，一般是強烈水平擠壓的結果。有時候在重力及拉伸的作用下，也可以引起板狀岩幕的大規模滑移，其位態及型態均與掩覆構造相似，稱為滑覆構造（Gliding Fault）。

3.3.4　斷層帶的特徵

當露頭良好，斷層暴露清楚時，斷層帶的特徵易於觀察，但是多數斷層因其兩側岩石比較破碎，易受風化及侵蝕，往往形成鬆散的狀態，不易觀察，因此，在野外時必須特別留心觀察。本節只討論近距離的目視特徵，至於宏觀的特徵將留待第十三章詳細說明。

一、擦痕與鏡面

斷層因為發生剪力運動，兩盤互相摩擦，所以在個別的斷層面上會形成平行而密集的溝紋，稱為擦痕（Slickenside）（見圖3.12Ab及Bc）。局部平滑而光亮的表面，稱為鏡面（Polished Surface），有如一面鏡子，光滑明亮；在鏡面上常有鐵、錳氧化物、碳酸鹽類，或矽質礦物形成的纖維狀薄膜，稱為擦抹礦物（Smeared Crystal）。

擦痕的方向常指示斷塊的相對運動方向；較順滑的擦痕方向表示對盤（即手摸的另外一盤）的相對運動方向，擦痕與鏡面都是斷層存在及運動的可靠證據。

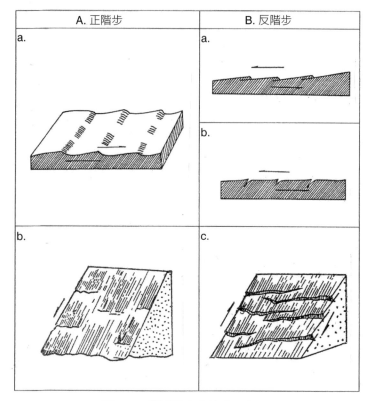

圖3.12　斷層面上的擦痕及階步

二、階步與反階步

　　斷層面上與擦痕方向垂直的小陡坎，其陡坡與緩坡連續過渡的地方稱為階步（Step）（見圖3.12），它是由於斷層滑動時受到某種阻力而形成的，或者也可以由擦抹礦物的垂直斷口所造成。如果陡坡與緩坡不連續，其間被一組與相對滑動方向大致垂直的裂縫所隔開，稱為反階步（Antistep）（見圖3.12B），它主要是由剪切運動所造成的羽狀剪裂或張裂面，與斷層面相交所構成的陡坎。在野外要區分階步及反階步時，主要有兩點需要注意：第一點是在平面上，階步的坎肩常呈圓弧形彎曲，反階步的坎肩則多為尖稜角狀；第二點是階步上面常可見到擦抹礦物，而反階步則沒有。

　　階步的陡坎之傾斜方向指示對盤的相對運動方向，一般順著下坎方向撫摸，手感會比較光滑；如果逆坎撫摸，則手感粗糙，且有刺感。相反的，反階步的陡坎之傾斜方向指示本盤（即手摸的這一盤）的相對運動方向。

三、拖曳褶曲

　　斷層兩側岩層受斷層錯動時所產生的摩擦力之影響，發生變薄及彎曲的現象稱為拖曳褶曲（Drag）（見圖3.13），它是斷層兩側常可見到的一種局部構造現象。

　　拖曳構造不僅可以指示斷層的存在，而且能夠進一步的指示斷層兩盤的相對運動方向，其弧形彎曲的突出方向即為本盤的相對運動方向。

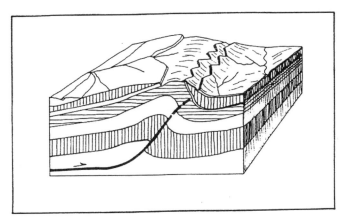

圖3.13　拖曳褶曲及其指示斷層的相對運動方向

四、斷層角礫岩

　　在斷層運動過程中，斷層帶上的岩石被碾碎、變形，甚至發生礦物重結晶及定向排列，並且產生新礦物，這種被碾碎的稜角狀碎屑就稱為斷層角礫岩（Fault Breccia）（見圖3.14左）。

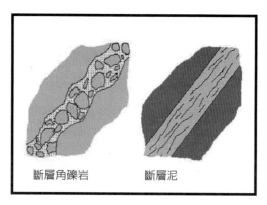

斷層角礫岩　　　　斷層泥

圖3.14　斷層帶的斷層角礫及斷層泥

斷層角礫岩由仍然保持原岩特點的岩石碎塊所組成，角礫及膠結物均為壓碎或剪碎的岩塊、岩粉，及岩石的壓溶物質。角礫呈稜角狀，一般大小不一，形狀不規則，沒有定向性，但是有時候角礫的稜角也可能被磨圓而成透鏡狀、橢圓狀，並呈定向排列，稱為斷層磨礫岩。

因為碎塊來自斷層兩側的岩石，所以仔細追蹤某種成分的碎塊分布時，有助於推斷斷層兩盤的動向。

五、斷層泥

如果岩石在強烈錯斷的過程中被研磨成泥狀，單個顆粒一般不易分辨，且固結程度極差，或者基本無固結，鬆軟有潤滑感的黏土狀物質，稱為斷層泥（Fault Gouge）（見圖3.14右）。仔細觀察時，有時可見到斷層錯動所造成的剪力面。斷層泥覆蓋於斷層面上，或成為斷層礫石的膠結物，斷層的一部分或全部常被其充填。斷層泥常與斷層磨礫岩共存。

六、岩層被錯斷

斷層兩側的岩層斷掉或錯開，無法連接起來，或兩側岩層的位態不一樣，或與不同的地質體直接接觸，或老地層騎到新地層的上面等等，除了岩層被錯開的直接證據之外，其他的證據在大多數情況下，也都指示有斷層的存在。當然也有

少數例外，所以還要有其他的證據當佐證。

　　不整合面雖然很類似上述的接觸關係，但是不整合上方的岩層，其層理一般會平行於不整合面。

七、伴生節理

　　在斷層兩盤的相對運動過程中，其中一盤或兩盤的岩石中常常會發育雁行排列的張節理及剪節理，這些節理都與主斷層斜交，其交角的大小與局部的應力場有關。雁行張節理常與主斷層成30°～45°交角，而且雁行張節理與主斷層所交銳角指示節理所在盤的相對運動方向（見圖3.15），因此，雁行張節理常用來研判主斷層的錯動方向。它有右雁行及左雁行之分，如果我們的視線與雁行節理的排列方向一致，則節理斜向0～3點鐘角域時為右雁行，如果斜向9～12點鐘角域時則為左雁行；右雁行節理指示主斷層為右移斷層，左雁行節理則指示主斷層為左移斷層。

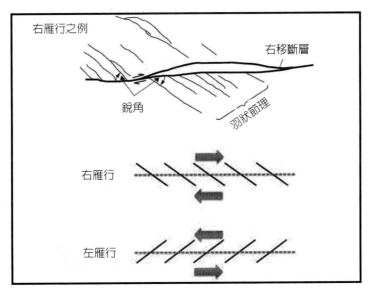

圖3.15　與斷層伴生及斜交的雁行張節理

伴生剪節理有兩組，呈X型組合，其中一組與主斷層成小角度相交，一般在15°以下，相當於該岩石的內摩擦角的一半；另外一組與主斷層成大角度相交或直交。小交角的一組雁行剪節理與主斷層所交銳角指示本盤的相對運動方向。

3.3.5　斷層的視錯斷

岩層被斷層錯動之後，在各種方向的剖面上，相應層的視斷距（Apparent Separation）變化多端，例如順著斷層傾向滑動的正斷層或逆斷層，在水平切面上可能造成平移滑動的錯覺，如圖3.16所示。因此判斷一條斷層的類別，不能只看到露頭面上岩層錯開的方向就斷然逕下結論，一定要多方觀察；大至應力場的推測（研判是屬於壓應力、張應力，或剪應力），小至斷層帶的特徵（見3.3.4節），都需要經過仔細的觀察及研判。

為了判定岩層的錯動方向與斷層的屬性之間的相對關係，我們有兩個準則可作為依據。

一、錯開方向法

在水平面（或地質圖）上觀察，相應層順著岩層傾向錯動的一盤乃為上升盤；反之，逆著岩層傾向錯動的一盤乃為下降盤。可利用以下口訣方便記憶：

順傾移 → 上升盤

（Down Dip → Up Thrown）

茲舉圖3.17為例，EF實際上為一左移斷層，但是從水平面上觀之，a2相對於a1係向Down Dip的方向錯開，所以在垂直面上看，a2好像是向上抬升（Up Thrown）（見A面）。同樣的，從水平面上觀之，b1相對於b2係向Down Dip的方向錯開，所以在垂直面上看，b1好像是向上抬升（Up Thrown）（見B面）。

斷層類型	錯動後	夷平後
A.傾向正斷層	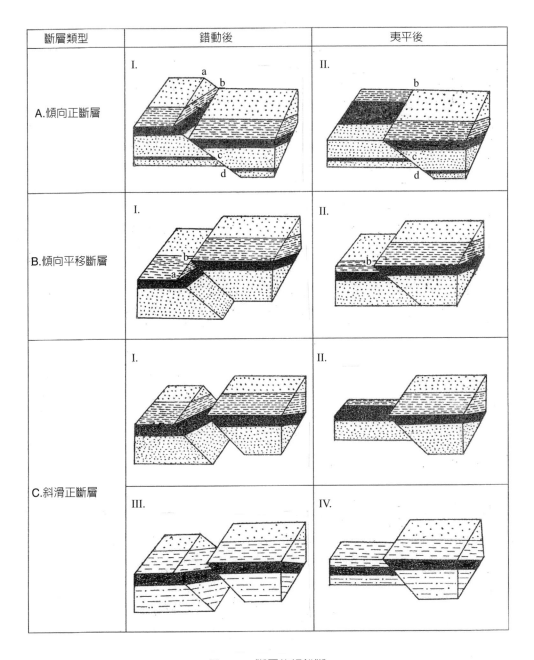	
B.傾向平移斷層		
C.斜滑正斷層		

圖3.16 斷層的視錯斷

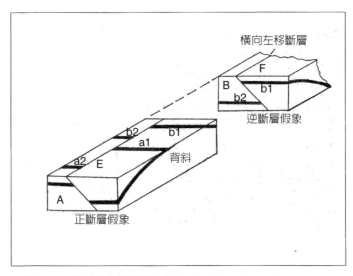

圖3.17　背斜被左移斷層橫斷後在兩翼形成傾向斷層的錯覺

二、相對年紀法

在平面上看，當老地層（位於背斜的核心部或傾斜岩層的上傾側）與新地層（位於向斜的核心部或傾斜地層的下傾側）以斷層相毗鄰時，老地層一側的斷塊為上升盤；新地層一側的斷塊為下降盤。不過，如果地層有倒轉，或者斷層的傾角小於地層的傾角時，則上述情況正好反過來。

茲再舉圖3.17為例，a1～b1及a2～b2算是背斜的核心部，屬於較老的地層；E處在核心（a1～b1）外，所以是較年輕的地層。因為E與較老的a2～b2相鄰，所以在垂直剖面上，E看起來像是下降盤，而其對面（A）看起來像是上升盤。

再看圖3.18，有背斜及向斜分別被橫斷層所截斷。在背斜的情況，如果從垂直剖面上看，老地層b2與新地層a3相鄰（數字越小，岩層越老），所以b2為上升盤；如果從水平面上看，同樣是b2與a3相鄰（見A），因為老地層為上升盤，也就是b2為上升盤，因此研判的結果一樣。還有一種現象是在水平面上，b2的寬幅變寬，而a2的寬幅則相對的變窄，這是褶皺構造被橫斷層所切時的特有現象，即背斜的上升盤之地層會外張，而下降盤之地層則會內縮，可參考圖9.20；相反

的，向斜的上升盤之地層會內縮，而下降盤之地層則會外張，其道理如圖3.19所示，不言自明。

　　這種特有現象可以用來辨別傾向滑移斷層及走向滑移斷層，對於平移斷層來說，其兩側的同一岩層之寬幅不會改變，且都向同一個方向錯移等距離。茲再以向斜為例，在垂直面上可以看到圖3.19老地層d1與新地層c2相鄰，所以d1是上升盤；再從水平面上看，老地層d2與新地層c3相鄰（見B），所以d2是上升盤；其結論相同。同時，還可看到上升盤的地層會內縮，而下降盤的地層則會外張，正好與背斜的現象相反。

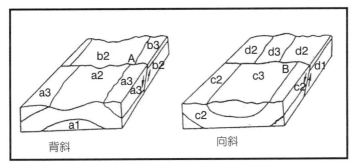

圖3.18　褶皺構造被橫斷層截斷時其地層寬幅發生變化的情形

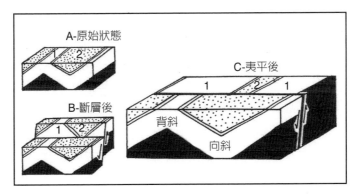

圖3.19　由褶皺同一岩層的寬幅之張縮可以研判斷塊的升或降

3.3.6 斷層的規模

斷層的規模可以用切割深度、延伸長度，或以兩側岩體位移的距離作為度量的準則，上述三者之間常呈密切的關係。一般而言，斷層切割得越深，其延伸越長，且位移量越大，反之亦然。

斷層的切割深度一般由幾公尺到幾公里都有，最深可切斷到地殼下部，甚至到地函（Mantle）的頂部。斷層的長度一般由幾公尺到幾十公里不等，最長達千公里以上。斷層位移的幅度一般由幾公尺以內到數十公里，最大可達數百公里以上，例如美國西海岸的聖安德魯斯（San Andreas）斷層右旋的平移量達480公里。

切割深（地殼下部以下）及延伸長（數十公里以上）的斷層稱為深斷裂，其中切穿地殼到達地函頂部的稱為地殼斷裂；切穿整個岩石圈（Lithosphere），到達軟流圈（Asthenosphere）的，稱為岩石圈斷裂。深斷裂的活動是長期而且反覆進行的，一般可以延續好幾百萬年，它們對於地殼的發展演化具有重要的控制意義。

3.3.7 斷層對工程的意義

斷層破壞了岩體的完整性，加速風化作用及地下水的流動，對工程造成種種不利的影響，一些重大工程常因斷層複雜而必須放棄原定的場址，工程因為斷層的存在而出事的也屢有所聞。斷層對工程的影響主要在下列幾方面：

1. 斷層通常由一系列密集的破裂面及揉搓至破碎的斷層帶，構成應力集中帶。斷層帶及斷層兩側附近的岩層裂隙多、壓縮性大，以致強度及承載力明顯的降低。破碎帶對壩基及橋基都有不利的影響。

2. 斷層破碎帶風化劇烈，地下水的循環較活躍，剪力強度因之弱化，邊坡穩定性也會降低，常常產生崩塌、滑動等災害。

3. 對地下水而岩，斷層可能具有通水作用（一般以正斷層居多），也可能具有阻水作用（一般以逆斷層居多），端視斷層帶的通水性而定。通水斷層常有豐富的地下水賦存，阻水斷層則造成斷層兩側地下水的水位及水壓產生差異，使

得地下水可能只富集在斷層的單側；因此地下洞室（如隧道、地下電廠等）的開挖如果由低水壓的一側向著高水壓的一側掘進時，很可能引起突然湧水的工程事件。因此預先探測工作面前方的水壓是常用的工程措施。

　　4. 由於斷層對岩層造成位移，使目標岩層（如煤層或貯油層）發生了錯斷，因此有的段落會被抬升到更接近地表；反過來，有的段落可能被深埋於地下。如果斷層是成組出現，則會造成目標岩層的多重疊置，也可能造成目標岩層的缺失及分離，要尋找斷掉的段落需要經過深入的調查及研判。

3.4　節　理

　　節理（Joint）是一種沒有明顯位移的脆性斷裂（Brittle Fracturing），它是地殼上部岩石中發育最廣的一種地質構造，比斷層更為普遍。除了因為構造作用產生的節理之外，地表也常見到因為風化作用或解壓作用所產生的節理（如席地節理、解壓節理等），以及因岩漿或熔岩冷凝收縮而產生的原生節理。所謂原生節理（Primary Joint）是指那些與岩石生成的同一時間產生的節理，如果岩石已經形成之後才產生的節理，就稱為次生節理（Secondary Joint），如上述的席地節理、解壓節理及構造節理等都屬於此類。本節只討論構造節理。

3.4.1　節理的分類

　　根據節理發育的成因、造成節理的力學性質、節理的位態等等準則；節理可以分成許多類型，如表3.1所示。原生節理是與岩層形成時同時生成的節理，次生節理則是於成岩之後才生成的節理，一般都是構造作用所造成的。

表3.1　節理的分類

成　　因	力學性質	位　　態
原生節理	－	－
次生節理	張節理 剪節理	走向節理（縱節理） 傾向節理（橫節理） 斜向節理（斜節理） 順層節理

　　張節理是由張應力產生的破裂面，剪節理則是由剪應力產生的破裂面。理論上，剪節理應該成對出現，成為共軛的X型節理系，但是由於岩石的不均一性，實際上這兩組節理的發育程度是不一樣的。

　　節理的空間位置依節理面（節理的破裂面）的位態（走向、傾向、傾角）而定。節理面的走向與岩層的走向（或褶皺的軸向）可以互相平行、垂直，或斜交（見圖3.20及圖3.21）；可分別稱為走向節理（或縱節理）、傾向節理（因為節理的走向平行於岩層的傾向，或稱橫節理），及斜向節理（或斜節理）；節理面與層面一致的，或平行於層理的就稱為順層節理。

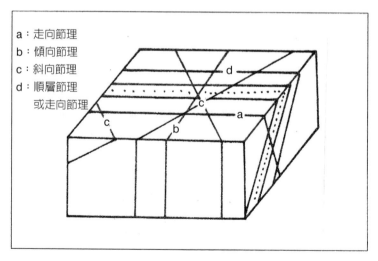

圖3.20　依據岩層位態的節理分類

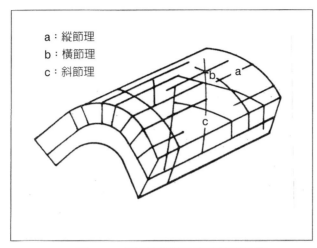

a：縱節理
b：橫節理
c：斜節理

圖3.21　依據構造線方向的節理分類

3.4.2　節理的性質

　　節理通常都是成組出現；也就是以同一個方向、同一個位態，以及幾乎相同的間距規則的出現，這樣的體系就組合成為一組（Set）。岩層中可以只發育一組節理，也可以發育兩組（不同方向）或更多方向的節理，它們縱橫交錯，將岩石切割成許多多邊形的塊體。不同的岩層，甚至同一岩層，其各處的節理發育並不均勻，影響節理發育的因素很多，例如在岩石變形較強的部位，節理發育較為密集，反之則較疏。脆性岩石的節理密度比韌性岩石的節理密度為密。在同一地區，較老的岩石之節理往往發育得較好，較新的岩石之節理往往發育得較差。

　　比較平坦的之節理面易被誤認為層面，它們主要的區別在於：

　　1. 節理可以穿過不同性質的岩層，沿同一個節理面可以見到岩石性質的變化；層面則呈不同性質的岩層之分界面，沿同一層面岩石的性質保持穩定。

　　2. 有的節理面可以穿過岩層中的礫石或化石，層面則無此特徵。

　　3. 有的節理面穿過厚度不大，但軟、硬不同的相鄰兩岩層（如穿過砂岩與頁岩）時，會發生轉折；層面位態的變化一般是漸變的。

至於張節理與剪節理的區別主要在於下列特徵：

1. 張節理的位態不如剪節理穩定，且延伸不遠，在有些情況下，多條張節理常分為一組呈側列狀（即雁行排列）產生；剪節理則沿其走向及傾向的延伸都較遠。

2. 張節理的節理面粗糙不平，幾乎見不到擦痕，或完全不發育。剪節理的節理面比較平滑，常可見輕微的擦痕及磨擦鏡面等現象，有時還可見到剪切成因的羽裂（圖3.22）。又剪節理如果沒有礦脈充填時，常呈平直的閉合狀；如果有被礦脈充填時，則充填的寬度一般比較等寬，脈壁也比較平直。張節理則多呈開口狀，因此常被礦脈所充填，礦脈的寬度變化比較大，脈壁也不平直。

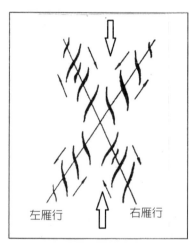

圖3.22　剪力造成的羽裂

3. 發育於礫岩或角礫岩中的張節理常繞礫石而過，即使切過礫石，其破裂面也都不平直；剪節理則常直切礫石，有如一刀切過一樣，並且不因礫石的阻擋而改變方向。

4. 剪節理的密度一般比張節理大，且間距大略相等，如果兩組共軛剪節理同等發育時，其所形成的X型節理系可將岩體切成菱形塊體。

3.4.3　解壓節理

　　岩盤露出地表後，因為失去覆岩的壓力，所以其表層會發生膨脹，結果形成一組平行於地面的節理，稱為席狀節理（Sheet Joint）或剝理（Exfoliation）（見圖2.3），它的間距會隨著深度的加深而變寬。剝理就是由解壓節理（或席狀節理）所造成。

　　解壓節理（Release Joint）是垂直於最小主應力方向（即張力方向）或平行於自由面的一組節理，它是岩體的表層因為失去侷限壓力而將內部應力釋放出來的結果。解壓節理的位態幾乎不受岩層的層理或葉理之影響，它只隨著自由面的形狀或位態而改變；因此如果自由面是水平的，則解壓節理就呈水平狀；如果自由面是垂直的，則解壓節理也會呈現垂直狀（見圖3.23）。

圖3.23　在一個陡直的邊坡上出現一組平行於邊坡的解壓節理（西藏）

（另附彩圖於本書488頁）

解壓節理的開口會隨著時間而逐漸擴大，也會隨著時間而逐漸往岩體內發生新開裂，只是其間距會越深越寬而已。解壓節理為自然作用所使然，即使利用岩錨或岩栓予以錨錠都無法阻止其發生，因為它不斷的往岩體內部發展，所以山區工程（尤其是道路）的邊坡、隧洞、岩壁等處都會受到外層逐漸剝落之害。

3.4.4　節理對工程的意義

節理是岩石最普遍的一種不連續面（Discontinuity），深深影響風化及侵蝕作用的發生。在節理發育的地方，岩石易受風化，可以形成許多奇特的地形，有時成為優美的地質景觀；許多河谷也是沿著節理的方向發育而成，河谷的兩側常常沿著節理面滑動而成峭壁；節理也是地下水循環的通道。由於節理的切割減弱了岩石的整體性及強度，對於工程建設有不利的影響。

當節理的主要發育方向與邊坡的方向一致，其傾向又與邊坡同向，則容易發生順向滑動。如果節理的裂隙被黏土等物質所充填，則遇水時將發生膨脹及潤滑作用，造成容易沿著節理面發生滑動的情形。岩石爆破時會沿著節理面漏氣，大大影響爆破的效果，因此裝藥孔最好能與主要節理面近乎垂直。飛彈如果順著節理面穿入岩體，容易回頭彈出，使得鑽深受限。因此，現代的軍事地質學有一項工作就是研究飛彈目標物的節理位態，因為目標物位於敵方，所以必須依賴遙測技術才能查知敵方的地下工事之位置，以及研判其覆岩的節理位態，這樣才能設計彈道的方向。

3.5　不整合

沉積盆地遭受地殼運動而處於上升的狀態，使得原來沉積的岩層被抬升並受到侵蝕。之後，地殼發生下降，又恢復沉積。像這種在同一地區，上、下兩套岩層間有一明顯的沉積間斷，稱為不整合（Unconformity）。

從沉積學來看，不整合是一個侵蝕面或夷平面，也稱為沉積間斷面，它通常是起伏不平，有時還保留著古風化土壤。不整合面的上、下兩套岩層在位態上可

以是一致的，也可以是不一致的；在岩性上則可能截然不同。如果不整合面下伏的岩層為堅硬及耐風化的石英岩或砂岩時，在不整合面上的上覆岩層的底層常含有這些岩石碎屑所構成的底礫岩（Basal Conglomerate）。如果下伏岩層是富含長石的花崗岩或片麻岩時，上覆岩層常有高嶺土層或長石砂岩。與不整合面相比，斷層面常不具有上述特徵。

3.5.1　不整合的類別

不整合的常見類型有以下四種，分別說明如下：

一、非整合

新的沉積岩覆蓋在老的火成岩或變質岩之間的不整合，稱為非整合（Non-conformity）（見圖3.24右）。這些老岩石在受上覆岩石覆蓋之前已被暴露地表承受侵蝕。現在已把它列入交角不整合的一類。

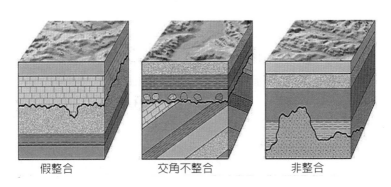

圖3.24　不整合的類別

二、交角不整合

上、下兩套岩層間有明顯的沉積間斷，且兩套岩層的位態完全不同，造成層面相交的不整合，稱為交角不整合（Angular Unconformity）（見圖3.24中）。此類不整合反映出此區在下伏岩層形成後，曾發生構造運動及侵蝕作用，不但出現

沉積間斷，而且使下伏岩層的位態發生變化，產生傾斜或褶皺。因此當侵蝕面上再接受沉積時，上覆岩層就與下伏岩層無論在位態上或構造特徵上都有明顯的差異。在新、老岩層之間存在一個廣泛的侵蝕面，侵蝕面上常堆積有底礫岩，並與上覆岩層互相平行。

三、假整合

上、下兩套岩層間雖然位態一致，但有明顯的沉積間斷，稱為假整合（Dis-conformity），又稱平行不整合（見圖3.24左）。假整合反映出，在下伏岩層形成後，此區的地殼曾發生均勻上升，使之遭受侵蝕；或者沉積作用曾一度間斷，後來地殼又下降，重新接受沉積，但是地殼的升降沒有改變岩層的位態，使不整合面上、下兩套岩層的位態得以保持一致；但是不整合面則起伏不定，可明顯的看出其存在，其下凹部位常堆積有礫岩，礫石即來自其下伏的岩層。

四、似整合

類似假整合，但是看不清侵蝕面，或其中的不整合接觸面只是簡單的層面，其上、下兩套岩層都是平行的，這種不整合稱為似整合（Paracon-formity）。現在已經把它歸為假整合一類。

3.5.2　台灣最明顯的不整合

台灣最明顯的不整合現象發生於河階礫石層（全新世）、台地礫石層（更新世後期）、下伏的頭料山層（更新世早期至中期）或更老的地層之間的交角不整合（見圖3.25）。這些台地礫石層廣泛的分布在台灣西部的丘陵山地、海岸台地、或河階台地之上（何春蓀，民國75年）。台地礫石層的分布由北而南有林口台地、桃園台地、楊梅台地、中壢台地、湖口台地、苗栗縣的火炎山、台中縣的鐵砧山及大肚台地、彰化縣的八卦台地、南投縣的凍頂台地、雲林縣的觸口台地、高雄縣的嶺口台地、屏東縣的西恆春台地等。這些台地堆積也分布於埔里盆地、魚池盆地、台中—南投盆地，以及花東縱谷一帶。

　　在台灣海岸，尤其是南部海岸，在更新世中、晚期生長的珊瑚礁也因爲隆起而與更新世早期或第三紀的地層呈不整合接觸。另外常見的就是現代的沖積層或崩積土堆積在較老的岩層上，嚴格來講它們也算是不整合接觸。

圖3.25　頭料山層火炎山相（Qt）與紅土礫石層（Q1）的不整合接觸關係
（另附彩圖於本書488頁）

3.5.3　不整合對工程的意義

　　不整合對工程的影響主要在於不整合面的起伏不平及其傾向，因爲不整合的上、下兩套岩層，其工程性質有顯著的差異。一般來講，下伏層堅硬、強度較大、壓縮性較小；而上覆層疏鬆，或膠結不佳、強度較小、但壓縮性較大，因此，兩者的承載力及壓縮量相差懸殊。如果不整合面的起伏很大，或者上覆層呈楔形分布的時候，必須考慮差異沉陷的問題。如果上覆層很薄時，應考慮將基礎置於下伏層。

　　不整合面也是不連續面的一種，所以其位態不能向自由面（即坡面）傾斜透空（Daylight），否則很容易發生順向滑動。最忌在開挖邊坡時將不整合面揭露出來，因而順著不整合面發生滑動。其中最嚴重的是在開挖整地，或建設山區

公路時，將崩積土與岩盤的界面暴露出來，結果崩積土便從似穩定狀態轉變為不穩定。台灣山區公路的邊坡問題大多屬於這一類，公路單位都採取你滑我清的策略，結果是越清，情況越惡化；因為從坡趾挖空（Undermining），造成坡腳懸空，所以坡趾越挖，上邊坡就越向下滑。

第 4 章

地質作用是地形的雕刻師

藉著地球內部及外部的能量，對地球的外形進行改變的作用統稱爲地質作用（Geologic Process），藉由地球內部的能量稱爲內動力地質作用（Endogenic Process）；藉由地球外部的能量稱爲外動力地質作用（Exogenic Process）。內部的能量來自火山、板塊運動等；外部的能量來自大氣、水與生物，其中以外動力地質作用最爲頻繁，以致對地球外表的改變最多。

另外還有重力作用，我們可以把它看成是一種綜合性的能量，它是地表萬物受地心的引力，使得岩土都有向下運動的趨勢。

4.1　火山作用

地下高溫熔融物質噴出地表的作用，稱爲火山作用（Volcanism）；其噴發物有火山碎屑岩及熔岩兩大類（見第二章火成岩一節）。

火山噴發的方式主要受火山通道類型的控制，有一種是岩漿沿著地殼的大裂縫溢出地表，形成裂隙式噴發（Fissure Eruption），基性岩漿主要以這種方式噴發，常形成岩被，少見固體碎屑物，如澎湖群島的玄武岩即以這種方式噴發出來；因爲這種岩漿的黏性較小，所以在短時間之內即可覆蓋廣大的面積，形成平坦的台地。岩漿如果沿著一定的管狀通道噴出，稱爲中心式噴發（Central Eruption），各類岩漿都有這種噴發方式，其中中性及酸性岩漿噴發時，常常伴隨著猛烈的爆炸，有大量的固體碎屑物堆積在火山口周圍，常形成較高大的圓錐形火山，如有名的富士山；火山錐的錐體常由火山碎屑岩及火山熔岩交互疊置而成，稱爲複式火山錐。

火山噴發時會引起地震，改變地球的面貌，形成熔岩高原、火山錐、火山地塹等地表型態；它是一種建設性的地質作用，造成外凸的地貌。火山作用會改變大氣的成分及影響大氣活動，分離出火山水，增加地球水圈的水分；火山作用也會使地下水的溫度升高，造成溫泉、礦泉、間歇噴泉，同時促進地球內部元素的遷移。以上的作用發生於火山噴發時，有的則在噴發的前後造成長時間的影響，例如我們的陽明山、北投一帶，溫泉、噴泉、噴氣等現象至今不歇。

4.2 地震作用

地震是由自然原因引起的地殼快速顫動，它是地殼運動的一種特殊型式；一次地震的持續時間很短，一般僅有幾秒鐘到幾分鐘而已。

地震作用所產生的影響包括原生效應，如地震斷層的位移、地裂、地面隆起及下陷等地下岩石變形、變位，及破裂所直接造成的影響。還有次生的效應，主要是地震波傳播時造成地表振動的影響，如房屋因振動而破壞倒塌、山崩、落石、土壤液化、海嘯等。

地震常伴生地震斷層，年輕的地震斷層稱為活動斷層，一般將1萬年前至今所發生的地震斷層定義為活動斷層（Active Fault）；例如車籠埔斷層於1999年復活，所以是一條活動斷層。活動斷層的運動緩慢，如果沒有精密的儀器測量，人們幾乎無法察覺，但是等到它的能量累積到一定程度時，就會突然釋放出來，並且造成岩層斷錯及地震。活動斷層以週期性錯動為其重要特徵，地震的震央常常就落在活動斷層帶上。

4.3 板塊構造作用

地球的剛性岩石圈（Lithosphere）分裂成為七個巨大的岩板，厚度從50～60公里至150公里不等，稱為板塊（Plate），每一個板塊既有大陸也有海洋，只有太平洋板塊是全部由海洋地殼所組成。這些板塊騎在軟流圈（Asthenosphere）上作大規模的水平運動，致使相鄰的板塊互相作用，板塊邊緣逐成為地殼活動性非常強烈的地帶。板塊的互相作用從根本上控制了各種內力地質作用，以及外力的沉積作用之進行；它表現為強烈的岩漿活動（包括火山活動）、地震活動、構造變形及破裂（包括褶皺、斷裂等），及變質作用（主要是大規模的區域變質作用）等。

板塊與板塊的接觸關係可以分成三種：第一種是張裂性，或稱離散式（Divergent Boundary）接觸，即兩個相鄰的板塊沿此邊界分裂，並作分離運動，地

函（Mantle）的物質湧出，主要形成玄武岩的噴發作用，因此又稱爲增生性板塊邊緣（Constructive Margin）。在這個帶上，除了有火山活動之外，還有淺源地震、地塹型的斷裂活動及輕度的變質作用。離散式邊界主要分布在洋底，少部分露出地表（如冰島），還有一部分則正在醞釀中，如東非裂谷（見圖4.1）。

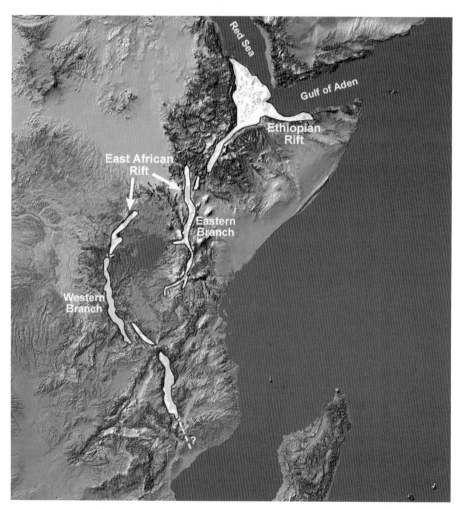

圖4.1　醞釀中的板塊離散邊界──東非裂谷（Wood and Guth, nd）

（另附彩圖於本書489頁）

第二種板塊邊界稱爲擠壓性，或稱聚合式（Convergent Boundary）接觸，

沿此邊界兩個相鄰的板塊作相向運動；洋殼板塊較軟流圈的物質重，所以發生俯衝，斜插隱沒（Subduct）到陸殼或另一個洋殼之下，因此聚合式邊界又稱為消亡性板塊邊緣（Destructive Margin）。由於沿此種邊界相鄰板塊發生碰撞、擠壓，所以引起強烈的地震，及岩石的變形與破裂。又由於俯衝板塊遇高溫而熔融，產生安山岩質岩漿並向上移動，噴出地表的部分，有的在大洋形成島弧（Island Arc），有的則穿過陸殼形成火山。

經過長時間的移動，當大洋板塊向大陸板塊俯衝完畢之後，位於大洋後面的大陸板塊與大陸板塊之間發生碰撞，並且焊接成為一體，從而形成高聳的山脈，並伴隨有強烈的地震、構造變形及破裂、岩漿活動，以及區域變質作用（見圖4.2）。如果是陸殼與陸殼相撞，因為陸殼比軟流圈的物質輕，所以兩邊都無法向下斜插隱沒，因此兩個陸殼之間就形成一條焊接線，稱為縫合線（Suture）；它代表兩個大陸之間的碰撞帶，例如由印澳板塊與歐亞板塊碰撞所形成的喜瑪拉雅山脈就是屬於這種特殊的接觸關係，因此這裡乃成為地球上地殼最厚的地方。

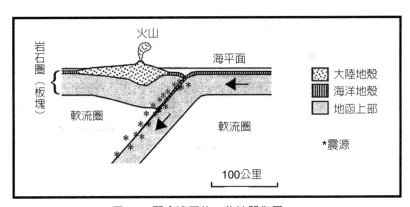

圖4.2 聚合邊界的一些地質作用

第三種接觸關係稱為轉型斷層（Transform Fault）；沿此邊界既無板塊的增生，又無板塊的消亡，而是相鄰兩個板塊作剪切錯動，它常在洋底與中洋脊相伴。露出地表而最有名的就是美國西海岸的聖安德魯斯斷層（San Andreas Fault）（見圖4.3）。由於板塊沿著轉型斷層滑動，所以會引起地震及構造變形與斷裂等現象。

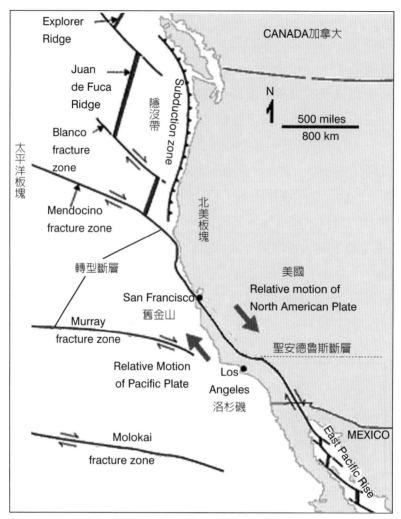

圖4.3 聖安德魯斯斷層（Oskin, 2015）

4.4 風化作用

內動力地質作用的效應主要是形成建設性的地貌，即形造原生地貌（Primary Landscape），然後由外動力地質作用進行剝、削、分解等破壞性的工作，也就是在地表進行一種削高填低的持續動作。如果沒有內動力地質作用的建

設行為，則陸地最終會被外動力地質作用夷為平地。而風化作用乃是為外動力地質作用劃下第一刀的地質作用。

　　岩石受大氣、水，及生物（包括人類）等因素的影響，而發生物理崩解或化學分解，且被其破壞後的產物基本上仍然殘留在原地的作用，就稱為風化作用（Weathering），它能使堅硬的岩石最終變成鬆散的碎屑及土壤。古建築牆垣的圮頹、岩壁上古代的雕刻，以及墓碑上的字跡變模糊等都是由風化作用所造成的。

4.4.1　物理風化作用

　　物理風化作用（Physical Weathering）是地表岩石在原地發生機械破碎，而不改變其化學成分，也不形成新礦物的作用，又稱為機械風化作用（Mechanical Weathering），其產物主要為岩石碎屑及少數礦物碎屑。物理風化作用的型式主要有下列幾種：

一、溫差作用

　　由多種礦物組成的岩石，其熱漲冷縮的特性不同，在每日溫差的長期反覆作用下，礦物之間的結合處會產生裂隙，且先由小裂隙串通成大裂隙，再擴大為裂隙網，結果導致岩石表層的逐層剝離及碎裂。如果岩石被幾組節理切割成方塊，則沿著節理面的風化作用，以數組節理面相交的地方（即方塊的四個角落）之表面積最大，因此風化也最嚴重，於是產生由外而內的鱗片剝落，最終可使岩石風化成球狀的表面，類似剝洋蔥一樣，故有球狀風化（Spheroidal Weathering）之稱（見圖4.4）。

圖4.4　洋蔥狀風化

（另附彩圖於本書490頁）

二、凍融作用

　　水結成冰時其體積會增大9.2%。白天的水如果滲入岩石的裂縫內，夜間水結成冰，因為體積膨脹，對縫壁產生960kg/cm^{2}的巨大推力。白天冰溶，夜間再凍結，長期反覆的劈開作用，將裂縫逐漸張開而導致岩石的崩解，而且裂縫也會越來越朝深部發展，所以就像楔子一樣，這種作用就叫做凍融作用（Freeze-Thaw Weathering）。台灣中央山脈的脊部在秋冬季節就會發生這種冰楔風化作用。

三、解壓作用

深部的岩石處於上覆岩石的強大壓力之下，一旦因為上覆岩石被剝除，壓力解除，岩石隨之而產生向上或向外膨脹，形成一組平行於自由面的裂隙。如果自由面是地面，則其產生的裂隙稱為席地節理（Sheet Joint）；如果自由面是邊坡，則稱之為解壓節理（Released Joint）；如果自由面是地基的基底開挖面，則稱之為膨脹節理（Expansive Joint），過壓密泥岩最常見到膨脹節理，這一類型的節理，其間距係隨著距自由面的深度越深而越大。

台灣中央山脈受過板塊的強大擠壓，其內部聚集了很大的壓應力，一旦露出地表後，即遭受河流切割，或被人為開挖，其內部所累積的壓應力就會慢慢的釋放，結果在平行於谷岸或邊坡的方向就會產生一組張節理（即解壓節理），使岩石呈板狀剝離；如果利用岩錨或岩栓加以錨碇，也只能穩定於一時；經過一段時間後，更厚的岩板將隨著岩錨一起脫離母體，這乃是一種自然現象，非人為因素所造成。

4.4.2　化學風化作用

地表岩石受水、氧、二氧化碳等的作用而發生化學成分的變化，並產生新礦物的作用，稱為化學風化作用（Chemical Weathering）。化學風化作用與物理風化作用其實是相輔相成。物理風化作用能擴大岩石的空隙，使大岩塊碎裂為小岩塊，增加其表面積，有利於水及空氣的侵入，加速岩石的化學風化；而化學風化使礦物及岩石的性質改變，破壞了原有岩石的完整性及堅固性，這就為物理風化的深入提供了有利的條件。化學風化作用主要有下列幾種型式：

一、氧化作用

岩石暴露於空氣中，在水的催助下很容易被氧化，結果使岩石的結構鬆弛，強度降低，如黃鐵礦經氧化後轉變成褐鐵礦，其反應式如下：

$$2FeS_2 + 7O_2 + 2H_2O \rightarrow 2FeSO_4 + 2H_2SO_4 \tag{4.1}$$
（黃鐵礦）　　　　　　（硫酸亞鐵）

$$12FeSO_4 + 3O_2 + 6H_2O \rightarrow 4Fe_2(SO_4)_3 + 4Fe(OH)_3 \tag{4.2}$$
　　　　　　　　　　（硫酸鐵）　　（褐鐵礦）

$$Fe_2(SO_4)_3 + 6H_2O \rightarrow 2Fe(OH)_3 + 3H_2SO_4 \tag{4.3}$$
　　　　　　　（褐鐵礦）

　　鐵是地殼中含量極高的一種元素，絕大部分岩石及礦物中都含有低價鐵，它在地表環境中容易氧化成褐鐵礦，從而導致岩石的破壞。地表岩石風化後多呈黃褐色，就是因爲風化產物中有黃鐵礦的緣故。

二、碳酸化作用

　　溶於水中的CO_2形成CO_3^{-2}及HCO_3^-離子。它們能奪取礦物中的K^+、Na^+、Ca^{+2}等金屬離子，結合成易溶的碳酸鹽，隨水遷移，使原有礦物分解，這種作用稱爲碳酸化作用。例如鉀長石易於碳酸化而形成高嶺石新礦物，殘留在原地。

$$4K(AlSi_3O_8) + 4H_2O + 2CO_2 \rightarrow Al_4(Si_4O_{10})(OH)_8 + 8SiO_2 + 2K_2CO_3 \tag{4.4}$$
（鉀長石）　　　　　　　　　　（高嶺石）　　（膠體）

三、水解作用

　　礦物遇水解離成帶不同電荷的離子，這些離子分別與水中含有的H^+及OH^-發生反應，形成含OH的新礦物，稱爲水解作用（Hydrolysis）。例如鉀長石水解，形成高嶺石及二氧化矽，其反應式如下：

$$4K(AlSi_3O_8) + 6H_2O \rightarrow Al_4(Si_4O_{10})(OH)_8 + 8SiO_2 + 4KOH \tag{4.5}$$
（鉀長石）　　　　　　　（高嶺石）　　（膠體）

　　在濕熱的氣候環境，高嶺石還可進一步水解形成鋁土礦，為煉鋁的原料；其反應式如下：

$$Al_4(Si_4O_{10})(OH)_8 + n \cdot H_2O \rightarrow 2\,Al_2O_3 \cdot nH_2O + 4SiO_2 + 4H_2O \qquad (4.6)$$
$$\text{（高嶺石）} \qquad\qquad\qquad \text{（鋁土礦）}$$

四、水化作用

　　有些礦物能夠吸收一定量的水分子，參加到其晶格中，形成含水分子的新礦物，稱為水化作用（Hydration）。如硬石膏經水化後形成石膏，其反應式如下：

$$CaSO_4 + 2H_2O \rightarrow CaSiO_4 \cdot 2H_2O \qquad (4.7)$$
$$\text{（硬石膏）} \qquad\qquad \text{（石膏）}$$

　　硬石膏轉變成石膏後，其體積膨脹約59%，從而對周圍的岩石產生壓力，促使岩石破壞。蒙脫石（Montmorillonite）也具有相同的特性，它吸水膨脹、失水收縮，而且是可逆性的。當富有蒙脫石的土壤吸水時，體積膨脹，產生很大的膨脹壓力，足以將輕型建築物或鋪面抬起；當土壤水分減少時，體積收縮，土體龜裂，導致建築物或鋪面的變形、均裂，甚至破壞而無法使用。

五、溶解作用

　　水是一種溶劑。有些礦物被水溶解後，整個岩石的堅實程度降低，直到岩石完全解體，只殘留一部分難溶的礦物。如石灰岩（由方解石礦物組成）與含有二氧化碳的水起化學作用後變成重碳酸鈣，溶於水中被流水帶走，因而石灰岩的表面常見到溶溝、溶槽、溶紋等凹凸不平的溶解現象；在地下則形成溶洞、落水洞（Sinkhole）等特殊地形。石灰岩的溶解作用如下列反應式所示：

$$CaCO_3 + CO_2 + H_2O \rightarrow Ca(HCO_3)_2 \tag{4.8}$$
$$\text{（方解石）} \qquad\qquad\qquad \text{（重碳酸鈣）}$$

4.5　侵蝕作用

地面流水、地下水、冰川、海洋、湖泊、風等地質營力（Geologic Agent）在其運動的過程中，使地表的岩石破壞，並脫離原地的作用，稱為侵蝕作用（Erosion）。侵蝕作用與風化作用密切相關，但又有區別。風化作用使岩石鬆散或碎裂，其破壞後的產物基本上是停留在原地。而侵蝕作用則使一切能被帶走的破壞產物帶離原地，使新鮮岩石暴露於地表，繼續遭受風化或侵蝕作用。在各種外營力中，以地面流水及海洋的地質作用最強；對岩石圈表面的改造作用最為顯著。

4.5.1　地面流水的侵蝕作用

地面流水包括坡流、洪流及河流。陸地上除了冰雪覆蓋區之外，所有地區都廣泛受到地面流水地質作用的改造。流動的地面水對地表岩石土壤的破壞作用稱為地面流水的侵蝕作用。其主要作用型式如下：

一、坡流侵蝕

雨水或融化後的雪水沿著坡面呈細網狀或片狀流態往低處流動時，稱為片流（Sheet Flow）或坡流。坡流在多數情況下，是由無數的微小股流所組成，其流路極不穩定，時分時合，很不固定，故又稱為散流。坡流的作用範圍很廣，凡是有流水的地區，除了溝槽流水及河流作用的範圍外，都屬於它的作用範圍。雖然它的作用能力較小，但是因為它的作用範圍廣闊，所以對地形的影響還是很大；對於局部地區還可能造成嚴重的水土流失或土砂災害。坡流作用的結果是使地面的高度將近均勻的降低。

坡流侵蝕的大小受雨量、降雨強度、地形、岩性、植被等因素的影響很

大。一般而言，雨量多及降雨強度大，坡流侵蝕也大。又理論上，地面坡度越大，流速越快，侵蝕力也越強；但是實際上根據研究結果指出，坡度在40°～50°時侵蝕量才是最大；超過該坡度時，侵蝕量反而減小。原因是坡度大，受雨面積反而減小，因而流量也減少，所以侵蝕量變小。至於在岩性上，組成地面的岩石軟硬，以及殘留或崩積土層的緻密程度，也會影響到地面的抗蝕能力。例如在頁岩或泥岩的分布區及風化層很厚的地區，由於岩性軟弱或土質疏鬆，所以抗蝕力差；加上雨水的入滲量小，地面的逕流量大，所以侵蝕力量也大。

在所有影響坡流侵蝕的因素中，以植被最為重要。因為植被對地面具有保護作用，如樹冠、樹的枝幹、凋落物及草類等都可以將雨滴攔截，避免直接打擊地面。其中樹冠就可以單獨截留15%～80%的降雨量。凋落物既可以貯存水分，又可以阻滯坡流的前進；它分解後還可以改良土質，增加土壤的透水性，減少坡流量。此外，植物的根莖還能緊抓土層，增加土層的抗剪強度，同時提升土層的抗蝕能力。所以在植被密度大的地區，坡蝕作用十分微弱。人類對植被的破壞，例如開山墾殖、開礦、取石、造路及其他工程建設等行為，如果水土保持沒做好，就會引起加速侵蝕（Accelerated Erosion），使得水土大量流失。

片流受到粗糙地面的影響，慢慢匯聚成許多線狀流水，稱為涓流（Rill），其規模小、深度淺，但是開始對溝底進行下切，對溝壁則進行側蝕，型態很不穩定。其漸漸的又發育成侵蝕溝（Gully），平時乾枯，降雨時則發揮強盛的侵蝕作用。侵蝕溝的橫剖面常呈V字型，縱坡很陡，與坡面的坡度明顯不一致，在平面圖上多呈直線型。侵蝕溝具有旺盛的下切、側蝕及向源侵蝕的能力，所以會不斷的加深、加寬及加長。

多條侵蝕溝匯合，其水量加大，流速加快，結果發育成洪流。雨停之後，坡流及洪流就跟著消失。如果侵蝕溝切割到含水層，或切割到地下水面以下，溝槽有地下水不斷的流出，再加上坡流及洪流的補充，使溝槽形成常年流動的水流，而形成河流。

二、河流侵蝕

一般稱河流經過的條帶狀窪谷為河谷（Valley），它包括河床、泛濫平原、河階及谷岸等幾部分。大洪水會淹沒的平緩地帶稱為谷底；其兩側坡度較陡的斜坡稱為谷坡或谷岸。平水期的流槽則稱為河床（River Bed）。附著在谷坡或谷底兩側或只有一側，一般洪水淹不到的階段或平台，稱為河階（River Terrace）或階地；越高的階地形成的越早。

1. 下蝕作用

湍急的河水以其動能沖刷河床的岩石，或以河水所挾帶的砂石對河床進行磨損及撞擊河床的岩石，使河床加深，這種作用稱為下蝕作用（或下切作用）。

下蝕深度並非無止境的。當下切到某一水面後，下蝕作用便會停止，因為流速到此為零，河床的深度也就到此為止，這一個水面就稱為侵蝕基準面（Base Level of Erosion）。換句話說，侵蝕基準面就是控制河流下切的最低水面。侵蝕基準面分為兩種，一種是暫時侵蝕基準面，另外一種是終極侵蝕基準面。暫時侵蝕基準面是指河流中、下游的湖面、庫水面、沈砂壩水面、攔河堰水面、支流匯入主流的水面等等。終極侵蝕基準面是指海水面，它是控制整條河流下切的最終基準面。不過，河口地區的河床深度往往都在海平面之下，這是因為河流入海時，仍然具有不小的慣性力會沖刷河床的緣故。暫時侵蝕基準面最終都將隨著河流的向源侵蝕而消失，所以是暫時性的，也是局部的。

侵蝕基準面的升降對河流的切蝕作用有重要的影響。終極侵蝕基準面下降（即海水面下降），將增加河流中、下游河段的坡降，因而導致下切作用的增強。終極侵蝕基準面抬升（如海水面上升，或者沉砂壩、攔河堰、水庫蓄水等），將造成下游，甚至中游河段的壅水，下切作用便會停止；上游的侵蝕作用也會減弱。沉砂壩、攔河堰、或水庫的興建，抬升了壩上游河段的暫時侵蝕基準面；壩以下的河段由於大量的搬運物被壩所截，河流下游的侵蝕能力便會增強，這樣將使下游的橋墩、沖積平原及三角洲遭受破壞。

2. 側蝕作用

　　流水以其動能及其所挾帶的砂石沖刷及磨損河床的兩岸，使河床加寬，且使河道變遷，以致左右遷移，形成河曲（Meander），這種作用稱為側蝕作用（Lateral Erosion or Stream-Bank Erosion）。側蝕在河灣的凹岸特別明顯，因為這一岸的水流離心力最大。即使在順直的河床中，水流受到地球自轉偏向力的作用，北半球的水流會向右偏轉，南半球的水流則會向左偏轉，所以在北半球的河流右岸會受到較強的側蝕作用，在南半球則變成左岸受到比較強的側蝕作用，這種現象稱為柯理奧力效應（Coriolis Effect）。

　　由於河流凹岸的趾部（凹岸底部）受到較大的侵蝕，使得凹岸不斷發生崩塌後退，其坍塌下來的物質，粗大的沉落到河底，再被帶到下游；細小的則被底流帶到凸岸沉積。

3. 向源侵蝕作用

　　流水向河流的源頭所進行的侵蝕稱為向源侵蝕（Headward Erosion）。它是與下蝕過程同步進行的。因為降雨時，下游段的水量最大，侵蝕力也最強，所以下切成較陡的河床縱剖面。該剖面的上段因為坡度增大，流速增加，而使侵蝕作用轉強，於是造成更上游的下切作用。這樣的下蝕作用會逐漸的溯源進行，即不斷的逆流而上。每一個上移點，其坡度都是由緩變陡的轉折點（上游緩下游陡），水流到了轉折點就會產生跌水（或瀑布）的現象。如果海水面下降或地殼上升而使河床的坡度變大，河流也會重新下切及向源侵蝕。

　　向源侵蝕常見於河川砂石的開採。當下游的河床被挖深後，流水就會向上游產生向源侵蝕，結果造成橋墩漸漸被河水淘空，遇到洪水期時常常發生斷橋事件。更普遍的向源侵蝕現象發生於河流的源頭及侵蝕溝的溝源。因為大量雨水所形成的片流（坡流）匯入侵蝕溝時，水流的下蝕特點相當類似於瀑布，它的作用將使得源頭不斷的向上邊坡（分水嶺方向）發展。最容易發生這種向源侵蝕的地方常見於台地崖的流水侵蝕，它使得台地的邊緣不斷退縮，台地面因而逐漸縮小，例如八卦台地的台地面現在已經縮小到幾乎要消失了，尤其是北半段。

　　由於地面流水的侵蝕作用是地表剝蝕的最大及最明顯的營力，所以下一章將

作更深入的說明。

4.5.2　海蝕作用

　　波浪、潮汐及沿岸流等對海岸地帶的破壞作用統稱爲海蝕作用。海蝕作用可分成沖蝕、磨蝕及溶蝕等三方面來說明。

一、海浪作用

1. 沖蝕作用

　　沖蝕作用是海浪對海岸的撞擊作用。在坡度較陡的海岸（即岩岸），波浪到達岸邊時，波浪的能量將全部作用於海岸。岸邊所受的壓力，受浪高的影響最大。我們可用下列公式來表示：

$$P = 0.01H + 2.42 \ (H/L) \tag{4.9}$$

式中，P = 岸邊受海浪的衝擊力，t/m^2

　　　　H = 波高，m

　　　　L = 波長，m

　　一般而言，激浪施加於海岸岩石的壓力，每平方公尺可達幾噸以上。海水擠進岩石的裂縫以後，壓迫縫中的空氣，促使岩石迅速崩裂瓦解。

2. 磨蝕作用

　　海浪所挾帶的砂礫對海岸進行研磨、撞擊及鑿蝕，加速岩石的破壞過程。參與磨蝕的礫石常被磨成扁平狀。

　　在地殼穩定的條件下，海崖長期受海浪的磨蝕作用而不斷後退，並在其前方（靠海側）形成一個向海微傾的平坦台地，稱爲海蝕平台（Marine Bench）；它低潮時部分出露海面，高潮時則沒入海面以下。海蝕台上有時候會殘留錐狀或柱狀的基岩，稱爲海蝕柱（Sea Stack），有的形成海蝕蘑菇。海蝕崖與海水面（一

般是高潮海面）接觸的地方，受到海蝕作用而形成內凹的洞穴，稱為海蝕洞或海蝕穴（Sea Cave）。在岬角兩側分別形成的海蝕洞受波蝕作用，不斷擴大加深，最後穿通而形成拱橋狀的洞穴，稱為海蝕拱（Sea Arch）。

3. 溶蝕作用

海水對岩石稍微有些溶解能力。如果海岸為可溶性岩石所組成，更易於受到溶蝕。

二、潮汐作用

在平坦的海岸地帶（沙岸），潮水漲落影響到相當寬闊的範圍，對著先前的沉積物產生反覆的侵蝕、搬運及再沉積作用。在狹窄的河口地帶，潮流的侵蝕及搬運作用特別強烈，當潮水湧進狹窄的水道時，流速增快；退潮時潮水又奔騰出海，因而河口被強烈沖刷，無法形成三角洲。

4.5.3　冰川侵蝕作用

世界上現代冰川的覆蓋面積約占陸地面積的10%，冰川的總體積約為$2.4 \times 10^{16} m^3$，占全球淡水資源的85%。冰川的擴張與收縮可影響海平面的升降，從而改變全球海陸的分布。

冰川一般每年前進50～200m；其對地面的侵蝕破壞力比河流還強約5～20倍。冰川的侵蝕量大約與冰厚及冰川運動速度之乘積成正比。冰蝕作用主要有挖蝕（Plucking）及磨蝕（Abrasion）兩種。

一、挖蝕作用

冰川在運動時，一方面以自身的推力將冰床及兩側的碎屑物挖起，就像犁田一樣將土壤掘鬆；另一方面又把與冰川凍結在一起的冰床上之岩石拔起，帶向下游。產生挖蝕的主要原因有二：一方面是冰川的壓力大，當冰層厚100m時，其重力達$90 t/m^2$，可以將岩石壓碎；另一方面是滲入岩石裂隙中的冰融水於再凍結時，體積膨脹約9%，足以使岩石破裂。

二、磨蝕作用

磨蝕作用是冰川中所挾帶的岩塊，以巨大的動壓力挫磨及刮削冰床及兩側岩盤的一種作用，結果使冰床加深，岩盤表面被磨光及刻劃，出現磨光面、刻槽及擦痕。一般槽深數公分，長數十公分，具有前端粗而深的特點，指示冰川的流動方向。

4.5.4　風的侵蝕作用

風與流水一樣，具有流體的動力，能對地面進行侵蝕、搬運及堆積，而且作用型式相似。但是因為風的密度小，所以動力強度比流水弱。風的侵蝕作用主要包括吹揚及磨蝕兩種。

一、吹揚作用

風將地表的砂粒及塵土揚起的作用稱為吹揚作用（Deflation）。它的強度決定於風速及地面性質。風速大、地面乾燥、植被稀少，及組成地面的物質疏鬆，吹揚作用就強烈；而植被緻密，或由礫石覆蓋的地區，吹揚作用就不明顯。所以吹揚作用主要限於沙漠、裸露地、海灘等地。

理論上，風力的大小與風速的平方成正比。當風速達到16km/hr（三級風）（微風）以上時，即能吹起0.25mm的中砂；當風速達到30km/hr（五級風）（清風）以上時，就能挾帶1mm以下的大量砂粒，形成風砂流。一般而言，距地面1m高度的範圍內，風吹揚的砂粒數量最多，約占總量的90%。

二、磨蝕作用

風力揚起的碎屑物對地表的衝擊及摩擦，以及碎屑物顆粒之間的撞擊及摩擦，都稱為磨蝕作用（Abrasion）。磨蝕的強度決定於風速及挾砂量。近地表處挾砂量多，且砂粒大，但風速小；遠離地表處風速雖大，但挾砂量少，且砂粒也小，故前後兩者的磨蝕力都較弱。根據實驗，磨蝕最強的地方是在距地表23公分的高度，由其所形成的代表性地形就是蘑菇石（Mushroom Rock），它是水平或

緩傾的岩層受風力的磨蝕作用後，形成上寬下窄的孤立石柱，類似蘑菇。

　　岩石經磨蝕作用後，卵石或礫石會被蝕成多個磨光面，而且邊稜清晰鮮明，這種石塊稱為風稜石（Ventifact）。其多方向的風蝕面可能是卵石滾動而受多次磨蝕，或者風向改變也可以形成不同方向的磨平面。

　　吹揚作用與磨蝕作用密切相關。吹揚引起磨蝕，而磨蝕促進吹揚。一般而言，在距地面0.5～1.5m的高度範圍內，揚起的碎屑物最多，風的磨蝕力強盛。

4.5.5　地下水的侵蝕作用

　　地下水對岩石的侵蝕作用是在地下進行的，故又稱為潛蝕（Underground Corrosion）；它包括沖刷及溶蝕兩種方式。

一、沖刷作用

　　地下水在流動過程中，對岩石或沉積物會進行沖刷破壞。一般而言，地下水的流速緩慢，動能很小，沖刷能力微弱，只能帶走細小的顆粒，使通道逐步擴大；這種作用稱為管湧（Piping）。管湧常對地基造成淘空問題。嚴重時則引起地表塌陷，而且常呈漏斗狀（上寬下窄的倒錐形），其中心即為沖刷最嚴重的部位，一般是漏水處或水管破裂處。

二、溶蝕

　　地下水在流動過程中，對岩石進行溶解破壞，稱為溶蝕（Dissolution）。地下水中均含有一些二氧化碳，能夠溶解碳酸鹽類岩石，如石灰岩遇到含二氧化碳的水，便會分解成鈣離子及碳酸氫根離子且隨水流失，其反應式如下：

$$CaCO_3 + CO_2 + H_2O \rightarrow Ca^{++} + 2HCO_3^- \tag{4.10}$$

上式反應是可逆的。當水中游離的二氧化碳減少時，化合的二氧化碳就要向相反的方向轉化，使水中的碳酸含量減少，溶液達到飽和狀態，從而引起碳酸鈣

的重新沉澱。根據實驗，碳酸鈣在純水中的溶解度，20°C時為14mg/l；當水溫升高到75°C時，溶解度也增加到18mg/l。碳酸鈣的易溶溫度為40°C～60°C，而以40°C時最容易溶解，即溶解速度最大。水的pH值對碳酸鈣的溶解度也有很大的影響，當pH值小於6時，水對碳酸鈣的溶解度較大；當pH值大於10時，水對碳酸鈣的溶解能力就幾乎消失了。石灰岩的溶蝕受氣候的影響甚鉅，因為雨量充沛的關係，上式反應在潮濕的氣候下才能進行。在乾燥的氣候下很少見到溶蝕現象，除非因為氣候變遷的關係，由從前的潮濕氣候所遺留下來的。

像上述以地下水（兼有部分為地表水的作用）對可溶性岩石進行以化學溶解為主，機械沖刷為輔的地質作用，以及由這些地質作用所產生的一些特殊地形，統稱為卡斯特地形（Karst Landscape），其構成優美的景觀，如中國大陸的桂林即是。在地表上，常見的卡斯特地形有溶溝（Karren），係雨水順著岩石坡面流動，刻劃溶蝕而成的溝槽，深度由數公分到數公尺都有，深的甚至有到十餘公尺以上，多呈片狀分布於岩坡上，受節理裂隙的控制非常明顯，常呈平行狀、樹枝狀與格子狀的交叉系統。溶溝之間所夾的凸起石脊稱為石芽（Stony Sprout），是岩溶地區平緩岩層常見的景象，其高度由數十公分至一、二公尺，有的高達十餘公尺以上。如果石芽型態高大，溝坡近乎直立，且發育成群，遠眺宛若森林，稱為石林（Stone Forest）。石芽之間有很深的溶溝，石芽表面常有溶蝕凹槽。如果是高大、孤立、分散的光禿石峰，叫做溶峰。溶峰成群存在，遠望如林，就稱為峰林（Hoodoo）。

地表水沿著近乎垂直的裂隙向下溶蝕，最後形成洞穴，下接地下河或溶洞，稱為落水洞（Sinkhole）。它呈漏斗狀，是地表水對可溶性岩石，從節理裂隙的交點開始溶蝕，然後逐漸擴大後的產物。因為落水洞的溶解速度比它的周圍還要快，所以形成封閉的圓形窪地，它向內傾斜的角度一般為20°～30°。落水洞的深度由數公尺至數十公尺不等，最深可達100公尺以上。有時候沿著垂直裂隙向下滲漏的地表水，先在鬆散沉積物之下的基岩中發生溶蝕，形成隱伏的空洞，隨著空洞逐漸發展擴大，最後使得上覆土體及變薄的基岩頂部逐步崩落及塌陷，因而形成溶斗（Doline）或稱漏斗。溶斗在平面上也呈圓形或橢圓形，直徑一般由數十公尺到數百公尺都有，深度較小，常為數公尺到數十公尺。縱剖面上

常呈碟狀、倒錐狀、或井狀等，對工程常造成不小的困擾，需先進行處理才能利用。有時溶斗還在隱伏階段時，更造成潛在的危險。落水洞也有由溶洞的頂覆塌陷後造成的，稱爲塌陷漏斗（Collapse Doline）。

地下水沿著可溶岩的層面及裂隙進行溶蝕及機械侵蝕，最初由溶隙開始，最後擴大爲溶洞（Karst Cave）。它的型態繁多，常見的有管狀、袋狀、串珠狀等。大的溶洞連通成串，構成地下廊道及成串的地下大廳，其中常有地下河流通過。地下河流的機械侵蝕對於溶洞的擴大非常重要。當地下溶洞廣泛發育時，地表的水流系統常轉化成伏流，大部分的地表經常無水。地下的水平溶洞主要是在地下水的水平流動帶生成的。地下水平溶洞可以因爲地殼抬升而高懸在上，然後新的地下水之水平流動帶內又開始發育一層新的溶洞，終而形成多層溶洞，表示新構造運動的週期性發生，有可能與同一地區的河流階地相對比。

4.5.6　庫水的侵蝕作用

水庫的水以機械侵蝕爲主。庫蝕主要是由波浪（庫浪）運動所產生。庫浪越大，庫蝕作用越強，它主要發生在庫岸地帶。較大水庫的庫岸在庫浪的沖擊及磨蝕下，可形成庫蝕洞穴、庫蝕凹槽、庫蝕崖等地形。

4.5.7　差異侵蝕

在地表出露的不同岩石，其抗風化及抗侵蝕的性能也各不相同。像這種因風化、侵蝕程度的不同，而在型態上表現出凹凸不平或參差不齊的現象，就稱爲差異侵蝕（Differential Erosion）或選擇性侵蝕（Selective Erosion）。例如在砂岩及頁岩互層分布的地區，砂岩因爲抗風化及抗侵蝕的能力比較強，所以常形成凸起的地形。相反的，頁岩因爲抗風化及抗侵蝕的能力比較弱，所以常形成低凹的地形。兩者構成差異侵蝕十分明顯的參差不齊之地形，這種現象是我們在衛星影像或航空照片上區別不同岩性的最重要依據，由不同岩性的分布進而可以研判地質構造。火成岩侵入沉積岩後也會因爲差異侵蝕的關係而呈現參差不齊的地形。一般而言，火成岩位於核心，呈現犬牙狀的尖頂山脊，地形非常高聳；沉積岩則以

較低窪的姿態圍繞在四周，在接觸帶的岩層則微微翹起。

4.6　搬運作用

　　風化及侵蝕作用所產生的碎屑、膠體、或離子等各種產物，被流水、冰川、風、海浪等運動中的介質，以推移、躍移、懸移或溶液遷移等方式，從原地搬遷到另外一個地點的轉移過程，稱爲搬運作用（Transporation）。在搬運過程中各種物質即不斷的被改造及分選（Sorting）。

　　流水是自然界最大的搬運介質。根據水槽試驗，當流速小於18cm/s時，細小的顆粒難以被移動；當流速達700cm/s時，數公分直徑的礫石能被搬動。流水搬運物的平均半徑與水流速度的平方成正比；而流水搬運物的重量與水流速度的四次方成正比。碎屑形狀近乎球形時最利於流水的搬運，它的重量可與水流速度的六次方成正比。

　　河流的上游段比中、下游段的河床比降大、流速快，因此可以搬運較粗大的礫石；中游段河水可以搬運小礫石及粗砂；下游段的河水一般只能搬運中細砂及更細的碎屑。碎屑物質在搬運過程中，有的在河床底部移動或跳躍，不斷的與岩盤或其他碎屑物質碰撞或摩擦，所以逐漸碎裂、變小，尤其是尖銳的稜角更容易碰損或磨蝕。經過長距離的搬運，多稜角的不規則狀碎屑逐漸趨於渾圓狀，這種作用稱爲流水的磨細作用及磨圓作用。懸浮在河水中，粒徑小於0.05mm的粉砂，因爲有水膜的保護，所以不會再被磨細或磨圓。流水搬運物隨著搬運距離的增加及河床比降的變小，粗大的碎屑物將逐漸減少，細粒的則相對增多，大於0.05mm粒徑的砂及礫越來越圓化，這便是搬運過程中的分選作用。

　　在濱海地帶，由於海浪及潮流的往復運動，碎屑物也隨之進行往復運移。在這種運動過程中，碎屑物之間的碰撞及摩擦更爲頻繁、持久，因而磨細、磨圓及分選的作用比河流更強。懸浮在海水中的細粒及微粒碎屑物，主要在退潮時被逐漸搬離濱海地帶，到離岸較遠處的淺海中。

　　冰川的搬運作用主要爲載運，即凍結在冰川內部及落到冰川表面的碎屑隨著冰川一起移動，其作用類似於輸送帶載運貨物一樣。冰川搬運另外一個方式是推

運，即冰川的前端將冰床中的碎屑物推移前進。其作用類似於推土機的推土。冰川運動時將大小石塊及砂土一起搬運，碎屑之間幾乎不發生換位及碰撞，因此不具有磨細、磨圓及分選作用，僅冰川底部及邊緣凍結的碎屑與冰床及谷坡的岩石發生摩擦，這部分的碎屑可以局部被磨損，甚至形成磨光面及特殊擦痕。這種磨光面及擦痕是識別冰川作用的重要證據。

風的搬運也以懸浮、跳躍及滾動三種方式進行。一般而言，當風速達到5m/s時，粒徑小於0.2mm的砂粒就能懸浮；而粒徑小於0.05mm的粉砂一旦進入懸浮狀態就不易降落而長期飄揚。跳躍的物質，其顆粒稍大，往往是粒徑介於0.2～0.5mm的砂粒為主。當風速較小，或者地面砂粒較大（粒徑大於0.5mm）時，砂粒不能跳到空中，而是沿著地面滾動。在以上三種搬運方式中，以跳躍為主，其搬運量約為總搬運量的70%；滾動量次之，約占20%，懸浮量最少，一般不超過10%。占搬運量90%的跳躍及滾動物質主要是0.2～2mm的砂，它們主要聚集在離地高度30cm以下，尤其是在10cm以下，緊貼著地面運行，其搬運距離較近。懸浮的物質主要是小於0.2mm的碎屑，其搬運距離較遠，而且顆粒愈細則搬運愈遠。表4.1顯示風速與其搬運能力的關係，隨著風速的變化，其搬運物質的粒徑大小也會改變。

表4.1　風力與搬運砂粒大小的關係

風級	風的名稱	風速（m/s）	搬動砂粒的直徑（mm）
3	微風	3.5～5	0.25
4	和風	5.5～8	0.50
5	清勁風	8.5～11	1.00
6	強風	11.5～14	1.50

4.7　沉積作用

搬運介質的卸載過程，即將搬運中的碎屑物在重力作用下，於適當的物理

環境中沉降與堆積的作用，稱爲沉積作用（Deposition或Sedimentation）。沉積作用可分爲陸地及海洋兩大類。陸地沉積作用按介質的不同，有地面流水、地下水、冰川、湖泊、水庫、風等沉積類型。海洋中因爲能夠大量接納由各種外力地質作用搬運來的物質，同時海底的侵蝕作用相對減弱，所以沉積作用非常發達。沉積作用的過程都是在常溫常壓下完成的，且大多是在水中進行。如果說侵蝕作用是一種破壞作用，則沉積作用可稱爲是一種建設作用。侵蝕作用欲將地形夷爲平地，沉積作用則欲將地形填平。兩者合作無間，達到挖高填低的結果。

4.7.1　河流的沉積作用

流速降低是導致河流沉積的主要原因。同一條河流在其不同的部位，流速有很大的變化；例如在河道由狹窄突然變爲開闊的地段、河灣的凸岸、支流與主流的交匯處、河谷的泛濫平原、沈砂壩的上游、河流入湖及入庫、堰塞湖、河流入海等等，其流速均明顯降低，因而引起沉積。河流流量在枯水期減少，因而河流的動能減小，搬運能力降低，也會引起沉積。另外，搬運物質增多，河流輸砂的負荷過重，也是引起沉積的重要因素，例如崩塌、地滑、土石流或洪水注入等，均可使河流的超載，超載的物質便在河床中堆積下來。

沉積作用是按照碎屑物的相對密度、粒徑大小及形狀特徵等條件而發生分異現象，依次沉積。河流的沉積物質稱爲沖積物（Alluvium）。它具有分選性好、磨圓度佳、成層性良、韻律性好等特徵。

挾帶著大量碎屑物的山區河流，當其流出山口（谷口），因地勢突然變得開闊而平緩，水流不再受谷岸的束縛而分散成扇狀的多股水道，因爲河水的動能迅速降低，導致碎屑物受分異作用的影響而快速沉積，形成沖積扇（Alluvial Fan）。谷口附近多爲粗大的礫石及粗砂，圓度尚可。往下往外，沖積扇逐漸展寬，沉積物漸漸變細，多爲砂夾礫石，圓度漸好。從垂直剖面上看，可見到粗粒與細粒相間的層狀特徵。離谷口更遠的扇緣地帶，沉積物更細，多爲細砂及粉砂，偶見粗砂及細礫的凸透鏡體，垂直剖面上的層理特徵更爲明顯。

河床內由於水流較急，所以只有較粗的礫及粗砂才能沉積下來。河流在洪水

期淹沒、平水期露出水面的泛濫平原或洪水平原，在洪水時期時，其流速及水流深度都比河床中的水流小，搬運能力較弱，所以洪水退落過程中，沉積在其上的物質一般較河床中的物質為細。緊靠河床的邊緣部分，當洪水泛出河床後，流速突然減小，挾砂能力驟然降低，於是在河床的兩側堆積大量的泥砂。洪水退後，沿河床兩岸形成斷續分布的長堤，稱為自然堤或天然堤（Natural Levee）。它的沉積物一般以粉砂為主，常見粗細相間的層理。洪水期沉積物較粗，為粗粉砂；洪水下退時沉積物較細（多懸移質），為細粉砂。

在河曲的凸岸部沙灘，由於長期的洪水位及平水位交替作用，形成多條弧型排列的濱河床砂壩。其細粒沉積物常形成向下游呈輻聚，向上游略呈扇狀散開，稱為迂迴扇（Flood Plain Scroll），如圖4.5所示。它們的部位代表不同時期河床凸岸邊緣所在位置的遺跡。

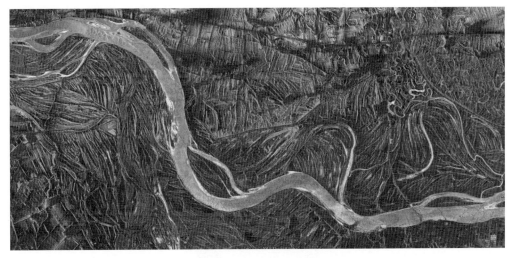

圖4.5　松花江的迂迴扇

（彩圖另附於本書490頁）

沿著河流兩岸，由河流堆積作用及侵蝕作用交替進行而形成一種高出河床的階梯狀地形，稱為河流階地或河階台地（River Terrace）（如圖6.5）。它的形成最初是由河流侵蝕成一個寬廣的谷地，再在其上堆積或厚或薄的堆積物。爾後由

於地殼上升，或由於長週期的氣候變遷，流量增加或河水輸砂量減少，而使河流的下切侵蝕作用加強，老谷底的抬升部分就形成階地。如果這種程序周而復始的發生，就會形成多級階地。階地越高，其形成越早。河流階地面的原始狀態大體上是一個沿著河流的流向，向下游微傾的斜面。

當河流入湖、入庫或入海後，因河床的比降減小，流速驟降，水流分散，動能減弱，所以碎屑物快速沉積下來，常形成扇狀堆積體，稱為三角洲（Delta）。它是大量有機物沉積的場所，對形成石油及天然氣極為有利（水庫的三角洲除外）。世界上許多著名的油田大多分布在近代及古代的三角洲上。另外，河水所挾的黏粒，有一小部分遇海水即快速凝聚沉降，大部分則懸浮在海水中飄流，並被帶到更遠的洋盆沉積。

4.7.2　海洋的沉積作用

海洋是地球上最廣闊的沉積盆地。岩石圈中的沉積岩絕大多數都是由海洋沉積作用形成的。

我們先從濱海開始談起。濱海區的海水受波浪及潮汐的交叉作用，動能高，流向變化大，沉積以機械沉積為主，只有在特殊的環境，如潟湖中才會出現化學沉積。碎屑物因為經過反覆的搬運及磨蝕，其分選性及磨圓度都比較好。生活在濱海環境裡的生物，其堅固的軀殼被海浪擊成碎片，混雜在碎屑物中沉積。

在大風浪的作用下，海床的泥砂比較集中的被帶入濱海區，沿著海灘外緣（一般位於高潮線附近），形成堤狀的地形，稱為沿岸堤。向海的一側坡度較緩，向陸的一側坡度較陡，通常由礫石、粗砂及海生貝殼碎片所組成。在陸地上升後，保存的古沿岸堤是確定古海岸線的重要證據。

在低潮線以下的地帶，由底流搬運的砂粒堆積在海中，形成平行於海岸的長條型堤壩，稱為砂壩（Barrier），其頂面一般出露於海面之上。砂壩長達數公里，寬達幾百公尺，高出海面可達數公尺。看其堆積的位置，砂壩又分成很多種，離岸但約略平行於海岸的狹長堆積稱為離岸壩（Offshore Bar），在波浪的推動下，離岸壩可能逐漸向陸地靠近。離岸壩如果有一端與陸地相連，另一端則

伸入海中，就稱為砂嘴（Spit），它常形成於岬角及河口處，或者海岸線彎曲的地帶，它的前端略微彎向陸側，其向海側的坡度一般較陡。砂嘴主要由沿岸流搬運的砂粒沉積而成。連接島嶼與島嶼，或連接島嶼與大陸的砂壩，稱為連島壩（Tombolo）。被砂壩連接的島嶼就稱為陸連島（Land-Tied Island）。連島壩是在沿岸流的作用下將砂粒逐漸堆積而成的。

　　被砂壩或砂嘴等隔離的陸側淺海稱為潟湖（Lagoon）。外海的海水可以因為漲潮而漫過砂壩，再進入潟湖，也可以由砂壩的缺口進入。由於淡水與海水的相對補給量不同，可以使潟湖中的海水鹽度發生淡化或鹹化，因而形成不同的沉積類型。淡化的潟湖發育於潮濕氣候區，除了沉積大量的陸源碎屑物之外，還可形成黃鐵礦（Pyrite）、碳酸鈣等還原環境下的化學沉積。鹹化的潟湖發育於乾旱的氣候區，因為其蒸發量大，所以導致各種鹽類依其溶解度的順序而沉澱下來，形成碳酸鹽→硫酸鹽→氯化物的沉積序列。

4.7.3　冰川的沉積作用

　　冰川的前端運動到雪線以下時，由於氣溫升高，導致冰川開始消融。冰運的碎屑物就地沉積，形成冰蹟物（Moraine）。它的特點是無分選性，大的巨礫及砂、黏土等混雜堆積在一起，不具層理，礫石及砂多為稜角狀，在礫石的摩擦面上可見到特有的冰川刻痕。如果是在冰下河流中沉積，且延伸成彎曲的長堤狀，冰融後形如蛇行，稱為蛇形丘（Esker）。其內部結構常為砂礫組成，具傾斜層理，有時含冰蹟物包裹體，外表常被融蹟物所覆蓋。

　　冰雪融化後形成的冰水如果匯集到冰川前方的窪地時，即可形成冰前湖或稱冰水湖（Fluvioglacial Lake）。冰水搬運的碎屑物沉積於湖中即形成冰水沉積（Fluvioglacial Deposit），主要由礫石及砂組成。其不同於冰蹟之處，在於它有一定的分選性及層理結構。其沉積物的特點類似於沖積物及湖積物，不同之處在於其中夾有大漂礫及冰蹟透鏡體，並與冰蹟層有緊密的接觸關係，它常是地下水的良好富水層。在冰水湖中沉積的黏土，多具極薄的水平層理，稱為冰川紋泥。由冰川掘蝕而成的湖泊稱為冰蝕湖；或由冰蹟物堵塞冰川槽谷而成的湖泊稱為

冰蹟湖，統稱爲冰湖（Ice Lake）。現代的冰湖及古冰湖都具有湖濱階地、三角洲、底蹟等沉積地形。底蹟往往沉積較厚的季節性紋泥。

4.7.4　風的沉積作用

由風搬運沉積的碎屑物具有良好的分選性，甚至比沖積物的分選性還好。它的沉積物還具有明顯的分帶性，沿著風的前進方向，碎屑物順次沉積形成含礫粗砂帶、中細砂帶、及粉塵帶。沙漠及砂丘一般都由中、細砂所組成，而粉塵則形成黃土。

風積物的碎屑顆粒即使是很細的粉砂（以石英爲主要成分），也具有較高的圓度。同時，碎屑中可以存在較多的鐵鎂質及其他不穩定礦物，如輝石、角閃石、黑雲母、方解石等。這些性質不穩定的礦物在由水力搬運的沉積物中較少存在。風積物比沖積物還具有規模大的交錯層理（Cross-Bedding），其形成主要是由於風積物整體作大規模移動的緣故。

砂丘（Sand Dune）是風力作用下由砂粒堆積而成的圓形、橢圓形或新月形的地形之總稱。圓形或橢圓形砂丘多爲雛型砂丘；新月形砂丘則是成熟型的。新月形砂丘（Barchan Dune）是在風力的作用下，在平面上呈新月形，又像牛角的砂丘，高達數公尺至數十公尺，寬度自十數公尺至數百公尺不等。砂丘的迎風坡（凸面）與背風坡（凹面，又稱滑落面，Slip Face）並不對稱，其迎風坡較緩，背風坡較陡。兩坡交接成弧型尖脊，兩翼的末端則順著盛行風的風向伸展。複合式的新月形砂丘呈橫向連接，與風向呈垂直分布，故稱爲橫向砂丘（Transverse Dune），常發育於砂源供應豐富的地區。有時候砂丘堆積成長條狀，且與主要風向平行，稱爲縱向砂丘（Longitudinal Dune或Seif）其壟脊一般平緩，或表現爲波狀起伏。縱向砂壟的成因，有的是新月形砂丘的兩翼在定向風的作用下演化而成；有的則是單向風衍生的渦流作用而成；也有的是由兩個相向的風向合力塑造而成；有的則是從大山中下降的強風，在其定向的作用下，於山口前方所形成；還有的是兩個以上的草叢砂堆同時順著主要風向延伸，且互相銜接而成。有一種與新月形砂丘相似，但是兩翼很長，幾乎平行，形狀如拋物線，所以稱爲拋

物線砂丘（Parabolic Dune），其突出的方向代表盛行風的方向，與新月形砂丘一樣，也是背風坡陡峭，迎風坡緩和。它的成因通常是橫向壟狀砂丘，在前移過程中受到草叢阻礙演變而成。如果風向複雜不定，相互干擾，將砂吹揚並堆積下來，便形成金字塔狀砂丘（Pyramidal Dune），它具有明顯的稜面，又像星星，故又稱星狀砂丘（Star Dune）。

　　裸露的砂丘易於隨風移動，生長植物後流通性則減弱。移動的砂丘對道路、農田及房屋常造成嚴重危害。根據研究，凡植被覆蓋度大於30%的砂丘即屬於固定砂丘。砂丘的移動速度與風速及砂丘的高度有關，如下列公式：

$$v = Q /(\gamma \cdot h) \tag{4.11}$$

式中，v = 砂丘單位時間內的前移距離

　　　Q = 單位時間內通過單位寬度的砂量（輸砂量）

　　　γ = 砂丘的總體密度

　　　h = 砂丘的高度

　　由上式可見，砂丘的移動速度與砂丘的高度成反比，與輸砂量成正比，而輸砂量又與風速的三次方成正比。

4.7.5　地下水的沉積作用

　　地下水的沉積作用有機械沉積及化學沉積兩種方式。機械沉積主要是當地下暗河流到開闊的地段或溶洞時，因為水流速度降低，出現礫石、砂及黏土的沉積。它們略有分選性及磨圓度，粒細量少。

　　化學沉積是當地下水攜帶有大量的鈣、鎂重碳酸鹽等化學物質，流出地表或就在洞穴內，因為壓力降低，其中二氧化碳逸出，$Ca(HCO_3)_2$分解成$CaCO_3$沉澱的結果。依照沉積的場所，化學沉積又可分成下列三種：

一、孔隙沉積

在孔隙中發生的沉積。常見的沉積物有$CaCO_3$、$Fe(OH)_3$、SiO_2等。它們就是將疏鬆沉積物膠結成堅硬岩石的物質。

二、裂隙沉積

當地下水沿裂隙流動時，可在裂隙中發生沉積，形成脈狀沉積。常見的有方解石脈、石英脈等。

三、溶洞沉積

洞穴是地下水的重要沉積場所。富含$Ca(HCO_3)_2$的地下水沿著孔隙、裂隙滲入空曠的溶洞時，由於溫度及壓力的改變，二氧化碳逸出，蒸發作用增強，於是沉澱出$CaCO_3$。例如地下水如果自洞頂下滴，因為邊滴邊沉澱，所以就逐步形成自洞頂向下垂直生長的石鐘乳（Stalactite）。石鐘乳的橫切面呈同心環帶構造，核心部常是空的。如果滲出的水滴落到洞底，$CaCO_3$就在洞底逐步沉澱，並且由下往上生長而形成石筍（Stalagmite）。石筍的型態一般為岩錐狀或塔狀，石筍的橫切面也具有同心環帶構造，但是實心的。如果石鐘乳與石筍不斷長大，最後連成一體，即成為石柱（Stalacto-Stalagmite）。石鐘乳、石筍及石柱合稱為鐘乳石。石鐘乳與石筍的生長速度極慢，根據C^{14}定年，石鐘乳的橫向增厚速度為0.11mm/y；石筍為0.05 mm/y，只有石鐘乳的一半速度而已。

溫度較高的地下水中（如溫泉水）含有較多的矽質及鈣質。當它們流出地表時，由於水溫及壓力驟減，所以就在出口附近迅速沉澱，形成疏鬆多孔的沉積物，稱為泉華（Sinter）。鈣質的為鈣華或石灰華，矽質的為矽華。

4.7.6　湖泊的沉積作用

湖泊或水庫可以大量接納由地表水、地下水、冰川以及風所帶來的沉積物。它們的沉積作用主要為機械作用。

一般來說，流體的搬運動力由湖岸或庫岸向湖心或庫心逐漸減弱。因此機械

沉積作用也具有空間分異現象，較粗的礫及砂沉積在沿岸一帶；細粒的沉積到中心部位。因此，湖底或庫底沉積物的分布能夠顯示出同心帶狀。在河流入湖或入庫的地方也會形成湖濱或庫濱三角洲。湖泊的沉積物，其顆粒的磨圓度尚可，具有明顯的層理，常有波痕、泥裂等沉積構造。

季節性的氣候變化對沉積物的分布有很大的影響。夏季時河流帶入的碎屑物之粒徑較大，數量較多；冬季時河流帶入的碎屑物較細、較少。此外，夏季生物新陳代謝及有機質的腐爛及分解較容易，且較徹底，故沉積物的顏色比較淺；冬季則相反。因此一年內湖泊或水庫沉積物的顆粒粗細、厚度大小及顏色深淺都形成規律性的變化。粗的、厚的、淺色的代表夏季的沉積物；細的、薄的、深色的代表冬季的沉積物。它們交互形成紋層，與冰川的紋泥很類似。

湖泊或水庫上游集水區的土地利用對其沉積作用的影響甚鉅。如果上游集水區的水土保持不良，則入湖或入庫的泥砂量高，在岸邊形成三角洲，且在中心堆積一些細粒沉積物。在經年累月的沉積作用下，三角洲逐漸擴大，湖底或庫底逐漸淤淺，最終可能出現湖積平原或沼澤。

4.8 重力作用

重力是使地表的物體具有向下運動趨勢的一種地心引力。當重力克服了岩土體的剪力強度及摩擦阻力時，岩土體就要向下移動。地質學稱這種運動為塊體運動（Mass Movement）。在塊體運動中，降雨、地下水以及地震等因素往往擔任一種促進及觸發的作用。塊體運動的方式有蠕動、墜落、滑動、流動等多種型式。

蠕動又稱潛移（Creep）。潛移是岩土體在重力作用下，長期緩慢的向下移動的過程。移動體與運動介面之間並無明顯的界面，無論變形量或位移量均屬漸變的過渡關係。岩土體的潛移速率每年不過數公釐至數公分之間而已。

墜落（Fall）是岩塊以自由落體、滾動或跳動的方式，向下運動的形式，落石（Rockfall）就是其代表。墜落往往是突發性的，其速度十分快速，多發現在由堅硬岩石組成的懸崖峭壁地帶，在工程建設上被視為是一種常見的山區災害。

　　滑動（Slide）是岩土體沿著一個明顯的滑動面整體向下滑動的運動方式，也是一種常見的災害。滑動一般是緩慢、長期、間歇性的進行，其延續時間可以幾年、幾十年，以至百年以上。有的滑動則是開始時移動緩慢，但是後來滑動速度突然變快（通常是由降雨或地震所觸發），急遽滑落。無論哪一種，它們都有很長的預警期，足夠採取必要的預防措施。

　　流動（Flow）是岩土與水混合成為流體，常在暴雨的情況下突然爆發，且以極快的速度向下流動，其歷時短暫，但是來勢兇猛。在運動過程中山谷雷鳴、地面振動，仗著陡峻的流路，向下猛衝，常常破壞交通及沿途一切工程設施、掩埋村莊，造成巨大的危害。典型的流動以土石流（Debris Flow）最具代表性。它是由懸浮的粗大固體碎屑物，富含著砂及黏土的黏稠泥漿所組成，固體的含量一般都超過15%，最高可達80%。泥漿的單位重都在$1.3t/m^3$以上，最濃的可達$2.3t/m^3$。因此土石流能夠以懸浮式搬運幾十至幾百立方公尺大的巨石。土石流在台灣是一種很常見的地質災害（Geologic Hazard）。

　　以上所述的塊體運動在工程上統稱為山崩（Landslide）。因為台灣的地形陡峻、地質複雜、岩層破碎、雨水充沛，且地震頻仍，所以提供了發生山崩的地質、水文及氣象等必要條件。因此，山崩在台灣是必須予以重視及定期清查的一種地質災害，凡是國土規劃及工程建設等都應謹慎以對。本書將另闢章節，以更大的篇幅再詳細說明。

第5章

水力侵蝕的防制為重要的永續工程

　　地表的岩石及土壤受到降雨的作用而發生鬆散、溶解及破壞，而且從原地搬運到他處的現象，稱為水力侵蝕作用。因為土壤顆粒沒有膠結，所以比岩石容易受到侵蝕。

5.1　土壤侵蝕

　　土壤在水力的作用下，被破壞、搬運及沉積的過程，稱為土壤侵蝕（Soil Erosion）。它是一種對陸地表面進行夷平作用，且對地表進行雕刻及塑造的重要工程。在很多營力中（如水、風、冰川、重力等），水力是使土壤顆粒變鬆及破碎的最重要的一種。

　　土壤在外營力的作用下產生位移的總量稱為土壤侵蝕量。單位面積及單位時間內的侵蝕量則稱為土壤侵蝕速度（或速率）。土壤侵蝕量中被運移出特定地段的土砂量稱為土壤流失量。在特定時段內，通過集水區內的某一個觀測斷面之土砂總量則稱為集水區產砂量。

　　土壤侵蝕可分成常態侵蝕（Normal Erosion）及加速侵蝕（Accelerated Erosion）兩大類。在自然狀態下，沒有人類活動的干預情況下，純粹由自然因素引起的地表侵蝕過程稱為常態侵蝕，又稱為自然侵蝕。它的侵蝕速率非常緩慢。在穩定的地質狀況下，常態侵蝕的結果，造成土壤的流失量常小於土壤的生成量，這是正常的現象。

　　隨著人類的出現，人類活動逐漸破壞陸地表面的自然狀態，如在坡地燒山毀林、放牧耕作，加快及擴大了某些自然因素作用所引起的土壤破壞及移動過程，直接或間接的造成土壤侵蝕率的加劇，使侵蝕速率大於土壤形成的速率，導致土壤肥力每況愈下，這種侵蝕過程就稱為加速侵蝕。

　　土壤侵蝕造成水土流失，導致土層變薄及土壤退化，引起土砂沉積、掩沒農田、淤塞河道及水庫，對水利及發電工程的危害極大，直接影響民生經濟建設。再者，當今世界上糧食短缺，生活空間不斷的擴增，更加速對各種土地的開墾種植、陡坡開荒及大挖大填，於為更加劇土壤的侵蝕速率。破壞了人類所賴以生存的環境條件，意味著人類不斷的喪失生存的基礎。因此，我們必須防制土壤的加

速侵蝕，進行水土保持，保證土地的永續經營及利用。

5.2　水力侵蝕的機制

　　土壤侵蝕的分類多以導致土壤侵蝕的主要外營力為依據，如水力及風力。另外，還有重力、冰川、土石流等。在台灣地區尤以水力為重。

　　由大氣降水，尤其是降雨所導致的侵蝕過程及其一系列土壤侵蝕的形式稱為水力侵蝕。水力侵蝕的機制可以分成濺蝕、面蝕、溝蝕、山洪侵蝕等四種類型來說明。

5.2.1　濺　蝕

　　濺蝕（Splash Erosion）是指裸露的地面受到雨滴的濺擊而引起的侵蝕現象。它是一次降雨中最先發生的土壤侵蝕。

　　裸露的地面受到較大雨滴打擊時，表層土壤的結構遭到破壞，且把土粒濺起。在坡面上，濺起的土粒落回坡面時，因為重力的關係，在下坡會比上坡落得多，因而土粒逐漸向下坡移動。而且隨著雨量的增加及濺蝕的加劇，地表往往形成一層薄泥漿，加之受到匯合成小股地表逕流的影響，很多土粒就隨著逕流而流失。

　　濺蝕作用會破壞土壤的表層結構，堵塞土壤的孔隙，及阻止雨水下滲，為產生坡面逕流及面狀侵蝕創造了良好條件。

5.2.2　面　蝕

　　面蝕（Surface Erosion）是指由於分散的地表逕流沖走坡面表層土粒的一種侵蝕。在較陡的坡面上，暴雨過後坡面被分散的小股逕流沖成許多細密小溝，它基本上沿著流線的方向分布。一般來說，其溝深及溝寬均不超過20公分，這種沖蝕則稱為細溝狀面蝕。

　　面蝕是土壤侵蝕中最常見的一種形式。凡是裸露的坡地表面都有程度不同的

面蝕存在。由於面蝕所影響的面積大，侵蝕的又都是肥沃的表土層，所以對農業生產的危害很大。

5.2.3　溝　蝕

溝蝕（Gully Erosion）是指由匯集在一起的地表逕流沖刷破壞土壤及其母質，形成切入地表以下的溝壑之土壤侵蝕形式。面蝕所產生的細溝在集中的地表逕流之侵蝕下繼續加深、加寬及加長。當溝壑發展到不能為耕作所填平時即變成蝕溝，稱為侵蝕溝（Gully）。

在細溝面蝕的基礎上，地表逕流進一步集中，由小股逕流匯集成較大的逕流，既沖刷表土，又下切底土，形成橫斷面為寬淺的槽形的線溝，初期的溝深可達1公尺，以後繼續加深加寬。其特點是沒有形成明顯的溝源跌水。

當溝蝕繼續發展，沖刷及下切的力量增大，溝深切入母質中，形成明顯的溝源，並產生一定高度的溝頭跌水。蝕溝的橫斷面呈V字型，長、寬、深三方面的侵蝕同時進行，使溝源前進及溝底下切。加之重力作用，溝岸亦不斷坍塌，溝源逐漸溯源向前，跌水的高度也一步一步的變大。這種跌水是溝蝕最活躍的侵蝕部分。跌水既沖蝕它所跌入的溝底，又淘刷溝源前壁的趾部，造成溝源上部的土體懸空，很快就坍塌下來，隨之出現一個新的垂直溝源，落差加大，然後開始一個新的循環。

溝蝕進一步發展，水流更加集中，下切深度越來越大，溝壁向兩側擴展，橫斷面呈U型，並且逐漸定型。溝底的縱斷面與原坡面有明顯的差異，上游變陡，下游則已日漸接近平衡剖面。這時溝底的下切雖已緩和，但是溝源的向源侵蝕及溝岸的崩塌還在發生。

溝蝕雖然不如面蝕涉及的面廣，但是其侵蝕量大、速度快，且把完整的坡面切割成溝壑密布，形成許多面積零碎的小塊坡面，使土地的利用價值大為降低。

5.2.4　山洪侵蝕

山洪侵蝕（Torrent Erosion）係指山區河流發生洪水時，其對溝道河岸的沖

淘、對河床的沖刷或淤積過程。由於山洪具有流速高、沖刷力大及暴漲暴落的特點，因而破壞力也就大，並能搬運及沉積泥砂石塊。

　　山洪侵蝕可以改變河道型態、沖毀建築物及交通設施、掩埋農田及宅地，可造成嚴重的災害。在河灣段的凹岸側，河水淘空岸壁的趾部，引起邊坡崩滑，影響坡頂的安全。

5.3　影響土壤侵蝕的因素

　　土壤侵蝕的強弱受到自然因素及人為因素的雙重影響。

　　自然因素包括氣候、地形、土壤性質、地質及植被等是影響土壤侵蝕的內部控制因素，而人為的不合理活動則是造成土壤加速侵蝕的主導因素。茲分別說明如下：

5.3.1　氣　候

　　氣候與土壤侵蝕的關係極為密切。這種影響有直接的，也有間接的。一般而言，大風、暴雨及重力等是造成土壤侵蝕的直接動力，而溫度、濕度、日照等因素對植物的生長、植被類型、岩石風化、成土過程及土壤性質等都有一定的影響，進而間接影響土壤侵蝕的發生及發展過程。

　　降水包括降雨、降雪、冰雹等多種型式，在台灣則以降雨最為重要。它是氣候因子中與土壤侵蝕的關係最為密切的一個。降水是地表逕流及入滲的主要來源。在土壤侵蝕的發生及發展過程中，降水是水力侵蝕的基礎。

　　降雨量（累積雨量）、降雨強度及降雨延時常用來比較土壤侵蝕量的大小。一般而言，隨著降雨量的增加，土壤侵蝕量也越大。但是事實上，並非完全如此。因為降雨強度、雨滴大小及降雨類型等因素更能決定一場降雨的土壤侵蝕量。

　　單位時間內的降雨量稱為降雨強度，常以mm/h表示。根據很多研究的結果顯示，降雨強度與土壤侵蝕量的關係可用下式表示：

$$E = AI^b \tag{5.1}$$

式中，E＝土壤侵蝕量

　　　A＝與土壤性質及地面坡度有關的係數

　　　I＝降雨強度

　　　b＝指數（b＞1）

　　又由經驗得知，一次降雨中，60_{min} 最大降雨強度與土壤侵蝕量的關係最為密切。且當降雨強度低於某一特定值時，無論降雨延時多長，降雨量多大，都不可能發生土壤侵蝕。也就是說，土壤侵蝕的發生，降雨強度必須超過一個臨界值。這個值一般定在10～25mm/h。當然，對於滲透性好或抗蝕性強的土壤，這個臨界降雨強度會比較大；反之，則較小。如果一個地區的降雨多以低強度出現，即使其年降雨量較大，也不會導致土壤侵蝕量的增加。反之，即使降雨量較少，但多以高強度暴雨型式出現時，將會導致較嚴重的土壤侵蝕現象發生。

　　降雨強度隨著時間的演進而發生變化的情形稱為降雨類型。在一場降雨中，由於降雨強度及其峰值出現的時間不同，因而形成不同的降雨類型。降雨延時則指一場降雨所延續的時間長度。

　　充分的前期降雨是導致暴雨造成較大的地表逕流及產生嚴重沖蝕的重要條件之一。此因充分的前期降雨已使土壤的含水量增大或飽和，再遇暴雨就易於形成逕流所致。

　　雖然低強度、長延時的降雨類型不會由於產生地表逕流的沖刷而導致嚴重的土壤侵蝕，但是這種降雨類型對於受地下水影響較大的山崩而言，卻有不容忽視的重要影響。

5.3.2　地　形

　　地形是影響土壤侵蝕最重要的因素之一。坡度、坡長、坡形、分水嶺與谷底（或河面）的相對高差以及水系密度等都對土壤侵蝕產生很大的影響。

一、坡度

　　地面坡度是決定逕流侵蝕能力的基本因素之一。逕流的侵蝕能力是逕流質量與流速的函數，而流速的大小決定於逕流深度與地面坡度。

　　在其他條件相同時，一般來說，地面坡度愈陡，逕流速度愈大，土壤侵蝕量也愈大。但是逕流量在一定條件下，有隨著坡度的加大而減少的趨勢，因為坡度超過某一個陡度之後，截雨的面積反而變小。因此，坡度對水力侵蝕作用的影響並不是無限制的成正比增加，而是存在著一個「侵蝕轉折坡度」。在這個轉折坡度以下，侵蝕量與坡度成正比，超過了這個轉折坡度，侵蝕量反而減少。一般這個轉折坡度大約介於40°至50°之間。

　　地面坡度對雨滴的濺蝕也有一定的影響。在地面比較平坦的情況下，即使雨滴可以導致嚴重的土粒飛濺現象，尚不致造成嚴重的土壤流失。但是在斜坡上，土粒被濺起後，下坡方向的飛濺距離較上坡方向的飛濺距離要大，且這種現象會隨著坡度的增加而變大。

二、坡長

　　當其他條件相同時，水力的侵蝕強度由坡面的長度來決定。坡面越長，逕流速度就越大，匯聚的流量也越大，因而其侵蝕力就越強。因此，高陡邊坡的處理常設計成階段式的邊坡，目的就是要縮短坡長，以減少水的侵蝕力。

三、坡形

　　自然界中坡形雖然十分複雜，但是歸納起來不外乎是凸坡、凹坡、直線坡、階段坡四種及其混合型。

　　坡形對水力侵蝕的影響，實際上是可以分解成坡度及坡長兩個因素的綜合作用的結果。一般而言，直線坡的上下坡度一致，下坡集中逕流最多，流速最大，所以土壤侵蝕較上坡強烈。

　　凸坡的上坡緩而下坡陡且長，土壤侵蝕較直線坡的下坡更強烈。凹坡的上坡陡而下坡緩，中部侵蝕強烈，下坡侵蝕減弱，且常有堆積發生。

階段坡在台階部分的土壤侵蝕輕微，但在台階邊緣上容易發生溝蝕，是向源侵蝕很嚴重的部位，這是使台階面的寬度變小最主要的原因。台地面也是因為這個原因而逐漸縮小。

5.3.3 地　質

岩性及地質構造對水力侵蝕也有重要的影響。

一、岩石的風化性

容易風化的岩石常遭受強烈的侵蝕，例如花崗岩類的岩石，其礦物顆粒較大，節理又發達，在溫度變化下（如晝夜溫差），由於它們的膨脹係數不同，易於發生相對錯動及碎裂，促進風化作用。因此，這一類岩石的風化層較厚、結構鬆散、抗蝕能力差、溝蝕及崩塌普遍發育。

二、岩石的堅硬度

岩石的堅硬度對侵蝕的影響可以說是舉足輕重。塊狀堅硬的岩石可以抵抗較大的沖刷，阻止溝壁擴張、溝源前進及溝床下切，並且間接延緩溝源以上坡面的侵蝕作用。其所形成的侵蝕溝具有溝身狹小、溝壁陡峻、溝床多跌水等特徵。

三、岩土的透水性

岩土的透水性對侵蝕的影響非常大。地面如果是疏鬆多孔、透水性強的土壤時，往往不易形成較大的地表逕流，因為降雨中，大部分滲入地下，留在地面的不多。但若是淺薄的土層以下為透水性很差的風化岩層時，即使土壤的透水很快，但因土層迅速被水飽和，就可以發生較大的逕流及侵蝕，甚至使整片土層被沖走，形成泥流。

若透水性較佳的土層較厚，在難透水的岩層上則可以形成棲止水，使上部土層與下伏岩層之間的摩擦阻力減小，往往即導致滑動的發生。

四、水系密度

一般而言，透水性較佳的砂岩，其地面逕流小，侵蝕能力也小，常形成稀疏水系的地形（稱為水系密度小）。相反的，透水性差的頁岩或泥岩，其地面逕流大，侵蝕能力較強，常形成緊密水系的地形（稱為水系密度大）。因此，水系密度的大小常用來在遙測影像上分辨砂岩與頁岩的重要指標。可見水系密度其實是暗示土壤的透水性及受蝕性。

五、節理密度

節理的密度對侵蝕作用也有很大的間接影響，因為節理切割岩體，使雨水可以入滲到岩層的深部，促進及加速岩體的風化。因此，節理發達的岩層，其風化作用會比較強烈，也會比較深入，為侵蝕作用製造了有利條件。

5.3.4　土　壤

土壤是侵蝕作用的主要對象，因此它的特性，尤其是透水性、抗蝕性及抗沖性對土壤侵蝕的影響最大。

一、透水性

地表逕流是水力侵蝕的主要外動力。在其他條件相同時，逕流對土壤的破壞力除了流速外，主要取決於逕流量。而逕流量的大小與土壤的透水性具有密切的關係。

一般砂質土壤的顆粒較粗、土壤孔隙大，因此透水性較好，不易發生地表逕流。相反的，黏土質土壤的透水性就較砂質土壤差，大部分降雨都成為地表逕流。

二、結構

土壤結構會影響土壤的透水性。當土壤的團粒結構增加時，將促進其透水能力。土壤的團粒結構越好，透水性及持水性就越大，土壤的侵蝕程度就越輕。

三、持水量

土壤持水量的大小對於地表逕流的形成及大小也有很大的影響。如果持水量很低，滲透強度又不大的土壤，在遇到暴雨時容易發生較大的地表逕流及土壤流失。

土壤的持水量大小主要取決於土壤孔隙率，同時也與孔隙的大小有關。當孔隙很小時，土壤的持水量雖然很大，但由於透水性能不好，吸收雨水的能力也較弱。如果土壤孔隙率增加，同時孔隙直徑加大，土壤吸收雨水的能力即可大為加強。

四、層序

在土壤的垂直剖面上，如果上、下各層的透水性能不一致，則土壤的透水性常常由透水性最小的一層所決定。透水性較小的一層距地面愈近，愈容易引起比較強烈的侵蝕。

五、抗蝕性

抗蝕性是指土壤抵抗地表逕流對土壤顆粒的分散及懸浮能力。而抗沖性則是指土壤抵抗流水侵蝕的機械破壞作用之能力。

土壤抗蝕性的大小主要取決於土粒與水的親和力。親和力越大，土壤顆粒越容易分散及懸浮，團粒結構也越容易遭受破壞而解體，同時引起土壤的透水性變小及土壤表層容易形成泥漿層。在這種情況下，即使逕流速度較小，機械破壞力不大，也會由於懸移作用產生侵蝕。

六、抗沖性

土壤吸水後如果顆粒很快就離散且破碎成細小的土塊，則容易被地表逕流所推動下移，產生流失現象，也就是土壤的抗沖性差。又土壤的膨脹係數愈大，崩解愈快，抗沖性就愈弱。如果有根系纏繞，將土壤抓緊，就可使抗沖性增強。

七、腐植質

腐植質能夠膠結土粒，形成較好團聚體的物質。它能使土壤具有不同程度的分散性。

很多研究證明，土壤如果被鈉離子所飽和，就易於被水分散；如果是被鈣離子所飽和，則土壤抵抗被水分散的能力就顯著提高，因為鈣離子能促使形成較大及較穩定的土壤團聚體。土壤的分散一般隨者有機質及黏土含量的增高而降低，而土壤的抗蝕性則會加強。

5.3.5　植　被

植物覆被是自然因素中防止土壤侵蝕能夠發揮積極作用的一個重要因素。幾乎在任何條件下，植被都有阻止或延緩水蝕的作用。植被一旦遭到破壞，土壤侵蝕就會加劇。植被的抗蝕及抗沖主要表現在下列各項：

一、攔截雨滴

植物的地上部分，即其莖葉枝幹能夠攔截降雨，使雨滴不直接打擊地面，且降低其終點速度，因而能有效的削弱雨滴對土壤的破壞作用。植被覆蓋率愈大，攔截的效果就愈佳，尤其以茂密的森林最為顯著。

郁閉的林冠就像雨傘一樣可以承接雨滴，使雨水通過樹冠及樹幹，緩緩流落地面，有利於水分下滲，因而減少了地表逕流，及其對地表土壤的沖刷。樹冠截留降雨的大小，隨著覆蓋率、葉面特性及降雨情況而異。一般而言，截留率隨著累積降雨量的增加而減少。就不同的樹種而言，以灌木的截留率最大，因為它的覆蓋度大，同時比較低矮，所以在降雨過程中受風的吹動較小，而雨水能較好的附著於葉面。

二、調節地表逕流

森林及草地中往往有厚厚一層枯枝落葉，像海綿一樣，可以接納通過樹冠、樹幹或草類莖葉而來的雨水，使之慢慢的滲入林地變為地下水，不致產生地

表逕流，即使產生也是很輕微。這種枯枝落葉層發揮一種保護土壤、增加地表粗糙度（Roughness）、分散逕流及減緩流速等作用。因此，保護林下的枯枝落葉層，以及在土壤侵蝕嚴重的地區營造喬木、灌木及草本混交的水土保持林，實為控制土壤侵蝕的一種重要措施。

三、抓緊土體

植物根系對土體有良好的穿插、纏繞、網絡、固結等作用。特別是自然形成的森林及人為營造的混交林中，各種植物根系的分布深度不同，有些垂直根系可伸入土中達10公尺以上，能促成表土、心土、母質及基岩連成一體，增強了土體的固持能力，減少了土壤侵蝕。

四、改良土壤性狀

林地及草地的枯枝落葉腐爛後可給土壤表層增加大量的腐植質，有利於形成團粒結構。同時植物根系能使土壤增加根隙，提高土壤的透水性及持水量，從而發揮減少地表逕流及土壤侵蝕的作用，且增加土壤的抗蝕及抗沖性能。

五、減小風速及防止風害

植被能削弱地表風力、保護土壤及減輕風力侵蝕的危害。一般防風林的防護範圍為樹高的20～25倍。森林還有提高空氣濕度、增加降雨量、調節氣溫、防止乾旱、淨化空氣、保護及改善環境等多重效益。

森林對水土保持作用的大小常因樹種的不同而有差別。一般來說，闊葉樹及灌木林防止土壤侵蝕的作用大於針葉樹；而混交林的作用則大於純林。

5.3.6　人類活動

土壤侵蝕的發生及惡化是外營力的侵蝕作用大於土壤本身的抗蝕力的結果，而人類活動是土壤侵蝕的最大外營力，也是控制土壤侵蝕的最大執行者。人類活動常可將侵蝕速率增加2倍至400000倍。

從破壞面來看，人類加劇土壤侵蝕的活動主要有下列幾項：

一、破壞森林

亂砍濫伐及放火燒山使森林遭到破壞，失去蓄水保土的功能，並使地面裸露，直接遭受雨滴的擊濺及流水的沖刷，從而加速土壤侵蝕的發生及惡化。

二、陡坡超限利用

陡坡利用（如種植蔬菜、果樹、檳榔等）不但破壞了植被，且又翻鬆了土壤，造成嚴重侵蝕的條件。對陡坡的擾動也破壞了邊坡的穩定性，產生崩塌、地滑、土石流等地質災害。

三、過度放牧

過度放牧會使坡面的植被遭到破壞，造成嚴重的土壤侵蝕。

四、不合理的耕作方式

順坡（垂直於等高線）耕作將使坡面逕流也順坡集中下洩，造成嚴重的溝蝕。

五、坡地造鎮及工程施作

坡地造鎮及工程施作所造成的最大破壞力在於植被的砍除、地形的改變（挖填互見）、土岩界面的揭露及崩積層的擾動，造成地面裸露及邊坡失穩，為土壤侵蝕創造了良好的預備條件。

坡地造鎮以及工程施作的後遺症包括植被的破壞、逕流的增加及侵蝕作用的加速等負面衝擊。工程施作如開礦、建廠、築路、伐木、挖渠、建庫等都有大量的礦渣、棄土、尾砂等產生，如果不作妥善的處理，往往使得下游地區遭殃。

5.4　土壤侵蝕的控制原則

　　人類可以透過許多硬體設施及軟體措施，對土壤侵蝕進行遏止或改善。在硬體方面主要包括地形條件的改變、土壤性狀的改良以及植被狀況的改善等。茲分別說明如下：

5.4.1　改變地形條件

　　坡度在地形條件中對侵蝕量的影響最大。因此改變坡度是改變地形條件的有效方法，如設計台階、修建水平梯田等都可減緩坡度及截短坡長，有效的防止或減輕土壤侵蝕。或者在溪流上興建一系列的沉砂壩，以提高侵蝕基準面，可以控制下蝕作用及溝坡侵蝕，並將土砂盡量滯留在坡地上。在侵蝕溝的兩壁則可採取削坡的方法，使其坡度變小，以穩定溝坡，並防止崩塌及滑動等土壤侵蝕現象的發生。溝源的截水及固床更是重要，它可以防止溝蝕作用及向源侵蝕。

　　更詳細的地形控制方法，見5.5節的說明。

5.4.2　改良土壤性狀

　　抗蝕能力較強的土壤一般具有良好的滲透性及強大的抗蝕及抗沖性，這些條件與其質地及結構等特性有關。它們可以透過合理的措施進行改良，如採取在砂質土壤中摻入適量的黏土，或在黏土質土壤中摻入適量的砂土，或多施有機肥，或深耕深鋤等措施。如此可以增加土壤中的有機質及團粒結構，提高透水及蓄水能力，增強抗蝕及抗沖能力。

5.4.3　改善植被狀況

　　如前所述，植被具有攔截雨滴、調節地表逕流、固結土體、改良土壤及減低風速的功能，對土壤侵蝕的控制有很大的功效。植被狀況是人類對土壤侵蝕的防制工作中最重要的一種措施。

　　一般而言，植被的狀況可以透過造林、種草、綠化等種種人為措施予以改善。

5.5　施工階段的侵蝕防制

　　施工階段是水力侵蝕最嚴重的時段，因為它是對地形先行破壞，予以大挖大填、裸露岩土，然後才從事綠化的一個過程。茲分成通則及手段兩方面來說明。

5.5.1　通　則

　　施工階段的侵蝕防制，其基本原則如下：

一、開發設計需適應地形及地勢

　　為了減弱侵蝕作用及避免產生太多的沉積物，最好的方法就是儘量不要擾動原地形，也就是儘量減少整地的面積。例如為了削平起伏的地形，如果採取大挖大填的方式，無疑的將會破壞邊坡的穩定性及加速侵蝕的作用。如果開發時儘量適應原地形，則挖方與填方量自然就會減少，侵蝕量也就降低了。

　　為了達到適應原地形的目的，可以遵循下列原則：

1. 分析自然狀態下的地形、地質。
2. 結構物的長軸要儘量平行於地形等高線。
3. 將結構物安置於坡度最緩和的地段（當然也要安全的地段）。
4. 儘量減少擾動的面積，只對擬布置結構物的地方進行整地。

　　為了減少挖、填方，可以採取下列原則：

1. 將結構物的長軸平行於地形等高線（見圖5.1）。
2. 採用階段式的地板設計，以順應原地形。
3. 採用3D的空間布置法，無需布置在同一平面，例如高速公路的雙向路基可以布置在不同的高程。

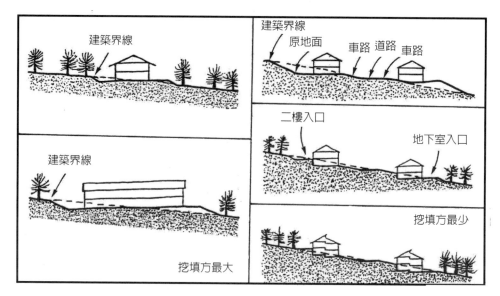

圖5.1　減少挖、填方的方法

二、整地與營建可以採用分時分區的原則，盡量減少土壤的裸露時間及面積

該條原則具有雙重意義。第一是整地的時段最好安排在乾季或侵蝕最少的時段；第二是採用分區開發的原則，以減少土壤的暴露時間及暴露面積。當每一區整地完成後，應立即噴灑草種，以進行綠化。這些工作均應在雨季來臨之前完成。

三、盡可能保留原有植生

植生是控制侵蝕最有效的方法。在未受擾動的原植生地區，其侵蝕量一般都很低。將原植生砍除後再重新植生，有時有困難，而且非常浪費。即使重新植生之後，侵蝕量也會增加。一般需要5年的時間才能降到原來的侵蝕量。故清除植被時應只限於建築的基地、街道、道路、排水溝，及需要從事邊坡穩定工程的區帶（見圖5.2）。

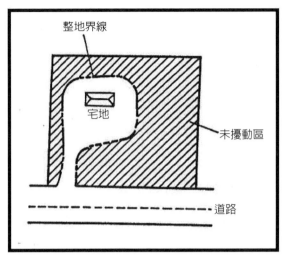

圖5.2　減少擾動的整地方式

四、裸露地帶應予植生

　　整地完成之後應立即綠化。同時草種應以稻草加以保護。稻草不但可以保護草種，而且在植生初期還可以保護土壤，一直到綠草長起來為止。

五、將地表逕流疏導到裸露區之外

　　植生被砍除之後，裸露的土壤很容易受侵蝕。因此，不能讓上邊坡的逕流流入裸露區。其方法是利用砂包、土堤或截水溝，圍住裸露區的上緣，將上游的逕流攔截、集中，並疏導到安全的地方，如排水幹道、調節池、沉砂池等（見圖5.3）。此法常用於挖坡及填坡處。如果是比較平緩的裸露區（如房子的基地），則可用土堤圍繞著該裸露區的上方及兩側，在其下緣則可樹立砂柵（Silt Fence），以阻擋裸露區內被侵蝕的土砂。

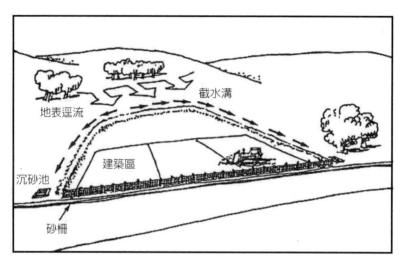

圖5.3　防蝕用的截水溝、沉砂池及砂柵

六、儘量減少坡長及坡度

　　邊坡的長度及坡度影響侵蝕量的大小至巨。坡長愈長、坡度愈陡，則水流速度愈快，因此侵蝕力量也愈大。如果只將坡度變陡兩倍，土壤流失量會增加2.5倍。如果將坡長及坡度都變大兩倍，則土壤流失量將增大4倍以上。

　　為了防止水流在長度及坡度上的加速，可將坡面變成階段式，以使逕流減速，並使一部分土砂沉積下來。一般在階段平台的內側都會設置橫向排水溝，而且將平台面設計成微微向內傾斜。排水溝一定要襯砌，否則溝內的水之侵蝕力量更大，而且還會滲入土壤內，有促發滑動之虞。

七、保持慢速的逕流

　　水流的動能為流速平方的函數，故當流速加倍時，其侵蝕能量增加4倍，理論上可以帶動體積為64倍大的顆粒。因此，為了降低排水溝內的水流速度，可以在其溝床加以粗糙化。主要方法包括植草、拋石、設計寬廣的斷面（寬度大於深度），或沿線做跌水設施。光滑的混凝土排水溝雖然可以有效的疏解逕流及比較容易維護，但因流速太快，下游地區可能會受到沖刷。

　　地面上的逕流可以採用降低坡度及坡長，或者增加表面粗糙度等方式來維持很低的流速，例如用堆土機在坡面上開上開下，即可由其履帶製造出粗糙面；若再加上植草，則逕流速度可以降到很低。

八、設置排水道以疏導匯集的逕流量

　　坡地開發會改變逕流的特性。例如不透水的鋪面面積會大為增加，包括街道、人行道、道路、屋頂、前院、廣場、停車場等等。清除植被及夯實土壤等也會增加逕流量，此因滲入土壤內的雨水減少了許多。

　　上述的改變也會增加逕流的速度，此因很多表面都很光滑，如屋頂或路面。一旦下雨，地表逕流到達排水道的時間會提早，而且尖峰流量也會增加。所以為了降低排水道的侵蝕，需做出下列一些補救措施：

1. 計算與基地排水有關的所有排水道之尖峰流量與速度。
2. 設計適當的排水道，能消化尖峰流量，但不致發生侵蝕。
3. 選擇適當的襯砌材料，適合於尖峰流量時使用。
4. 於排水道的出水口處需設置消能設施（如拋石），以防沖蝕。

　　有時經過適當的設計，地表逕流可以在基地內即部分滲入地下，或暫時貯存在調節池內，一樣可以達到減速的目的。

九、將基地內所產生的土砂沉澱在基地內

　　施工時的沖刷是不可避免的事。所有因沖刷所產生的土砂應被阻擋在基地之內，不能加入基地之外的排水系統。最常用的方法是使用沉砂池（Sediment Basin）、泥砂窟、草竹籬或砂柵（見圖5.3）。

　　沉砂池與泥砂窟需設置在基地內的最低點。利用土堤、草竹籬、砂袋堤、砂柵等土砂柵欄將地表逕流導入沉砂設施內。這些導流設施大多設置於被擾動地帶的下方。暴雨來時它們還可以暫時貯存一部分逕流，並讓土砂先行沉澱，清水再漸漸滲入地下或流至沉砂池。

　　土砂柵欄雖然可以捕捉被侵蝕的土壤顆粒，但是土壤內如果含有細粒的粉

砂及黏土，則很難沉澱在基地內。即使這些細粒物質可以在沉砂池內沉積下來，但是卻已搬離原地，而餘留於原地的土壤較不易滋養植生。同時，沉砂池內的沉積物也是很難處理，而且處理起來很花錢。因此，整地時應該儘量保留原地的植被，或於整地後立刻重新綠化才是最佳的控制侵蝕的手段。

十、不時檢查及維護抗蝕設施

定期及不定期的檢查與維護抗蝕設施是侵蝕控制設施能否發揮成效的關鍵。抗蝕問題常出現於暴雨之後，有些問題如果不予處理，其災害損失更甚於沒有抗蝕措施時的損失。例如沉砂池的堤壩如果發生破裂或崩潰，則下游地區將遭受非常恐怖的土砂流災害。又如土堤或砂柵有孔洞，則暴雨來時其下游可能發生嚴重的指溝侵蝕。因此，在雨季來臨之前即應進行檢查，如果發現有缺陷或者不通順，就應該立刻補救。最保險的方法是在每日下工前即做例行檢查。

5.5.2 重點地區的侵蝕防制

根據上述的侵蝕防制原則，以下即介紹在回填坡面、切削坡面及一般坡地等三個重點地區的抗減蝕措施。

一、回填坡面

坡面的逕流速度較快，如果不加以集中後再疏導排洩，其侵蝕力量是非常可觀的。對於填方坡面的侵蝕防制可以採取下列措施：

1. 在坡頂的外圍設置截水溝或土餞

截水溝或土餞（Berm）可以防止坡頂的地表逕流流向坡面，同時也有集中逕流的功能。地表逕流被集中之後，將之導入縱向排水溝，再排洩到下游的排水系統。

截水溝是一種凹槽，它設置於坡頂，距離坡緣至少要60公分（見圖5.3）。截水溝一定要襯砌，否則溝內的水如果滲入填方體內的話，將發生崩塌或滑動，至為危險。

　　土戲與截水溝正好相反，它是一種小型的土堤，非常容易施工，因為它只是正常填土工程的一小部分工作而已。不過，它必須設於坡頂的外緣再往內後退至少60公分，以策安全（見圖5.4）。土戲的高度大約是25公分。

　　有時將坡頂設計成向內微傾（至少2%），也有防止地表逕流流向填方坡面的功效。

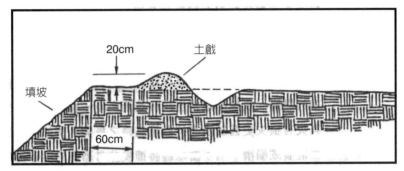

圖5.4　土戲的設計

2. 設置縱向排水溝

　　順著斜坡方向要設置縱向排水溝。與截水溝一樣，排水溝也要襯砌，材料可以選用混凝土或瀝青（襯厚不能小於10公分），其斷面大小需視逕流量而定。為了避免下洩速度太快，溝底應有防止沖刷的消能設施。

　　臨時的縱向排水有用斜坡排水管（Pipe Slope Drain）者。管子大小需視雨量及集水面積而定，其直徑有大至75公分者，其長度則可隨著工程的進度而延長。

3. 設置橫向排水溝

　　橫向排水溝係將坡面的層流攔截並且集中起來，以防坡面太長時，層流的流量累積得太多，造成流速太快，而產生驚人的侵蝕力。

　　橫向排水溝的深度至少要30～45公分，側邊斜度約2：1，寬度則視排水量而定，一般不小於1公尺（見圖5.5）。橫向排水可以向一邊排，也可以呈反方向向兩邊排，端視地形及下游有無排水空間而定。溝的坡降約6%，其長度不宜超過100公尺，即每隔100公尺就應設置一條縱向排水溝。如果是採用兩邊排水的話，

縱向排水溝的間距可以拉到200公尺。

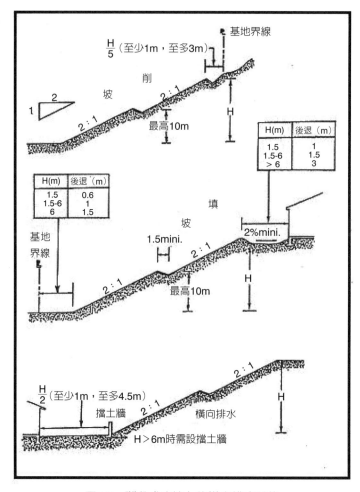

圖5.5　階段式邊坡上的橫向排水設施

4. 設計階段式邊坡

　　階段式邊坡具有穩定邊坡的功能，因為它可以使整個坡面的坡度降低。同時，階段式邊坡不但可使斜坡的逕流減速，還可收集被沖刷下來的土砂。因此，它是一種很好的控制侵蝕之設施（見圖5.5）。不過，它的構築費較高。

　　階段式邊坡的平台（Bench）寬度以2公尺為原則，並且需向內傾斜2%，俾

便將平台的逕流導向設於內側的橫向排水溝。平台的垂直間距以5公尺爲原則，不宜超過10公尺。設計階段式邊坡之前應做邊坡穩定分析。

5. 植草與覆蓋

植被可以將雨滴的沖擊力減至最低，同時可以降低層流的速度，而達到控制侵蝕的目的。再者，它還可幫助水分的涵養，又可增加美觀。

因爲植生由開始種植或噴種到長成，需要一段時間，所以在其生長期間應有相當的覆蓋，以保護草種，並可暫時防沖。覆蓋材料可用稻草、雜草或其他作物的殘枝。稻草是最常用的一種。一般，覆蓋材料要加以編織與錨碇。

二、切削坡面

切削坡面的侵蝕控制與回塡坡面大同小異，例如使用土戧、坡頂截水溝、橫向排水溝、縱向排水溝、階段式邊坡等。以下介紹一些適用於切削坡面的其他方法。

1. 帶狀草本

在坡面上沿著等高線種植條帶狀或很窄的帶狀草本，其上、下間距大約1公尺而已。此法的適用坡面，其坡度可以達到1：1左右。如果更陡的話，需用木樁加以固定。

通常草本之間還得種草，以達到全面覆蓋的目的。在雨量較多的情況下，草皮可以斜著鋪蓋。如果坡面的面積不大，則應全部用草皮覆蓋，馬上就可達到防蝕的效果。

2. 噴漿、砌石、格框

對於岩石邊坡而言，噴漿可以達到防止坡面沖蝕的目的，尤其像頁岩及泥岩之類的岩層，邊坡切削完成之後應立即噴漿，以防岩層崩解。

有時對於陡峭的邊坡可以用砌石的方式將坡面鋪蓋起來，也可以達到防蝕的目的。使用此法的前提是施工地點或附近要有足夠的岩塊或岩板，否則不甚經濟。

較進步的方法是使用互鎖式的水泥格框鋪蓋，且格框需要使用錨釘將其錨在坡面上。依照水泥框的不同設計，可以組合成各種漂亮的圖案。一般，在水泥框之間的空間都會植草，以防止侵蝕，還可穩定邊坡，增加綠化美觀。

3. 坡面綠化

在坡面上開挖小型的階梯或三角形凹溝，鋪上表土後再植草。如果是風化的岩石陡坡，則階梯的規模可以大一些。採用此法的費用很高，如果不是原土壤的土質很差，無法植生的話，以不用為宜。

4. 臨時覆蓋

在施工期間，侵蝕最嚴重的區帶，或邊坡將發生或已發生危險時，利用臨時覆蓋，可將情況改善。塑膠布是最常用、也是最好的方法。為了防止塑膠布被風掀開，可用砂袋將之穩住。在陡坡的地方，需用鋼條將砂袋及塑膠布一起錨釘起來。

三、一般坡地

一般坡地的侵蝕控制，其主要目的在於防止施工區的沖刷產物影響到鄰近地區。茲將常見的方法說明於下：

1. 柴枝柵欄

將整地時所清除的灌木及草枝加以編織，以用來攔截被沖刷下來的土砂，而允許水的通過，其寬度約1.5公尺到3公尺不等。

一般而言，柴枝柵欄（Brush Barrier）是由樹枝、樹幹及草莖等組合疊置而成。它被安置在邊坡或土堤的趾部外側約1.5～2公尺的地方，且平行於邊坡的走向放置；也有被橫置在山溝內，且垂直於山溝的方向布置。

2. 稻草柵欄

稻草除了在植草初期用來保護草種之外，也可以用來覆蓋裸露的岩土層，通常只用於侵蝕較嚴重的區帶。

將稻草編結成捆也能發揮似柴枝柵欄的控蝕功能。因為稻草包的空隙較

密，所以它能攔截的土砂顆粒比較細。如果把它放置在邊坡（填坡或挖坡均可）的趾部，則可防止其被地表逕流所淘空。

3. 土砂窟

土砂窟（Sediment Trap）是土砂滯留構造（Sediment Retension Structure）的一種。但是它不能停止侵蝕，它只能將水流所攜帶的泥砂沉澱下來，以免流竄到下游，淤積河道及水庫。

土砂窟只是利用開挖的方式或用土堤圍起來的一種簡單構造。它的規模比沉砂池還小，一般被安置在擾動面積小於2公頃的地區。

4. 沉砂池

沉砂池（Sediment Basin）較土砂窟為大，用於擾動面積大於2公頃的地區（見圖5.3）。

一個典型的沉砂池，其構造至少要包括：

(1) 夯實的土堤。

(2) 水流入口。

(3) 豎管（Riser Pipe）作為溢流用。

(4) 緊急溢流道。

(5) 排水管。

沉砂池在整地前即應設置，而且要維持到山坡地開發完成後，侵蝕已被完全控制的時候。當然，沉砂池也可設計成永久結構，使其在坡地開發完成後，即可作為調節池之用，以留滯暴雨時的尖峰流量。大型沉砂池需設置圍籬，以防止小孩進入，避免發生危險。

沉砂池的放置不能妨礙到交通或建築基地，最好選在綠地或將來的公園位置，而且要設於全基地的最低點。

粉砂及黏土等細顆粒物質並不容易沉澱，所以一般沉砂池的沉砂效率大約只有50%到75%。沉砂池的維護非常重要，沉砂池的沉積物一定要經常清除，否則淤滿之後其功能將會喪失，流水反而將沉積物淘起，造成更大的災害。

5. 滯洪池

滯洪池用於控制地表逕流。如果逕流量太大時，滯洪池一面可以暫時加以容納，一面則以正常流速將其排洩。

滯洪池的種類很多，常用的有乾式滯洪池、濕式滯洪池、停車場、屋頂、土堤等等。乾式滯洪池是最常用、也是最便宜的一種滯留結構。平常它只是一塊低窪的空地，暴雨時才發揮貯水的功能。濕式滯洪池則是一種池塘或小湖；平常它就有水，暴雨來時若有剩餘的空間可以加以吞納。濕式滯洪池需要較大的面積或體積，而且設置費較貴，但是優雅、美觀，有其使用價值。設置濕式滯洪池時，需考慮其滲漏水是否會破壞山坡地的邊坡穩定。

停車場也是一種很好的乾式滯洪池，可惜其容量有限。平面屋頂也可以設置為乾式滯洪池，但是其容量大小完全取決於結構的強度。有時路堤或土堤也可考慮做為滯留地表逕流之結構。

6. 地下補注或貯存

將雨水注入地表下，以減少地表逕流，也是一種控制侵蝕的方法。比起滯洪池或沉砂池的設置，地下補注或貯存法太貴，容量也有限，只限於空地很少，而且地價很高的地區使用。

地下補注或貯存法有盲溝法、下水道法、地下水槽法、坑井法、減少鋪面法等。盲溝法係在地表下挖掘槽溝，然後用碎石或拋石回填。此法只適用於基地面積很小的地方，例如貯存屋簷的雨水即可採用此法。下水道法及地下水槽法都是地下的排水及貯水設施，一般採用混凝土結構。坑井法則是採用淺坑或鑿井的方法，再以碎石回填，暫時將雨水貯存，然後讓其慢慢滲入土壤內。

減少鋪面的面積應該是最簡易的控蝕方法，費用並不高。例如在停車場、人行道、廣場等空曠的地方採用塊石、中空地磚等材料拼鋪於地面，讓雨水有下滲的孔道。這樣可以達到減少地表逕流量的目的，並涵養山坡地的地下水資源。

第6章

鬆散堆積物是地殼的表皮

地殼的表皮幾乎都是由鬆散堆積物所覆蓋。除了沖積層之外，地質師絕少將鬆散堆積物的分類及其分布顯示在地質圖上。一般地質圖都將鬆散堆積物剝開，然後只顯示岩盤的地質情況而已，甚至連鬆散堆積物與岩盤的界面之形狀都未予重視。然而，鬆散堆積物卻是人類生存及生活之所繫，所以我們必須特別另立一章來加以說明。

6.1　鬆散堆積物的由來與種類

鬆散堆積物（Unconsolidated Material）是堅硬岩石經過長期的風化及地質作用之後所形成的產物。這些作用係透過水力（包含地下水）、冰川力、風力、重力等地質營力所造成的侵蝕、搬運及堆積等各種方式所進行的。鬆散堆積物的形成時間極短，或正處於形成中，普遍呈現鬆散，或半固結狀態。因為它的成因複雜，所以其岩性（嚴格來講，應該稱為土性）、岩（土）相及厚度變化很大，可以從零公尺到幾十公尺都有。陸地上的鬆散堆積物，主要有碎屑堆積（Detrital Deposits）、有機堆積及化學堆積。另外，有少量的火山噴發物堆積（Eruptive Deposits）。按粒徑來分，可以分成礫石（又有圓礫與角礫之分）、砂、粉砂及黏土四類。但是它們的混合比例之變化範圍很大，表現出來的大多為砂礫層、礫質砂土、礫質黏土、含泥質碎石、碎石土塊等。

由於各種鬆散堆積物的成因及其地質環境不同，所以它們的性質也有很大的差異。鬆散堆積物是由礦物顆粒及岩石的碎屑所組成，其間的孔隙沒有膠結，卻充滿了氣體或水，因此是由固相、液相及氣相所組成的三相體系。它的強度比岩石降低，壓縮性卻比岩石增大，其性質比岩石更為複雜。

碎屑物質（Detrital Material）主要由物理風化作用所形成，包括岩石碎屑（Rock Detritus）及礦物碎屑（Mineral Detritus），也有一部分是化學風化作用過程中未完全分解而遺留下來的礦物碎屑，如長石、石英等。碎屑物質中，有一部分會殘留在原地，稱為殘留土（Residual Soil）；有一部分會被重力搬運到原地的附近堆積，稱為落石堆（Talus 或Scree）、崩積土（Colluvium）等；也有一部分會被水力、風力等外力搬運到離原地更遠的地方堆積，稱為移積土（Trans-

ported Soil）。移積土與殘留土最大的不同在於移積土與其下伏的岩盤，在岩
性上完全沒有關聯性；而殘留土則與其下伏的岩盤呈漸變的關聯性，如圖6.1所
示。

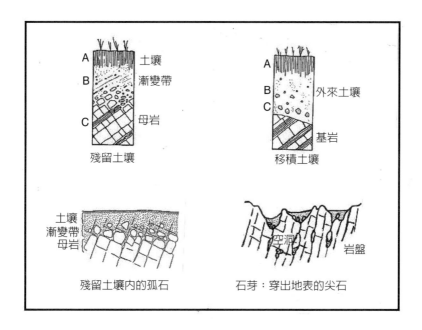

圖6.1　殘留土及移積土與其下伏岩盤的關聯性

6.2　土　壤

　　對於不同領域而言，土壤有不同的定義。土壤學家認為土壤（Soil）是地表
含有腐植質的鬆散細粒物質，能夠生長植物的疏鬆表層，並且將土壤分成六層，
從上而下，O層是枯枝落葉層，A層是腐殖質層，E層為淋濾層，以上三層合稱
為表土層（Topsoil）。在表土層之下，B層為澱積層，C層為（全）風化層，D
層為碎屑層，以上三層合稱為心土層。下伏於土壤之下的R層則為基盤（即母
岩）。

　　工程師比較實際一點，他們認為只要可以用傳統的開挖機械開挖，不必採

用爆破方式開鑿的岩土層都叫做土壤。站在應用地質的立場，我們採用後者的定義。因此，工程土壤除了包含本章所稱的鬆散堆積物之外，連軟岩及被節理密切切割的岩體都可以涵蓋在工程土壤之內。

我們習慣從單一的露頭剖面，或者從個別的鑽孔資料來看土壤的垂直分帶。其實從事應用地質的工作者應該還要從橫向上來看土壤的延展情形。因為土層大都厚薄不定，常見有透鏡體、薄夾層或側向尖滅的現象。只要厚薄、性質、層次發生變化，其對工程基礎的承載，及邊坡的穩定性就隨之改變，其工程地質的課題及評估方法也自然不同。

為了比對土層在橫向的變化，我們最常採用的方法就是粒徑分類法。這種分類法並沒有國際標準。表6.1比較適用於野外的初步分類。

表6.1　土壤的野外鑑定法

基本分類			粒徑 （mm）	野外鑑定法	密實度測試法	
粒狀土	極粗粒	巨石	> 200	簡單估測其粒徑尺寸，注意級配及膠結情形。	密實	用肉眼直接觀察其空隙及顆粒排列，用鎬挖掘困難。
					稍鬆	用鎬易刨開，用地質錘輕敲即可引起部分剝落。
		卵石	60～200	簡單估測其粒徑尺寸，注意級配及膠結情形。	鬆散	用手可掏取。
	粗粒（百分之六十五）	礫 粗	20～60	肉眼容易識別，描述其顆粒之形狀、圓度、級配、膠結物。	極緊密	用肉眼直接觀察，稍有膠結，用地質錘挖掘呈塊狀脫落。
		中	6～20	肉眼可見單獨顆粒，注意級配、細粒膠結物。		
		細	2～6	肉眼可見單獨顆粒，注意級配、細粒膠結物。	密實	可用鎬挖掘，用5cm木棍不易插入。
		砂 粗	0.6～2	肉眼仍可見，約有一半以上的顆粒比小米粒（0.5mm）大，乾燥時顆粒完全分散，可估計其級配。		

基本分類			粒徑（mm）	野外鑑定法	密實度測試法	
以上為礫及砂		中	0.2～0.6	約有一半以上的顆粒與砂糖或白菜仔（> 0.25mm）近似，即使是膠結的，一碰即散；濕潤時無黏著感；可估計其級配。	鬆散	可用鍬挖掘，用5cm木棍極易插入。
		細	0.06～0.2	大部分顆粒與粗玉米粉（> 0.1mm）相當；即使是膠結的，一碰即散；濕潤時偶有輕微黏著感。		
黏性土	細粒（百分之三十五以上為粉砂土）	粉砂	0.002～0.06	肉眼可見之最小顆粒；約與小米粒相當；顆粒小部分分散，大部分膠結，但稍加壓即散；濕潤時有輕微黏著感，稍具可塑性；具顯著膨脹性；觸摸時有絲綢感；置入水中易崩解；濕土塊易乾。	密實或硬	握在手中需極用力才能壓碎或模塑。
					鬆散或軟	握在手中只要輕輕用力即可壓碎或模塑。
		黏土	< 0.002	乾土堅硬，類似陶器碎片；用鎚擊方可破碎，不易擊成粉末；置入水中，崩解速度比粉砂慢；濕土用手捻摸有滑膩感；當水份稍多時，極易黏手，感覺不到顆粒的存在；濕土極易黏著物體，乾燥後不易剝除；具顯著可塑性，但無擴張性；濕土乾燥緩慢；乾燥後體積縮小，可見龜裂。	極硬	需用大拇指的指甲才能壓入。
					硬	可用大拇指壓入，不能在手中模塑。
					中硬	握在手中需用力才能模塑。
					軟	握在手中輕輕用力即可模塑。
					極軟	握在手中會自指間流出。
		有機土	大小都有	含有很多有機質。		
		泥炭土	大小都有	以植物殘留物為主；黑褐色至黑色；常有腐朽味；密度低。		

6.3 殘留土

　　殘留土（Residual Soil）是指岩石經風化後，未被搬運而殘留在原地的碎屑物質所組成的土體（見圖6.1左上）。它位於風化殼（Regolith）的上部，還包含風化殼的全風化帶及強風化帶，向下則逐漸轉型為半風化的半堅硬岩石，與新鮮岩石之間沒有明顯的界線。殘留土的頂部位於地表，受成壤作用而形成土壤。

　　殘留土與基岩強風化層的區別僅僅是殘留土層中的細小顆粒被水流帶走，將較粗的顆粒殘留下來。風化層雖然受到風化作用，但是未經搬運，所以磨圓度及分選性都很差，層理構造也被模糊化了。

　　殘留土的粒徑及礦物成分主要受母岩的岩性及氣候條件的控制。母岩的岩性將影響殘留土的物質成分。例如酸性火成岩多含長石等矽酸鹽礦物，經風化後，其殘留土中會含有很多的黏土礦物，所以分類上殘留土將會屬於黏土，或粉質黏土。如果石英的含量增加時，殘留土的顆粒就會較粗一點，在屬性上漸變為粉砂。中性及基性火成岩風化後，由於其中含有抗風化能力較差的礦物，因此常常形成粉質黏土類型的殘留土。

　　至於沉積岩而言，因為它本來就是鬆散的沉積物經過成岩作用後所形成的，所以它於風化後，又恢復原有的鬆散狀態，其顆粒成分變化不大。如黏土岩就風化成為黏土的殘留土；細砂岩就風化成為細砂質的殘留土；砂礫岩就風化成砂礫質的殘留土。它們的礦物成分都與其母岩一樣。

　　氣候的影響主要在於風化類型會有所不同，從而影響殘留土的礦物成分及粒徑。例如在潮濕而溫暖、排水條件良好的地區，以化學風化為主，由於有機質迅速腐爛，其分解出的二氧化碳有利於高嶺石的形成。但是在潮濕溫暖，而且排水不良的地區，則殘留土中將含有較多量的蒙脫石黏土礦物。如果是既潮濕又炎熱的氣候，則黏土礦物會繼續分解為三氧化二鐵、三氧化二鋁等礦物，最後形成紅土或鋁土。在乾旱地區，以物理風化為主，因為降雨量很小，缺乏使岩石發生水解或溶解的水份，所以只能使岩石破碎成為岩屑及粗粒的砂、礫，一般缺乏黏土礦物。這種殘留土具有礫石型土壤的工程地質性質。如果是半乾旱地區，則岩石除了遭受物理風化之外，還有化學風化的作用，使原生的矽酸鹽礦物，如長石

等變成黏土礦物。由於雨水較少，蒸發量大，所以土壤中將會含有較多的可溶鹽類礦物，如碳酸鈣、硫酸鈣等，這種地區的地下水通常呈鹼性，所以鹼及鹼土金屬沒有被淋濾掉，因此容易形成伊利石黏土礦物。總之，從乾旱至潮濕的氣候環境，殘留土的顆粒將由粗變細，土壤的類型將由礫石型，過渡為砂質型，再至黏土型，且黏土礦物將表現出不同的可塑性及膨脹性。如果殘留土中含有大量的高嶺石，就不會產生強烈的膨脹性及收縮性。如果殘留土中含有大量的蒙脫石，則遇水後劇烈膨脹，失水後則體積又回縮，因此土體就發生龜裂。故氣候條件深深影響了殘留土的結構及礦物成分，進而影響了其工程地質性質。

　　形成殘留土要有適宜的地形條件，剝蝕的平原是形成殘留土最有利的條件。在接近寬廣的分水嶺地帶、平緩的斜坡地帶或低濕地區等，廣泛發育著殘留土。這些地區由於不易受到水流的沖刷，所以殘留土可以發育得很厚。反之，在山丘的頂部，或陡坡地帶，由於侵蝕力旺盛，所以殘留土的厚度較薄，甚至不留殘留土。總之，殘留土的厚度在垂直方向及水平方向的變化都很大。

　　一般而言，殘留土的上部，孔隙率較大、壓縮性較高、強度較低；反之，殘留土的下部常夾有碎石或砂質的黏性土，或者是孔隙為黏性土所充填的碎石土或砂礫土，其強度較高。

　　由於殘留土的孔隙率較大、成分及厚度很不均勻，所以如果利用以黏性土為主的殘留土為地基時，應預防不均勻沉陷的問題。反之，如果殘留土是由粗碎屑所組成時，沉陷的問題會比較小。在殘留土中開挖基坑時，邊坡的穩定性則取決於其顆粒組成。必須注意，施工時如果受到某種振動，也可能引起滑動。如果遇到殘留土很薄，一般就將它挖除，而將基礎直接放置在基岩上。當殘留土的厚度很大時，可以利用殘留土為地基。只有在殘留土的強度及變形不能滿足工程的需求時，才考慮採取地質改良措施，如果經濟許可，也可考慮將其挖除。

6.4　落石堆

　　落石堆（Talus或Scree）是因陡坡先發生落石，然後堆積在坡趾部（即坡腳處）的一種錐狀堆積物（縱橫剖面都呈錐狀）。

　　落石（Rock Fall）乃是一種重力地質作用。它的形成機制有多種類型，包括坡頂上的岩石受到節理的密集切割而碎解，或者砂、頁岩互層的差異風化，造成砂岩懸空；或者膠結不良的礫石層（包括崩積層）遭受風化及侵蝕作用等在振動力、雨水入滲、裂縫水的凍融或樹根的撐開等外力的促使下，岩塊或礫石在自身的重力作用下，突然以自由落體、滾動或跳動的方式向下墜落，最後停積在坡度突然變緩的坡腳處。在坡度較緩（約30°～60°）的邊坡上發生落石時，其運動模式常以滾動及跳動的方式為主。落石廣泛的出現在山坡、公路的路塹、河岸、湖岸、庫岸、海岸（指岩岸）等處，其發生的速度極快，一般以5～200m/s的自由落體速度掉落。發生後可能摧毀森林、破壞交通、堵塞河道、撞破屋頂，造成人畜傷亡及經濟損失。

　　落石一般發生在坡高為30公尺以上的急陡邊坡，其坡度要在55°以上（以55°～75°者居多）。其次，落石大多發生於堅硬性脆的岩石，因為這一類岩石之抗風化及剝蝕能力較強，常形成高陡的邊坡；又因為其性脆，所以岩石的裂隙發達、岩體破碎，特別是岩層的層面及裂隙面與邊坡的傾向相反（即逆向坡）時，則更容易發生落石。岩石的碎解（Disintegration）最容易發生在物理風化強烈的乾旱、半乾旱地區，或凍融作用頻繁的高山地區，或鹽化（結晶）作用強烈的海岸地帶。

　　落石主要發生於暴雨或冰雪融化的季節。岩體的裂縫如果充滿著入滲的雨水，孔隙水壓增大、摩擦力降低，使得岩體的負荷急增，因而最容易產生落石。此外，在地震及人工爆破時，都會破壞岩體結構，使裂縫的開口加寬，並使岩塊脫離母體，引起落石。

　　落石發生後，在山麓或陡崖下，不斷的堆積而形成崖錐（Talus Cone）。它常沿著山坡，或谷坡的陡崖線呈現條帶狀分布。崖錐係由未經分選的大、小岩塊及少量的泥、砂混雜堆積而成，其結構非常鬆散，孔隙率很大。其岩塊的成分與組成邊坡的岩性成分一致，碎屑呈角礫狀，分選性極差。

　　落石在運動過程中，發生了碰撞及磨損，所以稜角稍微被磨圓，而且大石塊停積於坡腳，所以造成具有下粗上細的粗略分選。崖錐的厚度在上、下緣最薄，而最厚的部位則位於崖錐的縱剖面上由陡變緩的地方。

　　崖錐堆積的表面，其坡度大多大於10°，以此可以與沖積土相區別。沖積土的表面，一般小於10°。同時，沖積土可以溯源追蹤，且與河谷相通。崖錐堆積的陡度一般在20°以上，最陡可以到45°。一般而言，崖錐堆積的穩定坡度要比其內摩擦角還要小10°左右。在不穩定的崖錐堆積上開闢公路、修坡整地、挖高填低等，常常引發邊坡滑動及地基沉陷等現象。

6.5　崩積土

　　地表的風化碎屑物質從上邊坡往下邊坡移動，並在緩坡處堆積而成的鬆散堆積物，稱為崩積土（Colluvium）。移動的力量主要來自於地表的逕流、重力、或者是它們兩者的合力作用，一般則是以後者為主。崩積土的移動距離不遠，所以岩塊仍可見到稜角，而河階堆積物則移動距離較遠，所以岩塊的稜角磨蝕得呈現圓度，如圖6.2所示。

圖6.2　崩積層與河階堆積物的區別

（彩圖另附於本書491頁）

雨水及融溶的雪水在形成崩積土的地質作用，以洗刷作用（片流搬運作用）為主。它們順著斜坡流動，且將地表的碎屑物質往下搬運。通常洗刷作用是在整個坡面上進行，好像是將地面剝去一層一樣，造成了土石流失。這些物質被搬到比較平緩的山坡，或山麓地帶逐漸堆積起來。同時，還有因為崩塌作用而坍塌下來的崩塌物質混合進來，逐漸漸形成了崩積土層。崩積土分布於山麓地帶，將山谷填滿，形成一個帶狀的緩坡區帶，尤其以粗糙的微地形被其抹平最具特徵（見圖6.3），其地形等高線顯著的變疏，間隔被拉大，與上邊坡的緊密曲折等高線極不調和。

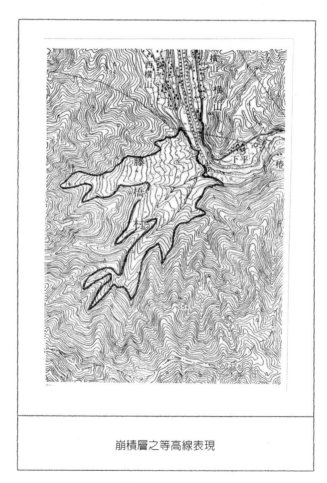

崩積層之等高線表現

圖6.3　崩積土的地形等高線形狀

崩積土主要來自上邊坡，一般以黏土、粉質土及砂土為主，其內雜夾著一些帶有稜角的粗岩屑。其粒度由上邊坡向下邊坡逐漸變細，其上半部主要是含泥砂的碎石，下半部則為含碎石的砂土及黏土。在垂直剖面上，下部與基岩接觸的地方，往往是碎石土及角礫土，其中充填有黏性土或砂土，上部較細，多為黏性土。如果雨量集中，則在黏性土層中，經常夾有粗粒碎屑土及砂土的透鏡體，其排列方向與斜坡一致。一般無層理，或只有局部展現層理，未經很好的分選，且厚度不均勻，一般是中、下部比較厚，向山坡上部逐漸變薄，以至尖滅。崩積土與殘留土之間的最大區別是，崩積土多覆蓋在他種岩石之上，它的顆粒成分與基岩毫無關係，殘留土則正好相反。

崩積土與下臥基岩的接觸面是一個不整合面（Unconformity），它是一種不連續面，也是一種軟弱面。因此，在這種地區從事工程建設時，有關崩積土的穩定性就應該特別注意下列各項：

1. 下臥基岩面的地形及坡度與坡向。
2. 崩積土的垂向厚度及側向的變化情形。
3. 崩積土本身的性質。
4. 下臥基岩的性質。
5. 崩積土的破壞情況。

崩積土的穩定程度首先決定於下臥基岩面的坡度及坡向。一般而言，基岩面的坡度愈陡，而且是順向時，崩積土的穩定性就愈差。有時候在地表很平緩的地區，卻出現了崩積土滑動的情況，這主要是由於基岩面的坡度較大的緣故。因此，不能單憑地表的坡度來判斷崩積土的穩定性。

在山區常可遇到崩積土充填著老的谷溝，在谷溝的橫切面上，崩積土的兩側有所倚靠，所以無滑動之虞。因此，它的穩定性主要決定於沿谷溝方向的基岩面之坡度；但是還有一點更重要的是，谷溝成為地下水的集流通道，必須慎防管湧現象（Piping），如果讓細粒物質被地下水攜走，地表很可能會發生塌陷現象。

下臥基岩面的地形對崩積土的穩定性也有很重要的影響。如果基岩面凹凸不平，或是呈階梯狀，則有利於崩積土的穩定度。

於崩積土內，如果黏土含量比較多，則遇到雨水入滲時，不但使得崩積土的

重量增加，而且當地下水的水壓消散很慢時，崩積土的穩定性將會大為降低。主要由黏性土組成的崩積土，其天然孔隙率一般很高，所以具有較大的壓縮性。加上崩積土的厚度多是不均勻的。因此，在這種崩積土上從事工程建設，還得考慮不均勻沉陷的問題。

當崩積土之下的基岩是不透水，或弱透水性時，滲入崩積土內的水就會在崩積土內聚集，並且順著基岩面流動，這對崩積土的穩定性是不利的。如果下臥的基岩又是遇水會軟化的黏土岩（如頁岩、泥岩等），將更容易引起崩積土的滑動。

如果崩積土的趾部受水沖刷，或不合理的開挖，揭露了其與基岩的界面，很容易就觸發崩積土的滑動。另外，在崩積土之上增加荷重，也將引起崩積土的滑動。因此，對於崩積土的利用，其原則應該是在上半部減重，而在趾部反壓。例如在趾部的地方設置撐牆（Buttress），利用側撐的方式以穩住崩積土（見圖6.4Aa）。而撐牆與崩積土的接觸面（即撐牆的底座）最好能夠開挖成階梯狀（圖6.4Ab），一則可以增加滑動阻力，二則可以使得壓重能夠垂直的作用在崩積土上，以避免產生接觸面上的下滑分力。

由於崩積土在山區及丘陵地區的分布非常廣泛，所以遇到它的機會非常多，若對它處理不當，將會引致災難。因此原則上，薄的崩積土可以採用挖除的方法；對於較厚的崩積土，則應該儘量避免挖除，因為這樣做很不經濟，而且很危險。如果只是部分開挖時，則應避免在趾部開挖，因為這是最危險的工法；如果是在坡胸開挖時，則應記住，其上邊坡殘留的崩積土必須呈上側薄而下側厚的正錐體（見圖6.4Bc），絕不能形成上側厚而下側薄的倒錐體（圖6.4Ba），後者非常容易潰坍。重大工程遇到崩積土時，宜採用樁基或墩基，以將荷重由下部的堅固岩盤來承擔。根據經驗，對於公路建設，或者一般的建築物，可用上部減重、趾部反壓的處理原則，崩積土還是可以利用的。

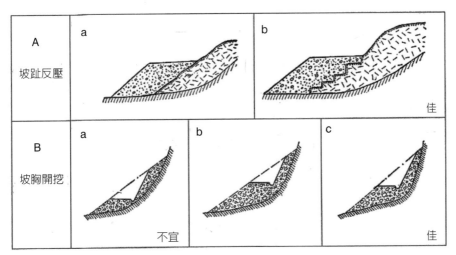

圖6.4 崩積土的上部減重及趾部反壓工法

6.6 沖積土

　　沖積土（Alluvium）是暫時性槽型水流（如山洪或集中降雨）所攜帶出來的碎屑物質，在山麓平原，或山谷的出口地方堆積而成的鬆散堆積物。當山洪挾帶的大量泥砂、石塊流出谷口後，因為地勢開闊，水流分散，搬運力頓減，其所攜帶的塊石、碎石及粗砂就首先在谷口大量堆積下來；較細的物質繼續被速度逐漸減小的流水搬運至離谷口較遠的地方。離谷口的距離越遠，沉積的物質越細。經過多次的洪水後，在谷口就堆積起錐形的堆積物，因為在平面上形如扇狀，所以稱為沖積扇（Alluvial Fan）。當單獨的沖積扇不斷的向前及向側向逐漸擴大時，即會與鄰近谷口的沖積扇互相連接在一起，因而形成沖積裙（Alluvial Apron），很多沖積裙即結合成沖積平原（Alluvial Plain）。

　　沖積土有如下特點：

　　1. 物質的分選性差，大小混雜，顆粒都帶有稜角。扇頂以粗大塊石為主，分選性差，層理不清晰。扇中的顆粒變細，主要為砂、粉砂，偶夾磨圓度好的礫石；扇緣的顆粒更細，分選性稍好，而且磨圓也較好，以粉砂及黏性土為主，有

時夾砂、礫石透鏡體，具有不規則的交錯層理。

2. 因爲歷次的洪水能量不盡相同，所以堆積下來的物質也不一樣，因此沖積土常具有不規則的交錯層理（Cross Bedding）構造，並具有夾層、尖滅或透鏡體等構造。

3. 沖積土中的地下水一般屬於自由水，在扇中及扇緣一帶可能有受壓水。扇頂的地下水位較深，扇緣則較淺。局部低窪地段，地下水可溢出地表，扇緣帶的地下水常會自噴。

4. 扇頂的厚度較薄，扇緣則較厚。

從應用地質的觀點來看，扇頂的粗粒碎屑沉積部分，多由礫石、卵石及巨石爲主要組成。孔隙大，透水性強，其地下水位較深，但承載力較高，壓縮性較小，爲良好的天然地基，其中應該注意透鏡體堆積物所引起的地基不均勻性。在扇緣的細粒碎屑沉積部分，顆粒較細，爲砂土逐漸向黏土過渡，以黏土爲主，成分較均勻，厚度較大，但地下水位很淺，有時會自噴，且水系變化多端，故並非是良好的地基。扇中的部分，以砂土爲主。由於地下水的溢出，土層潮濕，有時因爲植物茂盛而形成泥炭層。因此土質較弱，承載力較弱，所以也不是良好的地基。

在高山邊緣地帶常有現代沖積錐（Alluvial Cone）正在發育中，當道路通過這種現代沖積錐時，由於沖積錐的發展及移動，道路可能被埋，所以規劃路線時，應該先識別沖積錐是正在發展中，或已經固定了。識別的方法之一是觀察植物的生長情況。通常正在發展中的沖積錐上很少生長植物，已固定的沖積錐則長有草或其他植物。線路必須通過正在發展中的沖積錐時，必須選擇從扇頂經過，以避免道路遭到山洪泥砂的破壞。

土石流的堆積扇也是沖積扇的一種。因爲土石流的能量非常猛暴，它常以其自身的水力及挾帶的砂礫，對溝床及溝壁進行沖蝕及磨蝕，使其挾帶的土石量，越往下游，越是豐碩，所以在堆積區可以堆積成土方量非常大的堆積扇或堆積帶。其與流水所造成的沖積扇，主要區別在於其扇面呈壠丘狀，地形凹凸不平。一般以堆積扇的軸部較爲高聳，扇體上雜亂分布著壠崗狀、舌狀或島狀的堆積物。堆積物以石塊爲主，具有尖銳的稜角、磨圓度很差、無方向性、也無明顯的

分選層次，偶而含有剝光了皮的樹幹。因爲土石流的發生也有週期性，所以每一次形成的堆積物，其分布範圍不盡相同，從其截切關係、風化程度，及長青苔的情形即可加以分期。

更廣大的沖積土則分布於河谷的氾濫平原與河流階地，以及海岸平原與三角洲等地。它們大多由流水沖積而成，少部分爲風成的堆積物，還有一些是冰河所堆積的。在河流的上游，由於攜帶能力較強，所以只把巨石及巨礫石沉積下來，其堆積物大多由含純砂的巨石、卵石及礫石所組成，分選性差。大小不同的礫石互相交替，成爲水平排列的透鏡體，或不規則的帶狀分布。此段沖積層的厚度不大，一般不超過10至15公尺。它的透水性很大，剪力強度高，基本上是不可壓縮的。河流到了中游，其河床加寬，沖積層變寬、變厚，但仍以含砂的礫石爲主，粒徑比上游的小，磨圓度較佳。河流到了下游，河床更寬，沖積土的顆粒變細，磨圓度更佳，並且分布在河谷的谷底範圍內。河床沖積物主要由卵石、礫石、砂、粉砂、粉質黏土、淤泥等所組成。而沙洲上的沖積物因爲是洪水期河水溢出河床兩側時形成的氾濫沉積物，主要是沉積一些較細的物質，如細礫、砂、粉砂及粉質黏土等。故其主要特徵是上部係由細砂及黏性土所組成，下部則是粗粒的河床沉積物，因此形成二元的沉積結構，且具有斜層理與交錯層理。由於河床的遷移與左右擺動的現象，所以河床沖積土不管在橫斷面上或者縱斷面上，其沉積相（或層次）是極其複雜的。垂直向及水平向的變化非常快，透鏡體、夾層及尖滅的現象非常普遍。因此探查時，探查點的密度要布置得密一些。

河流階地也是覆蓋著沖積土的地帶。河流階地（Terrace）的形成是由於地殼的週期性升降，以及河流的侵蝕與堆積作用的綜合影響，呈階梯狀分布於河流兩岸的谷坡上之鬆散堆積物（見圖6.5）。階地要在河床下切侵蝕的基礎上才能形成。引起河床下切侵蝕的主要原因是地殼的升降運動。當地殼相對穩定及下降時，河流以堆積爲主，因而形成沖積層。然後因爲地殼上升，侵蝕基準面（Base Level of Erosion）相對下降，所以河流的垂直侵蝕作用增強，遂下切先前形成的沖積層，因而造成階地的陡坎。如果地殼發生多次升降運動，則引起河流的侵蝕與沉積作用將交替發生，從而在河谷中形成多級階地。一般標記階地的級序係採用從新到老的方法，把最新的、最低的、剛好超出河灘地的階地，稱爲一級階

地，其餘類推，高程越高的階地，形成的時間越早，級序越大。

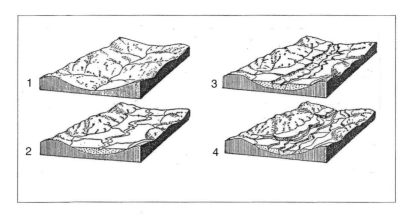

圖6.5　河流階地的形成

6.7　問題土壤

有些土壤因其本身的化學成分或物理性質比較特殊，而影響到其穩定性，因此在工程上引起一些困擾，這種土壤就稱為問題土壤（Problem Soils）或災害性土壤（Hazardous Soils）。它們在土地分區規劃階段就應予以識別，儘量加以規避，俾以預防災害的發生，或浪費無止境的維修費用。

6.7.1　膨脹土

膨脹土（Expansive Soil）又稱脹縮土，其最重要的特性是能脹能縮，而且是可逆性的。它的體積會隨著含水量的增加而膨脹，隨著含水量的降低而收縮，其脹縮量可以達到原體積的40%以上。主要是因為它所含的蒙脫石及伊利石等黏土礦物（一般約占土體總體積的30%以上才會發生問題）具有吸水膨脹、失水收縮的特性所致。當土壤吸水時，土體膨脹，產生強大的膨脹壓力，可以將輕型建築物或鋪面抬起。當土壤水份減少時，土體收縮，並且產生裂隙，導致建築物及鋪面的變形、均裂，甚至破壞而無法使用。最容易被損壞的建物有鋪面、公共

管線、地下道、地下鐵、下水道、街道、道路及輕型建築物等。膨脹土壤在週期性的脹縮過程中，造成土層龜裂，促進風化作用的進行，容易引起邊坡的破壞。台灣最具有脹縮潛勢的土層有紅土層、凝灰岩、錦水頁岩、西南部泥岩、古亭坑層、利吉層等。

　　膨脹土在乾燥狀態時非常堅硬，但具網狀開裂，且有臘狀光澤。這些裂隙破壞了土體的完整性，並使其強度降低。但是在潮濕時，土壤極富黏著性，以致鞋底或機械的履帶被黏著而無法工作。潮濕的膨脹土極具可塑性，且有滑膩感，放在手中極易搓成圓球，而且手乾後會留下極細的粉末。用圓鍬鏟入土層，其切面呈現光滑而閃亮。在實驗室裡，膨脹土吸水後，其力學性質明顯的降低。試驗後證明，浸潤後的重模膨脹土，其抗剪強度比原狀土要降低三分之一到三分之二，凝聚力明顯的降低，內摩擦角則降低較少。壓縮性增大，其壓縮係數可以增大四分之一到二分之一。

　　膨脹土的自然膨脹率如果達到40%時，它就稍微具有膨脹性。達到65%時，則為中等的膨脹潛勢；如果超過90%，那就具有很高的膨脹性了。有時，在實驗室也可透過壓密試驗，以求取土壤的膨脹壓力，其膨脹潛勢可由表6.2的準則給予判定。

表6.2　由膨脹壓力的級距判定土壤的膨脹潛勢

膨脹壓力級距，kg/cm^2	膨脹潛勢
0～1.35	非膨脹土
1.35～1.60	正常土
1.60～2.35	膨脹土
> 2.35	高膨脹土

　　膨脹土的膨脹部位主要位於地下水位產生週期性升降的段落，所以處理膨脹土的原則主要包括土壤置換、改變土質、穩定地下水位或將基礎的底面深置於地下位的變化帶之下等（見圖6.6）。採用換土的方式時，可先將膨脹土挖除一部分，然後再用非膨脹性材料、灰土或砂予以回填；也可以採用砂、石的墊層，

其厚度應不小於30公分，寬度應大於地基的寬度，一般在地基的側面各拓寬30公分。土質的改變一般採用石灰、水泥或有機化合物，以其鈣離子去取代土壤內的鈉離子。如果路基爲膨脹土時，則宜先採取石灰填層，或澆灑石灰水處理，以消除其膨脹性。有時爲了穩定地下水位，防止其暴起暴落，就要禁止將水分注入地表下，例如爲了防止雨水自建築物的四周滲入地下，而浸潤地基，我們可以將散水寬度加寬到2～3公尺，並且向外傾斜3～5%。如果膨脹土層很厚，則可採用樁基，將建築物的負載傳遞到較深的、不具脹縮性的承載層上，且樁身應該採用非膨脹性土作爲隔層，樁徑不宜太粗，一般採用25～35cm。

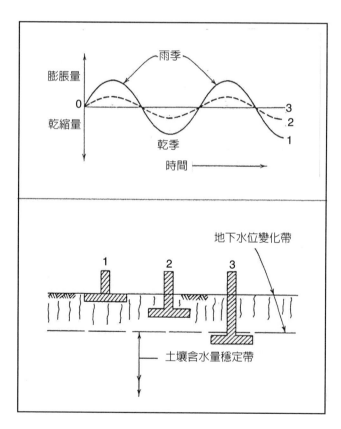

圖 6.6　膨脹土受地下水位週期性變化的影響

6.7.2　液化土

　　疏鬆的砂層受到振動（例如地震）時，砂體有變密的趨勢。如果砂層的孔隙水是飽和的，要變密就必須從孔隙中排擠一部分的孔隙水。如果砂粒很細，砂層的透水性不良，在地震過程中的短暫振動時間內，孔隙中所要排除的水就會來不及排出砂層之外，結果必然使砂層中的孔隙水壓驟升，砂粒之間的有效應力也隨之降低。當孔隙水壓上升到使砂粒之間的有效應力降為零時，砂粒就會完全懸浮於水中，砂層因而完全喪失了剪力強度及承載能力，這種現象稱為砂土液化（Liquefaction）。

　　砂土液化後，其剪力強度盡失，造成建築物傾斜、地基滑走、轉動或沉入液化土中、中空的物體（如公共管線、下水道、化糞池、地下鐵、地下室等）浮出地表。與砂土液化伴生的常可見到噴水、噴砂、噴泥、地層下陷、地表龜裂等現象。

　　容易發生液化的地質環境大都位於港灣、近代河口三角洲、沿海平原、近期河床堆積、舊河道、自然堤周圍、谷底低地、沖積扇的扇緣、人工填土區、抽砂回填的海埔新生地等。

　　飽和的砂土及地震動是發生砂土液化的必備條件。形成砂土液化的重要條件有下列幾個因素：

一、砂土的特性

　　砂土於受振時要形成較高的孔隙水壓，必須符合兩個基本條件：一個是它必須具備足夠的振密空間，第二個是它的透水性能不佳。一般的情況，相對密度小於50%且粒徑均勻、黏土含量小於10%的粉砂或細砂最易液化。

二、蓋重

　　前面提到，當孔隙水壓大於砂粒間的有效應力時才會產生液化，所以可能液化的砂土層如果位於地表下較深的位置時，其上覆土層的蓋重足以抑制孔隙水壓推開砂粒時，就很難發生液化。一般而言，可能液化的飽和砂層如果位於地表下

20公尺以下時，就很難液化了。

三、地下水位

由於地下水位以下的砂土顆粒處於懸浮減重的狀態，即液化係發生於地下水位以下的地方，所以地下水位的深度直接影響蓋重的大小。因此顯然的，地下水位越深，砂土就越不容易液化；反之，就越容易液化。一般言之，地下水位低於地表下3～4公尺時，液化現象就很少見了。但為安全起見，保守一點可以將液化的最深地下水位定為5公尺。

四、地震強度及持續時間

地振動是砂土液化的動力。很顯然的，地震強度越大，持續時間越長，將越容易液化，而且波及的範圍將更廣，且破壞越嚴重。

一般震度在0.03g以下的地區，很少見到液化現象；震度為0.1g時，可以使疏鬆的粉砂及細砂發生液化；而0.3g以上時，將使顆粒較粗或黏土含量較高的砂土也會發生液化。

地震規模與液化範圍的關係，可用下列經驗公式加以推測（栗林、龍岡、吉田，1974）：

$$日本：\log R = 0.77M - 3.6 \tag{6.1}$$
$$世界：\log R = 0.87M - 4.5 \tag{6.2}$$

式中，R＝最遠的液化點至震央的距離，公里
$\quad$ M＝地震規模（M > 6）

地振動的持續時間直接影響孔隙水壓的累積上升。一般而言，隨著振動時間的加長，將使孔隙水壓不斷的上升，發生液化的可能性就愈大。能引起液化的地震持續時間，一般都大於15秒鐘。

對於砂土液化的潛勢評估，一般以Seed的剪應力對比法最常用。其原理是根據某一深度土層的實際應力狀態，計算出能夠引起該砂土層發生液化的剪應力。方法上需先求出地震時，土壤不同深度的地震剪應力。再取出土樣在室內進行動力三軸試驗，以確定土壤發生液化時所需的動剪應力；如果所得的值小於由地震加速度所求出的等效平均剪應力，則有可能發生液化。利用該法需要相當大的試驗工作量，所以應該尋求更為簡易的初步判別方法，以便在調查初期即可作出概略的判斷。最簡單的就是標準貫入法，當砂層的N值如果小於25，就應該考慮其液化的可能性了。

6.7.3　軟弱土

一般對於天然含水量很大、壓縮性高及承載力低的軟塑性到流塑性的土壤，都稱為軟弱土（Weak Soil）。當N值小於5的泥質土壤，或N值小於10的砂質土壤就可稱為軟弱土。軟弱土一般都是在水流不通暢、缺氧、水分飽和以及有微生物作用下的靜水沉積環境中形成的近代沉積物。如沉積於濱海、潟湖、湖泊、水庫、沼澤、河灣、廢河道、廢池塘等地的特殊土壤。其特徵是含有較多的有機質、天然含水量大於液限、天然孔隙比大於1、結構疏鬆、顏色呈灰、灰綠、灰藍及灰黑等。該種土會汙染手指且具有腐臭味。其中孔隙比大於1.5者稱為淤泥，而小於1.5而大於1者稱為淤泥質土。淤泥質土的性質介於淤泥與一般黏土之間。而當土壤的灼燒量大於5%時，稱為有機質土壤；大於60%時，則已成為泥炭了。以上幾種土壤都是軟弱土的代表（見表6.3）。

表6.3　軟弱土的分類

軟弱土的名稱	有機物含量（%）	天然孔隙比（e）	液性指數（I_L）
軟土	< 5	< 1.5	> 0.75
淤泥質土	5～10	1.0～1.5	> 0.75
淤泥	10～60	> 1.5	> 0.75
泥炭	> 60	> 2.0	> 0.75

軟弱土的特點在於其粒度以粉質黏土及粉質砂土為主，且其組成礦物，除了部分石英、長石、雲母外，主要含有大量的黏土礦物，其中常以水雲母（伊利石）及蒙脫石占多數。另外，就是其有機質的含量較多，一般含量為5%～15%，高含量的有達17%～25%者。軟弱土常具有薄層狀結構，往往含有粉砂的夾層，或泥炭透鏡體。

軟弱土的孔隙比約為1.0～2.0，液限一般為40%～60%，飽和度都超過95%，天然含水量多為50%～70%，高的可達90%。軟弱土的結構疏鬆，壓密程度很差，其大部分壓縮變形發生在垂直應力為1kg/cm^{2}左右。反映在建築物的沉陷上是沉陷量很大，尤其是沉陷的不均勻性，容易造成建築物的龜裂及損壞。

在不排水的情況下進行三軸快剪試驗時，ϕ角接近於零。抗剪強度一般均在0.2kg/cm^{2}以下，直剪試驗所得的ϕ角只有2°～5°而已，c值一般小於0.2kg/cm^2。在排水的狀況下，抗剪強度隨著壓密程度的增加而增大。壓密快剪的Φ角可達10°至15°，c值在0.2 kg/cm^{2}左右。因此，要提高軟弱土的強度，其關鍵是排水。如果土層有排水出路，它將隨著有效應力的增加而逐步壓密。反之，如果沒有良好的排水出路，則隨著荷重的增加，它的強度可能衰減。

軟弱土的透水性差（垂直滲透係數為10^{-6}～10^{-8}cm/s），排水不易，由於常夾有極薄層的粉砂或細砂層，所以垂直方向的滲透係數常較水平方向要小一些。此種特性往往使土層於荷重之後，呈現很高的孔隙水壓，對地基的排水壓密非常不利，建築物的沉陷時間延續得很長。

為了降低軟弱土的高含水量，可用砂椿、排水袋等方式，將水分排除。預壓砂椿法就是一種常用的方法。在軟土層較厚的地方，為了縮短預壓工期，可在軟土層中打入許多排水砂井，以形成壓密排水的通道，並縮短排水距離。

沒有處理的軟弱土於承受荷重後，容易產生側向的軟塑流動、沉陷、及基底面兩側向外擠出等現象。在剪應力的作用下，土層會發生緩慢但長期的剪切變形，對邊坡、路堤、碼頭及地基的穩定性往往產生不利的影響。

6.7.4 鹽漬土

地表淺層（約1～4公尺的厚度內）的土壤，如果其易溶鹽的含量大於0.5%，具有吸濕、鬆脹等特性者，就稱爲鹽漬土。其厚度與地下水位、土層的毛細作用之上升高度以及蒸發作用的影響深度等因素有關。隨著乾、濕季的變化，鹽漬土也會跟著發生結晶及淋溶（Leaching）的週期性改變。

鹽漬土依其化學成分主要可以分成三種：氯化鹽、硫酸鹽及碳酸鹽。土壤中的氯離子濃度與硫酸根離子的濃度之比如果大於2（$Cl^-/SO_4^{-2} > 2$），即屬於氯鹽漬土；如果該值小於0.3就屬於硫酸鹽漬土。

氯鹽漬土發生於沿海地帶。當土壤受到海水的浸潤，經過蒸發作用後，水中的鹽分乃殘留於地表或地表下不深的土層中。氯鹽漬土中的鹽分主要是$NaCl$、KCl、$CaCl_2$、$MgCl_2$等氯化物，其含量一般不超過5%。氯化物鹽類的特性是溶解度大，易隨水分的流動而遷移，且有明顯的吸濕性，但蒸發緩慢，因此常保持濕度。在乾季時即呈結晶狀態，但體積不發生變化。因此，氯鹽漬土在乾燥時，具有良好的工程性質，其強度隨著鹽分的增加而增大，承載力因而提高，且因吸濕而保持了一定的水分，所以塡土易於夯實。但是，當潮濕時，氯鹽很容易溶解，使土壤常處於潮濕狀態，具有很大的塑性及壓縮性，其強度大爲減弱，穩定性很差。因此，作爲土堤的塡料時，含鹽量需要有所限制。氯鹽漬土具有一定的腐蝕性。當氯鹽含量大於4%時，對混凝土會產生不良的影響，對鋼鐵、木材、磚等建築材料也具有不同程度的腐蝕性。

硫酸鹽漬土的含鹽成分主要爲Na_2SO_4及$MgSO_4$。它們的特點是結晶時要結合一定數量的水分子（如$Na_2SO_4 \cdot 10H_2O$），所以體積會跟著膨脹。當結晶溶解時，體積相應減小。這種脹縮現象會隨著溫度的變化而變化。當溫度下降到32.4℃以下時，鹽分就開始從溶液中結晶析出，體積膨脹；當溫度升高到32.4℃以上時，晶體就開始溶解於溶液中，體積縮小。這種週期性的變化，會使土壤產生鬆脹現象，它一般發生在地表下30公分左右。硫酸鹽漬土具有較強的腐蝕性，當其含量超過1%時，對混凝土就會產生剝落或掉皮等有害的影響。對其他建築材料也有不同程度的腐蝕作用。

　　碳酸鹽漬土的鹽分以Na_2CO_3及$NaHCO_3$爲主。碳酸鹽的水溶液具有很大的鹼性反應，所以碳酸鹽漬土又被稱爲鹼土。這種鹼性反應作用可以使黏土顆粒之間的膠結產生分散作用。此類土壤於乾燥時緊密堅硬，強度較高；潮濕時具有很大的親水性，會使瀝青乳化，土質鬆散，其塑性、膨脹性及壓縮性都很大，穩定性很差，不易排水，很難乾燥，土壤因而泥濘不堪。

6.7.5　人工塡土

　　人工塡土泛指一切由人力堆塡而成的土層，如棄土、礦渣、爐渣、沖塡土等。這種土層的組成及形成極其複雜，而且極不規律。一般是任意堆塡、未經夯實，所以大小顆粒混雜、土層鬆散、孔隙及空洞多。因此，人工塡土呈現不均勻性、高受蝕性、高壓縮性、低強度及邊坡穩定性很差等特性。

　　沖塡土是利用水力沖塡法將水底或海底的泥砂等沉積物抽送到它處堆塡的一種土壤。它的顆粒組成隨著泥砂的來源而變化，有砂粒、也有黏土粒及粉土粒，所以造成沖塡土在縱橫方向上的不均勻性，土層多呈透鏡體狀或薄層狀。沖塡土的含水量很大，呈軟塑或流塑狀態。當黏粒含量多時，水分不易排出，沖塡初期呈流塑狀態，後來雖然土層表面經蒸發、乾縮而龜裂，但是下層的土層由於水分不易排除，仍處於流塑狀態，稍加觸動即發生流塑變形現象。因此，沖塡土多屬未完成自重壓密的高壓縮性軟土。土的結構需要一定時間進行再組合，土的有效應力要在排水壓密的條件下方能提高。如果沖塡時排水容易，或採取了排水措施，則壓密進程會加快很多。

　　夯實塡土是有經過夯實滾壓的人工塡土，其工程性質較易控制，壓密夠、強度高，但塡方材料的不同會影響到它的性質。利用夯實塡土施作地基或土堤時，不得使用淤泥、表土、耕土、膨脹性土以及有機物含量高於8%的土壤作爲塡方材料。當塡料內含有碎石或石塊時，其粒徑不得大於20公分，因爲容易造成夯實不均的情形，未來比較會產生差異沉陷的問題。

第 7 章

岩土交界是基礎穩固的關鍵

　　岩土交界是基礎工程、地下工程及土方工程等必須予以確定與通盤瞭解的一個重要界面。我們都知道，地球的陸地表面絕大部分都是由鬆散堆積物所覆蓋。除了沖積層（Alluvium）之外，地質師在進行地質圖測繪時，絕少將鬆散堆積物的分類及分布填入圖內，遑論鬆散堆積物與岩盤的交界了。然而鬆散堆積物卻是工程結構體所欲放置的基礎，且其應力還會傳遞到岩盤，所以我們必須釐清岩土的交界應該如何劃定。

7.1　岩土的一般定義

　　不同領域對岩石與土壤的定義不盡相同。如果定義不一致，則工程師、地質師及業主將會產生很大的誤會。如果對岩石與土壤的定義很模糊，則岩石與土壤的分界就會莫衷一是、各劃個的，因而造成工程建造費增加、工期拖延，甚至訴諸法律等等嚴重後果。因此，爲了要取得一致性，就要先對岩石與土壤的作一個清楚及實用的定義。

　　地質師認爲土壤（Soil）是一個風化層（Regolith）。它是一種未固結的（Loose Incoherent）岩石碎屑物（Rock Detritus），覆蓋在基岩（Bedrock）之上（圖7.1的D層），構成地表，且略呈層狀，但是厚度不一，又稱爲表皮土（Mantle Rock）。工程師則認爲土壤係包括塊石、礫、砂、粉砂（沉泥）、黏土（指顆粒的大小，而非指黏土礦物）、有機物及其他可開挖的物質，即從表土（Top Soil）到岩盤（Bedrock）的頂層，只要傳統的開挖機械可以挖掘的部分都屬之（見圖7.1）。

　　地質師對岩石（Rock）的定義是指任何固結的（Consolidated）、相對堅硬的，且自然形成的礦物組合體。對工程師而言，岩石是堅固及固結的物質，一般無法只用人力加以開挖，所以是從開挖難易度的觀點來加以定義。應用地質師及工程師都將岩石分成硬岩及軟岩。硬岩（Hard Rock）是指必須用機械鑽鑿及爆破的岩石，有時候籠統的泛指火成岩及變質岩。軟岩（Soft Rock）則是指可以使用風壓錘，但是不能使用風壓鎬開鑿的岩石，有時候籠統的泛指沉積岩，以與火成岩及變質岩區分。

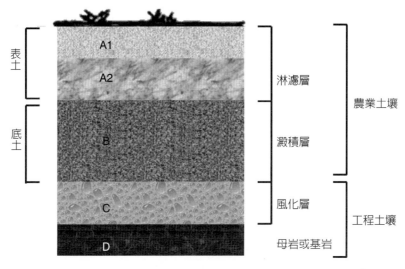

圖 7.1　土壤的分層

　　地質師將基岩（Bedrock）定義為任何露出地表或被鬆散物質（Unconsolidated Material）覆蓋的堅實岩石（Solid Rock）。工程師則認為基岩（工程師稱為岩盤）是泛指礫石及其他鬆散物質底下的堅硬岩石。

　　以上的定義都是屬於一種定性的定義，沒有客觀的標準，所以常常會因人而異，容易引起爭議。

　　其實，岩土的分界並不如想像中可以用一條線加以分開。其實它們的變化是漸變式的，無法一刀兩斷。例如圖6.1所示，最上層的殘留土壤（Residual Soil）乃是由原岩經過風化後殘留在原地的物質，它與新鮮岩盤之間尚有很多種變化。在漸變帶內有各種不同比例的岩塊、礫石與砂土之組合，所以岩石與土壤的分界其實是一個帶（Zone），而不是一條線。我們判定岩土分界的主要目的並不是真的要知道它們的界線在哪裡，重要的是要評估在岩土分界帶內，岩土的工程性質及力學行為，因為這才是我們決定基礎深度所必須要知道的資訊。

　　從實用的觀點，我們可以界定岩土的分界乃以機械力能否開挖為度，如果能用機械力開挖的為土，需要用火藥爆破的為岩。

7.2　岩土分界的量化參數

　　因為採用定性的定義容易引起混淆，所以我們必須制訂一些量化的參數，在標準試驗程序下進行測定。只要大家採用公認的標準，則岩土的分界就可以趨於一致，俾取得客觀的界定。一般常用的參數有風化等級、硬度、N值、RQD、彈性波速度、強度等。這些參數中有很多都是互相關聯的，因此我們不一定每個參數都要測定才能進行分界。以下分別說明：

7.2.1　風化等級

　　岩石風化的程度一般是隨著深度的變淺而增強，而岩土層的分界應該可以以風化等級來劃分。風化等級的劃分，一般依據兩個準則：一個是岩土層的顏色褪化，另一個是新鮮岩石轉化為土壤的比例。此因在野外觀測時，分類的方法必須簡易、客觀以及快速，且不能模稜兩可。表7.1表示採用一種定性的方法，將岩石的風化等級分成6級，表中同時也顯示一些量化的參數，以資比較。

　　從外觀上來看，風化程度不同的同一類岩石，首先從顏色的新鮮度表現出來。如果從局部來看，岩體內最先發生風化的部位係位於水及空氣都能侵入的不連續面，也就是從不連續面最先發生褪色現象，所以顏色是測定風化程度一個很好的指標。第二要看的是岩與土的比例，比例越高，表示岩多於土，因此風化程度越低；反之，則風化程度越高。

表7.1　岩石的風化等級

風化等級	分級名稱	野外性狀	地質錘重敲擊法	RQD %	強度係數，Cs	風化係數，Kw	抗風化係數（7迴，%）	點載重指數	回彈值	彈性波速度，Vp, km/s
VI	殘留土（Residual Soil）	所有岩石均已轉變成土壤；岩體結構遺跡已不復見；土壤基本上來自原地。	—	0	—	—	—	—	0	—
V	全風化（Completely Weathered）	所有岩石均已分解或碎解為土壤；岩體結構的遺跡仍然完整，光澤已消失。	敲之呈啞聲，浸水朋解。用手可折斷或捏碎；用鍬、鎬可挖。	0	< 0.20	0.6~1.0	57.5	—	0	0.55
IV	強風化（Highly Weathered）	有一半以上的岩石已經分解或碎解為土壤。	敲之呈啞聲，可用風鎬挖掘。	0~50	0.20~0.40	0.4~0.6	—	—	< 25	0.55~1.65
III	半風化（Moderately Weathered）	只有一半以下的岩石已經分解或碎解為土壤。	敲之稍呈清脆聲，以爆破破碎為主。	50~75	0.40~0.75	0.2~0.4	95.2	1.5~2.5	25~45	1.65~3.80
II	微風化（Slightly Weathered）	岩體尚稱完整，但已全部褪色，其構造仍清晰可見；但不連續面有明顯的風化現象。	敲之發出清脆聲，需用爆破法開挖。	75~90	0.75~0.90	0~0.2	99.0	7	> 45	3.80~5.00
I	新鮮（Fresh）	沒有風化的跡象，只有不連續面稍呈褪色現象。	敲之發出清脆聲，需用爆破法開挖。	75~90	0.90~1.00	0	99.5	10	> 45	5.00~5.50

7.2.2　硬度

　　岩石的硬度可在現場或在室內加以測定。最常用的室內測定就是邵氏壓痕硬度測定法（Shore）。這種硬度計是一種頭部帶有圓錐型壓針的彈簧。壓針在被測物的表面所造成的壓痕就代表該物體對壓針壓入的相對抵抗。另外還有一種較常用的反彈式邵氏硬度計，在它的頂端鑲有金剛石。計測時，有一個重約3g的鋼珠會在玻璃管內，從約30cm的高度垂直落在被測物體的表面，再從玻璃管的刻度讀出鋼珠的反彈高度，即為該物體的邵氏反彈硬度，簡寫為SH。

　　利用同樣的原理，但是使用於野外的硬度測量儀器就是施密特錘（Schmidt Hammer）。它大約只有二、三公斤重，易攜帶、使用。測試方法見14.5.2節說明。

　　表7.2是一般常見岩石的硬度及其相應的指數測試（Index Test）值（見14.5.2節說明）。

表7.2　一般岩石的指數測試值

岩石名稱	相對密度	邵氏反彈硬度（SH）	施密特錘讀數（R）	點載重指數（MPa）	單軸抗壓強度（MPa）
花崗岩	2.67	77	54	11.2	176.4
安山岩	2.79	82	67	14.8	204.7
玄武岩	2.91	86	61	16.9	321
板　岩	2.67	41	42	7.9	96
片　岩	2.66	47	31	7.2	82.7
片麻岩	2.66	68	49	12.7	162
角　岩	2.68	79	61	20.8	303.1
砂　岩	2.69	18～42	10～37	0.7～4.4	11.6～74.1（乾） 4.8～52.8（飽水）
粉砂岩	2.67	49	39	6.2	83.1（乾） 64.5（飽水）
泥　岩	2.69	32	27	3.8	45.5（乾） 21.3（飽水）
頁　岩	2.71	—	—	—	20.2

岩石名稱	相對密度	邵氏反彈硬度（SH）	施密特錘讀數（R）	點載重指數（MPa）	單軸抗壓強度（MPa）
石灰岩	2.71	53	51	3.5	106.2（乾） 83.9（飽水）
煤　炭	1.5	―	―	0.9	18.1（乾）

　　在野外測試硬度還有幾種更簡易的方法，它們常被工程地質師所採用，可惜是定性，而非定量的方法。其中有一種是利用小刀（如士林刀或瑞士刀）切刮，還有一種是用地質錘敲擊。表7.3顯示上述兩種方法如何應用於岩石硬度的測試。

表7.3　岩石硬度的野外簡易分類法

硬度等級	用小刀切刮	用地質錘敲擊
易碎（Friable）	―	用拇指的指甲可壓陷。
很軟（Very Soft）	可刮傷或剝開。	重敲數次即碎。
軟（Soft）	很難刮傷或剝開。	用尖端敲擊顯凹痕。
稍軟（Medium Hard）	很難刮傷，但可劃痕，並留下粉末。	用鈍端敲擊時一次即破裂。
硬（Hard）	很難刮傷，也很難劃痕，也不會留下粉末。	用鈍端敲擊時需一次以上始裂。
很硬（Very Hard）	無法刮傷或劃痕。	用鈍端敲擊時需多次才裂，甚至不裂。

　　測定硬度時不能拘泥於同類岩石的比較，而應根據標準測定法，真正測出硬度值才是正確的作法。即使同一類岩石也常會測得不同的硬度，因為同一類岩石的硬度受到很多因素的影響，例如含水量、風化程度、膠結程度、不連續面的有無等等，都可能改變其硬度。

7.2.3　N值

　　N值是由鑽探工作中所進行的標準貫入試驗取得的，詳情可見14.4.7節。
　　由N值可以推估土層的容許承載力、剪力強度、樁頭及樁身的阻力、土壤的

液化潛勢等，所以用途很廣。

　　一般而言，從事室內試驗時，1英寸（2.5cm）進程的打擊數如果超過50下時就認為是到達岩盤。但是這要對地下地質已有相當的了解才能確定，因為有時候可能遇到土層內尚未完全風化的殘留岩塊。土壤中如果含有20%以上的礫石時，鑽探就很難打穿，一般就視其為軟岩，崩積土即屬於此類土壤。2英寸（5cm）進程的打擊數如果超過 100下就被認定為到達岩盤，需要使用爆破的方法才能開鑿。

　　我們如果取N值的倒數，就成為鑽鑿度（Penetrability），單位為mm/打擊數。一般以打擊一下的進程為2.5mm時作為極弱岩與極硬土的分界線。

7.2.4　RQD

　　RQD是Rock Quality Designation（岩石品質指標）的縮寫，它是岩石分類的許多方法中，被使用最廣的一個參數。所謂RQD是指比較完整的岩心長度與鑽探進尺的百分率。即從岩心（Core）樣品中，將其完整長度（未被不連續面所切斷，但層面除外）超過10cm的部分之長度總和除以鑽進的總長度，並以百分率表示之。一般以不同的岩性分別計測，例如將砂岩與頁岩分開計算。打鑽時岩心被機械力扯斷的不能算是不連續面。真的不連續面，其斷面平整，且常見鐵鏽色的風化跡象，因為地下水與空氣進入的關係。而被鑽探扯斷的破裂面則顏色新鮮、斷面粗糙、且呈貝殼狀、不甚平整。一般而言，RQD與節理密度存在如下的關係：

$$RQD = 100 \cdot \exp[-0.1/J_d] \cdot [(0.1/J_d) + 1] \tag{7.2}$$

式中，J_d = 節理密度，條/公尺

　　對於同一類岩石，其不連續面的間距愈窄（J_d愈大），RQD就愈小，岩石的強度就降低得愈多；不連續面的間距越大則反之。表7.4為岩石根據RQD值的分類法。

表7.4　根據RQD的岩石分類法（Deere and Deere, 1988）

RQD（%）	岩石品質
< 25	很差
25～50	差
50～75	尚可
75～90	佳
90～100	極佳

　　RQD也可以用來估計開挖的難易度。我們另外設計一個參數，稱為開挖難易指數（Excavatability Index），如下式：

$$N' = Ms \cdot (RQD/J_n) \cdot J_s \cdot (J_r/J_a) \tag{7.3}$$

式中，N' = 開挖難易指數

　　　Ms = 岩體強度數（Mass Strength Number），約相當於單軸抗壓強度
　　　　　（q_u）；用以代表開挖均質完整岩體必須的施力
　　　J_n = 不連續面組數的評分
　　　J_r = 最不利的一組不連續面之粗糙係數評分
　　　J_a = 最弱的一組不連續面之充填物之蝕變程度評分
　　　J_s = 不連續面與開挖時扯裂方向的關係（完整岩石的J_s = 1.0）

　　必須注意的是：這裡的N'與先前提及的N並不相同。N是標準貫入試驗所求得的打擊數，而從(7.3)式所求得的N'是評估開挖難易的參數，其劃分法如表7.5所示，它也可以作為劃分岩土的參考。

表7.5　岩石開挖難易度的劃分（Bieniawski, 1989）

N'值範圍	開挖難易度
1 < N' < 10	容易刮掘（Ripping）
10 < N' < 100	不易刮掘

N'值範圍	開挖難易度
100 < N' < 1,000	很難刮掘
1,000 < N' < 10,000	極難刮掘/需爆破
N > 10,000	需爆破

7.2.5　彈性波速度

　　震波與聲波都屬於彈性波，兩者主要的差別在於工作頻率範圍的不同。聲波所採用的信號頻率遠高於震波的頻率（聲波通常可以達到$n \times 10^3 \sim 10^6$Hz），因此具備較高的分辨率。但在另一方面，由於聲源激發所用的能量一般不大，而且岩石對其吸收作用大，因此傳播的距離短，一般只適用在小範圍內的測定，對岩石進行較細緻的研究。

　　一般而言，岩石新鮮、完整（沒有被不連續面分割）、堅硬、緻密時，其彈性波的速度就快；反之，岩石風化程度深、不連續面密集、性軟、疏鬆，其彈性波的速度就會慢。因此，利用彈性波的速度不同，即可以定出岩、土的分界（見表14.1）。彈性波速度也可作為風化程度、岩石強度等岩石性質的指標，可參考14.3.1節的說明。

　　在有些工程上的應用，Vs（剪力波或橫波速度）比Vp（壓縮波或縱波速度）還有用，因為Vs的大小可以評估岩石的動態性質。Vs、Vp、密度及現場動態性質的關係參考表7.7。

表7.7　岩石的力學參數與其彈性波速度的關係（Bureau of Reclamation, nd.）

力學參數	計算公式	符號
剪切模數	$G = \rho \cdot Vs^2$	ρ = 岩石的密度
楊氏模數	$E = 2G (1+ \sigma)$	
總體模數	$K = \rho (Vp^2 - 4/3Vs^2)$	Vp = 岩石的縱波速度
蒲松比	$\mu = 1/2(Vp/Vs)^2 - 2(Vp/Vs)^2 - 1$	Vs = 岩石的橫波速度

岩土類型	Vp (km/s)*
乾砂、粉砂、鬆礫、壚姆、鬆岩、崖錐堆積、落石堆、濕表土	0.183～0.762
堅硬黏土、飽水礫石、壓密的黏質礫石、膠結的砂、砂土	0.762～2.287
風化的、破碎的、或部分分解的岩石	0.61～3.049
健全的頁岩	0.762～3.354
健全的砂岩	1.524～4.268
健全的石灰岩	1.829～6.098
健全的火成岩	3.659～6.098
健全的變質岩	3.049～4.878

* 數值引自USDOI。

7.2.6　強度

　　簡易的強度試驗在野外即可進行，最通用的就是點載重試驗（Point Load Test）。它是用來快速測定不規則形狀的岩石強度，所以非常適用於現場試驗，它在第一時間就能大略評估岩石品質的好壞。詳情可見14.5.1節。

7.3　岩頂帶的類型

　　岩頂帶（Rockhead Zone）指的是岩盤與其上覆的土壤之接觸帶。它會影響基礎型式的選擇，以及基座的處理方法。依據形狀，我們可以將岩頂帶大略的分成五種類型，分別稱為平面型、槽溝型、山頂型、石芽型及孤石型。以下分別說明：

一、平面型

　　平面型的岩頂帶，其岩頂或岩盤面比較平坦，起伏不大，偶而可能只是遇到槽溝充填（Channel Filling）而已。對於這一類岩頂帶特別要注意岩盤面的傾斜方向及傾斜角度，另外就是要評估上覆土壤層因為厚薄不均勻而可能造成差異沉陷的問題。如果岩盤面為單向且向坡外傾斜時，則建築物的主要危險是滑動。因

此，評估這一類型的岩盤面時，應該分析岩盤面產生滑動的可能性，包括岩盤面上的土層滑動，以及岩盤內部的順層滑動。平面型岩頂的滑動常見於崩積層與岩盤的界面、斜坡上的岩土界面以及向坡外傾斜的不整合面等處。

位於傾斜的平面型岩頂帶之建築物，如果發生不均勻沉陷時，其裂縫多出現在岩盤出露，或者岩盤的深度較淺（即土層較薄）的部位。為了防止一般建築物產生開裂，基礎下的土層厚度不宜小於1公尺，俾便與軟墊的作用一樣，發揮調整變形的功能。同時要計算土層的變形程度，考量是否需要調整基礎寬度，選擇埋置深度，或者採用軟墊方法進行處理。所謂軟墊係將岩盤削去一部分，然後用砂土回填，其目的在克服差異沉陷的問題。

二、槽溝型

槽溝狀的原地形如果被崩積土或填土所掩埋時，就會形成槽溝型岩頂。不整合面上的槽溝被更新的沉積物所埋沒，也會形成槽溝型岩頂，這種槽溝稱為古河道，是地下水流動最好的通道（見圖7.2）。

當建築物的基礎之下有埋沒的沖蝕溝、古河道或有任何槽溝時，因為下臥的岩盤面呈V字或U字型，形成倒八字的相向傾斜狀況，所以在岩盤面上發生滑動的可能性不大。除非槽溝的走勢係向著坡外，且向坡外（即下坡方向）傾斜。如果上覆土層夠厚，而且性質較好時，則對於中、小型建築物，只需要採取適當的結構設計，以加強上部結構的剛度即可，對於地基則可以不必處理。但是如果土壤的厚度薄、壓縮性大或承載力不足，則應考慮採用深基礎的設計。惟須注意，基樁應該入岩1.5公尺以上，否則可能在岩盤面上會發生側移，並且彎折的現象。

對於槽溝型岩頂最需注意的課題是差異沉陷及管湧（Piping）的問題。差異沉陷可以用深基礎或軟墊的方式克服。管湧的發生是因為地下槽溝本來就是地下水的通道，所以槽溝的充填物如果是呈疏鬆未膠結的狀態，其顆粒較細的砂土常會被流動的地下水攜走，於是產生淘空現象，造成建築物倒向槽溝的方向，這種現象最常見於山坡地開發的填溝處。處理的方法是在填土之前，就要在槽溝處鋪

設排水袋、蛇籠等地下排水設施，以讓水土分離。如果是被崩積土掩埋的槽溝，則可順著槽溝設置水平排水管，以疏通地下水。

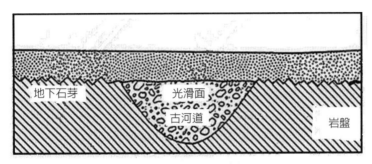

圖7.2　砂層覆蓋與古河道

三、山頂型

山頂型岩頂是下臥的岩盤面向兩側傾斜，有如背斜一樣。這是非常危險的一種岩頂，因為基座的變形條件對建築物非常不利，往往在雙斜面的交界部位會出現裂縫，其最簡單的處理方法就是在這些部位用沉陷縫隔開。

山頂型岩頂最嚴重的還是側滑問題。即使採用深基礎的方式，都很難保證安全無虞。最好的方法是避開，如果無法避開，則應採取深基礎及邊坡穩定雙管齊下的方式予以面對。

四、石芽型

石芽型的岩頂帶，其岩頂或岩盤面崎嶇不平，起伏甚大。石芽有兩種，一種是出露到地表的石芽（見圖6.1）；另外一種則為埋在地下的石芽（見圖7.2）。出露的石芽，其芽間常為崩積土所充填。

對於石芽型岩頂，用一般探勘方法很難查清楚岩盤面的起伏變化情形。因此通常要加密鑽孔，以進行淺孔密探。而對於重大的工程，可能要用開挖的方法，按照基坑的實際情況，以確定基礎的放置深度。

對於此類岩頂帶，因為石芽間的充填物，其壓縮性較大、沉陷量也大、承載

力卻小，可能使建築物產生過大的差異沉陷。處置的方法是，利用穩定性可靠的石芽，作支墩式基礎，但要測定石芽的不連續面位態，並評估其穩定性。也可以在石芽出露的部位，比基礎底面面積稍大的範圍內，先超挖50cm～1m的厚度，然後回填可壓縮性土（如中砂、粗砂、土夾石等），或爐渣作為軟墊。如果石芽間的充填物較為軟弱，則應先挖除，然後再用碎石、爐渣及砂土等進行置換。

五、孤石型

孤石型的基座對建築物最為不利，如不妥善處理，極易造成建築物開裂。

孤石也有殘留及移積之分。前者為被多組節理切割後的岩體，經過風化作用後的遺留體（見圖6.1）。移積的大塊孤石則常出現在山前的沖積層，或山坡地的崩積土中，在這類土層中探勘，不要把孤石誤以為基岩。通常，鑽探遇到孤石時最好再加鑽2～3m，以確定它是岩盤或是孤石。至於孤石是否有根？即孤石與岩盤是否為一體的？最簡單的識別方法就是有根的孤石，其岩性及位態與岩盤一致，否則就是移積的孤石。大孤石除了可以用軟墊法加以處理之外，如果條件許可，也可以利用它作為石柱，或基礎梁的支墩。在處理地基時，應使孤石及孤石間充填物的變形條件趨於一致，能夠互相適應，否則很可能造成不良後果。

孤石如果要清除時，一般都需要爆破。而進行爆破時，其周圍約100公尺的範圍內都要暫時停工。因此在施工管理上，對於時間的安排非常重要。還應預料到，如果附近已經澆注了混凝土，但尚未達到設計強度時，爆炸振動將會影響其品質。

第8章

地形是地質的表現

地形學（Geomorphology）是研究地表型態特徵，及其發生、發展及分布的規律之一門科學。它是地質學的分支，已廣泛應用於各種資源的探測，以及各種工程的勘測與設計。地形學所要描述的主題就是地形，而地形（Landform）乃是地表外貌各種型態的總稱。它是內動力地質作用及外動力地質作用對地殼作用的產物，所以地形其實就是地質表現於外的各種型態，由地形往往可以推測地表下的地質情況。

8.1　火山地形

火山（Volcano）是岩漿活動遷移上升，穿過地殼，到達地表面或噴出地表的一種地質體。全球的火山大多呈狹長的帶狀分布，其中最重要的是環太平洋東西兩岸，以及從印尼，經喜瑪拉雅山，到地中海一帶的兩個大火山帶。現今地球上的活火山近乎百分之八十都分布在這兩個火山帶中。在西太平洋，北從阿留申群島開始，往南經過千島群島、日本群島、琉球群島、台灣、菲律賓群島、美拉尼西亞及印尼的許多群島，形成一個島弧（Island Arc），稱為火山島弧。它是板塊邊緣的俯衝地帶，常伴隨很深的海溝（Trench）。島弧上的火山，爆發猛烈，是俯衝板塊的岩石局部熔融，其岩漿上升，穿越地殼，然後噴發到地表的結果。其岩性以安山岩為主。

火山活動所噴出的氣體、固體碎屑物及熔融的熔岩流，在出口周圍堆積成山丘，稱為火山錐（Volcanic Cone）。有的也可以因噴發活動很快就停止，沒有足夠的噴出物堆積，或因噴發時爆炸猛烈，毀壞了原來的火山錐，不具有山的型態。還有些地方的岩漿是沿著地殼的裂縫湧出，形成大面積的堆積，稱為熔岩被（Lava Sheet），也不形成突起的山丘。也有的岩漿上升到接近地表，而未能衝出，但是已使地面型態發生變異。

火山錐是火山地形中最美的地質景觀，具有多種型態及構造。以組成物質來分，有由火山碎屑構成的火山渣錐（Cinder Cone）；由熔岩構成的熔岩錐（Lava Cone），或稱熔岩丘；或者由碎屑物與熔岩交替疊置而成的混合錐，又稱為複合錐（Composite Cone）。以型態來分則有盾狀、穹狀、鐘狀等火山錐。圓錐狀

的火山錐被認爲是標準的火山錐型態。熔岩錐多爲圓丘型；其型態受熔岩性質的影響很大，基性的（如玄武岩質）易流動，從火山口流出後，在其周圍分布，且形成坡度很緩的盾型火山（Shield Volcano）。一般坡度只有2°～10°左右，很少超過15°的，其山頂常見火山口。酸性的黏稠熔漿（如流紋岩質）則常在火山口上聚集成穹隆狀的火山錐，稱爲穹狀火山（Plug Dome），在其錐中常有岩脈或岩牆等侵入岩體。複合錐比較接近標準的圓錐型，其內部具有成層構造，故稱爲成層火山（Stratovolcano），表示它係由熔漿的猛烈爆發及寧靜的湧出交替進行。複合錐的骨架比較容易形成高大壯觀，且堅固的火山錐，如日本的富士山。複合錐的頂坡一般爲30°左右，底坡則只有5°左右。火山錐的腹部有時會附著小火山錐，稱爲寄生火山錐（Parasitic Cone）。它是當一個火山錐形成之後，在其兩側或其他部位又開闢了新的岩漿通道，環繞著這新通道的噴口周圍又堆積而成的新火山錐。寄生火山錐也有碎屑寄生錐及熔岩寄生錐之分。

　　台灣的大屯火山群中約有20餘座火山丘及火山錐，其中以七星山爲最高（標高爲1119.6m），而且噴發的時間最新（何春蓀，民國75年）。這些火山錐都屬於複合錐，係由安山岩流及火山碎屑物組合而成。過去發現至少有15層不同的火山岩流及3層凝灰角礫岩。

　　河流流出山口時，其沉積物會形成沖積扇，在河口的地方形成三角洲。類似的道理，火山噴發時，在噴口會形成漏斗狀的火山口（Crater）。它是指火山噴出物在噴出口的周圍堆積而成的環形坑口，上寬下窄，一般位於火山錐的頂端，其底部與火山頸（或稱火山管）相連，岩漿大量經此噴出。火山口的深淺不一，一般不過兩、三百公尺，直徑一般在1公里以內。底部的直徑短，常僅略大於下面的火山頸。火山口的底部就是噴出口（Vent）。如果是裂縫式噴發，則噴出口會沿著裂隙帶形成串珠狀排列。噴出口之下即爲火山頸（Volcanic Neck），它是岩漿噴出地表時形成的圓形或近圓形的地下通路，常被熔岩及火山碎屑岩所充填。火山頸之下因爲岩漿大量噴出，在地下造成空虛，所以引起火山口的塌陷，形成圓形或橢圓形的火山窪地，比原來的火山口面積還要大，較一般火山口的直徑大數倍至數十倍，稱爲破火山口（Caldera）。

　　岩漿呈液態在地面流動的熔岩，稱爲熔岩流（Lava Flow）。它的溫度常在

900°C～1200°C之間。如果熔岩中氣體的含量多，更低的溫度也能流動。酸性熔岩的性質黏滯，流動不遠，甚至壅塞在火山口內。基性熔岩流動性強，當熔岩來源充足，地勢適宜，則流佈範圍很廣很遠。熔岩流凝結後，在地面上形成特殊的型態，以繩狀及塊狀爲最常見的兩種。熔岩在流動過程中，表殼先凝固，而下伏的液態熔岩仍處於潛流狀態，並逐漸聚集於一些殼下通道，形成熔岩暗流。如果沒有新的熔岩流來補充，便形成類似隧道的管狀孔洞，稱爲熔岩隧道（Lava Tunnel or Lava Tube）。流動性很強的玄武岩質熔岩大量湧出，有如洪水泛濫，將地面填平，形成面積廣大，表面比較平坦的地形，稱爲熔岩台地（Lava Plateau）。如果海拔比較低的，就稱爲熔岩平原（Lava Plain）。在地質史上，掩蓋面積有的達數十萬平方公里。目前發現，海洋底下的熔岩，其流佈規模更大。

8.2 板塊構造地形

　　地球的七大板塊都在軟流圈上漂移，而大陸則是板塊的一部分，也就是說板塊大多由陸殼及海殼所共同組成，而且整個板塊係一起在運動。板塊與板塊之間常以中洋脊、大陸裂谷、島弧山脈、海溝以及轉型斷層等作爲邊界。板塊與板塊之間互相擠壓、摩擦。許多動力作用就發生在它們的周邊，因而產生許多地質景觀。板塊構造在巨觀上的地形特徵有山脈、島弧、裂谷及轉型斷層等。茲分別說明如下：

8.2.1 山　脈

　　板塊碰撞所造成的山脈，比較有名的有喜瑪拉雅山脈、阿爾卑斯山脈、安底斯山脈等。喜瑪拉雅山脈是陸殼與陸殼相撞的碰撞型山脈，它是印澳板塊與歐亞板塊碰撞的結果。它們的縫合線（Suture Line）位於雅魯藏布江。在型態上該山脈表現爲地球上最高的山鏈及大高原。由於陸殼的比重比洋殼輕，當兩個陸殼相撞時，互不相讓，誰都不願意俯衝到軟流圈內，所以在喜瑪拉雅山脈地區，陸殼在推擠帶的厚度增加爲兩倍。根據監測的結果，喜瑪拉雅山每年還在上升3～7mm。

　　阿爾卑斯山脈為歐亞板塊與非洲板塊的碰撞帶，地中海就是兩個板塊閉合後所殘留的海洋。目前的地震資料顯示，非洲板塊仍在向歐亞板塊俯衝。安底斯山脈是太平洋板塊與南美板塊會合時形成的，其中俯衝的板塊（即太平洋板塊）為洋殼，於部分熔融後，噴發上來的岩漿屬於安山岩質，所以安山岩（Andesite）的名稱其實就是從安底斯山得來的。同時安山岩的分布也指示兩個板塊互相碰撞後的產物。台灣的大屯火山群、基隆火山群及本島外海的許多島嶼（澎湖群島除外）也都是由安山岩所組成，它們是菲律賓海板塊隱沒到歐亞板塊之下的噴發產物，而中央山脈則是這兩個板塊碰撞後所造成的結果。

　　山脈地帶的褶皺及斷層作用十分強烈，山體內也有很多岩漿侵入體。由板塊碰撞所形成的山脈都由褶皺極為劇烈的倒轉褶皺、偃臥褶皺及規模巨大的逆掩斷層所組成。例如阿爾卑斯山脈由南向北，前後有四次形成大規模的逆衝斷裂。

8.2.2　島　弧

　　島弧（Island Arc）是海洋中呈線狀分布的弧形列島。它是某一個洋殼向另外一個洋殼的下方俯衝所造成的結果，其噴發上來的岩漿也是屬於安山岩質。最有名的島弧就是位於西太平洋的島弧。北從阿留申群島開始，往南有千島群島、日本群島、琉球群島、台灣、菲律賓群島、伊利安及紐西蘭等。弧的凸面朝向太平洋，在洋側有海溝與其平行分布，構成島弧海溝體系。深源地震的震源都朝向陸側的深處分布，而且愈向陸側，震源愈深，稱為班氏地震帶。它係向著陸側傾斜。構造排列一般以海溝為外側，陸地為內側。從外側到內側，依序為海溝、島弧、火山活動以及深源地震等地質現象，幾乎呈平行的帶狀分布。

　　台灣在西太平洋島弧體系裡是唯一的例外，因為台灣島附近有兩個小板塊，一個是在東部外海的菲律賓海板塊（屬於太平洋板塊），在花蓮的緯度附近向北俯衝到歐亞板塊之下，結果造成龜山島、大屯火山群、基隆火山群及基隆外海的一些火山島，都是安山岩質。另外一個小板塊是南海板塊（屬於歐亞板塊），在恆春半島附近向著太平洋板塊底下俯衝，結果形成綠島及蘭嶼等火山島，也是安山岩質。從地圖上看，台灣島在北港附近略微向中國大陸外凸，這與

西太平洋島弧向著太平洋外凸的方向正好相反，此與兩個小板塊的隱沒方向應有相當程度的關聯。

8.2.3 裂 谷

裂谷（Rift）是地殼斷裂作用所產生的線型窪地，類似階梯狀的地塹。它是地殼拉張作用所產生的張裂帶。裂谷在地形上的特徵主要是具有一個線形的中央深陷谷地，兩側為大致平行的正斷層所限，顯示有沿斷層傾向的錯動（見圖4.1）。裂谷帶的火山活動頻繁，早期以玄武岩質為主，晚期則以粗面岩類為主。

根據成因，裂谷可以分成陸地裂谷、陸間裂谷及海洋裂谷三大類。陸地裂谷發生在陸地上，是岩石圈板塊開始斷裂，並且彼此分離的初期。最有名的是東非裂谷系，表示非洲大陸已經向上隆起，並且開始擴張，裂谷即將形成像紅海一樣的狹長海域。陸間裂谷是裂谷的發育已經到達中間階段，在陸與陸之間已經形成狹長的海（圖4.1），最有名的就是紅海。它是現代地表上唯一能反映大陸裂谷演化為海洋裂谷的過程。海洋裂谷分布於洋底，它是裂谷發育的最後階段，例如大西洋的中洋脊就是一個海洋裂谷，這個裂谷絕大部分位於海下，但是在其北端有一小段切過冰島。

8.2.4 轉型斷層

轉型斷層（Transform Fault）是板塊邊界類型中的一種，其兩側板塊發生水平錯動。絕大部分的轉型斷層都分布於洋底，但是很多人認為美國西海岸的聖安德魯斯斷層就是一條轉型斷層（見圖4.3），它長達一千公里以上，屬於右旋滑移斷層。美國很多地震的震央都分布在這條斷層的沿線上。目前這條斷層還以平均每年2～3公分的速率在移動，有些段落甚至快到每年4.4公分的程度。

8.3 構造地形

構造相關的地形是形成漂亮地質景觀的基礎骨架。一般而言，岩石受地質力

的作用而造成褶皺或斷裂等原始地形，後來經過差異侵蝕（Differential Erosion）後，即形成各種型態的改造地形。

8.3.1　褶皺相關的地形

　　簡單的褶皺山，其型態舒緩，且寬展，背斜成山，向斜成谷，構造的走向與山脈的走勢一致。在長期的侵蝕作用下，可能會出現背斜谷（背斜軸低於兩翼）及向斜山（向斜軸高於兩翼）的地形倒置現象，端視堅硬岩層的地下深度而定（見圖8.1）。複雜的褶皺山主要受板塊擠壓形成複雜的褶皺帶，隆起成山。它的特點是褶皺型態緊閉，山勢陡峭高大，複背斜為山，複向斜為谷，構造的走向與山脈的走向一致。在長期的侵蝕作用下，地形也可呈現倒置現象。

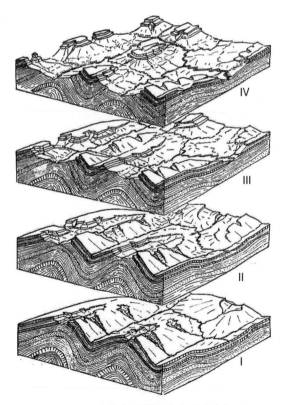

圖8.1　背斜谷與向斜山的形成（形成順序由下而上）（Grabau, 1920）

當背斜及向斜被侵蝕之後，可能只剩下一翼，因而形成單面山（Cuesta）。其特徵是山的地形沿著岩層的走向延伸，兩坡呈現不對稱，有一坡緩而長，稱為順向坡（Dip Slope），又叫後坡。順著岩層的傾斜方向發育，坡面比較平順。另一坡則陡而短，稱為逆向坡，又叫前坡。與岩層的傾斜方向相反，沿坡向的剖面凹凸不平，凹者為相對軟弱岩層（如頁岩），凸者為相對堅硬岩層（如砂岩）。如果岩層的傾角變大，致使單面山形成前、後坡的坡度大約相等，長度近似等長，就稱為豬背山或豬背嶺（Hogback Ridge）（見圖8.2）。由層面所構成的後坡與由侵蝕所造成的前坡常形成對稱的斜面，形如豬背，故名。豬背山幾乎完全由硬岩構成，走向平直。不管是單面山或者是豬背山，如果岩層的傾角小於45°，則較緩的一坡通常就是順向坡。

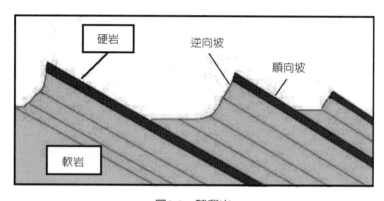

圖8.2　豬背山

當兩條平行的順向河（指流向與岩層傾向一致的河流）切割順向坡時，在地形上常會形成岩層三角面（Flatiron）（見圖8.3）。三角面就是順向坡，其頂點位於上坡。因為順向坡指示岩層的傾向，所以三角面常用來判斷岩層的傾向。當順向河切過順向坡時，岩層的露頭線在河谷處會走成V字，且V的尖頭指向下游，如圖8.3所示。

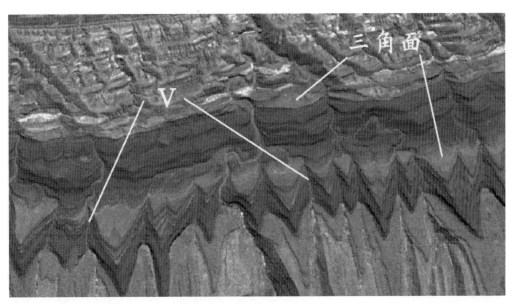

圖8.3 岩層三角面及河谷V

（彩圖另附於本書491頁）

　　有時候岩層呈水平或傾斜非常平緩，被侵蝕後遺留下來一個頂部平緩的山頭，稱為方山（Mesa）或桌狀山（Table Mountain）。它的頂面如桌面，四周被陡崖所圍限，頂部則由堅硬的岩層構成，如圖8.4所示。如果頂蓋逐漸縮小，最後將造成頂面小而高度大的石柱（Column）。

　　一般而言，褶皺軸都會向下傾斜，沒入地下，這種現象稱為傾沒（Plunge）。在傾沒端的岩層會呈現迴轉現象。背斜狀如龜背，傾沒端的閉合比較尖銳；向斜如翻轉的貝殼，傾沒端的閉合比較圓鈍（見圖8.5）。迴轉彎兩側的岩層雖然會重複出現，但是其寬度不見得一致。迴轉彎也是以褶皺軸為對稱軸，但是不具理想的幾何對稱性。短軸背斜及短軸向斜交替組成的傾沒褶皺，經外力侵蝕後，地形上往往表現為之字形山脊（見圖8.6）。

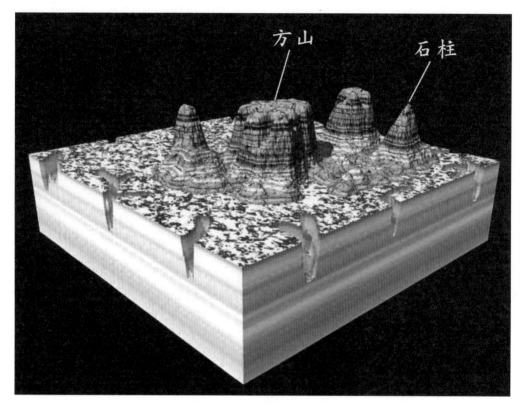

圖8.4 方山（桌面山）及石柱

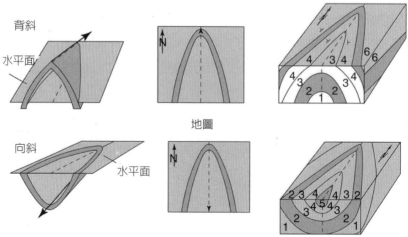

圖8.5 傾沒褶皺的地形表現（University of Georgia, nd.）

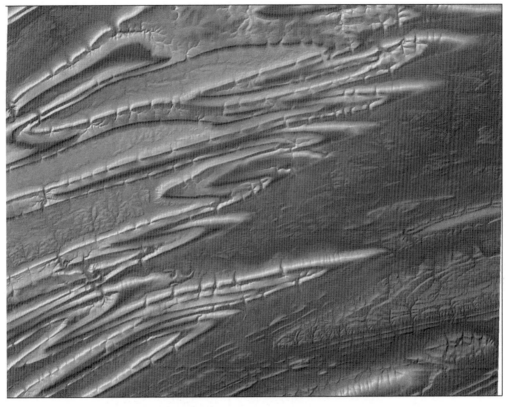

圖8.6　由傾沒褶皺群所組成的之字型山脊（雷達影像）

（彩圖另附於本書492頁）

　　在褶皺構造上發育的河谷常受岩層位態的影響。例如順著岩層傾向發育的河流稱為順向河（Copnsequent Stream），如圖8.7所示，包括順向坡上的水系、放射狀水系、向心狀水系等都屬之。順向河發育到一個程度之後，岩層受到差異侵蝕作用，新出露一些相對軟弱的岩層，河流即沿著軟、硬岩的交界線發育出新的水系，其流向與岩層的走向趨於一致，稱為次成河（Subsequent Stream），如背斜軸部的背斜谷、穹窿構造的環狀水系等均屬之。次成河進一步下切侵蝕後，在硬岩的逆向坡上又發育出一組支流，匯入次成河，它們的流向與岩層的傾向相反，所以稱為逆向河（Obsequent Stream）。如果原始構造的軟岩被剝蝕後，順著新出露的硬岩之順向坡發育出一組新水系，其流向與岩層的傾向一致，且流入次成河，稱為再順向河（Resequent Stream），它的發育時間比順向河還要晚。

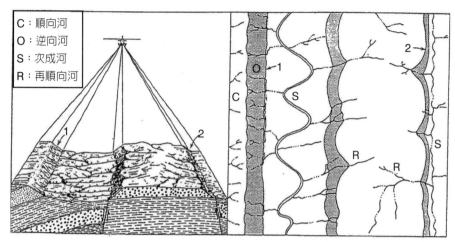

圖8.7　褶皺構造上的水系發育（Miller and Miller, 1961）

8.3.2　斷層相關的地形

　　斷層作用造成兩盤的岩塊發生斷脫及位移的關係，所以在地形上會留下一些蛛絲馬跡，如斷層崖，或橫跨斷層的地物會發生錯開的現象等。斷層活動還能使斷層附近的應力狀態發生變化，產生擠壓或拉張的現象，形成隆起或窪陷的現象。斷層形成後，由於侵蝕作用的緣故，也可以使原地物演變成一些複雜的地形，分別說明如下：

一、斷層崖

　　不管哪一類斷層都有可能出現斷層崖（Fault Scarp），其中以正斷層及逆斷層最容易產生。它的高度取決於斷層的規模，最高的可達百公尺，低的只有數公尺，甚至不到1公尺。多數斷層崖在形成後都會受到侵蝕作用的改造。由於外力的侵蝕，斷層崖會漸漸後退，坡度變緩，所以崖壁並不代表原來的斷層面，有些斷層崖的坡度比斷層面的傾角還要小。

　　斷層崖的上升盤一般會受到較快速的侵蝕。如果是較堅硬的岩層先被剝蝕，則會較快出露軟岩，因此侵蝕速度加快，以致上升盤很快的降低，甚至低於下降盤，於是形成上升盤低、下降盤高的地形倒置現象，其所造成的斷層崖稱為

斷層線崖（Fault-Line Scarp），又稱爲逆向斷層線崖。逆向斷層線崖形成後，下降盤高於上升盤，這時下降盤的侵蝕加劇。一旦下降盤的硬岩被剝蝕後，露出軟岩，侵蝕速度更快，下降盤又輪爲比上升盤低，這種斷層線崖就稱爲順向斷層線崖。

二、斷層三角面

斷層崖受到橫切斷層崖的水系侵蝕，完整的斷層崖就會被分割成許多排成一列的三角形斷層崖，稱爲斷層三角面（Triangular Facet）。斷層三角面與岩層三角面的形成機制是一樣的。前者是水系針對斷層面的侵蝕作用所造成，後者則是水系針對傾斜層面或順向坡的侵蝕作用所造成。不同的是斷層三角面一般只有一列橫過河谷，而岩層三角面通常有許多列橫過河谷，如果順著河谷觀察，岩層三角面會有很多片相疊。至於三角面的由來是因爲河谷的橫斷面爲V字型的關係。

三、斷層谷或斷層槽

沿斷層破碎帶發育的河谷稱爲斷層谷；如果只是一條侵蝕溝槽就稱爲斷層槽。斷層谷的切割較深，兩岸陡峭，常呈峽谷。由於斷層活動，斷層兩盤相對運動形成的地形高低差尚未被侵蝕夷平，斷層谷的兩岸會顯示不對稱，有一岸高陡，而另一岸低緩。

斷層谷的平面形狀與斷層帶的構造特徵有關。如果斷層帶是單一方向的，則斷層谷呈現平直狀，多發現於平移斷層或正斷層；如果斷層帶是彎曲的，則斷層谷將隨著斷層的走向轉彎而呈現彎曲，一般多見於逆斷層。當斷層切過山腹或兩個山脊之間時，斷層谷就會形成特別低凹的鞍部，稱爲斷層隘口（Fault Gap）。如果斷層谷一段呈寬谷，一段呈峽谷，彼此交替出現，則表示斷層帶的兩側有隆起的分布。當河流流經隆起段時，因下切侵蝕而形成峽谷，而在斷層破碎帶中則形成寬谷。

斷層槽也是形成於斷層帶，只是尚未發育成河流。因爲斷層帶較破碎，容易被侵蝕，所以形成凹槽，在衛星影像上很容易辨認（見圖8.8）。

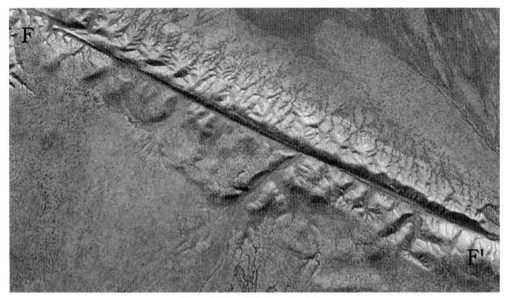

圖8.8　衛星影像上的斷層槽

（彩圖另附於本書492頁）

四、錯斷地形

　　不管是哪一類斷層，在斷層活動之後，岩層及其他地物（如河流、山脊等）發生了變位，經過侵蝕作用的改造後，岩層在任何一個剖面上（包括平面）大多會發現錯斷的現象。錯斷的型態及規模是由斷層的位態、斷層的眞位移、岩層的位態以及不同的剖面方向等等因素，複雜的組合關係所決定。

　　當同一條斷層切過不同位態的岩層，或在不同的剖面上觀察岩層時，量測得到的岩層視位移方向及錯距都各不相同，這種現象稱爲斷層效應（Fault Effect）。

五、活動斷層所形成的地形

　　活動斷層的生成年代很新，所以斷層發生後所形成的地形仍然保留相對新鮮的狀態，因此依據其遺跡，有不少證據可供辨認，尤其從遙測影像上更容易判斷。上述的斷層崖、斷層槽、斷層三角面、錯斷地形等都是辨識活動斷層很好

的標誌。活動斷層所造成的地形以平移斷層最爲多型多樣，以下即以平移斷層爲例，來說明活動斷層所形成的地形。

　　平移斷層發生水平錯動，所以斷層如果切斷水系時，水系即發生N字型轉折，稱爲肘狀河（見圖8.9H）。沖蝕溝被平移斷層切斷，在斷層的一側可能只剩下游段，稱爲截頭谷（J）。截頭谷的水源被切斷，因而形成乾溝或小水潭。如果只剩上游段，則稱爲無尾溝。無尾溝在斷層帶也可以形成水潭，或形成肘狀河。無尾溝如果被小丘阻斷，這個小丘就稱爲封谷丘（Shutter Ridge）（見I）。封谷丘的上游則形成堰塞湖（Q）。堰塞湖可以承受沖積物，因此堰塞湖會呈現大肚子式的沖積平台。

B：三角面	G：線型凹槽	L-L'：山脊錯移
C：斷層崖	H：肘狀河	M-M'：階地面錯移或錯落
D：降陷池	I：封谷丘	Q：堰塞湖
E：隆起丘	J：截頭谷	
F：斷層鞍部	K：風口	

圖8.9　活動斷層的地形特徵

　　活動斷層如果橫斷山前的沖積扇，其扇尾會向一側偏移，而且時代愈老的沖積扇，其偏移的歷時愈長，因此偏移的距離就愈大。活動斷層橫斷山脊時會形成三角面（見B）。如果橫斷扇狀地時，斷層崖的高度會從扇狀地的中間向兩側降低，因而形成眉狀斷層崖。

當兩個斷塊發生水平位移時，沿線的岩層會受到不同應力的作用。最大主應力軸將與剪力偶呈小角度相交；最小主應力軸則與剪力偶呈大角度（幾乎垂直）相交。因此，在斷層沿線會形成一系列短而張口的雁行（En Echelon）地裂（張力狀態），平行於最大主應力軸的方向。另外，垂直於地裂方向則會產生一系列隆起（稱為隆起丘）（壓應力狀態）（見E）及下陷（稱為降陷池，Sag Pond）（見D）。雁行地裂與斷層線相交的銳角方向指示斷層相對位移的方向；雁行隆起丘與斷層線相交的銳角方向指示斷層對盤的相對位移方向。

當相鄰的斷塊沿著走向彎曲的平移斷層發生位移時，在彎曲部位的兩端中，有一端處於擠壓應力狀態，岩層被隆起而形成高地（見圖8.10）；另一端則處於拉張應力狀態，岩層被坳陷而形成凹地。當斷層連續活動，隆起及降陷中心可能隨時間而遷移。此外，隆起及降陷的變形部位可以發生在斷層的某一盤上，也可能發生在斷層的兩盤上。如果我們從張力端望向壓力端，如果彎曲部位是向右凸出，則斷層為右移（或稱右旋）斷層；相反的，如果是向左凸出，則為左移（或稱左旋）斷層。

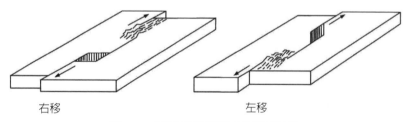

右移　　　　　　　　　　　左移

圖8.10　彎曲狀平移斷層的地形特徵

六、盲斷層所形成的地形

盲斷層（又稱基底斷層）發生水平運動時，當蓋層的岩性較軟，在地表會形成壓性隆起及張性地裂，這是因為斷層兩側的岩塊受力偶作用所形成的。張性地裂在地表上呈雁行排列，斜交於斷層線，其交角之銳角指示斷塊相對的位移方向。壓性隆起的軸向則與張性地裂近乎垂直。

8.4 流水地形

　　河川水流爲外動力地質作用的主要動力之一，對地表進行著侵蝕、搬運及堆積作用，不斷的對地表型態進行改造，並且產生各種地形。主要河川常組成其自身的水系，形成一個流域。每一個流域係由主流及各級支流組合而成。它的發育與分布受到地形、地質及流水條件的控制。水系型態及密度常指示不同的區域地質構造、岩性及地形條件，它們最適宜從遙測影像上進行判釋。

一、基本水系型態

　　水系（Drainage System）在平面上的幾何型態有樹枝狀、平行狀、藤架狀（或稱格子狀）、放射狀、向心狀、星點狀、髮辮狀等許多基本型態，稱爲水系型態（Drainage Pattern）。

　　樹枝狀水系（Dendritic Drainage Pattern）是指主流及各級支流的發育不具方向性。它們在任何方向都可以自由的發育。其主、支流以及支流與支流之間均呈銳角匯合，分布如樹枝狀。此類型水系多見於緩傾的平原，或地殼較穩定、岩性比較均一的緩傾斜岩層分布的地區（見圖8.11）。

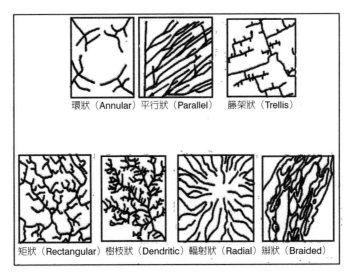

圖8.11　基本水系型態

　　平行水系（Parallel Drainage Pattern）是各條水流平行發育，在地形上表現爲平行的脊谷。它們主要受構造走向的控制，如在平行褶皺或平行斷層的地區，河流常呈顯著的平行排列。在形成不久的傾斜面上（如海灘或人工斜坡）也常會發育平行水系。

　　格子狀水系（Trellis Drainage Pattern）是較長的主要水流呈平行狀發育，而許多較短的次要水流則以直角匯入各主要水流，結果形成一個似國字「非」的型態，所以又稱爲藤架狀水系。這一類水系在很大程度上受褶皺構造所控制，其主流發育在褶皺軸部的軟岩上，支流則順著褶皺的兩翼發育，一般皆與主流呈直角相交（見圖8.12）。在單面山的地方也可以發育出格子狀水系，其主流發育在軟、硬岩的交界上，而支流則分別從順向坡及逆向坡匯入。一般而言，順向坡上的支流較長、較順直，而且比較平行；逆向坡上的支流則較短、較彎曲，而且比較不具平行狀，且分支較多。但是確實的表現仍需視岩層傾角的大小而定（見圖8.13）。還有一種羽毛狀水系（Pinnate Drainage Pattern），它的短鬚與格子狀水系很類似，顯示短促、平行且密集。它與格子狀水系不同的在於其主流呈樹枝狀分布，而不是平行狀（見圖8.14），因此比較接近樹枝狀水系。它多發育在黏土層或黃土層上。

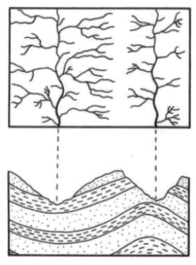

圖8.12　由褶皺構造所形成的格子狀水系

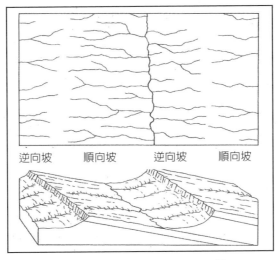

逆向坡　　順向坡　　逆向坡　　順向坡

圖8.13　單面山的格子狀水系型態

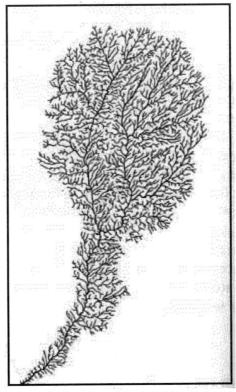

圖8.14　發育於泥岩及頁岩上的羽毛狀水系

　　矩狀水系（Rectangular Drainage Pattern）係由兩個方向的水系組合而成。它們呈互相垂直展佈，有時候沿著一條水流行進，其河道會突然轉彎，因而形成肘狀河（Elbow Stream）。矩狀水系主要是受兩組互相垂直的斷裂所控制，或者原有的水流被平移斷層錯斷後發育而成的。兩組水系如果以菱形斜交的（交角約為60°），就稱為菱形水系，它的發育是受兩組斜交的斷裂所控制。

　　放射狀水系（Radial 或Centrifugal Drainage Pattern）又稱為輻射狀水系。它是水流順著錐狀坡面，從錐頂向四周呈放射狀外流的型態。大多發育在穹隆構造、火山錐及孤立的山丘上。

　　向心狀水系（Convergent 或Centripetal Drainage Pattern）正好與放射狀水系相反，它是由四周向中心匯集的型態。主要發育在盆地、構造陷落區、地盤下陷區或落水洞（Sinkhole）等地。

　　與放射狀水系常常共生在一起的有一種稱為環狀水系（Annular Drainage Pattern），發育在穹隆構造區。其形成係因層狀岩石被拱起傾動後，在相對軟弱的岩層上發育出弧形的、較短的、且不連續的水系，匯入放射狀水系內。在同一層軟弱岩層內的環狀水流並未相連，受到地勢的控制，它們可以從相反的方向匯入主流（即放射狀水流）。發育在不同軟弱岩層內的環狀水系，則形成同心狀的分布。

　　扇狀水系（Fan Drainage Pattern）則只顯示放射狀水系的一部分而已，狀如扇形。大多發育在沖積扇、三角洲、土石流堆積扇、山前傾斜盆地、支流與主流的匯合口等地。扇狀水系經常改變其流路，所以是一種不穩定的水系。

　　寬廣的河谷中（河流的最下游段）常形成辮狀水系（Braided Drainage Pattern），類似髮辮的一種網狀水系。其水流分分合合，非常複雜。

　　在新構造運動地區，支流的流向與主流的流向相反。在支流匯入主流的附近，或在支流的上游段呈現迴旋灣，形成倒鉤狀水系。

二、異常水系

　　所謂異常水系（Abnormal Drainage Pattern）指的是河道突然轉向、或突然變直、或發生N字轉折、水系型態很不調和等等。異常水系大多由地質構造的因素

所造成，有經驗的人很容易就可以發覺它的異樣。例如圖8.15A的同心弧水系，常常發育在褶皺的傾沒端（即褶皺的迴轉彎），而且其支流則略呈半放射狀水系。背斜的同心弧水系發育在傾沒端的外側，且呈包圍狀，其共生的放射狀水系則呈發散式。而向斜的同心弧水系比較不明顯，且發育在傾沒端的內側，其共生的放射狀水系則呈收斂式。圖8.15B顯示河流遇到背斜的傾沒端時，就會產生壓縮狀的河曲（Compressed Meander），以吸收河床被背斜拱起後所增加的比降，然後包圍著迴轉彎而匯入主幹。

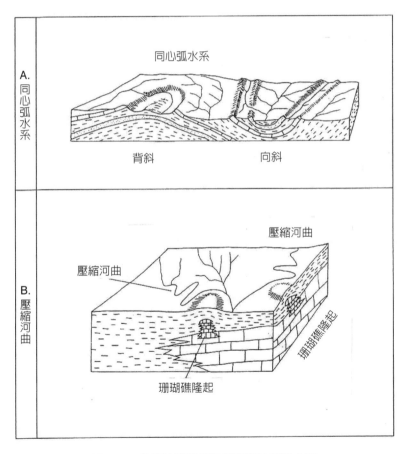

圖8.15　發育於褶皺構造傾沒端的異常水系

斷層帶也常發育線狀河槽，或肘狀河等異常水系型態。例如圖8.16A所示，

水系有呈線形發育，如b～d；或水系在山脊的兩側呈線狀排列，但是並未相交，如a；或在主幹的兩側有呈線形排列的支流，如b的兩側支流即是；或有呈魚鉤狀的彎折或匯流者，如c等。這些都表示是受到斷層的控制。又如圖8.16B顯示，在a處的水流不但不向地表傾斜的方向延展，反而向著山前流動，表示地盤曾受到斷層的傾動；在a處又出現河曲呈180°的迴轉，致水流的流向反逆，這也是因爲受到斷層擾動的關係；在b處則也出現了魚鉤狀的轉折。所以從很多證據顯示，斷層附近常會出現一些異常水系。

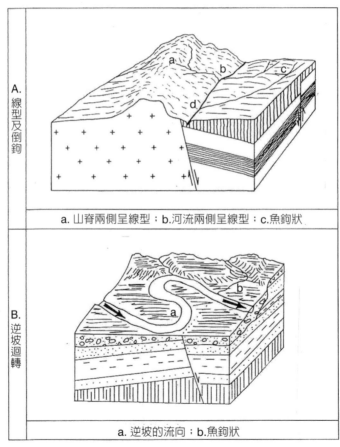

圖8.16　發育於斷層線上或其附近的異常水系

　　圖8.17A主體上是一種向左下角流動的平行狀水系型態，但是經過仔細觀

察，F～F'左右兩側的水系之流勢及密度卻有顯著的不同，推測F～F'處可能有一條斷層通過。圖8.17B是典型的格子狀水系，表示是一個褶皺構造，其軸線從右上角向左下角延伸，且向左下角傾沒。圖8.17C是一種矩形水系型態，但F～F'處可能有一條斷層通過，沿著斷層帶已經發展出線形河槽了。圖8.17D表現放射狀及環狀的組合水系，因為放射狀水系的對稱性不佳（右下角的密度高，左上角的密度疏），所以不太像是穹隆構造，推測是個火山地形。

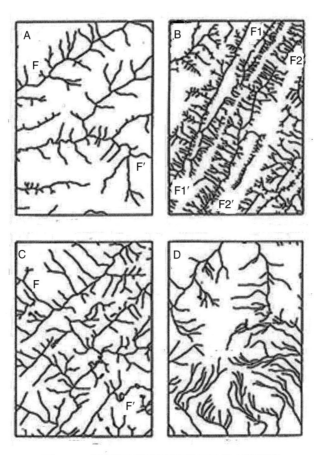

圖8.17　根據衛星影像所繪製的異常水系型態

二、水系密度

　　水系密度是遙測影像判釋常用的一種線索。所謂水系密度（Drainage Density）是指在一個調查區域內，水系的總長度除以整個調查面積的百分率。一般都在同一個地區，以相對的密度進行比較，很少求取絕對密度。水系密度可以指示岩土層的透水性及岩土類別。一般而言，岩土層的透水性良好，降雨量滲入地下的分量較大，地表的逕流量變小，侵蝕力減弱，所以水系的密度相對的小，在地形上稱為粗紋理（Coarse Texture）。相反的，岩土層的透水性差，降雨量滲入地下的分量較小，地表的逕流量變大，侵蝕力增強，所以水系的密度相對的大，在地形上稱為細紋理（Fine Texture）。因此，砂岩、礫岩、石灰岩等岩性的水系密度小，即水系的間隔相對寬大，表現出粗紋理。頁岩、泥岩等細粒岩層的水系密度大，即水系的間隔相對窄小，表現出細紋理（見圖8.14）。

　　水系密度大的岩層被水流切割的密度也大，水流的間距變小，水系間的脊嶺變窄，所以溝嶺的變化頻率高，地形呈現凹凸不平。如果水系密度異常的大，就稱為惡地形（Badland）（見圖8.18）。台灣的西南部泥岩或高雄市的月世界就是屬於這一類地形。頭料山層的礫岩相（火炎山相）也常發育出惡地形，如苗栗縣三義的火炎山、台中縣霧峰的九九峰等。不過，這些礫岩是因為具有兩相結構（礫石及砂土）以及膠結不良的關係，受到地表沖刷後才發育出惡地形，與透水性無關。

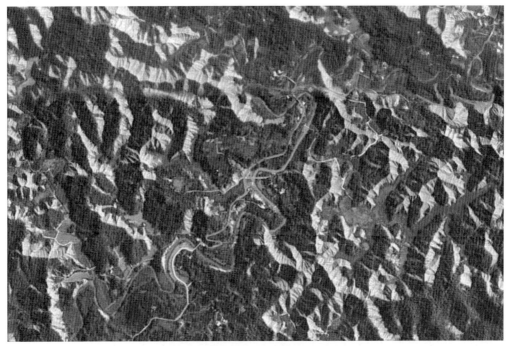

圖8.18　高雄月世界所顯現的惡地形

（彩圖另附於本書493頁）

三、曲流

　　我們稱河谷中最低的常年載有流水的部分為河床（Stream Bed）。河床的順直或彎曲可用彎曲率來區分。彎曲率是指彎曲河床兩點之間的長度與其直線長度之比。當比值為1.0～1.2時稱為順直河床；比值大於1.2的稱為彎曲河床。

　　順直河床不易保持，因為主流線受河床邊界條件及地球偏轉力的影響，會經常偏離河心，折向岸邊。河岸的一側一旦受到沖擊，下游水流便會反覆折射，於是受沖擊的河岸便會迅速後退，河床也就逐漸彎曲。

　　彎曲河床是世界上分布最廣的河床。如果彎曲率很大時（一般超過1.5），就稱為曲流（Meander）。彎曲河床的凹岸不斷被侵蝕後退，凸岸則不斷堆積前移，所以原來微彎的河床也就變成彎曲河床了。彎曲河床再進一步發展，就會變成曲流河床，又稱為蛇曲。此時，每個曲流弧的彎曲率都很大，平面形狀幾乎呈

環形。上、下游曲流弧之間的距離越來越靠近，逐漸形成狹窄的曲流頸（Meander Neck）。洪水時，曲流頸被切穿，開闢出新的順直河床，這就是自然截彎取直。河床截彎取直後，河床縮短、比降增加、下切加速，因而影響河床上的結構物，如橋墩之類的。此後流水只經新河床，原來的老河床成了靜水湖泊，形如彎月或牛軛，所以稱為牛軛湖（Ox-Bow Lake）或月亮湖。

曲流的類型有兩種：一種是發育在平原區，稱為自由曲流，其型態經常改變。另外一種是發育在山區，稱為深切曲流（Incised Meander），它原來是自由曲流，因為地殼上升下切而成。深切曲流也會截彎取直，取直後被曲流包圍的岩盤殘丘，稱為離堆山（Cut-Off Spur）。

四、自然堤

在洪水時期因為流水泛出河槽，流速突然減小，挾砂能力突然降低，遂在河床兩側堆積大量的泥砂。洪水後退後，沿河槽形成斷續分布的長堤，在其兩岸微見高起，稱為自然堤（Natural Levee）。它的沉積物一般以粉砂為主，常具粗細層理。洪水期沉積物較粗，為粗粉砂；洪水退時沉積物較細（多懸移質），為細粉砂。堤外的低地則形成背後濕地，其沉積物以細粒的黏土為主，是屬於軟弱土壤。

8.5 地形學的應用

地形除了可以顯示地質骨架之外，它在其他領域還有很大的應用價值。例如地形對工程建設的選線、選址、配置、設計、施工及維護的影響甚鉅，所以各種工程建設都要考慮地形條件的影響及限制。地形學廣泛應用於道路工程、水利工程、海岸工程等建設中。如道路工程的選線，水利工程中有關壩址及水庫、引水隧道的出入口，海岸工程中的港口選址、深水航道的開挖及海岸保護，以及山坡地的開發利用等，都必須應用到地形學的知識。

8.5.1　地形與道路工程

　　道路是陸地交通運輸的重要幹線，主要由公路及鐵路共同組成運輸網絡。道路是一種處於大自然環境的線形結構物，它具有路線伸展長、跨越地形地質條件多且廣的特點。影響道路建設的自然因素很多，最重要的首推地形及地形高度與坡度。

　　對於新建道路而言，選擇最適宜的路線是首要的工作。在道路選線過程中，地形條件是最基本的要素。地形條件常決定路線的走向，路線的好壞直接影響道路工程的造價、施工的難易度、營運的安全性等。因此，在選線時應儘可能利用有利的地形條件，且避開不利的地形因素，以期避免或減少路線工程的災害，順利完成施工，以及不留下營運階段的隱患。

　　平原地區的地形特徵是地面高度變化小、相對高差不大，但是土地利用密度高、農田廣佈、且城鎮稠密。有些地區尚且存在著池塘、魚塭、密集水系等不利條件。無疑的，這對選線會造成一些障礙。因此，在平原地區，因為地形平坦，所以路線比較平直，線形比較容易達到高標準。但是由於障礙因素頻繁，所以造成選線時清除地物的干擾就會比較複雜。

　　山區的地形特徵是在短短的距離內，相對高差可以變得很大、地形崎嶇不平、坡度比較陡峭、流水也湍急，所以地形錯綜複雜。山區的路線一般都顯得彎多坡陡、起伏頻率高、土石方及各種防災工程的數量都很大，加之地質及氣候條件也比較複雜、路基及邊坡的穩定以及行車的安全都增加設計上的複雜度。在山區如何善於利用地形佈線是做好山區選線的關鍵。其中尤以地形坡度對選線的影響更具重要性。一般而言，山區的地形坡度大多大於限制坡度，如果選取較陡的限制坡度，其優越性是路線的長度縮短、工程費可能減少，但是營運比較困難。如果選取比較平緩的限制坡度，其優越性在於營運的能力大增，但是路線拉長、工程費增加。山區選線一般都傾向較緩的限制坡度。

　　道路建設完成之後，由於對原本處於自然平衡狀態的地形造成了破壞性的人為改造變動，因此在營運過程中往往會出現一些地質災害，如崩塌、落石、土石流等，對道路的正常營運造成嚴重的威脅，例如迫使道路的營運受阻，嚴重者甚

至迫使道路改線，或廢棄重建。因此，對於上述的地質災害，無論是在道路設計階段、施工中或在道路建成之後，都必須嚴格採取正確的防災措施，力求避免及減輕其危害。

8.5.2　地形與水利工程

在水工建設中，地形學主要應用在堤壩、水庫及引水工程等的探測及設計方面。建壩興庫首先要選擇一個地形條件適宜的壩址。從地形條件來說，選擇壩址時，一般應做到充分的利用天然地形，主要考慮下列幾個課題：

1. 在地形條件上，壩址應儘可能選擇河谷較窄、庫內平坦廣闊的地形，這樣才能得到蓄水量大而工程量小的效果。

2. 選擇邊坡較為穩定、工程處理量較少的地段，以降低風險及減少建造費。

3. 從預防滲漏的角度，壩址應避免選在石灰岩等易溶岩層分布的地段。最佳的條件是要選有阻水層的橫谷（即岩層走向垂直於河谷走向），且岩層傾向上游的河段。

4. 庫區最好是強透水層的底部有阻水層的縱谷（即岩層走向與河谷走向一致），且兩岸的地下水分水嶺較庫水位高，以達到容易蓄水的效果。

8.5.3　地形與山坡地開發

山坡地開發受到許多因素的控制，而地形則是非常重要的因素之一。無論從新社區的開發或舊社區的擴建，在選址、坡地利用型態的選擇、社區內各種管道的設置、公共用地（包括公園綠地）的配置及社區的整體佈局等，在某種程度上都受到地形條件的控制。以下幾點都是必須考量的重要課題。

一、社區選址的有利地形

社區在形成及發展過程中，位置的選擇對社區的型態及社區的未來發展都有舉足輕重的影響。有利於社區的形成與發展的地形條件有：水系的匯合處、地形

較為平坦或坡度緩和處（台灣規定的允許開發坡度為30%以下）、河谷階地等。但要避開有遭受落石、崩塌、地滑、土石流、地盤下陷、河岸侵蝕、向源侵蝕等威脅的地段。

二、減少大挖大填的布置方式

山坡地開發要儘量順應原地形，避免大挖大填，此因原地形就是代表一個穩定平衡的狀態。順應原地形可以減少挖、填方，減少沖刷，也可以減少邊坡的破壞。

三、地形坡度的利用

從社區的形成及發展來看，平緩的地形是最有利於發展的自然條件之一。陡坡地段的挖填方大、邊坡穩定性較差，地表水沖刷嚴重、腹地偏促、未來的發展受限，所以不利於使用。當然，所謂平緩地形也不能過於平坦低蕩，否則也會變為不利因素。因為當地面坡度小於2%時，即不利於地表水的排泄，甚至會造成地表水的不良瀦聚。

在山坡地開發中，不同的建築物對坡度有不同的需求；不同的坡度可以適應不同的建設活動，從而形成不同的土地利用型態，如表8.1所示。一般來說，超過一定坡度的地形，在山坡地開發中往往被視為適宜或不適宜於某種建設。例如坡度較大且切割較破碎的地段被視為複雜地形，不適宜作為社區發展用地。幾個坡度利用的極限如表8.2所示。

表8.1　不同坡度對山坡地開發的限制

坡度	土地利用型態	建築型態	活動類型	道路設施	車速（km/h）		水土保持需求
					一般車	貨、公車	
< 10%	適宜各種利用	適宜各種型態，但需注意排水	適宜各種大型活動	適宜各級道路	60〜70以上	50〜70	不需要
10%〜15%	只適宜小規模住宅	適宜各種建築及高級住宅；建築群則受限制	只適宜非正式活動	適宜主要及次要道路	25〜60	25〜50	不需要

坡度	土地利用型態	建築型態	活動類型	道路設施	車速（km/h）		水土保持需求
					一般車	貨、公車	
15%～30%	不適宜大規模建設	適宜高級住宅；建築區需要階梯	只適宜自由活動或山區活動	小段的山坡車道，不能垂直等高線	不適宜		應有植被或草被
30%～100%	不適宜大規模建設	只適宜低密度階梯式住宅；建築布置受較大限制	不適宜活動	不適宜	不適宜		應有植被或草被
> 100%	不適宜大規模建設	不適宜建築		不適宜	不適宜		水土保持困難

表8.2　不同坡度的土地利用極限

坡度		土地使用極限
度	百分率	
0.5	1	土地利用的限制很少，除非是排水不良或有淹水之虞；是國際機場的跑道之極限坡度。
1	2	國內機場的跑道之極限坡度；對於鐵路及大型聯結車稍有影響；有淹水之虞。
2	3	鐵路及主要公路的理想坡度之極限；對建築基地的開發有一些影響；受到淹水的威脅變成是沖蝕的威脅。
4	7	對平坦的建築基地與道路的開發有一些困難；截水溝自然排水清淤的最小坡度。
5	9	鐵路的最大極限，也是開發重工業區的極限；農業耕作需要採用梯田的方式；片流（Sheet Flow）的最大坡度；鋪面自然排水的最小坡度。
8	14	大型工址的利用極限；農業牽引車的坡度極限；社區車道的一般坡度。
12	21	工業區及房屋建築的極限；沖蝕嚴重。
15	27	道路建設比較困難；輪胎車輛的極限坡度；僅可作為低密度、聚落式的建築使用；雙腳爬坡的最大極限。
25	47	大多作為林地及牧場使用；需要使用履帶車或四輪傳動車；不適合作為建築使用。
35	70	履帶車的極限坡度；建築極為困難；農耕幾乎不可能。
55	143	除了作為綠帶或具有景觀價值之外，無法作其他經濟利用。

第9章

閱讀地質圖就像挖寶

地質圖是反映一個地區的地質情況，將出露於地表的地層岩性及地質構造等地質特徵，按照一定的比例尺，垂直投影到水平面上的一種圖件。一般是以地形圖作爲底圖測繪而成的。它既表示了地質資料，又反映了地形地貌的特徵。

地質圖通常比地質報告還有用，因爲受過讀圖訓練的人可以從圖上擷取很多寶貴的地質資訊。這是一張經過地質師，或先後不同的地質師累積了多年的野外實地調查研究之後的結晶。如果我們能夠讀取它的內涵，我們就等於免費接收了出圖者的調查成果，因而省卻了很多年的調查時間，所以地質圖的閱讀及分析乃是所有地質調查與評估工作的先鋒。凡是地質、土木、水利、交通、採礦、建築、環保、防災等許多專業人士都需要正確而且熟練的閱讀及運用地質圖。

9.1　地質圖的內容

地質圖的種類很多，一般而言，用於不同目的的地質圖，其反映的地質特徵之重點也不相同，例如工程地質圖著重於各種工程地質條件的表示，水文地質圖則要突顯含水層的分布，及其延伸情形等，但是任何一種應用地質圖均以地層岩性及地質構造的特徵作爲基礎。

所謂地質圖（Geologic Map）係將覆蓋於岩盤之上的土壤剝除（沖積層除外），然後將岩層的分布、岩層的組成、岩層形成的年代及岩層的構造（如岩層的位態、褶皺、斷層、節理、葉理等）表示在地形圖上的一種調查成果圖。它是地質師經年累月，從事很多野外調查工作，並且在研究室內進行微觀分析、實驗、鑑定、研判之後，將其結果編繪而成。它隱含著許多對其他領域具有應用價值的資料。如果懂得如何判讀，將可省卻許多調查時間及經費。本節即說明如何從中擷取對我們有用的資訊。

一幅完整的地質圖，其內容可以分爲圖框內及圖框外兩部分。圖框內的資料爲地質圖的主體，爲我們所要閱讀的主要對象。圖框外的資料主要是輔助讀圖的說明，至少包括圖名、比例尺、北向、圖例、地層柱狀圖、剖面圖等，可以幫助閱讀及理解地質圖（參見圖9.1）。茲分別說明如下：

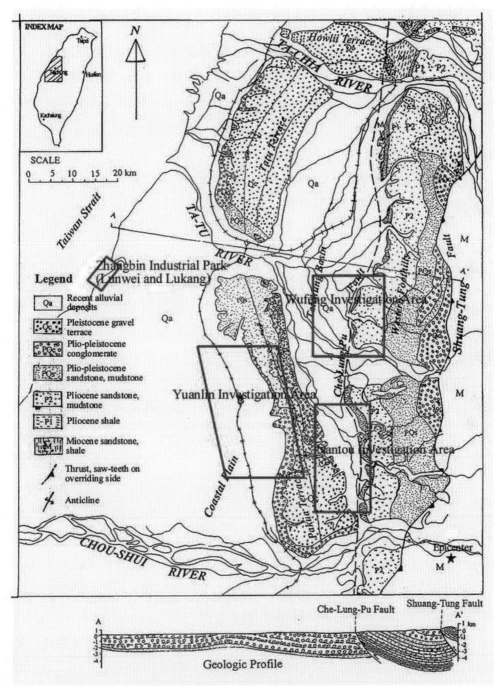

圖9.1　典型的地質圖及剖面圖（未附地形等高線）（Juang, 2002）

一、地形資料

地質調查的主要工作就是要追蹤地層的延展及分布、測量位態三要素（即走向、傾角、傾向）、並且研判地質構造（主要是褶皺及斷層）的型態。這些在現場所觀察及測量的結果都要精確的加以定位與記錄，即地質師必須將調查點的位置及調查的結果精確的註記在底圖（Base Map）上。這張底圖一般都是利用地形圖，因為在地形圖上比較容易定位。

另外很重要的一點是，地層的分布及構造線的延伸型態與地形具有非常密切的關係，所以地質圖的解讀需要與地形圖共同配合使用。

二、岩層分布

岩層可以依據它們的物理性質、形成年代、形成環境、不整合關係、含有化石的情形等不同準則而分成不同的地層，並賦予一個名稱，如木山層、石底層、南莊層、錦水頁岩、頭料山層等。在圖例上，這些地層必須按照它們生成年代的不同而依序排列，年輕的放在上面，年老的放在底下，也是層層相疊。

地層與地層之間的接觸面稱為層面。層面與地表相交成為一條曲線，稱為地層界線。地質圖上所表示的界線就是地層界線。相鄰兩條地層界線所夾的地帶就是某一個地層在地表的分布，其中有一條界線是該地層的頂面，另外一條界線就是該地層的底面。

三、岩層的位態

岩層傾斜的態勢稱為位態（Attituide）。它由走向、傾角及傾向三要素所構成。在地質圖上以符號├來表示，其筆劃較長被半分者代表走向，較短者代表傾向，兩者互相垂直。走向符號要與岩層走向的方位角一致，傾角的度數則標示在傾向的附近，位態符號就放在測量點的圖上位置。

走向是層面與水平面的交線之方向（以方位角表示），或者是在層面上，將任何高程相等的兩點連結起來的線之方位（θ），如圖3.1中所示的1m、2m及3m走向線，它們是高程分別為1m、2m及3m的走向線。傾角（δ）是層面與水平面

的夾角，在走向線的垂直面上量之。

四、構造線

當水平的岩層受到地質力的作用後即產生變形。當作用力超過岩層的強度時，岩層就發生破裂及錯動，前者稱爲褶皺，後者稱爲斷層。

同一褶皺面上最大彎曲點的連線稱爲樞紐（Hinge）。由各個岩層的樞紐構成的面稱爲軸面（Axial Surface），軸面與水平面的交線，稱爲褶皺軸（Fold Axis），這就是地質圖上所表示的軸線，它代表褶皺的延伸方向（見圖3.3）。

斷層面與地面的交線稱爲斷層線（Fault Trace, Fault Line或Fault Outcrop），它是斷層在地表的出露線（見圖3.7）。在地質圖中，斷層線是重要地質界線之一。同地層界線一樣，斷層線的延伸型態也受斷層面本身的形狀、位態及地形起伏的控制，有的是直線，有的是曲線。

五、地層柱狀圖

地層柱狀圖是就地質圖內所有涉及到的地層之新老疊置關係，恢復成原始水平狀態所切出來的一個具有代表性之柱狀圖表。它反映出一個地區的各時代地層之發育情況，包括岩性、化石、地層厚度及接觸關係等。如果該區有火成岩的侵入，則應在相應的部位加以表示及說明。

地層柱狀圖的比例尺一般比地質圖還要大。如果有些地層的岩性單一，厚度不大，則其地層柱的高度可以不必按照比例繪出，加以部分省略。相反的，一些具有重要意義的岩層或軟弱面（例如工程地質圖上的軟弱夾層、剪裂帶等），即使厚度很小，也必須採用適度的放大，加以表示出來，並加以說明。

六、地質剖面圖

正式的地質圖上通常會附上一兩個切過圖框內主要構造的垂直剖面圖，以幫助讀圖者能夠迅速的掌握主要構造的輪廓。而剖面的位置則用一條直線或折線表示，且在其兩端註明剖面方向的數字或符號，如I—I′、A—A′等。

地質圖係將四度空間（地理位置、高程、再加上時間）的地質資料（或條

件）以二度空間的圖形來表示。地質剖面圖就是用推測的方式，將地層及構造在地表下的情狀勾繪出來的一種示意圖，它通常沒有經過鑽探及地球物理探測的驗證，但是卻有學理上的根據。由於我們的肉眼只能看到地表面的地形及地物，無法透視地下的情況，所以如果有進一步的地下地質資料時，對剖面圖進行修正是常有的事。

一般而言，地質剖面圖也要按一定的比例尺製作出來。地質剖面圖有水平比例尺及垂直比例尺兩種。作圖時應該儘量使兩種比例尺的大小一致，地層及斷層的位態才不會扭曲變形。除非有絕對的必要，才會將垂直的比例尺放大。

七、圖例說明

圖例（Legend）是一張地質圖不可或缺的部分。它簡單說明地質圖內所用的各種符號所代表之地質意義，包括地層的圖例（符號、顏色或花紋、界線、時間排序等）及構造的圖例（岩層位態、褶皺、斷層、節理、葉理等）等。比較具有代表性的應用地質圖符號如圖9.2所示。

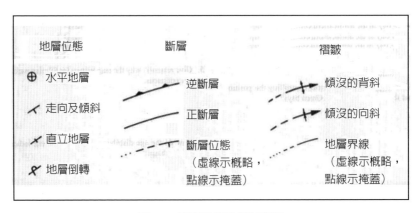

圖9.2　代表性的地質圖符號

地層的代號一般劃成0.8cm×1.2cm的長方形格子，裡面塗上各種顏色，或者採用花紋的方式，在格子的左側再標示地層的年代，而在格子的右旁則註明地層的代號，再加上簡要的岩性說明。地層的圖例通常擺在地質圖框的右邊或下方。

地質圖內出露的所有地層都應該有它的圖例；反之，地質圖內沒有出露的地層，圖例中也不該有。閱讀地層的圖例之後，就可以了解區內出露了哪些時代的地層、火成岩，及地質構造的類型等等。

八、其他資訊

其他資訊包括地質圖的名稱（主要是地理位置）、北向（在多數情況下，圖的方位為北上南下、東右西左）、比例尺（最好用標尺表示，不宜採用數字比例，因為現代的複印技術太發達，地質圖很容易被放大或縮小）、製作單位與出版時間、引用資料說明、繪製人等。

8.2 地層的命名

在地質學上，地層具有嚴謹的定義，而且要經過地層命名委員會的審核通過才算數。只要通過了，就可以取得名稱使用的優先權，也就是別人不能另起名字，除非別人有了新發現，再予以重新定義，另外命名，不過新命名也是要通過地層命名委員會的審核才行。可見地層的命名是一件很慎重的事情。

地層（Stratigraphic Unit）是具有一定層位的一組岩層，所以，它不是只有一個岩層（見圖9.3）。所謂岩層（Bed）是指同一岩性的層狀岩石，具有明顯的上、下界面，如砂岩、頁岩、玄武岩等。因此，地層一般是由很多種岩層所組成，這套岩層可以是多種岩性，也可以是單一岩性（如錦水頁岩），但是後者的情況非常少。

地層也受上、下界的界定。其界面可以分成很多種，有岩性的、有古生物的、有沉積環境的、也有用不整合的。每一個地層都有頂面與底面之分。某一個地層的頂面就是它的上一個地層的底面，其底面就是它的下一個地層的頂面。

地質圖上所表示的地層界線就是地層的界面與地表面的交線，俗稱露頭線。這條彎彎扭扭的曲線，其實代表著一個面，也就是地層的界面。

沖積層	礫石，砂，黏土	
扇狀堆積層	礫石，砂，黏土	
台地堆積層	礫石，砂，黏土	
頭料山層	火炎山相	礫岩夾砂岩或泥岩（Tkh）
	香山相	砂岩間夾泥岩（Tks1）
		泥岩間夾砂岩（Tks2）
		砂岩間夾泥岩（Tks3）
卓蘭層	砂岩間夾泥岩（C11）	
	砂岩泥岩互層（C12）	

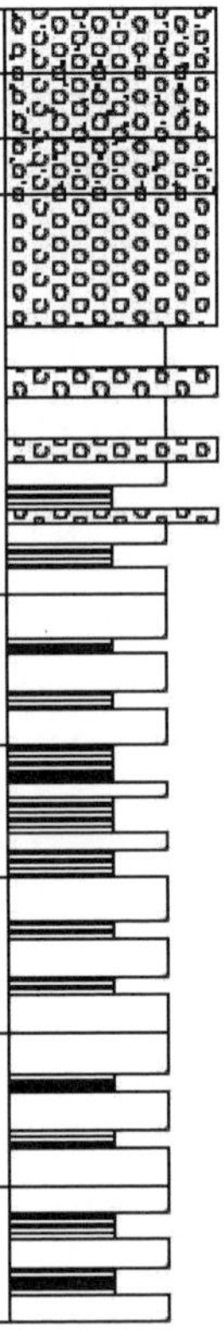

圖9.3　地層的分層與界線示意圖

　　地層的命名規定要用雙命名法，包括地名及層的等級。層（Formation）是地層命名的基本單位，它由同一種岩性或一組不同的岩性所組成，具有群體的共同特性，如南港層、南莊層、卓蘭層、頭料山層等。層的厚度並沒有一定的標準，薄的只有數公尺，厚的可以到數千公尺。層可以是沉積岩，也可以是噴出岩，也可以是變質岩。層內如果有獨特的岩層可以與其鄰近的岩層區分，則層可以再細分為段（Member）。如在台灣北部南港層自下而上又可分為碩仁段、暖暖砂岩段、大華段、新寮砂岩段，及十分寮段共五段，其中暖暖砂岩段及新寮砂岩段是屬於塊狀砂岩段，常形成懸崖陡壁或峽谷。層如果有某種共同的特性則可以組成群（Group）。台灣北部的中新世地層因為可以分為三個沉積循環，所以自下而上就把木山層及大寮層合成野柳群，石底層及南港層合成瑞芳群，南莊層

及桂竹林層合成三峽群。這三個群的沉積環境代表三次的海退及海進，它們先由濱海相開始，然後遞變爲海相。每一個循環都包括了一個含煤地層（木山層、石底層，及南莊層）及一個海相地層（大寮層、南港層，及桂竹林層）。

在應用上，雖然以岩性或岩層的劃分較爲實用，但是地質圖上的地層還是很有參考價值。例如一提到卓蘭層，我們馬上就知道它是由疏鬆的砂、頁岩互層所組成，而且在地形上常表現豬背嶺的特徵。又一提起頭嵙山層，我們立刻就想起它可以分成兩個沉積相，即香山相與火炎山相。前者爲膠結不良的砂、泥岩互層；後者則爲礫岩相，在地形上常呈惡地形（Badlands），狀似火炎。如果有人說盧山層，我們不假思索的馬上就知道它主要是板岩。

9.3　傾斜岩層露頭的水平寬度

傾斜岩層露頭的水平寬度指的是岩層的頂界與底界之間，其露頭線的水平距離。它受到岩層的厚度、岩層的位態、地面的坡度與坡向等因素的控制。

在岩層的厚度與傾角不變的狀況下，岩層露頭的寬度決定於地面坡度，以及岩層傾向與坡向的關係。當岩層的傾向與坡向相反時（即岩層出露於逆向坡上），一般是地面的坡度緩，岩層的露頭就寬；坡度陡，露頭就窄（見圖9.4A及B）。如果岩層是出露在斷崖上，則岩層的頂界及底界在平面上投影成一點（見圖9.4C），造成在平面圖上岩層產生尖滅的假象。當岩層的傾向與坡向相同時（即岩層出露於順向坡上），則當傾角愈接近於坡度時，露頭的寬度就愈寬（見圖9.5c）。

在岩層的厚度及地面的坡度不變之情況下，露頭的寬度則決定於岩層傾角的大小及傾角與坡度之間的關係。一般而言，傾角大，則露頭窄；傾角小，則露頭寬（見圖9.6b）。如果岩層的傾角及地面的坡度不變，且傾向與坡向也一致時，則岩層的露頭寬度就與岩層的厚度有關，厚者寬，而薄者窄（見圖9.7）。

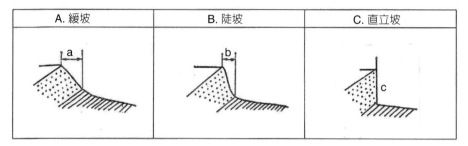

圖9.4 在逆向坡上當岩層的厚度與傾角不變時，露頭寬度與坡度的關係

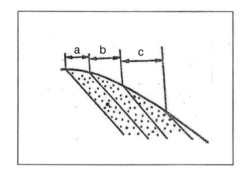

圖9.5 在順向坡上當岩層的厚度與傾角不變時，露頭寬度與坡度的關係

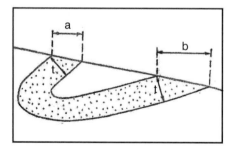

圖9.6 岩層的厚度及地面的坡度不變時，露頭寬度及岩層傾角的關係

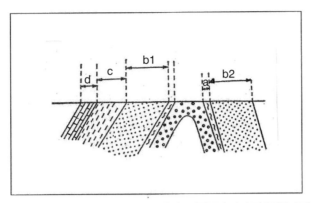

圖9.7　岩層的傾角及地面的坡度不變時，露頭寬度與岩層厚度的關係

　　當岩層的層面與邊坡直交時，露頭的寬度最窄（寬度小於岩層的厚度t）（見圖9.8a）；當岩層的層面與地面的交角（指銳角）愈小，則露頭的寬度愈寬（見圖9.8 b、c、d）。

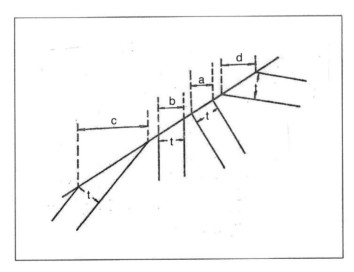

圖9.8　岩層與邊坡的交角對露頭寬度的影響

　　當岩層為直立時，則露頭的寬度就等於岩層的厚度（見圖9.9）。在水平岩層的情況下，露頭的寬度係隨著地面坡度的增加而變窄（見圖9.10b2）。當地面

的坡度相同時，則厚度大的岩層，其露頭寬度就寬；厚度小的岩層，其露頭寬度就窄（見圖9.10a）。

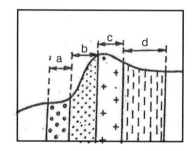

圖9.9 直立岩層，其露頭寬度等於岩層厚度

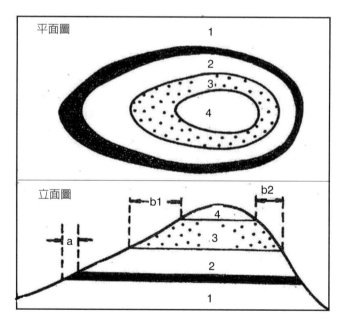

圖9.10 水平岩層的露頭寬度與地形坡度及岩層厚度的關係

9.4　地層界線與地形的關係

9.4.1　水平面上的形狀

　　在地質圖上，地層界線或斷層線的形狀受到兩種因素的影響，即地形及層面或斷層面的位態。地層界線是地層界面與地球表面的交線。如果地球是水平的，則地層界線的形狀完全受到地層位態的控制，如圖9.11所示。

　　圖9.11A是一個同斜構造，即所有岩層均向同一個方向傾斜相同的角度。在平面圖上，它們的走向線全都互相平行，露頭的寬度則由岩層的厚度來決定。圖9.11B是一個兩端沒有傾沒（Plunge）的向斜構造，所以在剖面圖（左側）上形成一個碗狀的同心半圓。在平面圖上，岩層界線還是互相平行，圖上箭頭表示南北兩側的岩層分別向中心傾斜。圖9.11C是一個向西傾沒的向斜構造，其左側是沿著ST的剖面圖，下側則是沿著QR的剖面圖。在平面圖上，這個向斜構造形成許多平行的U型岩層界線，這是因為向斜構造發生傾沒的關係，即向斜軸向西方隱沒到地下，以至消失。圖中的數字也顯示了岩層的相對年紀，一般以數字越大，年紀越輕，因為核心部為5，表示最年輕，所以向斜核心部的岩層是構造中最年輕的岩層。

　　圖9.11D則是一個向東傾沒的背斜構造。在平面圖上，其岩層的界線與向斜構造完全一樣。如果要區分它們，除了看岩層的位態之外（背斜向外傾斜，向斜向內傾斜），也可以從核心部岩層的相對年紀來區分。向斜核心部的岩層是其構造中最年輕的岩層；相反的，背斜核心部的岩層則是其構造中最年老的岩層（圖中的1）。

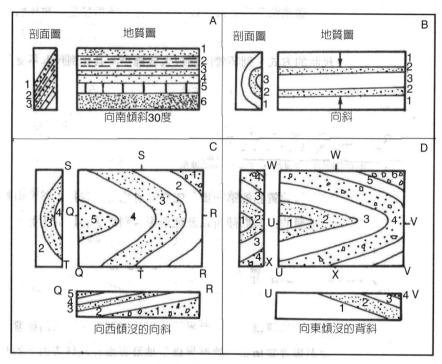

圖9.11　傾斜岩層的界線在平面圖上的形狀

9.4.2　崎嶇地形上的形狀

　　自然界的地形凹凸不平，有山有谷。岩層界線或斷層線在這種情況下將表現非常複雜的形狀。

　　我們先從水平的岩層談起。水平岩層的界面是水平面，而水平面上任何一點的標高都相等，所以水平面與地表的交線也應該都在同一個標高上。因此，水平岩層的界線在地質圖上的表現完全與等高線平行，如圖9.10所示。

　　如果岩層是直立的（即傾角爲90°），則岩層界線幾乎以直線形式直接切過等高線，不受凹凸不平的地形所影響，如圖9.12B所示。這是很容易了解的，因爲直立岩層的界面與地表的交線雖然會隨著地形而起伏，但是其垂直投影則呈一直線。

　　如果岩層是傾斜的，則遇到山谷時會形成V字型。如果岩層向上游傾斜，

則V字指向上游（如圖9.12A）。如果岩層向下游傾斜，而且傾角大於河谷的比降，則V字指向下游（如圖9.12C），但是如果岩層的傾角小於河谷的比降，則V字指向上游（如圖9.12E）。以上各種狀況，可參考圖9.12，以做一比較。我們也可以作成下列V字規則：

1. 在地質圖上，V字指向下游，則岩層必定向下游傾斜（見圖9.12C）。

2. 在地質圖上，V字指向上游，則岩層向上游傾斜（見圖9.12A）；岩層也可能向下游傾斜，但其傾角小於河谷的比降（見圖9.12E）。

3. 在地質圖上，如果V字指向上游時，也可以看V字的夾角大小。如果V字的夾角大於地形等高線的夾角，則岩層向上游傾斜（見圖9.12A）。相反的，如果V字的夾角小於地形等高線的夾角，則岩層向下游傾斜（見圖9.12E）。

4. 在相同的地形以及相同的V字指向下，V字的夾角愈大，則岩層的傾角愈大。

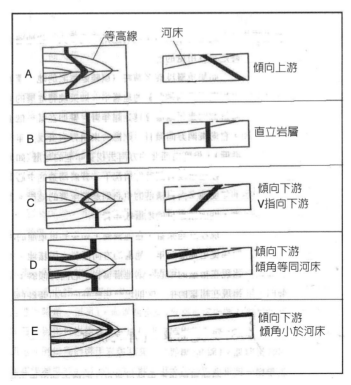

圖9.12　傾斜岩層的界線在地質圖上的形狀

9.5　地層的年代

9.5.1　絕對年代

　　根據地層形成的順序、岩性變化的特徵、生物演化的階段、構造運動的性質及古地理環境等因素，地質學家將地質年代劃分爲隱生宙及顯生宙兩大階段（見表9.1）。宙以下再細分爲代（Era），所以隱生宙又分成太古代及元古代；顯生宙則又分成古生代、中生代及新生代。代以下分紀（Period），紀以下分世（Epoch），世以下分期。相應於每一個地質年代單位所形成的地層單位則依序叫做宇（相對於宙）、界（相對於代）、系（相對於紀）、統（相對於世）。這種劃分法是國際統一的。

表9.1　地質年代表（GSA Geologic Time Scale）

相對年代				絕對年齡及其相對長度		
宙	代	紀	世	開始時距今（百萬年）	持續期間（百萬年）	期間占有率（%）
顯生宙	新生代（Kz）	第四紀（Q）	全新世 （Q₄）	1萬年	—	0.04
			全新世 （Q₃）	12萬年	11萬年	
			更新世 （Q₂）	1	88萬年	
			更新世 （Q₁）	2.5	1.5	
		第三紀（R）／新第三紀（N）	上新世（N₂）	13	10.5	1.37
			中新世（N₁）	25	12	
		早第三紀（E）	漸新世（E₃）	36	11	
			始新世（E₂）	58	22	
			古新世（E₁）	65	7	
	中生代（Mz）	白堊紀（K）	晚白堊紀（K₂）	144	79	3.98
			早白堊紀（K₁）			
		侏儸紀（J）	晚侏儸紀（J₃）	213	69	
			中侏儸紀（J₂）			
			早侏儸紀（J₁）			

相對年代				絕對年齡及其相對長度		
宙	代	紀	世	開始時距今（百萬年）	持續期間（百萬年）	期間占有率（%）
顯生宙	古生代（Pz）	三疊紀（T）	晚三疊紀（T_3）	248	35	
			中三疊紀（T_2）			
			早三疊紀（T_1）			
		二疊紀（P）	晚二疊紀（P_2）	286	38	
			早二疊紀（P_1）			
		石炭紀C	晚石炭紀（C_3）	360	74	
			中石炭紀（C_2）			
			早石炭紀（C_1）			
		泥盆紀（D）	晚泥盆紀（D_3）	408	48	
			中泥盆紀（D_2）			
			早泥盆紀（D_1）			
		志留紀（S）	晚志留紀（S_3）	438	30	7.44
			中志留紀（S_2）			
			早志留紀（S_1）			
		奧陶紀（O）	晚奧陶紀（O_3）	505	67	
			中奧陶紀（O_2）			
			早奧陶紀（O_1）			
		寒武紀（C）	晚寒武紀（E_3）	590	85	
			中寒武紀（E_2）			
			早寒武紀（E_1）			
隱生宙	元古代（Pt）	震旦紀（Z）	晚震旦紀（Z_2）	800	210	
			早震旦紀（Z_1）			
			（以上總計）	2500	1700	74.13
	太古代（Ar）			4000	1500	
地球初期演化時代				4600	600	13.04

（古生代 Pz 包含：晚古生代（Pz_1）、早古生代（Pz_2））

9.5.2　相對年代

　　岩層總是一層一層疊置起來的,它們存在著下面老、上面新的相對年代關係。但是構造運動及岩漿活動的結果,則使不同年代的岩層出現斷裂、錯動及穿插的關係,利用這種關係,我們可以確定這些岩層(或地層)的先後順序及地質年代。如圖9.13所示,岩體2侵入到岩層1之中,表示2比1新;岩脈11穿插於1~10的各個地層中,表示岩脈11的年代最新。由地層相對年代的新與老,可以判斷幾種地質構造的存在,如:

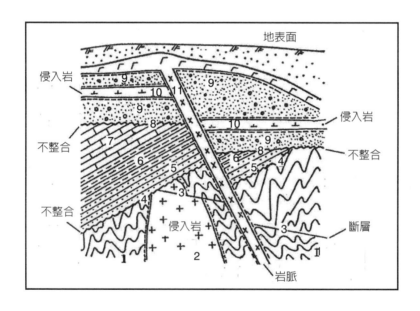

圖9.13　由岩層及岩體的切割關係確定地層的相對年代

- 地層的層序如果沒有倒轉(Overturned),則地層係從老地層向著新地層的方向傾斜。即老地層位於逆傾側(Up Dip),新地層位於順傾側(Down Dip)。
- 褶皺的核心部如果為較老的地層時,則為背斜構造,如果為較新的地層時,則為向斜構造。
- 在垂直剖面上,如果老地層壓在新地層之上,則有兩種情況:

(a) 地層因為受到褶皺的關係，有一翼的地層被倒轉。

(b) 有一逆斷層存在。

- 在平面圖上，如果有老地層與斷代的新地層相接壤，則可能有斷層或不整合通過。如果新地層平行於不整合面，則確定為不整合，否則為斷層。含著老地層的斷塊即為上升側（Upthrown Side）。

9.6　讀圖步驟

　　由於地質圖的線條多、符號複雜，初次閱讀時有一定的困難度，但是如果能按照一定的讀圖步驟，由淺入深，循序漸進，對地質圖進行仔細觀察及全面分析，經過反覆演練，其實讀懂地質圖並不難。

　　就一幅地質圖而言，其圖框內的資料才是最重要的部分，但是要閱讀及了解其含義，則需先了解圖框外的符號索引。因此，讀圖時，一定要掌握先圖外後圖內的原則，首先閱讀圖框外的說明內容，再轉入圖內閱讀。

　　圖框外的說明一般包括圖名、北向、比例尺、圖例及其說明、地層柱狀圖、地質剖面圖等，已如前述。講究一點的還會顯示製圖單位及相關人員、製圖日期及資料來源等。

　　正規的讀圖步驟如下：

一、先讀圖名及比例尺

　　在讀圖之先，我們必須對圖幅內的地區建立一個整體的概念。例如我們可以從圖名得知，圖幅的所在地區之地理位置及範圍，同時知道圖幅的類別及性質，比例尺則說明地形地物的縮小程度。讀圖前必須特別留意，原圖是否曾經被放大、縮小了。一般而言，比例尺常用縮尺的方法表示，也有用文字或比數的方法表示，如五千分之一或1：5000。如果地質圖的比例是用縮尺表示的，則不必擔心比例尺的問題，因為不管原圖被放大或縮小多少，縮尺也是等量的被放大或縮小。如果地質圖的比例是用文字表示的，則必須先確認縮尺的可靠度，因為地形圖上一般都有方格，其間距常為1000公尺，或500公尺，所以應該先用量尺測量一下。

二、閱讀圖的出版時間及引用資料的說明

在我們參閱地質圖時也許還有更新的資料已經出版，雖然更新的資料不一定是最正確，但是至少有更新的發現，或有更新的證據，或者有其他的主題內容，正是我們所需要者。

三、確定北向是在圖框的哪一邊

北向一般採用箭頭或箭頭加N字表示，絕大多數情況的定位是北上南下、東右西左。或可根據座標值來判斷，在台灣是向北及向東增大。此時也要注意一下，磁北的偏角（磁偏角）是多少，這在野外要用地質羅盤量測方位角時非常需要。

四、閱讀圖例

圖例是閱讀地質圖的一把開門的鑰匙。凡是圖內有出現的符號或界線都會在圖例中有所說明。其中最重要的就是地層的符號（有時用顏色或花紋顯示）。它通常被放置在圖的右邊或下方，利用各種顏色或用花紋加上英文代號表示圖區出露了哪些時代的地層。有時會再用簡短的文字說明各地層的主要岩性，即地層柱狀圖。看地層圖例時，要特別注意地層之間是否存在著地層缺失的現象。

圖例中地層的上下排列順序一定是沉積岩在上、火成岩在中間、變質岩墊後，同時會依照生成的年代，由新而老往下排列（但是在地質的報告內，則是依照由老而新的順序，對地層進行說明及描述）。如果英文代號中附有數字時，則1代表較老的，以數字越大表示年代越晚。

在圖例中，地層的符號排好了，接著就會排地層的界線及位態、地質構造線（如背斜軸、向斜軸、斷層、節理、葉理等）等符號。其中對於實測的、推測的及被掩蓋的部分等都會用不同的符號加以區分（見圖9.2）。一般的通則是確認的用實線，推測的或不確定的用虛線，虛線的線段越短越不確定，所以掩蓋的界線即用點線表示。

五、閱讀地層柱狀圖

地層柱狀圖一般係以圖表的方式表示。其最左的一欄通常會顯示地層的生成年代（如果是鑽探資料時，則常顯示深度），其右側則為地層的代號，一般以英文字母表示，再往右則為代表地層的花紋，如圖9.14所示。其右側分別有地層的名稱及其厚度、岩性簡述與所含的化石。這種地層柱狀圖不一定每一張地質圖都會提供。

六、閱讀地質剖面圖

正式的地質圖一般都會附上一至兩個切過圖區內主要構造的剖面圖，以幫助讀圖的人，迅速掌握圖區的地層在地表下的延伸情形，以及主要的構造輪廓。切剖面的位置在地質圖上會用一條細線表示，且在其兩端註明代表剖面左右或上下兩側的相對位置，如A－A′（見圖9.1）。

七、閱讀地質圖

讀完上述各種輔助說明之後，即可進入最重要的部分，即地質圖的閱讀。

1. 分析地形

正式讀圖時，首先應該先分析地形，因為地形的高低起伏會影響地質界線的出露形狀，只有結合地形才能深入的進行地質分析。一般可透過地形等高線及河流水系的分布來了解地形特性，山頭及山稜線的走勢也是很好的地形標誌。

2. 掌握岩層的位態

各種位態的岩層或地質界面，因受地形高低起伏的影響，在地質圖上的表現型態非常複雜，其露頭（即層面與地形面的交線）形狀的變化係受到地形起伏及岩層傾角大小及傾向的控制。簡單的說，水平的層面切過複雜的地形面時，其交線會平行於等高線延展（見圖9.10）；而垂直的層面則會直切等高線，不受崎嶇不平的地形面所影響（見圖9.12B）。至於傾斜的層面遇到河谷時則會發生轉折，並且形成V字，至於V是指向上游或下游，則受層面的傾向及傾角與河谷之間的相對關係而定（見圖9.12）。

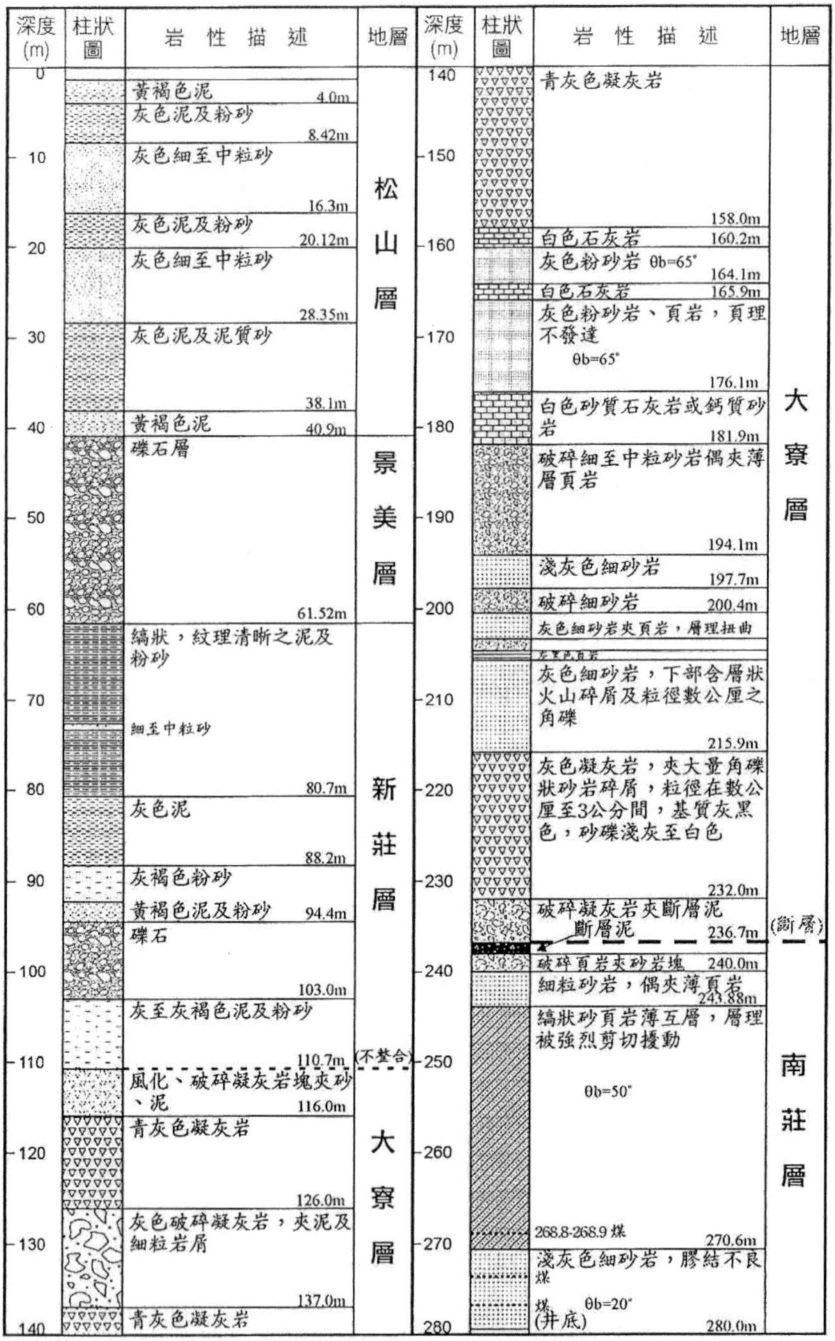

深度(m)	柱狀圖	岩 性 描 述	地層	深度(m)	柱狀圖	岩 性 描 述	地層
0		黃褐色泥　　4.0m		140		青灰色凝灰岩	
		灰色泥及粉砂　8.42m					
10		灰色細至中粒砂	松	150			
		16.3m	山				
20		灰色泥及粉砂　20.12m		160		158.0m	
		灰色細至中粒砂	層			白色石灰岩　160.2m	
		28.35m				灰色粉砂岩 θb=65°　164.1m	
30		灰色泥及泥質砂		170		白色石灰岩　165.9m	
						灰色粉砂岩、頁岩，頁理不發達 θb=65°	大
40		38.1m		180		176.1m	
		黃褐色泥　40.9m	景			白色砂質石灰岩或鈣質砂岩　181.9m	寮
50		礫石層	美	190		破碎細至中粒砂岩偶夾薄層頁岩	
			層			194.1m	層
60		61.52m		200		淺灰色細砂岩　197.7m	
		縞狀，紋理清晰之泥及粉砂				破碎細砂岩　200.4m	
70		細至中粒砂		210		灰色細砂岩夾頁岩，層理扭曲	
			新			灰色細砂岩，下部含層狀火山碎屑及粒徑數公厘之角礫　215.9m	
80		80.7m	莊	220		灰色凝灰岩，夾大量角礫狀砂岩碎屑，粒徑在數公厘至3公分間，基質灰黑色，砂礫淺灰至白色	
		灰色泥　88.2m					
90		灰褐色粉砂	層	230		232.0m	
		黃褐色泥及粉砂　94.4m				破碎凝灰岩夾斷層泥 斷層泥　236.7m	(斷層)
100		礫石　103.0m		240		破碎頁岩夾砂岩塊　240.0m	
		灰至灰褐色泥及粉砂				細粒砂岩，偶夾薄頁岩　243.88m	
110		110.7m (不整合)		250		縞狀砂頁岩薄互層，層理被強烈剪切擾動	南
		風化、破碎凝灰岩塊夾砂、泥　116.0m				θb=50°	
120		青灰色凝灰岩	大	260			莊
		126.0m					
130		灰色破碎凝灰岩，夾泥及細粒岩屑	寮	270		268.8-268.9煤　270.6m	層
		137.0m	層			淺灰色細砂岩，膠結不良 煤 θb=20° (井底)　280.0m	
140		青灰色凝灰岩		280			

(E:303,126.384 N:2,768,528.523 Elv.:8.610m)

圖9.14　台北盆地的地層柱狀圖（林朝宗等，民國87年）

　　傾斜的岩層面或其他地質界面的露頭線，等於是一個傾斜面與地面的交線，它在地質圖上及地面上都是一條與地形等高線相交的曲線，且呈現許多V字或U字。由於岩層的位態不同，所以V字在地質圖上的表現也各不相同（見9.4.2節）。

　　有時從岩層的走向線也可以決定其傾斜方向。所謂走向線是將某岩層的同一個層面（即地質圖上的同一條曲線，如圖9.15的A-C-D-B）與某一個高程的等高線之相交點連結起來的線，如圖9.15的$\overline{AB}$或$\overline{CD}$即為岩層在高程分別為620公尺及610公尺的走向線。該層面可以與很多條等高線相交，這些不同高程的走向線都會互相平行（如果岩層的位態沒有改變的話）。而岩層就是從高程較高的走向線向著高程較低的走向線的方向傾斜，例如圖9.15的岩層就是從高程620m向著高程610m的方向傾斜，即向西傾斜。

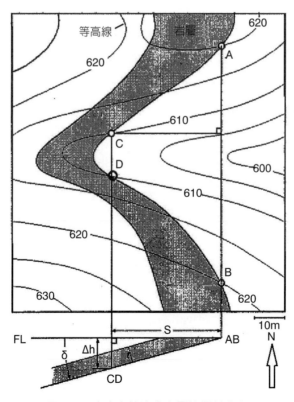

圖9.15　由走向線決定岩層的傾斜方向

　　已知岩層的位態之後，即可推斷岩層的相對年紀（當然也可以從地層的圖例或地層柱狀圖中得知）。在岩層沒有倒轉的情況下，則朝逆傾側（Up Dip）的方向走，岩層逐漸變老；反之，朝順傾側（Down Dip）的方向走，則岩層逐漸變年輕。

3. 識別褶皺構造

　　褶皺構造在地質圖上的表現，主要係根據岩層分布的對稱關係，以及新老地層的相對分布來判斷。大部分褶皺於形成之後，地表都已受到了侵蝕，因此構成褶皺的新老地層都有部分露出地表。圖9.16所示是一個背斜構造，圖中出現指準層b的兩個露頭帶，一南一北，表示地層有迴轉回來。北邊的一條遇到山谷時，V字指向上游，所以可能是向上游傾，也可能向下游傾，因此，接著就要分析走向線是向什麼方向降低其高程。我們以最北邊的層面為例（注意：一定要找到同一個層面才行，同一個層面在地質圖上看起來就是一條連續的彎彎曲曲的曲線），找到圖中央的山谷，其150公尺走向線偏南，而130公尺走向線偏北，所以可以確定該地層係向北傾斜。同樣的，南邊的露頭帶在山谷的地方，其V字指向下游，所以馬上可以確定，該地層在此處係向下游（即向南）傾斜。地層的分布呈對稱狀，而且兩翼的地層係向相反的方向傾斜，所以可以推定這是一個背斜構造。對於一個背斜構造而言，其核心部的地層a較老，外圍的地層b較年輕，而且越往外越年輕。對於地層的相對老與新之掌握非常重要，因為我們可以根據此項資訊來推斷一個斷層兩盤的相對運動方向。

　　在同樣的地形上，一個向斜構造則呈現完全不一樣的型態（見圖9.17）。我們先看指準層b的北翼，其在山谷的地方，V字指向下游，所以立刻可以判斷，地層在此處係向下游（即向南）傾斜。再看其南翼，其V字指向上游，所以必須分析走向線才能判斷其傾向。我們針對其南層面，其120公尺走向線偏南，110公尺走向線偏北，所以該處的地層向北傾斜。由於兩翼的傾向相向，所以可以推定它是一個向斜構造。對於一個向斜而言，其核心部的地層最年輕（a），而兩翼的地層則越往外圍越老（即b比a還老）。

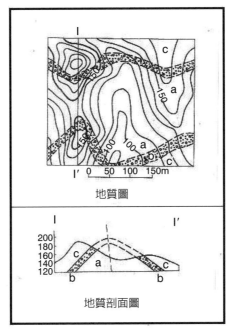

圖9.16 背斜構造在地質圖上的表現（徐九華等，2001）

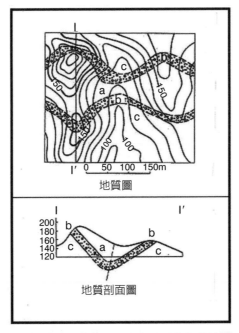

圖9.17 向斜構造在地質圖上的表現（徐九華等，2001）

4. 識別斷層

在地質圖上，斷層兩盤相對運動的方向常有符號可資參考。但是在缺乏符號時，我們也可以用讀圖的技巧來進行研判。例如斷層面的傾斜方向可用前述的V字規則，或者也可以用走向線法加以判斷。至於兩盤的相對運動方向則可以從兩盤相接地層的新老關係來進行判斷，即老的一側是上升盤，年輕的一側爲下降盤。我們也可以從兩盤地層錯開的方向來定上升盤或下降盤。當地層向順傾側（Down Dip）相對錯動時，該斷塊即爲上升盤；向逆傾側（Up Dip）相對錯動的斷塊就是下降盤；用公式來表示就是Down Dip = Up Thrown（順傾移 = 上升盤）。

圖9.18表示一個正斷層在地質圖上的表現型態。利用走向線法我們可以判斷地層係向南傾斜，所以三個地層中，以a最老、b次之、c最年輕（岩層向Up-dip的方向漸老）。接著，我們追蹤指準層b地層，發現在河谷的地方被斷層所錯斷，因爲東盤的b層接觸到西盤較老的a層，所以西盤是爲上升盤。已知斷層（F－F）面向東傾斜 72°，因此可以判斷這是一條正斷層。

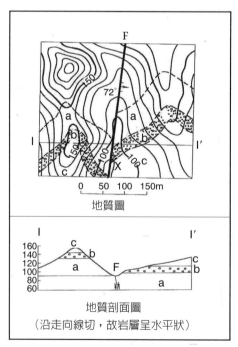

圖9.18　正斷層的研判（徐九華等，2001）

　　在同樣的地形面上，一個逆斷層的表現則如圖9.19所示。同樣的，我們利用走向線法，先確定三個地層的相對年紀，因為南、北兩個斷塊的地層都是向北傾斜，所以a層最老、b層次之、然後c層，以d層最年輕。接著，我們要追蹤指準層b層，從南斷塊先追蹤，b層的連續性很好，沒有被斷層所錯斷。我們改追蹤北斷塊的b層，在X處，b層與南斷塊的d層相接，因此推斷北斷塊是個上升盤。已知斷層面（F－F′）是向北傾斜，所以可以確定這是一條逆斷層。

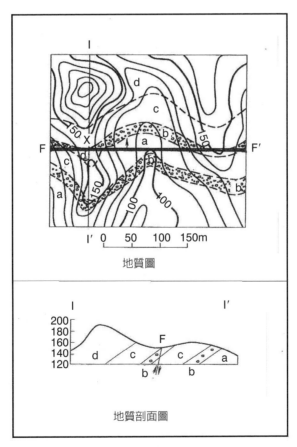

圖 9.19　逆斷層的研判（徐九華等，2001）

　　斷層常將地層界線或構造線切斷，如圖9.20所示。當斷層切過褶皺構造時，如果斷層有一側的地層界線向內收縮，則不是正斷層就是逆斷層。主要辨識的方

法要看斷層兩側的相鄰地層之相對年紀，老地層的一側就是上升斷塊。或者背斜的內縮側為下降斷塊（見圖9.20A及B）；向斜的內縮側則為上升斷塊。如果斷層兩側的地層界線沒有收縮及外張的現象，而是向同一個方向錯開，則為平移斷層（見圖9.20C、D）。

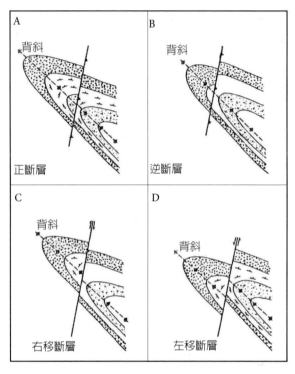

圖9.20　斷層切過背斜軸時地層之錯開情形

5. 識別不整合

　　不整合（Unconformity）也是一種不連續面，它代表著岩層在沉積過程中有所中斷，也就是地殼有過上升，使得原來沉積好的岩層被抬升，並且可能被傾動，然後露出地表，遭受侵蝕。之後，地殼發生沉降，新的沉積物覆蓋在侵蝕面上。在這新、老沉積物之間的界面就是所謂的不整合。不整合接觸的兩套岩層之位態可以是一致的，也可以是不一致的。前者稱為假整合，後者稱為交角不整合（見圖3.24）。新沉積物中首先沉積的很可能是礫岩，稱為底礫岩（Basal

Conglomerate）（見圖9.21B），而且新沉積物的層面大都與不整合面平行，這是不整合與斷層最容易辨別的地方（見圖9.21A及比較圖9.21B、C）。不整合面會將斷層線、褶皺軸、侵入岩等全部截斷，而且在不整合之上的新地層內不再出現這些構造線或老侵入岩，且新地層的位態與不整合的走向及傾斜極為一致。

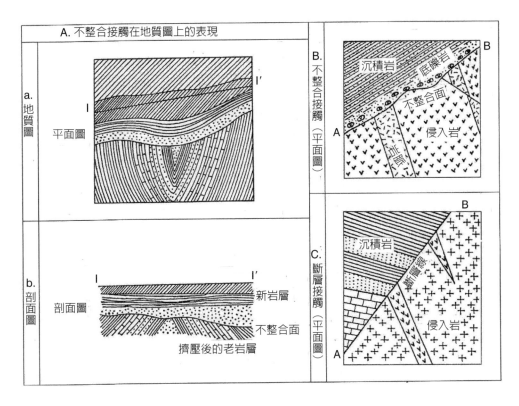

圖9.21　不整合與斷層的識別

9.7　地質圖上的簡單計量

　　由岩層的走向及傾斜我們可以圈繪順向坡與逆向坡的範圍，可以設計開挖邊坡的角度以及評估邊坡的穩定性、可以預測邊坡開挖或地下開鑿（如隧道開挖）可能會遇到什麼岩層、也可以預知打鑽時會在什麼深度遇到什麼岩層等等，更重

要的是我們需要知道岩層的位態才能判斷地質構造的型態。可見從地質圖上求取岩層的位態是多麼的重要。

要知道岩層的走向與傾斜，以及預測岩層的深度與厚度，我們可以從地質圖上進行一些簡單的計量。現在舉例說明如下。

一、由走向線求取岩層的位態

回憶一下走向線的定義（圖3.1），它是在一個面上（注意：必須是同一個面，其在地質圖上為同一條地層界線），將高程相等的兩點連結起來的線。所以要求取岩層的位態時，必須先在其層面上找到走向線。現在且用一個實例來說明。

圖9.22表示4個岩層在地質圖上的分布，從東至西分別是砂岩、頁岩、石灰岩及泥岩。其相對年紀未知，需要先求得位態才能判斷。

首先看到四個岩層遇到河谷時均形成V字，所以其位態是傾斜的。為了確定傾斜方向及角度，我們需要找到走向線。現在有三個層面（圖上的三條實曲線都是層面）可資運用，我們利用其中任何一個層面即可，因為只要地質圖的作圖精確，不管利用哪一個層面所求得的位態都會是一樣的。我們就選石灰岩與泥岩的界面（ab曲線）。該層面（或界面）與300公尺等高線相交於a_1、a_2、a_3及a_4四點。因為此四點都在同一個高程，而且同在一面上，所以其連線即為石灰岩與泥岩界面上的 300公尺走向線。以同樣的方法，我們又找到同一個界面上，200公尺走向線b_1、b_2、b_3及b_4。在一個小區域內（地質構造單純的區域），這兩條走向線應該互相平行，且呈南北向，這個方向就是岩層或岩層界面的走向。

由於200公尺走向線係在300公尺走向線的東側，所以岩層應該是向東傾斜。知道了岩層的傾向之後，即可以推斷，岩層是由西向東逐漸年輕，也就是泥岩最老，接著是石灰岩及頁岩，以砂岩最年輕。至於傾斜角是多少，我們可以用作圖法，或者三角函數的方法求得。本例採用正切函數的方法，我們需要有該兩條走向線的高程差（300公尺 － 200公尺 ＝ 100公尺）及其水平間距XY。利用比例尺，可以求得XY ＝ 500公尺。因此，岩層的傾角等於 arctan (100 / 500) ＝ 11°20'。

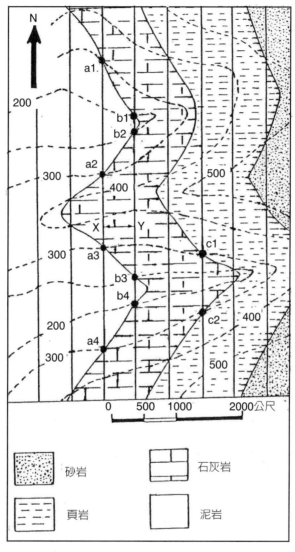

圖9.22　從層面上的走向線求取岩層的位態

　　找走向線時，必須注意的是：一定要連結同一個層面（在地質圖上是同一條曲線）上高程相等的兩點，絕不能將不同的層面（即不同的曲線），但相同的高程之兩點連結起來，如將a3和c1或a4及c2連在一起就不對了。又，在找走向線時，不一定要找固定高程的走向線。以本例而言，在泥岩與石灰岩的界面上也可

以找400公尺與200公尺兩條走向線，由其求得的位態也是一樣的。

二、由層面上的三點求取岩層的位態

　　假定在一個面上知道三點的高程，則利用三點法即可以求得走向線及傾斜。其原理是在最大高程與最小高程的連線上找到與中間高程相同的點（依比例原則）即可。例如圖9.23中，看石灰岩與頁岩的界面上（ACB曲線），找到B、C、A三點（要找有彎曲的地方），其中B的高程最高（600公尺），A的高程最低（200公尺），兩者相差400公尺。我們可以運用比例的原理，首先連結BA，將BA切成四等分，其中間點（c、d及e）的高程分別是500、400及300公尺。然後將高程相等的各點連接起來，即 Cc、Dd及Ee，它們分別是石灰岩與頁岩界面上的500、400及300公尺的走向線，都應該互相平行才對。

　　傾角的求法，可從B劃一條傾向線BA'（即垂直於走向線），根據比例尺求出其長度為3000公尺，因此，傾角等於 $\tan^{-1}[(600 - 200) / 3000] = 7°35'$，向東南傾斜。

　　因此，求得的結果是，岩層的位態為北偏東55°，向東南傾斜約8°，且岩層由老至新依序為石灰岩、頁岩及砂岩。

三、由三個鑽孔資料求取岩層的位態

　　相同的方法也適用於從三個鑽孔的資料中來求取岩層的位態。根據幾何學原理，三點可以決定一個面。因此三個鑽孔如果都鑽遇了相同的層面（如地層的界面），我們就可以利用三點法求取這個層面的位態。

　　圖9.24中，A、B、C是三個鑽孔的位置，其井口的高程分別為500、675及520公尺，且A孔正好打在砂岩（用點狀花紋表示）與頁岩（白色部分）的交界線上。已知B及C孔分別在地表下675及320公尺的深度鑽遇相同的界面。從以上資料即可求取岩層的位態。

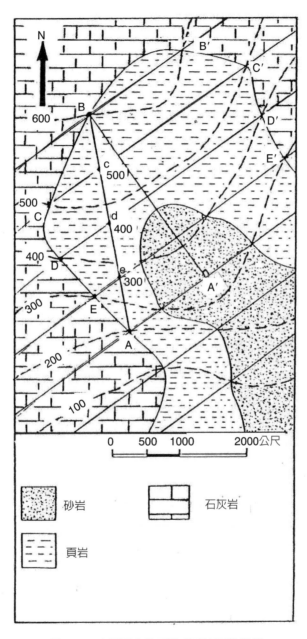

圖9.23　由層面上的三點求取岩層的位態

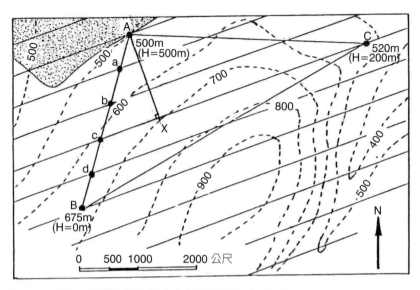

圖9.24 利用三個鑽孔的資料求取岩層的位態（H為鑽遇砂、頁岩界面的高程）

鑽探工程習慣用地表下的深度來計算所鑽到的岩層，因此，我們應該將深度轉換成高程。本例中，A、B、C三孔鑽遇砂岩與頁岩的界面之高程（單位均為公尺）為：

孔號	井口高程	鑽遇岩層界面的深度	岩層界面的高程
A	500	0	500
B	675	675	0
C	520	320	200

由以上高程的數值可知，砂、頁岩的界面以在A點最高，在B點最低。因此，我們將A與B連結起來，然後依據比例原理，只要在AB線中找到200公尺的高程點c，與C相連即為走向線。即

$$\frac{AB}{Ac} = \frac{A點高程 - B點高程}{A點高程 - c點高程} = \frac{500 - 0}{500 - 200}$$

得 Ac = 1890公尺。找到c點之後，連結C與c兩點即得砂、頁岩界面的200公尺高程的走向線。從A點劃一條線直角Cc線於X，即可求取傾角，即：

$$傾角 = \tan^{-1}\left(\frac{A點高程 - X點高程}{AX水平距離}\right) = \tan^{-1}\left(\frac{500 - 200}{1500}\right) = 11°20'$$

因此，岩層係從A向X方向傾斜，傾角約11°，而且年輕的頁岩覆蓋在較老的砂岩之上。

更簡單的方法是將AB均分成五等分，取Bc = 200，或Ac = 300，連接Cc，即得200m走向線Cc。劃Cc的垂直線AX，即為傾斜線，然後求取傾角。

四、從斜切剖面求取岩層在地表下的厚度及深度

有時我們需要從地質圖上推測，在地面上的一個已知點，要多深才能遇到某一個岩層。對於這一類問題，一般我們會用切剖面的方法來求取答案，比較簡單明瞭。

但是切剖面的方向往往需要平行於某路線來切，很少是垂直於走向線而切的（即正剖面）。因此，在這種不是正剖面的斜剖面上，岩層的傾角看起來會比真正的傾角還要小，這個角度就是所謂的視傾角（Apparent Dip）。視傾角與真傾角之間可用三角函數予以轉換（公式3.1）（見3.1節）。我們在斜剖面上需要用視傾角來繪製岩層的界面。

$$\tan\alpha = \tan\delta \cdot \sin\beta \tag{3.1}$$

式中，α = 視傾角

δ = 真傾角

β = 垂直切面的方向與走向線的夾角（取銳角）

如圖9.25所示，有一層堅硬的塊狀砂岩出露於向東傾斜15°的斜坡上，其走

向為N50°W，向西南傾斜35°。從砂岩的底界A，向西量到其頂界B的斜坡距離為70公尺。現在準備在H處打一垂直鑽孔，應該在什麼深度會碰到這層砂岩？又需要鑽多長才能貫穿它？

　　遇到這一類問題，最簡潔的方法就是沿著ABH線作一個地質剖面圖（下一節會說明如何製作地質剖面圖），然後從剖面圖上加以計量。

　　本例中，$\delta = 35°$，$\beta = 90° - 50° = 40°$，所以$\tan\alpha = \tan35° \times \sin40°$，計算後得$\alpha = 24°$；意思是說，沿著ABH線作地質剖面圖時，岩層的傾角看起來只有24°而已。圖9.27的下圖就是沿著ABH所作的地質剖面圖。

　　現在從H處打一垂直孔，在F處即可遇到這層塊狀砂岩。從圖上量得 HF = 34.4，也就是說在地表下34.4公尺的地方會遇到砂岩層。又量得 FE = 48，也就是說碰到砂岩後，繼續施鑽48公尺即可貫穿它。

　　岩層的厚度係指其頂界至底界的垂直距離。這個距離不能在視傾角的剖面圖上直接量取。與視傾角的換算一樣，視厚度要換算回去求真厚度，其換算式如下（潘國樑，民國102年）：

$$Tt = Ta \cdot (\cos\delta / \cos\alpha) \tag{9.1}$$

式中，Tt = 岩層的真厚度

　　　　Ta = 岩層的視厚度

　　　　δ = 真傾角

　　　　α = 視傾角

　　本例中，$\delta = 35°$，$\alpha = 24°$，Ta = BC = 44公尺，代入上式，得Tt = 39.5公尺。真厚度比視厚度還要薄！可見在野外的垂直露頭上，我們所看到的岩層厚度其實大都比實際的厚度還要厚！

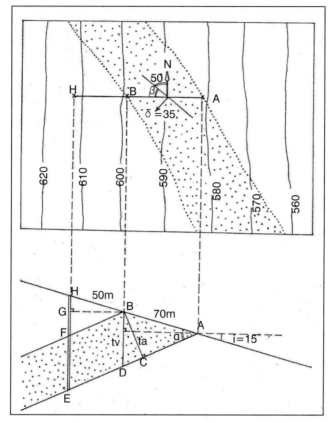

圖9.25　從斜剖面求取岩層在地下的厚度與深度

五、利用走向線求取地下何處會遇到斷層

　　有時為了將在地面上已經確定了位置及位態的斷層延伸到地下，俾預測地下工程（如隧道）將在何處會遇到這條斷層，這樣對掘進工程將有很大的好處，不但可以預先採取防備措施，而且有時還可以預先修改設計，以節約進尺。

　　最簡單的預測方法是利用走向線的圖解法，將相當於工程體的高程之走向線延伸到尚未開掘的工程體之位置，即可知道在什麼地點將會遇到斷層。如圖9.26所示，在−50m高程有一橫坑，在F_l處探測到一條斷層（當然這條斷層也可能出露在地表它處），精確量得其位態為（N60°E，45°E）；現在要預測該條斷層

在高程為−70m的預定隧道中，將在何處碰到。首先在橫坑及預定隧道的平面圖上，將斷層F_t精確的定位於圖上，並且在其位置上劃出−50m走向線。然後根據該斷層的位態，作出斷層面的等高線，即不同高程的走向線（等高線的圖上間距 =高程差×cot45°）。這些走向線都會是平行線。將−70m高程的走向線延長，使之交預定隧道於F_b，此交點即為斷層在預定隧道的出露點。

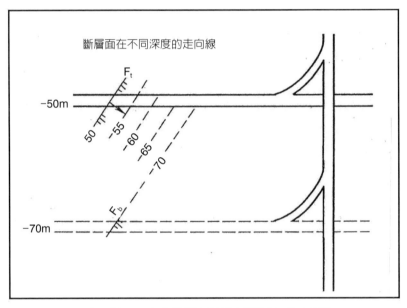

圖9.26　預測地下工程的斷層出露點之圖解法（平面圖）

　　還有一種更簡便的圖解法，如圖9.27所示。首先繪製−50m走向線F_tB，令OB的長度等於高程差（即橫坑與預定隧道的高程差，或地面與預定隧道的高程，此例為20公尺），繪BD，令∠OBD = 90 − δ（δ = 斷層傾角）。然後繪OB的垂直線，交BD於D。自D繪OB的平行線DC，此為−70m高程的走向線。DC與預定隧道交於E，E點即為斷層F_t在預定隧道的出露點。

　　必須注意，以上兩種圖解法都只能用於斷層面的位態變化不大之條件下，如果斷層面的位態變化很大時，這種方法就不準確了。

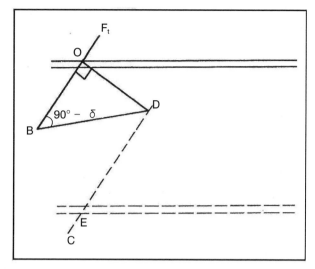

圖9.27　預測地下工程的斷層出露點之簡便圖解法（δ為斷層的傾角）（平面圖）

9.8　地質剖面圖的製作

　　地質剖面圖係按一定的比例尺記錄及揭示地表下的地質狀況之一種圖件。它只代表一個垂直斷面的地質情況。一般都是由地面調查的資料，直接向地下推演的結果，並沒有經過鑽探或其他方法的驗證。地質剖面圖常位於地質圖的下方，有時則與地質圖分開。

　　地質剖面圖的編製基本上可分成下列三個步驟：

　　1. 選擇剖面圖的剖面線位置與方向，以揭示最豐富或必要的地質資訊。

　　2. 沿著剖面線作地形剖面，以表現地面的起伏情形，並配合其下的地質狀況，以評估地形與地質之間的關係。

　　3. 根據地層的位態及構造型態，填入地下地質資料，如將地表所調查清楚的地層界線（3D時為界面）、地質構造型態等資料延伸到地下。

9.8.1　剖面位置的選擇

　　製作剖面圖的目的，主要是要顯示岩層在地下的延伸狀況、其構造、岩層的相互關係，以及各岩層的地形表現等。因此，剖面線（在地質圖上為線，在地下則為直立面）必須選在能夠揭示最多資訊的位置。選線的準則如下：

　　1. 直交於走向線，即平行於傾向線。這種方向可以看到真傾角，即最大的傾角。

　　2. 切過多種構造線，如褶皺軸、斷層線、地層界線等。這個方向不一定會直交於走向線，因此需要用視傾角表示岩層的位態（岩層的傾角看起來比較緩和），雖然不是真正的傾角，但是卻可以表示岩層非常豐富的構造現象。

　　3. 切過主要的地質災害區，或不良的岩土層分布區，如崩塌地、地滑地、順向坡、土石流、崩積土、崖錐堆積等。這個方向一般是順著邊坡，從坡頂直切到坡趾部，這樣最容易看出邊坡與地質的關係，適用於評估邊坡的穩定性。

　　4. 與工程的路線一致，包括隧道、道路、渠道、壩軸等。這個方向一般是不會直交於走向線的，但是可以表現沿線的岩層視傾角，最重要的是可以預測在什麼里程可以遇到什麼岩層或斷層。另外，在重要的地段則要繪製橫向的（即橫切工程的路線或軸線）剖面，這樣可以評估路線兩側的地質情況，尤其是隧道。

　　5. 碰到交角不整合時，因其上、下兩套岩層的位態不一樣，所以儘量考慮在不整合面之下的老岩層中選剖面線。此因老岩層的傾角較大，而且受到的褶皺及斷層作用也較深，地質情況複雜得多。

9.8.2　走向線法

　　地質剖面圖的製作以走向線法比較準確。現在以實例介紹於下：

　　圖9.28表示某一地區的地質圖，圖中的虛線為等高線，實線則為岩層的界線。岩類中，沉積岩、火成岩及變質岩都有出現。沉積岩的相對年紀示於圖例的左邊。茲將繪製方法一步一步的詳細說明於下：

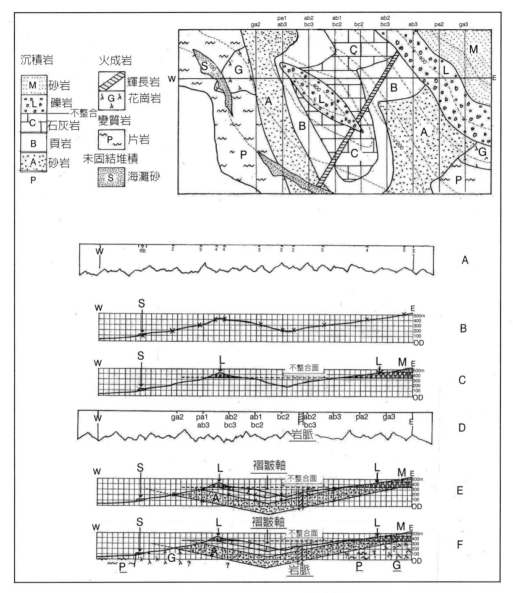

圖9.28　地質剖面圖的走向線繪製法

一、選定剖面線

在選線之前，我們需要概略閱覽一下地質圖，大體了解整個地區的地質概況。

　　首先，我們可以先注意沉積岩。因為斷層的兩側或不整合面上、下的岩層，其位態一般都會有差異，所以通常我們可以以斷層面或不整合面為界，依據岩層位態的不同，將沉積岩先行分組，然後按照組別來填製剖面圖。

　　在本例中，主要有兩個不整合面：較新的一個位於地質圖的右上角及中央部位（眼球狀的部分），分開礫岩L與老沉積岩的地方，因為它與等高線平行，所以我們知道這一個不整合面基本上是水平的。第二個不整合面位於地質圖的左邊，分開老砂岩A與片岩P及花崗岩G的地方，因為它切過等高線，所以我們知道它是傾斜的。因此，我們可以將本區的沉積岩分成三組，由上而下分別是新不整合面之上的新沉積岩（即新砂岩M及礫岩L），新、老不整合面之間的老沉積岩（即石灰岩C、頁岩B及老砂岩A），以及老不整合面之下的片岩P與花崗岩G。

　　接著注意一下有沒有火成岩的侵入。我們可以在圖的左上角及右下角分別發現有花崗岩侵入的情形，而且它們都被老的不整合面所截斷，所以它們只侵入片岩，且其活動時間在老砂岩A沉積之前就停止了。我們又在圖的中央發現一條岩脈，由於它直切等高線，所以知道它是直立的岩脈，同時它只切過老沉積岩，卻被新的不整合面所截斷，所以它的侵入時間應該是在石灰岩C沉積之後或同時，以及礫岩L沉積之前。

　　最後看看地質構造。本區並未發現有斷層，不過在200公尺等高線的山谷地帶，老沉積岩都在此形成馬鞍狀，這是典型的褶皺的表現，且是向斜構造。

　　由以上的了解，再根據選擇剖面線的原則，為了表現豐富的地質資訊，我們最好選擇一條既切過所有的岩層，又切過新、老不整合面及構造線的剖面線，即WE切線。

二、沿剖面線WE製作地形剖面

　　首先利用一張比WE切線還要長的紙條，將其邊緣與WE切線靠攏，並在其兩端註明W及E的位置，如此具有定位的功效，以利紙張拿開後，如果要重新歸位會比較迅速。

　　將WE線所切過的等高線位置一一點在紙條上，並且逐一的註明其各自的高程（如圖9.28A）。遇到特殊的地形，如山頭、深谷、鞍部、火山口、局部凸

起、局部低凹等，不妨也註記下來，當要連接地形剖面時，比較不容易混淆。

　　準備一張方格紙，並且在垂直軸上註明高程。垂直軸與水平軸的比例尺要一樣（即與地質圖的比例尺一樣），否則地質剖面圖上的地層傾角及地層厚度會失真。接著，將紙條移到方格紙上，使其與水平軸靠齊，然後將註記好的等高線高程，依其相對的水平位置，投影到對應的高度，然後將各投影點連結起來，即完成地形的剖面圖（如圖9.28B）。

三、首先填入新不整合面之上的新沉積岩

　　填圖的方法要從最年輕的地層開始，以漸近的方式自地表往下逐層的填入剖面圖內。

　　回到地質圖上，我們發現最年輕的地層是海邊的抬升海砂S，它的高程大約在100公尺附近，所以很容易就可以填到剖面圖上，如圖9.28B所示。

　　又從地質圖的右上角可見到礫岩L（即不整合之上的底礫岩）及年輕砂岩M為水平的岩層，因為它們的界線與等高線平行，所以跟等高線沒有交點，因此也就沒有走向線。圖中央的礫岩也是如此。

　　我們發現，砂岩M的底界位於高程約450公尺處，礫岩L的底界則位於約350公尺處，所以很容易就可以填入剖面圖（見圖9.28C）。分布於圖中央的礫岩稱為Outlier，因為它被較老的地層所包圍。礫岩L的底界就是一個交角不整合面（Angular Unconformity），其下伏的是傾斜的較老岩層，兩套岩層之間有沉積間斷。

四、繼之填入新、老不整合面之間的老沉積岩

　　因為我們已知老沉積岩有受過褶皺作用，所以其位態是傾斜的，也就是其地層界線會與等高線相交，因此我們需要利用走向線的原理來定地層界線與等高線相交之點在垂直剖面上的深度。本例的老沉積岩係南北走向，見圖9.28D的ab2/bc3。

　　劃走向線的方法，需利用透明膠片或描圖紙，疊覆在地質圖上，並用膠帶黏貼住，然後將所有的地層界線與等高線的交點找出來，通過每一個交點都劃

上不同高程的走向線（如圖9.28的地質圖），註明每一個交點是哪兩個地層的交界，且在什麼高程出露，例如ab3就是表示砂岩A與頁岩B的界面（或界線）在高程300公尺的地方出露。圖中的ab2與bc3合而為一，其實它們並不是同在一條線上，ab2是位於200公尺的高程，而bc3則位於300公尺的高程，兩者在垂直方向上是一上一下，但是垂直投影之後，兩條線卻重合在一起。

接著，用一張比WE切線還要長的紙條，將其邊緣貼近WE切線，並在其兩端註明W及E的位置，然後將所有走向線的位置點在紙條上，並且註明地層界面與高程的符號，如ab3、ab1/bc2、pa1/ab3等，如圖9.28D所示。

然後將註記好的紙條移到剖面圖上，位置對準後即開始將各個相關高程填入剖面圖內。其方法很簡單，首先從左邊開始，將ga2的註記對準ga2的位置，然後在200公尺高程處劃X（見圖9.28E），這一點就是ga2走向線在剖面圖上的位置，呈現為一點，該點就是老砂岩A與花崗岩G的接觸點。同樣的，將pa1/ab3的註記對準好之後，即在100公尺及300公尺的高程處劃兩個X，一個是pa1走向線在剖面圖上的對應點，另外一個就是ab3走向線的對應點。至此，砂岩A的底界及頂界就出來了。依此方法繼續進行，漸漸的即可將剖面圖填滿。

五、再填入老不整合面之下的結晶岩

結晶岩是沉積岩之對，是火成岩與變質岩的合稱。

從地質圖上的資料，尚不足以判斷片岩P與花崗岩G在地表下的接觸關係，所以只能用問號表示之（見圖9.28F）。我們只知道老不整合面之上為老砂岩M，之下為片岩P，而花崗岩G則侵入片岩內。

以上所介紹的走向線法，其剖面線正好與走向線直交。如果剖面線與走向線斜交時，其填圖的方法極為類似。此時，將所有走向線全部斜交到剖面線，依照同樣的方法，利用紙條，沿著剖面線註明所有走向線的代號及高程。下一步即將紙條移至剖面圖上，且採垂直投影的方式，將紙條的長軸平形於剖面圖的水平線，然後依照高程的不同，分別投影到剖面圖的垂直軸上。

9.8.3 視傾角法

剖面線只要不直交於走向線，則在剖面圖上，岩層的傾角就會小於其真正的傾角，這個較小的傾角即為視傾角。

從公式（3.1），真傾角δ很容易轉換成視傾角α，即tanα = tanδ · sinβ（β為剖面線與走向線的夾角）。我們就是利用視傾角α，將岩層的界線在剖面圖上，自地表向下沿伸到合理的深度。例如圖9.30的地質圖，如果要用視傾角法填製剖面圖時，地質圖右側的老砂岩M及結晶岩P及G就不容易劃出來，除非要算出老砂岩M的厚度。

利用視傾角法係依據一個很大的前提，即岩層的傾角及厚度在地表下保持一定。一般而言，真實情況並非如此。

第 10 章

地滑、崩塌及落石的威脅與抗險

　　人類生存及生活於地球表面，無時無刻不受到天然災害的威脅，而天然災害是與生俱來的，且無所不在。天然災害中，如果是由地質因素所造成的，就稱為地質災害（Geologic Hazard），如落石、崩塌、地滑、土石流、地震、火山等皆屬之。地質災害有一定的發生條件，只要我們調查一地的地質條件，如果它們非常符合發生災害的條件，則該地發生地質災害的機率就很高。因此，地質災害是可以預測的，既然可以預測，就可以防災。在很多種地質災害中，以落石、崩塌、地滑、土石流等的發生最為頻繁，且最為常見，所以值得我們另闢章節來說明。首先介紹落石、崩塌及地滑。

10.1　山崩的類型

　　在重力的影響下，斜坡上的岩塊及土壤不斷的向下坡方向移動的作用，統稱為塊體運動（Mass Movement）。重力是塊體運動的唯一驅動力，但是水及地震會觸發或加速塊體運動。塊體運動的速度可以從每年數公分的潛移（Creep）到每小時數百公里的土崩（Debris Avalanch）。山崩的速度則介於兩者之間。

　　所謂山崩（Landslide）泛指岩土體以墜落、滑動或流動的方式從處於不穩定狀態的上邊坡向下邊坡運動，以取得較穩定狀態的現象。根據岩土體的移動方式，以及被擾動的不同物質，山崩可以分成表10.1所示的幾種基本類型。

表10.1　山崩的基本類型（參考Varnes, 1978）

移動方式		物　質　種　類		
		岩塊	鬆散物質	
			岩土	砂土
墜落		落石	岩土墜落	砂土墜落
彎曲傾倒		岩塊傾翻	岩土傾翻	砂土傾翻
滑動	旋滑	岩塊旋滑	岩土旋滑	砂土旋滑
	平滑	岩塊平滑	岩土平滑	砂土平滑
側滑		岩塊側滑	岩土側滑	砂土側滑

移動方式	物　質　種　類		
	岩塊	鬆散物質	
		岩土	砂土
流動	潛移	土石流	泥砂流
複合型	上述兩種或兩種以上的運動方式之組合		

　　岩塊係指岩石的碎塊，由岩盤碎裂而成，或是岩石經過物理風化作用後的產物。鬆散物質則是指工程土壤，通常是岩塊、砂、礫、土的組合，包括殘留土、移積土、崩積土等。其中主要由粗粒物質組成的稱為土石（Debris）；主要由細粒物質組成的稱為砂土（Earth）。土石是一種鬆散物質，其粒徑在2mm以上的含量占20%以上（Varnes, 1978）；砂土也是一種鬆散物質，其粒徑在2mm以下的部分占80%以上。

　　依移動方式來分，山崩可分為墜落（Fall）、傾翻（Topple）、滑動（Slide）、側滑（Lateral Spread），及流動（Flow）五種基本類型。墜落是邊坡前緣的岩土體，被陡傾的裂面分開的岩塊或鬆脫的土石脫離了母體，並以自由落體、跳躍或滾翻的運動方式，向坡腳掉落的現象。其規模相當懸殊，有大規模的墜落，也有小型塊石的崩落。由陡傾或直立的板狀岩體，或者柱狀塊體組成的邊坡，在自重的長期作用下，由邊坡的前緣開始向臨空方向傾斜、彎曲、折裂、翻倒、滾落的方式運動的稱為傾翻。意指板狀岩體先向自由面方向傾斜，然後再向下滾翻的一系列變形與破壞，所以譯成傾翻。

　　邊坡的岩土體如果沿著清楚、而且連續貫通的滑動面，向下邊坡發生剪切運動的現象，就稱為滑動。滑動具有很明顯的滑動面，此與墜落及傾翻有很大的不同；墜落與傾翻需要至少一個裂面，通常是一個張力裂縫，而不是一個滑動面。介於滑動與落石之間的塊體運動就是崩塌。圖10.1顯示落石、崩塌與滑動三者之間的區別。落石最大的特徵是它發生於陡峻的邊坡上，且以塊石A或巨礫R的型式墜落；崩塌與大規模的落石相似（見S），它沒有整齊平順的滑動面，其與母體之間的關係只是一個分離面，不規則而且是張開的。圖中的T是正在醞釀中的崩塌體，其冠部的張力裂縫非常明顯，且崩體已經顯露下陷的跡象。L則是一個

弧型的滑體，它具有滑動面，並且切入岩盤。整個滑體的邊界隱約可見，相當於
L-A-R的範圍。

圖10.1　落石、崩塌與滑動之間的區別（A：落石，R：落石堆，S：發生過後的崩塌形狀，T：
　　　　正在演育中的崩塌，L：弧型滑動）
（彩圖另附於本書493頁）

　　國內對崩塌及滑動的用法非常混淆，各有各的定義及想法。筆者認為兩者
最大的區別在於運動體與母體的分離面（Plane of Separation）。崩塌的分離面是
屬於張性破裂面，其位態陡峭，崩塌體於運動時，裂縫呈外開狀，於運動後，分
離面則全部或大部分裸露出來。同時，崩塌的位移以垂直運動為主、水平運動為
次。滑動的分離面則為剪力破壞面，陡度較和緩，運動的方式為剪切運動，類似
斷層作用。滑動體於運動後，分離面只有小部分露出，大部分被滑動體所掩蓋，
同時，滑動的位移以水平運動為主。

　　如果根據滑動面的形狀，滑動尚可分成弧型滑動及平面型滑動兩種。弧型滑
動（Rotational Slide）的滑動面呈弧形，其凹口向上如碗狀，滑動時，從邊坡外
的一個假想圓心，滑體順時針方向旋轉了某個弧度，所以又稱為旋滑。平面型滑
動（Translational Slide）的滑動面為一平面，簡稱為平滑，順向坡滑動即屬於此
類。

　　側滑（Lateral Spreading）係由軟弱墊層的蠕動發展而來。它的破壞可以分為兩部分。首先是地表下的軟弱墊層先發生液化，因而牽連到其上覆較為堅硬的岩層發生拉裂、解體及不均勻沉陷，於是整體乃向外向下潰散。風化作用、地震造成的液化作用、地下水對軟弱岩層的軟化或溶融，都是促成這類破壞的主要因素。側滑幾乎是水平方向的平面型滑動，唯一的區別是側滑體是由許多分離的裂塊或崩散的塊體所組成，它們運動的方向是向四面八方的，故以側滑名之。

　　岩土體以緩慢的速度至極快速，像可塑性流體或液體，向下坡方向運動，沒有明顯的滑動面者，稱為流動。其速度可以從每年數公分到每小時百餘公里不等。流動發生時，其體內物質完全被擾亂，故其原來的結構發生了嚴重的變形，或被破壞無遺。潛移及土石流便是其中的代表，前者為慢速運動，後者則為快速運動。潛移（Creep）是土壤表層或岩土表層一體沿著斜坡方向，連續而緩慢的運動。因為進行緩慢，平時很難察覺，所以需要根據地表的變形及位移，才能推斷，例如傾斜的電線桿、彎曲的樹幹或傾斜的岩層在靠近地表處發生彎折等等現象。土石流（Debris Flow）是發生在山區的一種含有大量泥砂、石塊的暫時性急水流，土石的濃度約從30%至70%都有，流速可以高達每小時100～150公里，具有很大的破壞力及侵蝕力。它的運動特徵是突然爆發、來勢兇猛、歷時短暫且能量巨大。土石流是所有地質災害中，繼承性最顯著的一種災害，它總是在既成的槽溝內發生。

　　在這麼多類型的山崩中，崩塌與地滑的發生機制雖然不同，但是防災與整治措施卻是大同小異。它們在台灣最常見、發生最頻繁、也最具破壞性。

10.2　滑體的解剖

　　滑動有弧型滑動及平面型滑動之分，視其滑動面的形狀而定。

10.2.1　弧型滑體

　　滑動最上邊坡的起始線稱為冠部（圖10.2的A），原來與冠部相同的點於滑

動後的位置稱為頭部（圖10.2的A′）。從頭部到滑動的最前端則稱為滑動體，或簡稱為滑體（圖10.2的A′－B－C－D）。

　　對於一個典型的弧型滑體，從冠部至頭部為一陡峻的滑動崖，稱為主崩崖（Main Scarp）（圖10.2的A－A′），屬於滑動面的一部分，也是滑動面唯一露出地表的部分，其他大部分都被滑動體所覆蓋。主崩崖看起來很陡，寸草不生，即使滑動多年之後仍然光禿明亮，是辨認滑動體最容易且最肯定的一個部位。

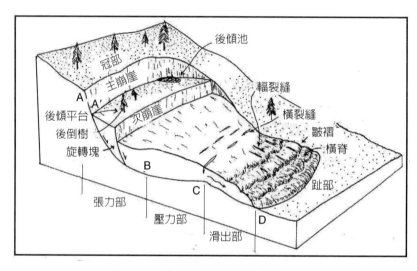

圖10.2　弧型滑動體的各部名稱

　　緊鄰冠部的下邊坡有時會出現幾個同心弧，將滑動體的後部（面向滑動方向時，其下坡側稱為前部，上坡側稱為後部）切割成幾個初月型的斷塊，呈階梯狀排列著，非常類似正斷層，表示是在張力狀態下形成。這些同心弧其實就是主滑動面之上的次滑動面，在縱剖面上，主滑動面與次滑動面不一定會相交。初月型斷塊受到滑體轉動的影響，常會向背後傾斜，並且與主崩崖相交後，形成一個縱剖面呈V字型的凹地，容易聚水。當積水滲入滑動面時，將更促進滑動繼續的下滑。

　　從力場來看，一個滑體可以分成張力部、壓力部及滑出部三大部分。其中張力部與壓力部係以弧型滑動面的最低點為界（該點不一定是反曲點）；而壓力

部與滑出部則以滑動面的剪出線為界。剪出線就是滑動面與原地面的相交線（圖
10.2的C），滑動物質超過剪出線以後就屬於滑出部了。

　　為了方便敘述起見，從頭部至趾部的前端之整個滑動物質我們稱之為滑體或
滑動體（圖10.2的A′－B－C－D）；而滑動面之上的區段我們稱之為滑座（圖10.2
的A-B-C）；後冠部至趾部的整體範圍（A－B－C－D）即稱為滑帶或滑動帶。

　　滑體的張力部位於其上坡段（後部），以張力裂隙及小型正斷層為其特
徵。壓力部則位於下坡段（前部B），以擠壓、皺褶及小型逆斷層為其特徵，被
侵蝕後常形成皺褶地形（Hummocky Topography）。剪出線所在之處是滑動物質
翻越脊線的地方，因此在微地形上常以橫向裂隙為其特徵。

　　滑體的兩側受到剪力錯動的影響，有時會形成雁行裂隙（圖10.3）；如果我
們面向下坡方向，則右側形成右雁行，指示右旋剪動；左側形成左雁行，指示左
旋剪動。如果將兩側裂隙合併來看，則像倒八字一樣。

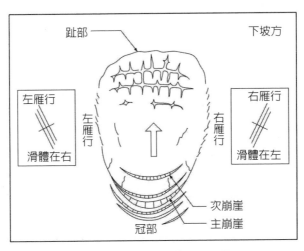

圖10.3　弧型滑動體的平面圖

　　我們在野外不一定能看到整個滑體，但可能會看到局部的雁行裂隙。進行
研判的時候，首先要面向下坡方向，如果地表上出現右雁行裂隙，則滑體就在
左側；如果地表上出現左雁行裂隙，則滑體就在右側。為便於記憶，我們面向下
坡，且視線要順著雁行裂隙的排列方向，然後將單一雁行裂隙視為兩截，上半截

指示剪動方向，下半截指示滑體位置。例如，上半截如果在右上，則為右雁行；而下半截在左下，即表示滑體在左側。左雁行也可以依照同樣的方法加以判斷。

雁行裂隙的地方容易被侵蝕，假以時日就會在滑體的兩側形成水系，兩者都發源於頭部的附近，所以稱為雙溝同源。它常成為辨認古滑體的重要證據。

由以上的討論，可知一個完整的弧型滑體可以同時出現正斷層、逆斷層、及平移斷層三種斷層類型。在構造地質所學的斷層證據全部可以應用於弧型滑體的調查與研究。

10.2.2　平面型滑體

平面型滑動的最上端（即冠部）一般呈橫向的線型，通常都是由節理等不連續面所形成，其主崩崖就是不連續面的一部分。原來相接於主崩崖處的岩層，於滑動過後被拉開一段距離，在地形上遂形成一個 U 型谷（見圖10.4下），常被誤認為地質構造上的地塹（Graben）。U 型谷的谷底就是滑動面露出來的部分，在它的面上常常可以發現滑動過後所留下來的擦痕，或擦槽，而擦痕的方向就是指示滑動的方向。

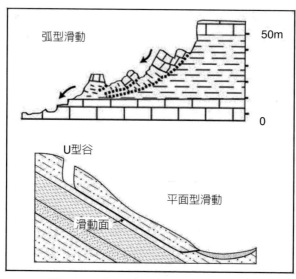

圖10.4　平面型滑動與弧形滑動的區別

　　平面型滑動的前端（趾部）如果不是透空的話，則將以弧型滑動的型式剪出地表，如圖10.4下圖所示。因此，平面型滑動的滑動面不一定是一面到底，通常在趾部的地方會銜接一小段的弧型滑動面，以讓滑動面剪出地表。由於弧型滑動是旋轉式（向後轉）的滑動，所以岩層經過這一轉動之後，其位態遂產生變化，使得順向的位態常轉化為逆向，在現場調查時需注意明辨。這種傾角的轉變常在岩心鑑定時用來推測滑動面的位置。

10.3　發生滑動的條件

　　發生滑動的原因是因為滑動體的下滑力大於滑動面的抗滑力所致，所以對於一個半穩定的邊坡，如果其下滑力增加（如坡頂加載、滑體充水等），或者抗滑力降低（如孔隙水壓上升、黏土吸水膨脹等），都可能引起邊坡失穩而啟動下滑。

　　滑動的形成條件分成基本條件及觸發條件兩方面。前者是屬於邊坡本身的內在因素，後者則是引起邊坡滑動的外在因素。

一、基本條件

1. 岩性

　　岩性是決定邊坡抗滑力的最根本因素，也就是岩層的c（凝聚力）、φ（摩擦角）值決定了它的抗剪強度。一般而言，c、φ值較大的堅硬、完整之硬岩類，能形成高陡邊坡而不失其穩定；相反的，c、φ值較小的軟弱岩層或土壤只能形成低緩的邊坡。岩石的抗剪強度一般要比土壤的大10倍至200倍，而風化之後的節理面之殘餘強度大約等於一般土壤的抗剪強度而已。

2. 不連續面

　　不連續面，如層面、斷層面、大型的節理面、不整合面、岩土的界面，或風化岩層與新鮮岩層的界面等等可能造成平面型滑動，其中以不連續面的位態與自由面的空間關係最具有決定性。在順向的場合（即坡面與不連續面的走向相同或

兩者的夾角不超過20°，而且傾向一致者），當不連續面的傾角小於坡角時最為危險，這是發生順向滑動的必要條件之一。當不連續面與坡面的夾角越大，發生順向滑動的機率就越小，其中以橫交坡的穩定性最佳，而此時不連續面及坡面的傾角大小已不再是主要關鍵。

3. 坡度

　　一般而言，同一種物質的邊坡之穩定性隨著其坡度的增加而降低。如果以地區而論，其發生崩滑的頻次，則以20°～35°（36%～70%）的邊坡最容易發生崩滑。

　　不管物質是飽水或未飽水，邊坡的坡度增加，其安全係數將快速的下降。從統計資料顯示，發生弧型滑動的最低坡度大約是7°～18°（12%～32%）；發生土石流的最低坡度大約是4°～20°（7%～36%）。又有些邊坡緩和到1.3°（2.5%）即可發生潛移，然而有些邊坡則需要在25°（47%）才會發生潛移。

4. 植被

　　植被的樹冠有遮雨的作用，因而可以延遲或阻止土壤的飽水時間，使其不至於馬上飽和。落葉的覆蓋作用則可防止土壤的乾縮龜裂，導致雨水不易下滲至土層內，因而增進邊坡的穩定性。根系的抓緊作用還可提升土層的凝聚力；又根系的吸水作用更可降低地下水位及孔隙水壓。相反的，植被會增加土層的載重，等於增加邊坡下滑的剪應力。同時，植物受風力的搖撼作用會產生拉拔的負面效應。但是正負相抵的結果，植被一般可以使得邊坡的安全係數從低於1.0增加到1.5，所以植被對增進邊坡的穩定性具有正面效果。一般而言，植覆率從100%降到90%時，山崩的處數增加得有限，但是當植覆率小於90%時，崩滑的處數驟然增加；如果植覆率小於10%時，崩滑的處數最多可以增加到4倍以上。

5. 地下水

　　從邊坡的穩定性來看，地下水的存在實是百害而無一利。此因地下水存在於土層的孔隙內，會增加土層的自重，等於增加土層的下滑力。土壤內的地下水會潤濕黏土，使其泥化及軟化，又使黏土礦物吸水膨脹，大大降低土層的剪力強

度，且在重力的作用下，會產生可塑性流動。更有甚者，黏土的膨脹將使土層的透水性降低，甚至起了止水的作用，使孔隙水壓無法消散，以致土層的剪力強度再度減弱，使邊坡的穩定性大為降低。

雨水入滲、河水位上漲或水庫進水，都將使得地下水位上升，孔隙水壓跟著提高，導致抗滑力降低，造成邊坡失穩。當水庫放水時，庫水位下降，但是土層內的地下水位下降得慢，因此地下水由土層向著水庫排洩，引起較大的動水壓力，庫岸的崩滑增多。又地下水從邊坡排洩時，由於有一定的水力梯度，也一樣形成動水壓力，增加了滲流方向的滑動力。再者，地下水會使岩層內的軟弱夾層產生泥化、膨脹，或產生潤滑作用，在在都會降低抗剪強度。

二、觸發條件

1. 降雨

降雨是觸發崩滑最重要的外在因素，此因降雨中有一部分會滲入地表下，成為地下水，造成邊坡的穩定性惡化，已如前述；有一部分則形成地表逕流，在地表沖刷坡腳，使邊坡變高、變陡，而降低其穩定度。地表水也可能因為沖刷作用而切斷潛在滑動面，使其見光（Daylight）而發生滑動，或者將老崩塌地或老滑動體的趾部淘空，失去側撐而導致滑動的復活。河水在河彎的凹岸所造成的側蝕作用也會淘空坡腳，造成邊坡變陡，因而每每觸發崩滑，所以崩滑常與河流的凹岸共存，其理在此。

啟動崩滑的降雨臨界值可用下式表示（Selby, 1993）。

$$I = 14.82 \, D^{-0.39} \tag{10.1}$$

式中，I = 啟動崩滑的降雨強度臨界值，mm/h

D = 降雨延時，h

2. 地震

地震是除了降雨之外觸發崩滑的最重要因素之一。許多大型的崩塌或滑動的發生與地震的觸發密切相關，例如921集集大地震所引發的草嶺（位於雲林縣草嶺）及九份二山（位於南投縣國姓鄉）大滑動即是。

坡體中由地震或人工爆破所引起的振動力通常以邊坡變形體的重量乘上地震係數（地震加速度與重力加速度之比）表示。一般而言，當地震係數大於sin（Φ－β）時，邊坡就會失穩（註：Φ為滑動面的摩擦角，β為邊坡的坡度）。邊坡失穩不但與地震強度有關，也與地震的週期有密切的關係，因此週期短的小震對邊坡的累進性破壞也不可輕視。

振動還可促進坡體中的裂隙擴張，碎裂狀或碎塊狀的坡體甚至可因振動而全體潰散。結構疏鬆的飽水砂土層或敏感的黏土層可能因受振而液化，因而引起上覆的坡體受到牽連而發生滑動。

3. 人類活動

人類對坡體的擾動而引起邊坡的失穩，隨處可見。它與降雨是觸動邊坡崩滑的兩個最主要因素，尤其兩者的協同影響是造成絕大部分崩滑的最重要原因。人為因素對邊坡所造成的影響有：

(1) 改變坡形

為了建築或工程的需要而開挖或填築邊坡，使邊坡變陡或變高。尤其是在坡趾減重（即開挖坡腳），而在坡頂加重，將使邊坡的穩定性迅速惡化。最顯著的例子是將崩積層的坡趾開挖，並且在其坡頂加載，最為危險。

(2) 改變坡體的應力狀態

人工爆破所生成的振動力，增加坡面的張力。

(3) 增加坡體的重量

如在坡頂加載，或將水注入坡體內（如排放水、澆花等），都將增加坡體的重量，即增加坡體的下滑力。尤其是注水還會增加岩土層的孔隙水壓，並且降低其抗剪強度。

(4) 破壞植被

植被有預防雨水沖刷，又其根系對土壤有抓緊及吸水等作用，所以全都有利於邊坡的穩定性。當植被被砍伐之後，邊坡的崩滑數量及頻率都顯著的增加。所以山坡地的超限利用每每引發崩滑，不但使得水土流失，而且衍生土石流，又會淤淺河道，使沉砂壩迅速的淤滿而失去功能，最終流入水庫而縮減水庫的壽命。

10.4　滑體的量測

滑體的識別是研究地滑的最基礎工作，在這個基礎上才能探討滑動的形成機制，然後才能提出合理的整治對策。

國際岩石力學協會對於滑體的形狀及體積建議一套量測的準則，如圖10.5所示。

在平面上：

(1) W_r ＝ 滑動面的最大寬度（地滑地外圍的最大寬度）

(2) W_d ＝ 滑動體的最大寬度

在縱剖面上：

(1) L ＝ 滑動帶的最大長度（從冠部至趾部）

(2) L_d ＝ 滑動體的最大長度

(3) L_r ＝ 滑動面的最大長度

(4) D_d ＝ 滑動體的最大厚度（從滑動體表面至滑動面的深度）

(5) D_r ＝ 滑動面的最大深度（從原地面至滑動面的深度）

滑動體的體積可由下式求得：

$$V = 1/6 \cdot (\pi \cdot L_d \cdot D_d \cdot W_d) \tag{10.2}$$

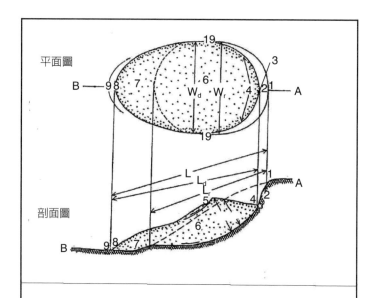

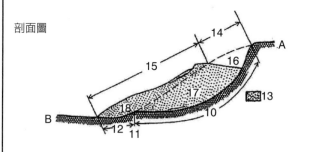

說明：

1. 冠部（Crown）
2. 主崩崖（Main Scarp）
3. 頂端（Top）
4. 頭部（Head）
5. 次崩崖（Minor Scarp）
6. 滑動體（Main Body）
7. 足部（Foot）
8. 前端（Tip）
9. 趾部（Toe）
10. 滑動面（Surface of Rupture）

11. 滑動面剪出線
12. 分離面（Surface of Separation）
13. 滑動物質（Displaced Material）
14. 下陷帶（Zone of Depletion）
15. 隆起帶（Zone of Accumulation）
16. 空體（Depletion）
17. 耗縮體（Depletion Mass）
18. 積增體（Accumulation）
19. 側翼（Flank）

圖10.5　滑體的量測諸元

上式中，D_d必須於鑽探後才能取得。在沒有鑽探資料時，滑動面的深度可以概略的估算，首先要量測主崩崖的斜度（主崩崖是滑動面露出的唯一地方），然後要從滑動體所展現的微地形上大略推測滑動面的兩個重要部位，一個是反曲點的位置。滑動體在此點係由下滑轉為上滑，即由張力狀態轉為擠壓狀態。在張力狀態下滑動體會出現張力裂縫，產生如正斷層的地形（如次崩崖即是）；而在壓應力的作用下則會出現皺褶的現象，產生如逆斷層的地形。如果微地形的表現不十分顯著，則最好的猜測就是抓下陷帶與隆升帶之間。第二個重要的點是滑動面剪出地面的地方（見圖10.2c），滑動體在此處好像要越過一個尖頂，所以會因為轉折而出現一個小山脊，同時在脊嶺上會產生數條橫向的張力裂縫。根據這三個重要資訊，我們就可以用試誤的方式，找到一個圓心，然後概略的劃出滑動面來。這個方法也可以用來驗證由邊坡穩定分析所推估的滑動面。

　　一般而言，滑體的寬幅在數百公尺以上，長度超過2公里，就可稱為大規模地滑；如果寬度在100公尺以下，厚度不超過20公尺，就算是小規模地滑。

10.5　地滑的調查與防治

10.5.1　調　查

一、地面調查

　　地滑調查前應進行遙測影像判釋及災因的診斷，詳細的方法請見13.6節的說明。調查範圍由大而小，然後才進入地面調查。

　　地面調查可以直接觀察滑體的各部特徵及性質，並可蒐集到滑動的證據，所以是很重要的一種調查方法。地面調查所使用的底圖比例尺大約是1：1000至1：2000。如果滑體的寬幅在200公尺以下時，則需採用1：500的縮尺。地滑的調查應該採取先大後微的原則，也就是先看大局，後看細節。所以一般是先站在地滑的對岸，遠眺滑體的整體地形特徵，及其破壞效應，然後再推測可能的肇因，如土地的不當利用或者坡腳的擾動等等（潘國樑，民國94年a）。

　　地滑的細部調查需側重在下列幾個項目：

1. 邊界形狀：馬蹄型、三角型、梨型、舌型、不規則型等。

2. 本體形狀：分塊、台階、皺丘地形、下陷帶、隆升帶等。

3. 滑動崖形狀：主崩崖（注意高度、斜度、擦痕、摩擦鏡面等）、次崩崖、台階數量、同心圓弧、圈椅狀、新月狀、後側的張力裂縫等（見圖10.1）。

4. 趾部形狀：滑動舌、河道包抄、道路包抄、河岸侵蝕、岩層反翹（岩層的傾斜方向由上邊坡的順向，在趾部反轉為逆向；或者由陡傾變為緩傾；如果正常的岩層為逆傾，則滑動後在趾部會變陡）。

5. 裂縫系統：在冠部為張力裂縫、趾部為輻射裂縫（向下向外）、兩翼為倒八字裂縫（人站在冠部看，在滑動區的兩側形成雁行排列的裂縫，向外張開，形如反八字，為剪力造成的張力裂縫。被侵蝕後容易形成雙溝，稱為雙溝同源。為鑑定古地滑時很好的證據）、隆升帶有橫張脊嶺（狀如海底的中洋脊，指示滑動面剪出地面的地方，但被滑動物質所掩蓋）。

6. 地滑的種類與發生機制。

7. 邊坡的坡度、坡高與坡形。

8. 地質：岩性、位態、風化程度、不連續面的位態、組數及組合關係、軟弱夾層、岩土交界、互層、阻水層、膨脹性岩土層等。

9. 植生：馬刀樹、醉漢林、植生疏密、生長狀況、枯死、樹根外露、樹種等（見圖10.6）。

10.水系：有無水系、蓄水窪地或凹坑、泉水、滲水、濕地、有無地表水滲入滑動體、河床的凹岸（攻擊坡）有否上邊坡的侵入而突出河中等。

11.水文氣象：地表水、地下水、降雨量、降雨強度及延時。

12.地震。

13.土地利用型態及人為活動等。

14.滑動史及目前與未來的活動性。

15.預測基地內在相同的條件下（以地形、地質為主）可能發生地滑的地帶。

16.分析發生地滑的原因（見表10.2的地滑原因調查核對表），並建議防治的方法。

表10.2　地滑原因調查核對表

因素	原因	核對
地質因素	軟弱材料	
	敏感材料	
	風化材料	
	剪裂帶	
	裂隙帶	
	位態不利的固有不連續面（層面、葉理等）	
	位態不利的構造不連續面（構造節理、解壓節理、斷層、接觸面、不整合面等）	
	透水性有顯著的不同	
	岩層的軟、硬度有顯著的不同（尤其強岩在上，弱岩在下）	
地形因素	構造或火山隆起區	
	流水側蝕邊坡的趾部	
	波浪側蝕邊坡的趾部	
	地表逕流的沖刷	
	地下溶蝕	
	管湧或流砂	
	坡面或坡頂是否堆積加重	
	植被移除（森林火災、蟲害、乾旱等）	
物理因素	集中降雨	
	長期降雨	
	水位快速下降（洪水、潮汐等）	
	地震	
	火山爆發	
	地下水的凍融	
	土壤的脹縮	
人為因素	坡面或趾部開挖	
	坡面或坡頂加重或注水	
	地下水位下降（如水庫洩水或水井抽水）	
	伐木或墾山	
	灌溉	
	採礦	
	道路建設	
	人為振動（爆破等）	
	管線漏水	

至於正在活動中的地滑，可能會出現下列證據，必須注意觀察：

在地形上：

1. 上邊坡出現張力裂縫，且不斷的緩慢下陷。

2. 下邊坡有稍稍隆起的現象。

3. 滑動面剪出帶的土石逐漸鼓出。

在水文上：

1. 乾涸的泉水重新出水，且有黃濁現象。

2. 坡趾附近的濕地，其範圍逐漸擴大。

3. 大部分雨水有滲入地下的現象。

在植生上：

1. 坡面樹木逐漸傾斜。

2. 根系外露，且被拉緊；出現裸露的土壁及V型裂縫（見圖10.6C、D）。

3. 有樹木枯死。

在人造結構物上：

1. 擋土牆或駁坎鼓脹或龜裂（牆後的水壓上升之結果）。

2. 坡趾的蛇籠變形，向外凸出。

3. 錨頭鬆脫。

4. 道路逐漸下移。

5. 道路的路面下陷或龜裂（常呈現弧型）。

6. 道路的山邊溝被擠緊，或襯砌破裂（見圖10.6F）。

7. 門窗被扭曲變形，無法關閉或開啓。

8. 牆角開裂、磁磚破裂或掉落、門窗的角落呈八字裂開等。

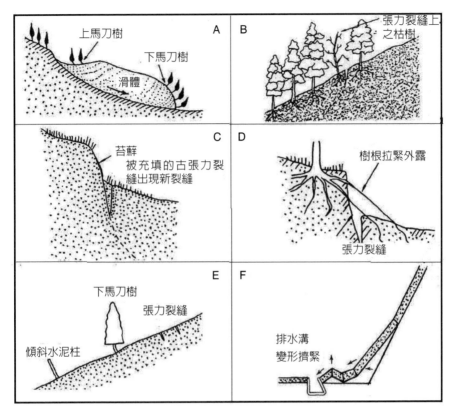

圖10.6　邊坡正在滑動的證據（奧園誠之，1986）

二、地下探查

　　完成地面調查之後，即應選擇重點地段進行地下探查。然後將兩者結果相互配合及應證，再作整體性評估。

　　地下探查的主要目的在於測定滑動面的深度與形狀、地下水位變化、滑體在縱向的絕對位移量及位移速率，而最重要的是要尋求邊坡穩定設計的參數，及計算邊坡的安定係數。其中滑動面的精確調查才是地滑防治設計的首要工作，唯有確知滑動面的形狀與深度才能談如何抗滑與止滑。

　　地下探查法包括物探、鑽探、橫坑調查、地下水監測、滑動監測等。圖10.7是對一個大型地滑體進行地下探測時所布置的探測線。在滑動體的中心（順著

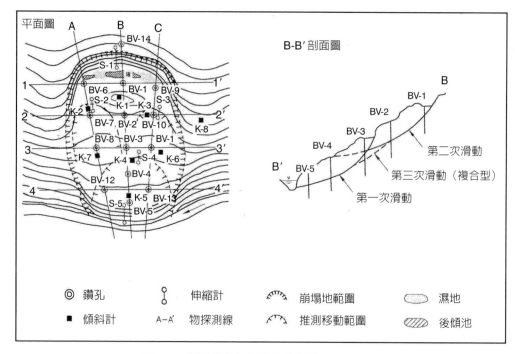

圖10.7　滑動體的探測線及監測儀器之布置法

滑動方向）布置一條主要測線B，其中有一個測點應該布在主崩崖及張力裂縫的背後（人面向滑動方向），代表不動點（BV-14）。然後在主測線的兩側再布置兩條輔助線（A及C），測線的間隔以50公尺為度。鑽孔的間距則以30公尺為原則，而鑽深必須要鑽穿滑動面，並且深入不動基盤至少5公尺。由圖中可見，鑽探線與物探線是重合的，它們具有互補的作用。在同一條測線上還可以聯合應用不同的探測方法，或裝設監測儀器，以便於分析比較。例如伸張計（用於計量位移量及位移速率）就布置在主崩崖與每一個次崩崖，以及趾部等關鍵性位置（S-1至S-5）。傾斜管則是裝設在鑽孔內，但是其中有一個係布置在滑動體外（在滑帶左側K-8的位置），主要是要確定其下有沒有滑動面。

　　佈設探測線時必須特別注意，邊坡的滑動方向不一定是順著最陡的方向，而是沿著剪力強度最弱的方向滑動，所以可能會偏上坡或偏下坡。一個簡單的要領是先取主崩崖的垂直平分線，做為參考線，然後再利用微地形（如張力裂縫、微

褶皺軸、兩側剪裂面、趾部的前端等）進行修正。還有一點必須強調的是，在從事岩心鑑定時，滑動面的特徵主要是破碎帶，而不是剪裂泥，因爲在地表淺處，圍壓不大，所以滑動帶的岩石於破碎時體積應該會膨脹而不是壓縮。另外要注意破碎岩塊是否有擦痕，那是滑動過程中發生摩擦的證據。再者，岩心鑑定時要將岩心角（層面與岩心軸線的夾角）記錄下來，當岩心角的大小有明顯的轉變時可能是到達滑動面的轉曲點位置（滑動面由向下轉爲向上），或是到達滑動面要剪出地表的地方。

10.5.2　防治

　　爲了保證邊坡的穩定、防止邊坡穩定性下降、避免導致危害性的邊坡之變形及破壞，就必須採取地滑的防治措施。防，是針對尙未變形及破壞，但具有潛在威脅的邊坡。治，是針對已有嚴重變形及破壞的邊坡。地滑的防治應採取預防爲主、治理爲輔的有效防災措施。

　　地滑的防治方法基本上可以分成五大類：第一類是消除或削弱促滑因素，如截引地表水及疏排地下水；第二類是直接降低滑體的下滑力，如削坡整形；第三類是提高滑動面的抗滑力，如使用擋土牆及地錨等；第四類是改善滑動帶的性質，如電滲排水及冷凍地下水等；第五類則是從管理面採取繞避及防禦的措施，如明隧、溜槽等。現在分別說明如下：

一、排水處理法

　　水（含地表水及地下水）是觸動滑動的最重要之因素。因此，水的處理是最普遍被採用的方法，不管採用其他任何方法，永遠需要排水的處理與其配合，否則難逃失敗的命運。地表排水不需要複雜的工程設計，但能夠提供正面的效果，所以通常是最先被考慮的方法。

　　地表排水又可以分成滑體外及滑體面的排水。滑體外排水是將滑體外的地表逕流或人爲注水全部隔絕在外，不能流入滑體內。這些水如果滲入滑體，到達了滑動面，必定使滑動復發。地表逕流的隔絕方法需在冠部的地方設置截水溝

（Diversion Ditch），先將逕流集中，然後排到滑體外的既有水系。截水溝呈圓弧型圍繞著冠部，它必須加襯，而且襯砌必須採用鋼線加強的混凝土，以防龜裂。如果邊坡非常不穩，則需採用柔式襯砌，例如採用U型塑膠瓦，如疊瓦般的施作方式。襯砌不能有龜裂，否則就像注水一樣，將使滑動更形惡化。

滑體面的排水主要在防止雨水滲入滑體內，因此凡是會聚水的窪坑都要整平。在次崩崖的地方因為弧型滑動的關係，其崖下的地面會向後（即向冠部的方向）傾斜，形成一個聚水的V型凹槽，所以次崩崖也要予以整平，而且滑動面的地方要進行封縫。如果滑體的規模很大，面積很廣，則滑體面要設置樹枝狀的排水系統，使其主幹順著長軸配置，支幹則從兩側以銳角方式匯入主幹。有時支幹也可以用暗渠的方式施作，以集排淺部的地下水。

地下排水的主要目的在疏解孔隙水壓，且都以重力式排水為之。主要方法有明渠、暗渠、排水袋、集水井、排水廊道、水平排水管、垂直排水管、礫石樁、截水牆等，不一而足。明暗渠是挖在滑體淺部的排水溝，其中暗渠大多以傳統的濾料再外包地工織物的方式埋在溝渠內，最後再加以回填。擋土牆的背後也常採用這種方式洩水。暗渠可以挖到5、6公尺深或更深，回填時一定要夯實，因而形成榫槽（Key）的作用。排水袋主要用於土堤或軟弱黏土的排水。

集水井（Drainage Well）常用於滑體的深部排水，其直徑最大可以到4公尺，深度最深可以到30公尺。其井徑的大小主要決定於一部鑽機可以在井內工作的範圍。因為在集水井的上游方向，還要再鑽鑿扇狀分布的水平排水管，才能將地下水集中到集水井來。

水平排水管（Subhorizontal Drain）是最普遍的一種地下排水方式。它的材質主要是由PVC塑膠管製成。排水管需穿孔，然後還要外包地工織物作為濾層，以將砂與水分離清楚。水平排水管其實並不水平，它的仰角一般採用10°～15°左右，也有更緩的，但是不要緩於5°，其管徑由6公分至10公分不等，深度可以達到5、60公尺。排水管的深度主要決定於含水層或滑動面的位置、鑽探的難易度以及排水量的大小等。

對於一個大滑體的處理，通常可以打好幾個集水井，如圖10.8所示。該地滑體長約235公尺，寬約220公尺，由4個滑動塊組成。為了疏排地下水，一共打了4

個集水井，每一個集水井分別打了6至7支的水平排水管。其中，W3及W4所聚集
的水就集中到W1，然後從W1用一支長達130公尺的大口徑水平集水管，將水排
到河裡；W2則自己獨立一個系統，它也是用另外一支長為110公尺的大集水管，
將水排到另外一條河裡。另外只是在趾部打了一排鋼管樁而已。要知，地下排水
並不一定要把地下水位降到滑動面以下才行，實際上，只要降到安全係數達到要
求即可。水平排水管的壽命一般可以達到3、40年，但是排水功能還是會逐漸衰
退，所以每5～8年就要清理一次。

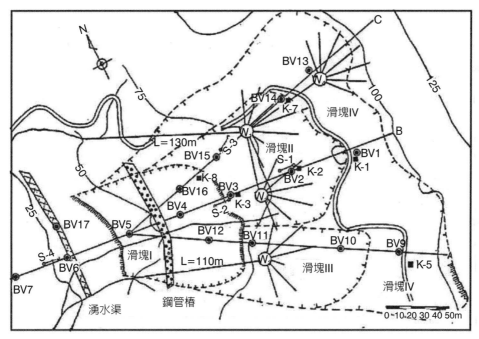

圖10.8　大滑動體的地下排水措施

　　排水廊道（Drainage Gallery）其實就是一種坑道，直徑約2公尺，剛好夠一
個人可以行走，緩緩傾斜大約5%。它是用來疏排比集水井還要深的地下水。排
水廊道要開鑿在滑動面之下的穩固岩層，然後用垂直孔（Subvertical Drain）或礫
石樁與滑體連繫。截水牆係在滑動體的背後、穩定的岩層內築一道擋水壁，以截
斷地下水的來源，牆後所壅積的地下水則以水平排水管導出，如圖10.9所示。

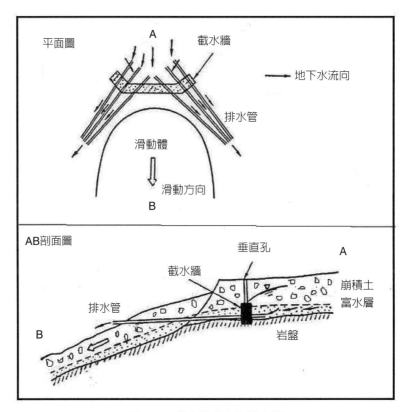

圖10.9　截水牆與水平排水管

二、降低下滑力

　　滑動體的下滑力係來自其重力，所以減重也能達到防治的效果。減重的方法包括挖除、降坡、設階梯坡、採用輕質填土、體內排水等。

　　如果滑動體的體積很小，則採用挖除法，在某種程度上可以一勞永逸。但是一般很少有這麼理想的情況，所以減重應該是比較實際的做法。減重的大忌是把邊坡修成頭重腳輕。安全的作法應該是相反的，必須挖上坡補下坡，即把上邊坡的土方挖下來去填下邊坡，這就是所謂的降坡，把坡度變緩之意。

　　輕質填土主要應用於修築路堤時，可以採用輕質材料，如飛灰、爐渣、空心磚、塑膠、輪胎碎片、牡蠣殼等，以減少下滑力。

　　開挖順向坡時，為了降低它的下滑力，在施工階段，一般可採用跳島式的開挖方法，如圖10.10所示，首先要在順向坡的坡面上，順著斜坡進行分帶，其寬度以一台挖土機能夠施作的範圍為度。然後開始隔帶開挖，開挖完成後應隨即進行擋土牆及岩錨的施作。待隔帶開挖及邊坡穩固完成後，再依照同樣的方法，回頭進行其餘一半的施作。這種施工法將讓順向坡的應力來不及調整，也就是失去坡腳的順向坡來不及變形，所以也就不會發生位移了。

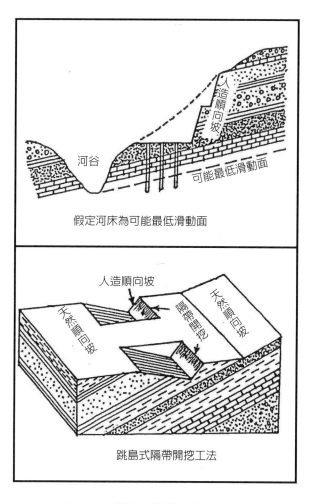

圖10.10　順向坡的跳島式開挖工法

三、增加抗滑力

　　增加抗滑力的意思是用工程的方法來抵擋滑動體的下滑力。它與排水措施合併使用，成為處理地滑體最常用的方法。因此，其工法也最多、最多樣、最複雜。

　　歸納起來，增加抗滑力的方法可以分成擋土牆、地錨、排樁及趾部鎮壓等幾種類別。擋土牆的設計最多型多樣，雖然結構不同，功能則一（見圖10.11及圖10.12）。它們適用於趾部空間有限的地方，屬於剛性結構，不能允許太多的位移或變形。但也有柔性的擋土牆，允許適量的變形及變位，如蛇籠、互鎖堆砌（或稱乾式砌石）等，這一類擋土牆的功能介於護坡及擋土之間（見圖10.13）。依據材料的不同，擋土牆有漿砌卵石、混凝土、鋼筋混凝土、加勁土、蛇籠等；依據結構來分，則有重力式、懸臂式、錨、樁等。

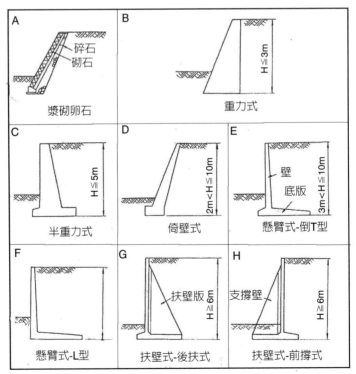

圖10.11　各種類型的擋土牆（數字表示一般的設計高度）

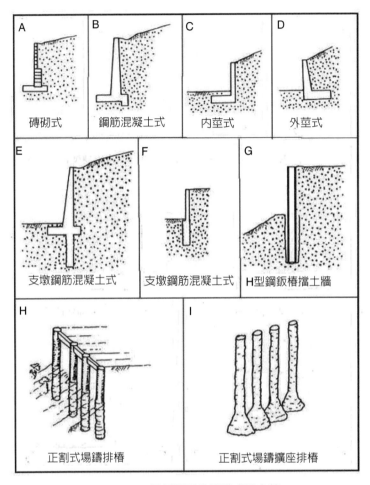

圖10.12　各種類型的懸臂式擋土牆

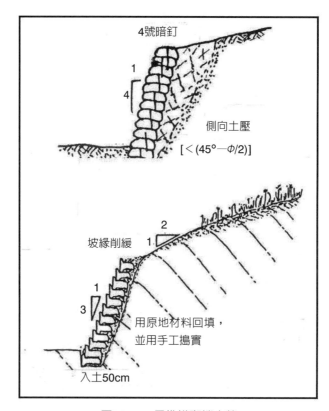

圖10.13　柔性堆砌擋土牆

擋土牆的優點是結構比較簡單、可以就地取材，而且能夠較快的達到穩定邊坡的作用。表10.3表示各式擋土牆的設計高度，一般很少超過10米的。一般而言，高擋牆都需要用地錨加以輔助，同時，高擋強更需要有效的地下排水才行，不容許壅積太高的孔隙水壓（Chen and Lee, 2004）。擋土牆的基礎一定要放置在最低滑動面之下，以避免其本身跟著滑動而失去抗滑作用。通常其基礎底面應該深入堅強的岩盤不小於0.5公尺，在穩定的土層內則不小於1公尺。因此，設計擋土牆時，也要將地基調查清楚。擋土牆的背後一定要用透水性良好的濾層回填，並將壅積的地下水，利用洩水孔排出體外，以釋放孔隙水壓，並且穩固擋土牆。

表10.3　各式擋土牆的設計高度

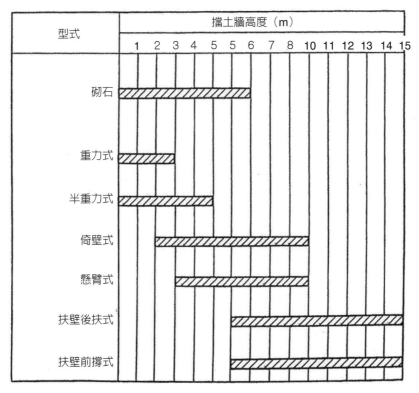

地錨是近年來常用於穩定邊坡的一種方式，是土錨與岩錨的統稱。它是一種可以將拉力傳遞到特定岩土層的裝置，俾便藉地錨的拉力將滑動體與滑動面以下的強固穩定之岩土體牢牢的繫住。

排樁是利用一排墩樁，類似懸臂式擋土牆的作用，來抵抗土壓力。它們通常以場鑄的方式施作。依據墩樁的排列方式，排樁可分成正割式（Secant Pile Wall）及正切式（Tangent Pile Wall）兩種。正割式的排樁，其樁身互相分離，因此排樁的內側要加梁板，以擋住樁身之間的空間（見圖10.12的H及I）。正切式的排樁基本上是分成兩列，前後列的樁身互相咬合在一起，但樁身並未互相接觸，此種排列方式無需使用梁板。排樁的基礎一樣要深入滑動面以下，根據經驗，在土層內，應將樁身全身的三分之一或四分之一埋置於滑動面之下；在岩層內，則樁端應埋入岩盤達到樁徑的3～5倍。

　　趾部鎮壓是緊急處理地滑的一種非常有效的方法（見圖10.14）。鎮壓的部位要選在滑動面的剪出線一帶，因為剪出線是被滑動物質所掩蓋，所以必須依靠專業的判斷。在微地形上，剪出線類似背斜的樞紐，大體上它是一個對稱性很好的小山脊，脊嶺垂直於滑動方向，且位於剪出線的位置，然後向兩翼慢慢傾斜，其兩翼被許多對稱的且平行於脊嶺的陡立斷裂（張力斷裂）所切割。

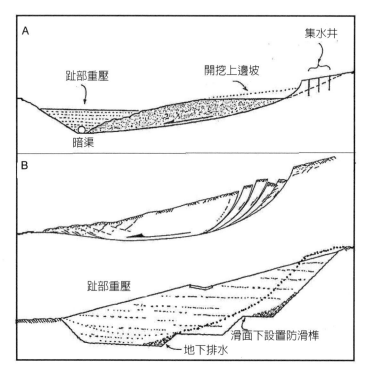

圖10.14　趾部鎮壓的工法

四、體內強健法

　　體內強健法就是加強滑動體或潛在滑動體的剪力強度。常用的方法有電滲排水法（Electroosmosis）、烘焙法（Baking）、冷凍法（Ground Freezing）等。電滲排水法對粉砂土的排水效果較好，它能使土內含水量降低而提升其抗剪強度，但費用高昂，一般很少採用。烘焙法可用來改良黏性土的性質。它的原理係透過

烘焙的方法將滑動體，特別是滑動帶的土燒得像磚塊一樣堅硬，因此可以大大提高其剪力強度。烘焙的部位一般是位於滑動體的趾部，使之成為堅固的天然擋土牆。

對於岩質邊坡的改良可採用灌漿（Grouting）的方式來加固，例如對於有裂縫的岩體，可以採用矽酸鹽水泥或有機合成化學材料固結灌漿，以增強坡體岩石或裂縫的強度，並提高其抗滑力。灌漿孔一般要鑽至滑動面以下3～5公尺。

微型樁（Micropile或Pin Pile）、根樁（Root Pile）、土釘（Soil Nail）等也可以用來加強岩土體的強度。微型樁是一種場鑄的鋼筋混凝土樁，直徑可以從7.5公分至30公分不等，長度一般不超過樁徑的75倍。小直徑的可用鋼條或鋼管加強；大直徑的則用鋼筋籠加強。

網狀根樁（Reticulated Root Piles）係在坡面上選擇數點，將場鑄樁呈扇狀的分別打入滑體或潛在滑體內，並且深入滑動面之下，組合成一個互相交叉的網狀樁群，以達到強固滑體的目的。

土釘工法一般採用鋼條、鋼棒或鋼管等材料直接壓入土層，或置入鑽孔內再注漿。此法主要應用於安全係數不高，或發現已經在潛移的土層之安定，並不適合於鬆砂、軟土或地下水位很淺的土層中使用。土釘的打設密度一般為每平方公尺約0.15支至1支為度。

不同的防治工法對於安全係數所能提升的程度不見得一樣，例如要將安全係數提高到1.2以上時，需要配合地下水的排除（見表10.4），尤其要處理大規模的地滑時，更需如此。

表10.4　地滑防治工法所能提升的目標安全係數及其提升度

工法	大規模地滑		中規模地滑		小規模地滑	
	目標安全係數	提升度	目標安全係數	提升度	目標安全係數	提升度
排水工	1.15～1.20	0.05	1.15～1.20	0.05	> 1.20	0.1
坡趾反壓	1.05～1.10	0.07～0.12	1.10～1.15	0.12～0.20	> 1.20	> 0.2
擋土牆	1.10～1.15	0.05				

10.6　落石的成因

　　落石主要發生在坡度超過55°、坡高大於30公尺的高陡邊坡之前緣部位。當堅硬岩層（如石灰岩、砂岩、石英岩、玄武岩、花崗岩等）如果被陡立的張力裂縫所切割，形成開口的分離塊體；或者由礫石與砂土組成的土層（如礫石層、崩積層），因為雨水沖刷或風化的結果，造成礫石的脫離；或者是硬岩與軟岩相間的岩層，因為差異侵蝕的關係，形成了凹凸坡，使得凸出而且具有垂直節理的硬岩懸空。在上述的三種狀況下，如果有雨水的滲入、樹根楔入其張力裂縫或樹幹的搖撼作用，或者受到外力的振動等條件的配合，使得已經鬆弛的岩塊在重力的作用下，突然脫離母體而發生墜落。落石的運動方式端視邊坡的陡度而定，一般不出三種型式，即自由落體、跳躍及滾落，或其複合式（見圖10.15）。其墜落速度極快，可能打擊到人車，或破壞路面或護欄，位於山腳下的房子也可能會遭殃。

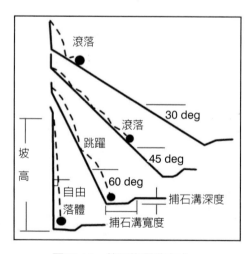

圖10.15　落石的運動方式

　　誘發落石的原因很多，其中以與水有關的因素為最；如表10.5所示，單純與水有關的因素就占了68%，如果以地質因素再配合水的作用，則占了85%。

表10.5　不同的誘發因素造成某區域性落石的個數之百分比

誘發因素	落石個數百分率，%	誘發因素	落石個數百分率，%
降雨	30	鑿穴動物	2
裂縫水的凍融作用	21	差異侵蝕	1
密集切割的破碎岩體	12	樹根的楔入	0.6
風力的搖撼	12	地下水滲出	0.6
融雪	8	野獸活動	0.3
沖蝕溝的沖刷	7	汽車振動	0.3
平面型滑動	5	風化作用	0.3

位於坡緣的陡傾裂縫係屬於張力裂縫，其形成主要來自三種方式：第一是根據坡體應力的分布，坡緣處係位於張力帶內，而且邊坡越陡，張力帶分布得越廣。如果加上有水平剩餘應力的作用，則因為有應力釋放的效應，所以使得陡峭邊坡的坡頂、坡緣及坡面均處於張力狀態之下，其應力（最小主應力）軸的方向係垂直於坡面，因此在平行於坡面的方向就會形成一組張力裂縫。第二種形式是岩體因為受到地質力的作用，所以原來就存在著一組垂直的構造節理。第三種形式則發生在岩層有潛移（Creep）的情況下，在潛移體與母體之間產生了垂直的拉裂縫。在這三種形式中，以第一種最為重要，因為它存在於所有的邊坡，而且邊坡越是高陡，其作用越是明顯。

高陡的邊坡被陡傾的不連續面密集分割的堅硬岩體是形成落石的有利條件。這些不連續面能使岩體原來的整體性和連續性受到破壞，使岩體的強度降低，並且為雨水及地下水的滲流提供了順暢的通道，使坡體進一步鬆弛，裂縫逐漸擴大，讓落石繼續不斷的發生。

10.7　落石的調查與防治

10.7.1　調查

落石多發生在高陡的邊坡，其岩性堅硬，且被節理密集切割的岩層；或者

發生在縱剖面呈凹凸型的邊坡（在砂、頁岩互層的地方，因為差異侵蝕的關係，容易形成這種凹凸坡）；或者是疏鬆的礫石層或崩積層的邊坡。調查落石宜採用1/500～1/1000的比例尺，順著縱剖面時則可採用1/200。調查的重點至少應包括下列幾個項目：

1. 落石堆的分布範圍及坡面斜度。
2. 落石堆的體積及底墊的斜度。
3. 落石堆的組成、石塊大小、風化程度。
4. 落石堆的類型、特性、發展過程及活動性（是否目前還在發生）。
5. 落石堆的穩定性。
6. 邊坡的坡度、坡高與坡形。
7. 坡緣（落石的發源地）及邊坡的岩層、結構、不連續面（包括間距、開口、風化、充填、含水量、組數、組合關係、位態等）、地層名稱。
8. 坡緣或坡面是否有危石。
9. 當地的氣象降雨、水文、地震等資料。
10. 目前及未來的活動性或穩定性。
11. 預測基地內在相同的條件下（以地形、地質為主）可能發生落石的地帶。
12. 分析發生落石的原因並建議防治的方法。

10.7.2 防 治

落石常常發生得很突然，所以一般多採用以防為主的防災策略。根據學理上已知的落石之形成條件，評估基地內及其外圍可能發生落石的點或地段，分析其發生的可能性及規模。如果可以繞避時，就優先採取繞避的方案。如果繞避有困難時，則宜調整建築物的配置位置，遠離落石影響得到的範圍，儘量減少防治工程；因為落石在運動時會發生跳動及滾動，所以記得要將該等距離考慮在內。

在設計及施工階段，要避免擾動高陡邊坡的地段，並且要避免大挖猛爆。在岩體鬆散或破碎的地段，不必使用爆破施工。即使必須使用爆破，也要使用平滑

爆破工法（Smooth Blasting），不要將原來很完整堅硬的岩體，因爆破失當而弄得更為破碎，反而製造落石的機會。

　　工程上，落石的防治可以分成危岩處理、落石攔截法及落石疏導法等三個主要方法。茲分別說明如下：

一、危岩處理法

　　危岩處理法係在岩坡上直接進行危岩處理，屬於一種原址（In-situ）處理方法，而且是防止落石發生的一種處理方法。

　　所用的措施有清理法、固定法及支撐法三種（見圖10.16）。清理法就是將岩坡上已經鬆脫的岩塊索性將其拔除，以絕後患。而且植生最好也能夠砍除，以

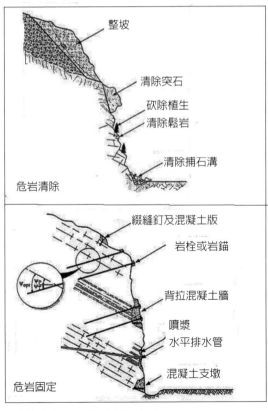

圖10.16　岩坡上的各種危石處理法（Turner and Schuster, 1996）

防其根系撐開裂縫，或迎風搖撼，形成危石。岩盤上如果有土層覆蓋時（其交界面通常是不整合面，或者是崩積層覆蓋在岩盤上），如果覆蓋層不厚，就全部清理掉；如果覆蓋層太厚，不易全部清除，則應修坡，以達到穩定的程度為止（見圖10.16上圖）。

相反的，固定法是將被分割的岩塊就地固定，它還沒有到達危岩的程度，但是風化日久之後可能就會轉變成危岩。固定法又分成很多種，例如使用岩栓、岩錨、綴縫釘、灌漿、噴漿等（見圖10.16下圖）。如果採用岩錨固定時，其錨碇角（岩錨與水平線的夾角）應該等於不連續面的摩擦角減去不連續面的傾角。可見岩錨不一定要垂直於不連續面才錨得緊。

支撐法係用支柱及支墩等方法頂住根部內凹的懸空岩塊。有時也可以用支牆或扶壁等方式增加岩坡的穩定性。

二、落石攔截法

落石攔截法係用於落石已經發生之後，使用工程方法控制其運動距離的一種方法，避免其傷害到人或物。因此，這是一種非原址的處理方法。常用的方法有覆網、捕石網、捕石堤、捕石牆、捕石溝等。

覆網是將鋼絲網、鋼線網或鋼索網懸掛及覆蓋在岩坡上，防止落石飛出，而限制它們掉落到網的底部。因此，網底最好還要有捕石溝的設置，以收集掉落的石塊；捕石溝要定期的清理，俾有空間可以容納新的落石。特別注意的是，網底要開放，不能封死。覆網常用於公路邊坡。

捕石網是利用鋼絲網，放置在路面上方的邊坡趾部，有一點類似籬笆，其功能在攔截山上滾下來的落石。這也是公路邊坡常用的一種方法。捕石堤及捕石牆也是擔任攔截的角色。

捕石溝係設於路邊的一種槽溝，用於捕捉從山坡上掉下來的落石。由於落石有動能，所以捕石溝的大小要經過設計，不然無法有效的捕捉到落石。如果落石在溝內發生彈跳，一樣會傷及人、車。一般而言，當邊坡的坡角大於75°時，落石係以自由落體的方式掉落在坡趾附近，所以溝寬可以設計得比較窄一點。當坡

角介於55°～75°時，落石係以彈跳的方式墜落，所以溝寬需要最寬。當坡角介於40°～55°時，落石則以滾動的方式墜落，這時溝壁的前壁（靠近路面）要設計得陡一點，以防落石跳出溝外，滾到路面上。當坡面不平滑時，槽溝的尺寸要加大，因為這時落石的行為很難預料。

三、落石疏導法

落石疏導法是控制或改變落石運動的方向與距離之一種方法。明隧道其實是一種防護棚，它的功能主要是要引導道路上邊坡的落石，從棚頂（即路面的上空）通過，然後傾卸到道路另外一側的下邊坡。這種方法常見於山區的道路。溜槽的功能與明隧道類似，主要差別在於溜槽比較像槽溝，其橫斷面比較窄，它一樣要將落石從上邊坡，引導它越過道路的上空，然後傾卸到下邊坡，主要用於岩石冰河（Rock Glacier）的疏導。

第 11 章

土石流的威脅與抗險

　　土石流是發生在山區，由巨石、礫、砂、泥等物質與水的混合物，受重力作用後發生流動的流體。它和一般的洪水之根本區別在於它的密度大（因為是固體與液體的混合）、動能高（因為發生在高陡的溪溝，將位能轉變為動能）、下切及側蝕的作用強，及搬運能力驚人。它往往停積在坡緩且地形開闊的山前，形成扇狀地，常被誤以為是定居的良地。殊不知土石流的發生具有明顯的週期性，因此屢聞村莊被土石流掩埋的慘劇。由於台灣常發生土石流，其對生命財產的威脅甚鉅，所以特闢一章來加以說明。

11.1　土石流的成因

　　土石流是一種含有大量泥、砂、及石塊的暫時性急速水流。它是由固態及流態的兩相物質所混合而成的，其中固體量可以超過水體量，前者的含量可以從30%到70%不等，流速可以從每秒數十公尺至數百公尺不等。

　　土石流中的固體，其比重雖然比水重（土石流的單位重介於$1.3 \sim 2.3g/cm^3$之間），但是在流動過程中兩者幾乎沒有相對速度存在，它們在運動時形成一種連續體，於垂直斷面上存在著連續之變形速度剖面，具有層流的性質。

　　土石流係因重力的作用而發生運動，水絕對不是搬運的介質。它是因為雨水加入土體，使土體的重量增加，並使孔隙水壓驟升，剪力強度降低，甚至到達液化的狀態而啟動的。土石流的啟動時機可用啟動指數（Mobility Index）來表示；啟動指數為土壤的飽和含水量與土石流啟動時所需的水量之比，通常這個比值等於0.85（Ellen and Fleming, 1987），也就是說土壤的含水量只要達到其飽和含水量的1.176倍之過飽和狀態時，土石流就會開始啟動，此時土壤的安全係數已降到1.5以下。

　　土石流的發生有其一定的形成條件，茲說明如下：

1. 具有充分的鬆散固體物質

　　土石流的發源地必須具備豐富的、易被水流侵蝕沖刷的鬆散土石材料才有可能產生土石流。這些材料可以來自風化的殘留物質、崩積土、新崩塌、破碎

岩層、棄土、棄渣、填土等，而最重要的是與土石流同時發生的新崩塌；嚴格來說，應該是新崩塌觸動了土石流的發生。

　　土石材料中，黏土的含量必須適當，一般是介於8%～35%之間。適量的黏土可以促進土石的流動，但是過量的黏土則會增加土石的凝聚力，反而有礙土石的流動。

　　土石流一旦發生之後，其發源地的鬆散固體堆積物可能一次就被清光，所以一定要等到再次累積到足夠的土石材料時才又發生下一次土石流。因此，土石流的發生不但具有週期性，而且具有交替性，更具有群發性。也就是說，這一次土石流發生於某些土石流群，下一次土石流則發生於另外的土石流群，一定要相隔多年之後才又回到原來的土石流群再度復發。不過，如果單一次土石流無法將鬆散物質清光，或者鬆散物質的產生速率非常快，則同一條土石流將頻頻發生。

2. 具備充足的降雨量

　　土石流的形成必須要有強烈的地表逕流。因此，充足的鬆散固體物質及充分的集中水流是產生土石流最重要的兩個必要條件。

　　一般以下式作為發生土石流的降雨條件：

$$D = \frac{0.90}{I - 1.7} \tag{11.1}$$

式中，I＝啟動土石流的降雨強度，取5～10mm/h

　　　D＝降雨延時，h

3. 地形條件

　　土石流必須具備一個良好的匯水窪地（位於發源地）、足夠陡度的縱坡（位於發源地及流動段）以及坡度緩和且開放寬敞的堆積區。匯水窪地有如漏斗狀，其四周的坡度一般可以從30°至60°不等，這類地形比較容易匯聚大量的地表逕流，且在陡坡上產生急速的水流及很大的沖刷力量（見圖11.3）。

　　又匯水窪地的的面積愈大，地形的坡度愈陡，愈有利於土石流的形成。一般而言，窪地的坡度愈陡，發生土石流所需的集水面積就可以愈小（見圖11.1）。

例如坡度為10°時，匯水窪地的順坡長度需要300公尺才可能形成土石流；坡度為15°時，長度縮短為200公尺；27°時，為150公尺；45°時，則只要100公尺就可能發生土石流了。在土石流發生地，溝床的陡度一般都在30°以上。

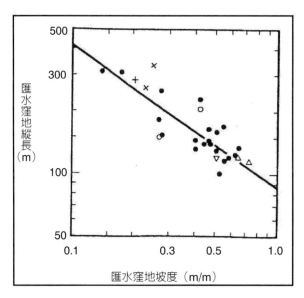

圖11.1　土石流的啓動與匯水窪地微地形的關係（Ellen and Fleming, 1987）

4. 植被條件

　　在天然植物稀少，或由於山坡地的超限利用，以致濫砍亂伐等原因，使植被嚴重破壞後，不僅造成加速侵蝕，水土流失，而且也為土石流活動提供充分的鬆散固體物質，以及更多的地表逕流，同時產生大面積的崩塌及滑動。

11.2　土石流的特性

11.2.1　土石流的運動特性

　　土石流發生時突然爆發、能量巨大、流速極快、挾帶力強、沖蝕力大、破壞力也大。在橫斷面上土石流顯示中央較兩側為高，而且具有超高性，即中央可以

高出河岸或是橋面的高度；在縱剖面上，土石流則呈波浪狀；在水平面上則呈現一連串的耳垂狀或鼻頭狀（見圖11.2）。

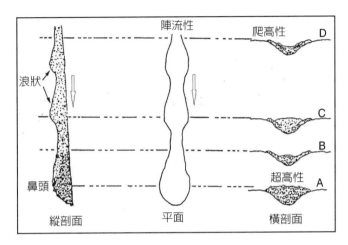

圖11.2　土石流的縱橫剖面圖（Selby, 1993）

　　土石流在行進過程中，其前鋒壅高而形成一類似海嘯的前頭波。此時較粗的石礫逐漸湧向前端，而使浪峰呈大粒徑石礫聚集流動的現象。土石流的運動具有直進及陣流等特性。當土石流攜帶著大量固體物質，在其流路上常會遇到溝谷轉彎、狹窄化、障礙物，或暫時脫水等現象，因此流動受阻而暫時停積下來。土石流乃迅速堆積抬高，甚至爬高或超高，進而越過溝岸，造成溢流（或分流），截彎取直，並且往前沖出一條新路，向下游宣洩擴散，引起意外的破壞及傷亡。一般是固體的含量越大，直進性越強，衝擊力越大。土石流幾乎是以相等的時間間距一陣一陣的流動，所以整個過程曲線非常類似正弦曲線。有時一個土石流可以出現幾陣、幾十陣、甚至高達上百陣。每一陣的前坡要比後坡陡峭些（見圖11.2左）；通常前坡表現為高大的土石流龍頭，高達幾十公分至幾公尺，由粗粒組成，最大可至 3～5公尺；後坡的坡度比較緩和，並且顆粒較細。陣流的形成主要是因為土石流通過溝谷的緊縮段（溝谷的寬深比小於5時，土石流的運動即受到限制）、峽谷、急轉彎或有阻礙物（如崩塌體、滑動體）時，土石流的運動受阻，因而停積下來，並且形成天然壩，但是受到壩後逐漸積聚的物質之推擠，壩

體潰毀，以致後浪便越過前浪而繼續往下游流動，遂形成陣流。

　　土石流流出谷口後，底床的坡度驟然變緩，且側束變少或完全沒有側束，所以土石流乃沿縱向及橫向擴散，它先由流心開始堆積，然後漸向兩側攤平，最終形成扇狀堆積。它的擴散範圍大小及方向將直接影響受災面積的大小。土石流在形成堆積扇的過程中，先發展堆積扇的長度，然後才發展寬度及厚度，等到寬度及厚度發展完成後，堆積扇約略呈現一個以堆積長度為直徑之扇狀圓。因此堆積長度比較不受堆積寬度的影響。根據日本的統計資料顯示，其國內的土石流，有85%的堆積長度少於300公尺，最常見的堆積扇長度約為100公尺。另外，土石流的堆積寬度大多在100公尺以內，最常見的堆積扇寬度約為30至40公尺之間。土石流停積下來後，後續常發生泥水流（Afterflow），漫過原有堆積。其堆積坡度更緩，行進距離更遠，有時也會造成意想不到的災害。

11.2.2　土石流的粒徑組成

　　土石流的流動需由基質細粒材料提供較高的體積濃度，以提高浮力及減少摩擦力。因此在停積時，大顆粒之間常充填細粒泥砂，大顆粒可以互不接觸，這種現象稱為基質支撐（Matrix Support）。土石流在流動中，大顆粒的石礫常浮於流體的上部，向下粒徑越小。由於一次土石流的運動時間短暫，所以當流速變慢或停止時，土石的沉積速度非常快，大顆粒石礫來不及下沉到流體底部，所以就堆積在上部。土石流堆積時常常是整體一起停積，像這種粗粒在上、細粒在下的粒徑分布剖面稱為逆級配（Inverse Grading）。

　　土石流流動時，能量主要集中於主流，因此於堆積時，常常是土石粒徑較大的主流流體停積後，細粒料才向流道的兩側逸散，因而產生中高側低的堆積現象，粒徑較大的土石就集中在主流路上。

11.2.3　土石流的地形特徵

　　土石流在地形上係由發源地、流通段及堆積區三個部分所組成（見圖11.3）。區分的標準常以坡度大於15°～30°為發源地；10°左右的為堆積區。

發源地是土石流發源的地方，它既要具備有鬆散的土石材料，又要具備有充分的水量，缺一不可，所以有時又稱爲集水凹地或匯水窪地（見圖11.3）。它多爲三面環山，只留一個缺口、類似湯匙型的地形特徵。凹地的坡面陡峻，大多呈30°～60°，常被收斂式的扇狀或鳥爪狀沖蝕溝所切割（向著流通段匯聚），且多沖蝕及崩滑的發育。這樣的地形有利於匯集周圍山坡的逕流及鬆散的固體物質。一般而言，發源地的集水面積愈大、凹地的範圍愈廣、邊坡愈陡及沖蝕溝的密度愈大，則土石流的集流愈快、規模愈大、且能量愈迅猛強烈。

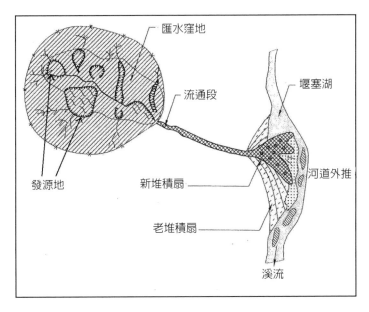

圖11.3　土石流的地形分區及匯水窪地

流通段爲土石流搬運土石與水通過的地段，多爲狹窄深切的槽谷或沖蝕溝，其縱向坡度可達30°以上。土石流一進入流通段後，因爲斷面縮小，流速增大，所以發揮極強的沖刷力（包括刷深及刷寬）。有時爆發一次土石流就可以將槽床刷深達7、8公尺，同時將槽谷的兩壁側刷得既平直又平行，使得其橫剖面顯得非常陡峻。這些從槽床及槽壁沖刷下來的土石不斷的加入土石流，而且越往下游，累積越多，最後形成規模非常驚人的土石堆積物。流通段縱向的陡緩、曲直

及長短對土石流的強度有很大的影響。當縱坡陡且順直時，土石流的流動通暢，可以直瀉而下，所以能量巨大。反之，則容易堵塞、停積、或改道。

堆積區是土石流停積的場所。通常位於山谷口或支流匯入主流的匯合口等開闊的地方，其地形較為平緩，沒有槽溝的限制，豁然開朗。土石流抵達這種地方時，速度突然緩慢下來，再也無力攜帶土石，遂將土石停積下來，並且形成扇狀、錐狀或長條形堆積體，又稱堆積扇。堆積扇的扇面常發育良好的發散式扇狀水系型態，此與純粹由水力沖積而成的沖積扇非常類似。然而堆積扇的扇面卻往往坎坷不平，大小石塊混雜，淘選度很差，而且稜角明顯，扇面坡度較陡，常大於10°，這些特徵都很容易與沖積扇有所區別。由於土石流的復發頻繁，故堆積扇會不斷的層層淤高擴展。

11.3　土石流的調查

11.3.1　系統調查

土石流是長寬比非常大的一種地質災害，其規模大者長可達數公里，而且有很多土石流的發源地都位於深山，人跡無法抵達，所以土石流的調查最好是仰賴衛星影像。在衛星影像上，土石流可以從發源地、流通段、一直到堆積扇進行整體調查，而形狀則是辨認土石流最重要的線索。

衛星影像判釋後，還要從事地面驗證及地面調查。地面調查的程序正好與衛星影像判釋相反，要從山谷口（堆積扇的地方）開始，溯源而上，追蹤至分水嶺為止，同時不要遺漏自旁支匯入的土石流，及可能受土石流影響的地段（土石流有直進的特性）。調查比例尺，對全流域可用1/25000；對單獨的土石流則可採用1/1000～1/5000的比例尺。以下條列兩種調查的主要內容：

一、衛星影像判釋

1. 土石流的發源地、流通段及堆積區的劃分，包括其位置與範圍。整個發源地的匯水範圍之圈繪與面積的估計（潘國樑，民國96年）。

2. 發源地及其母岩的岩性、風化程度與地質構造。

3. 發源地的水源類型、匯水條件、山坡坡度等。

4. 料源的分布、類別與成因，是否有崩塌地、滑動、崩積土、崖錐堆積或人爲堆積（如棄土、礦渣、開路、砍伐森林、山坡地的超限利用、陡坡開挖等）。

5. 流通段的地形地貌特性，包括溝槽的發育程度及分割情形。

6. 溝槽兩側的自然堤。

7. 流通段的溝床縱橫坡度、跌水、急彎等特徵；溝床的切深及沖淤變化；溝壁遭受側蝕的程度；溝槽兩側邊坡的坡度及穩定程度。

8. 堆積區的堆積扇之分布範圍、表面型態及斜度、不同堆積期的辨認、堆積區形成史的判斷、扇狀水系的變遷情形。

二、地面調查

1. 對衛星影像的判釋結果進行驗證。

2. 堆積物的性質、層次、厚度、一般及最大粒徑、顆粒分布的規律。

3. 堆積區的形成史。

4. 最大堆積量的估算。

5. 流通段的侵蝕及沖淤情形（含溝床及兩側溝壁）、淤積後的縱橫剖面、顆粒分布、陣流及直進情形、鼻頭的分布、跌水、泥痕（歷次土石流遺留下來的痕跡）、沿路破壞情形。

6. 發源地的地形及匯水條件、料源的成因及性質、土地利用型態。

7. 發源地的地質條件。

8. 降雨條件：降雨強度、最大降雨量、逕流量。

9. 地下水活動情形。

10. 土石流發生史：歷次發生時間、週期、規模、形成過程、爆發前的降雨情形、發源地、流通段及堆積區的遺傳性、災害情形。

11. 當地土石流的防治措施及工程經驗。

12. 分析發生土石流的原因，並建議防治的方法。

三、古土石流調查

土石流具有週期性及交替性，所以對古土石流的辨認與清查，其結果對土石流的預測助益很大。古土石流一般會呈現下列特徵，可作爲辨識的參考：

1. 遺留於發源地的地形特徵：像湯匙的匯水盆地，三面環山，只留一個缺口；具有明顯的多數深切蝕溝，分布呈扇形收斂。

2. 整體而言，溝槽的兩側幾乎互相平行。但是因爲側蝕的結果，所以槽壁常出現上邊坡的塌滑。

3. 有明顯的截彎取直現象。

4. 溝槽常被大段的大量鬆散固體物質所堵塞，構成跌水。

5. 由於週期性的發生，所以不同規模的土石流遂造成多級階段的堆積。在比較寬闊的地段則常常發現長條狀的石堤（自然堤）。

6. 如果沒有被破壞（如被大河的河水所沖毀），堆積扇是一個很充分的證據，尤其從衛星影像上非常容易辨識。

7. 堆積扇上的水系經常擺動，水道不固定；扇面上常有土堤及舌狀、島狀堆積物呈不規律的分布。

8. 堆積物的石塊均具有尖銳的稜角，無方向性，無明顯的分選層次。

11.3.2　堆積扇的圈繪

典型的土石流雖然在地形上可以區分爲發源地、流通段及堆積扇三部分，但是堆積扇有時候會有缺失的現象，主要是因爲被大河的洪水所摧毀的緣故。即使沒有被沖毀，但是因爲堆積扇的地形比較平坦（坡度大約在10°之譜，即斜率約爲18%），所以極適宜作爲建築用地。不過，土石流具有週期發生的特性，因此常常聽說有些民居被復發的土石流所掩埋，如花蓮的銅門、南投的豐丘及神木村、新竹的五峰、屏東的好茶村等。根據筆者的了解，台灣目前約有將近400處的聚落誤坐在堆積扇上而不自知，這就像400座火山一樣，何時要爆發，猶未可知。對於這些被擾動過的堆積扇之辨認雖然有相當的難度，但是如果能夠想辦法圈繪出來，則可提出警告，並且從事預防。

　　堆積扇的辨認，尤其是那些被擾亂後的堆積扇，以航空照片的判釋為最佳方法。航空照片具有立體誇張（Vertical Exaggeration）的效果，所以利用航照立體對（Stereo Pair）可以將相對高差不大的堆積扇之輪廓圈繪出來。此外，這裡特別介紹一種DTM的揚顯方法（Enhancement）。

　　DTM揚顯方法係利用加權因子（稱為區域微分運算子，Local Derivative Operator），對所欲處理的DTM元素進行增強，但對其鄰近的元素則予以壓制，這種處理必須逐元進行，結果將原始的DTM轉換成新值。它的效果可以將DTM之間的微小差別（稱為邊界，Edge）強化出來，以達到圈繪的目的。在運算上，可以採用Laplacian篩網（Kernel）（見圖11.3），假想將其覆蓋在DTM左上角的元素上，然後用捲積的方式（公式11.2），分別計算9個網格的乘積，再總和起來，然後附加在該元素的原始值上，形成新值。也就是將該元素值誇大4倍，且將其周圍一圈的元素值予以弱化或壓制，最後會使得高差變大，因此獲得揚顯的效果。這種處理方法必須將DTM的原始值逐個處理，首先從左到右，然後從上到下，類似掃描一樣。

0	−1	0
−1	4	−1
0	−1	0

圖11.3　Laplacian 篩網

$$Z'_{x,y} = Z_{x,y} + \sum_{i=1}^{3} \sum_{j=1}^{3} [Z_{x+i-2, y+j-2} \times L_{i,j}] \tag{11.2}$$

式中，$Z_{x,y}$ = DTM (x,y)元素的原始高程

　　　$Z'_{x,y}$ = DTM (x,y)元素處理後的新高程

　　　$L_{i,j}$ = Laplacian 篩網值

　　經過揚顯計算後，即可獲得一個轉換後的新DTM，利用此一新的數值地形模型再進行等高線及立體地形分析繪製，在地形有微小變化處，等高線會變得比較密集，與原始的等高線圖有相當明顯的差異，使得堆積扇與堆積床的差別更為凸顯，尤其是堆積扇的外緣更容易圈繪。在理想的狀況下，有時候甚至連不同時期的土石流也可以加以區分。

11.4　土石流的防治

一、發源地的防災

　　發源地是提供土石材料及聚納地表逕流的地方，其中缺一不可。因此，發源地的防災策略是既要治山，又要治水。

　　所謂治山就是針對發源地的土石材料進行治理，其原則應採取穩固措施，防止土石的流動，並抑制土石的生產，俾讓它們不至於發生土石流（見圖11.4）。簡言之，就是減少土石的供應量，以降低土石流的規模及頻率，甚至將之消弭於無形。對於山坡型的土石流（即土石流的發源地位於山坡上，而堆積於山谷口），常用的方法有植樹造林、穩定邊坡、禁止造路等。植樹的目的在於防止地表沖刷及減少逕流量，以抑制土石流的啟動；再者，深根性的樹種，其根系有抓緊土石的作用，避免產生土石流的材料。發源地的坡度一般都很陡，其邊坡的穩定性不足，因此要加以穩固，以避免產生土石料源。

　　對於溪谷型的土石流（即土石流發源於溪谷的兩岸，且流入大河），常用的方法有防止溪岸淘空、固床築壩、整流護岸等。溪谷兩岸的坡趾要善加保護，以防止側蝕作用而製造更多的土石。穩固溪床的目的則在於防止刷深，以避免增加溪床的陡度；溪谷上可以興建攔砂壩或連續壩，以攔擋一部分土石、保護溪床、降低縱坡的陡度，並減緩土石流的流速。

　　充分的土石材料與地表水是發生土石流的兩個必要條件，尤其是水。如果沒有豐富的水源，則很難啟動土石流。因此阻水是非常重要的一個手段。前述處理地滑的截水及地表的集排水措施在此都可以應用得上。如果發源地的面積不大，

則可以使用拋石的方法，將發源地的凹坑以石塊填滿，這樣也可以發揮一定的阻止土石流啓動的作用。

二、流通段的防災

　　流動段的防災原則主要包括避免土石材料的增量、改善溝槽的輸運功能、維持適宜的流速、調整輸運的路線與方向，以防止漫流與越岸直進，有時可能需要延伸流通段，俾將土石流引導到安全的地方堆積。

　　土石流在輸運的過程中，發揮很大的刷深及側蝕作用，一路上取得更多的新土石，加入原有的土石，使土石流越往下游越兇猛。所以沿途要採用傳統的護岸、固床及攔截土石等工法（見圖11.4），一則可以保護溝岸及溝床，免受沖刷，避免土石增量；二則可以攔阻土石、減緩土石流的流速，以降低其破壞力。攔擋壩以採用透過性攔石壩爲佳，如梳子壩即是，它主要是要把石塊阻擋下來，只讓較細的顆粒通過。在壩的上游側最好加做能夠降低衝擊力的廢輪胎或其他消能構造物。有時爲了減少土石量，如果在流動段遇到有適宜的窪地，也可將部分土石流導到中途的貯淤場，以達到土石減量的效果。

　　調整土石流的路線與方向常用的方法有導流堤、導流牆、導流槽、導流隧道等。導流堤只是一條土堤，一般呈弧型，主要功能在於保護土石流前方的住家或村莊（見圖11.5），適用於防止土石流在地面上產生漫流的情況；或者土石流雖然侷限在槽溝內，但是碰到轉彎時，流速減慢，因而產生越岸直進（Overtopping）的情形。導流牆就是一面牆，將它橫擺於土石流與住家之間，硬是將土石流阻擋下來，並導向貯淤場。導流牆的材料可以採用蛇籠、鋼筋混凝土或加勁擋土牆等。導流槽則是將土石流的流向及流速限制在流槽內，以防止它產生漫流，因爲漫流的路徑是非常的不可預測，通常都是多重方向的；或者也可應用於土石流的轉向或改道，以將其導到不會造成危險的溪流或貯淤場。導流隧道則是將土石流利用隧道的方法將其導到隔鄰的溪流，達到分洪的效果，以降低土石流的破壞性。

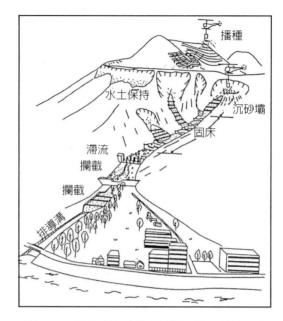

圖11.4 防治土石流常用的攔、擋、導等工法

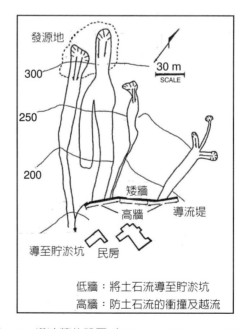

圖11.5 導流牆的設置（Ellen and Fleming, 1987）

土石流要維持在適宜的速度，如果太快時將加大其衝擊力及沖刷力，太慢時則將發生停積、溢岸直進及漫流等危險。因此，在整治溝槽或設置導流槽時，一定要儘量維持一定的斷面，儘量不要轉彎，而且要一坡到底。如果需要轉彎時，曲率要變大不能急轉彎。一般而言，設計排導溝槽時，其寬深比要小於 5（Ellen and Fleming, 1987），而且底面以設計成橢圓形為佳，斯可減小土石流流動時的摩擦力及阻力。

流通段如果遇有涵洞時，其通水斷面要加大，以防淤塞。橋樑的淨空及橋墩跨距也要足夠大。如果是碰到舊橋樑時，則應在其上游側採取攔擋、導流、離槽貯淤等各種可以減少土石量的措施。

三、堆積區的防災

在土石流災害中以堆積區的災害最為嚴重，因為該區在山坡地的地形上顯示異常的平坦，所以常吸引人建村群聚，因此屢遭埋村的宿命。堆積區的防災原則最重要的就是要限制土石流的通過，以及將土石堆積的位置與範圍往下游地帶延伸，最好是延伸到大河的地方傾瀉。

堆積區如果有聚落時，需要在上游就要導到山谷停積。如果找不到適宜的停積場或貯淤場，則應將土石流延伸，穿過村莊，並將它導到更下游的大河或貯淤場停積。或者可以在聚落的上游進行植栽，以作為緩衝帶，俾使土石流減速，並且提早土石流的停積。

第12章

地震與活動斷層的威脅與抗險

地震是地球，特別是地球的岩石圈之快速振動，這種振動通常在幾秒鐘至多幾分鐘之內即行停止。強烈地震瞬時之間使得很大的區域淪為廢墟，是一種破壞性很大的天然災害，還好它的發生頻率不如山崩那麼頻繁，故以累積損害而論，它的傷害不如山崩的大。地震可能造成二次災害，例如它能引起大區域的土壤液化、觸發大型的山崩，如果地震震央位於海洋，可能還會引起海嘯。

據統計，全世界每年發生的地震約有500萬次，其中大部分是人們不易察覺到的小震。人們能感覺到的地震每年約5萬次，占總數的百分之一。強烈破壞性的地震每年只有1次至2次。全球的地震絕大多數都非常規律的分布在板塊交界，可見兩者存在十分密切的關聯性。

活動斷層一般是沿已有的斷層長期活動，或是老斷層的復活，當然也有新形成的斷層。活動斷層的活動方式，一種是以地震的方式產生突然的錯動；另一種則是連續緩慢的錯動。第一種活動斷層對生命財產具有嚴重的威脅，即突然的振動或錯動；第二種是一種緩慢的蠕動，即動而無震，其威脅較小。由上所述，活動斷層與地震具有依存關係。一般而言，地震的發生是因為岩體受力到極限時，即破裂而發出地震波。

12.1　地震的發生

地震是因為岩體沿著破裂面（即斷層）急遽錯動時所產生的一種波動，是先在岩體內累積能量（一般是板塊移動及擠壓所造成的），然後突然釋放的結果。地震雖然發生於一瞬之間，但是孕育時間卻是漫長的。引起地震的斷裂大多發生在地殼的深部，這種地震斷層不一定在地面上看得到，這種斷層稱為盲斷層。

12.1.1　發生地震的條件

地震的發生必須具備一些條件，這些條件包括岩性、地質構造及現場應力。現在分別說明如下：

一、岩性條件

一般認為，硬脆的岩性才能積聚很大的彈性應變能，而當應變能一旦超過了岩石的極限強度時，就會發生突然的脆性斷裂，釋出大量的應變能而產生強烈的地震。軟塑的岩性在應力作用下多以塑性變形來調節，應變能是以漸近的方式慢慢釋放，所以不可能產生強震。

二、構造條件

國內外的地震都顯示，大部分的地震都發生在活動斷層的某一個部位，也就是發生在活動斷層上地應力高度集中的部位，包括斷層的兩端、彎曲部、轉折部、兩組斷裂的交匯部、斷層的分岔部等，這些部位稱為活動斷層的鎖固段，就是蓄積應變能的部位。鎖固段的岩石強度特別強，兩側岩盤互相黏結在一起。當應力累積到一定的程度時，潛移段的某個點無法承受，乃突然斷裂，並發生地震。因此，活動斷層的鎖固段就成為控制震源的所在。

三、現場應力條件

地震的孕育與發生，受制於現代的現場應力，而現地應力的狀態與板塊運動具有密切的關聯性。所以對於活動斷層的監測，包括區域性的最大、最小主應力的方向，以及其大小、斷層的鎖固段及潛移段以及潛移的速率等，對地震的預測具有特別重要的意義。

12.1.2　震度大小與地質環境

震度的大小與地質環境具有密切的關係，茲分別說明於下。

一、岩土層的堅實度

在同一個地震下，岩盤的震度會小於鬆散堆積物的震度。此因震波進入鬆散堆積物時，傳播的速度減慢、振幅顯著的增大、週期變長、加速度也被放大，因此振動得更強、更厲害（見圖12.1）。

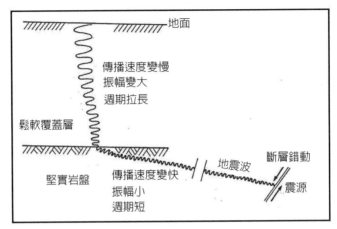

圖12.1　鬆軟覆蓋層對地震波的放大作用

二、鬆散堆積物的厚度

　　隨著堆積物厚度的增加，震度會更大。在中等厚度的鬆散堆積物上，一般的房屋破壞得比高層建築物還嚴重，但是在很厚的鬆散堆積物上，高層建築物破壞得最嚴重。此因地震波的週期與土層的厚度成正比，而變長的週期正好接近於高層建築物的振動週期，也就是兩者產生共振現象。因此，低加速度的遠震可以使巨厚的鬆散堆積物上的高樓大廈遭到破壞。

三、土層的性質

　　一般而言，震度的大小係按堅硬岩盤、砂礫石、緻密黏性土、飽和粉砂、淤泥、沼澤土、人工填土的順序而變得更強烈。疏鬆的砂土由於強烈的振動而壓密而發生沉陷，特殊的砂土（例如飽和、均粒的粉砂）也因振動而液化。

　　岩土層的層序也會影響震度的大小，例如軟弱土層如果位於地表，則震度會很強。但是如果軟弱土層被一層較堅實的土層所覆蓋，則軟弱土層的震度會轉弱。在多層岩土層的情況下，工址的抗震能力主要取決於軟弱土層的位置與厚度。一般而言，軟弱土層愈淺、厚度愈大，震害也就愈重。

四、地形

地形對震度的影響很大。突出的孤立地形常使地震動加強；低窪的山谷則使地震動減弱。一般而言，山頂上的地震動持續時間顯著的增長、放大效應顯著。山頂上的地震加速度大於平坦的地面，山底及山腳的地震加速度小於平坦的地面；因此，位於山頂的建築物之破壞要嚴重得多。

五、地下水

岩土層飽水之後會加快地震波的傳播速度。總體來說，地下水將使工址的地震強度變強，但是地震強度受到影響的程度則與地下水位的深度有關。一般而言，地下水位愈淺，影響程度愈大。當地下水位低於10公尺以下時，則影響程度就不顯著了。地下水位在地表下1～5公尺的範圍內時，其影響最爲顯著。

12.2　地震的大小

所謂地震大小通常有兩種含意，其一爲地震本身的大小，即地震規模（Earthquake Magnitude）。另一爲地震動的大小或震度（Intensity of Earthquake Motion）。地震本身的大小係利用地震規模來描述；而地震動之強弱則是以震度等級（簡稱爲震度，Intensity Scale）來表示。前者是定量的，後者則是定性的。

12.2.1　地震規模

地震規模是表示地震震源本身之振動大小。地震動的大小通常與地震震源的振動大小以及我們與地震震源之間的距離有關係。地震規模會因不同的觀測及計算方式而有不同的名稱和數值。

我國使用芮氏地震規模（Richter Magnitude Scale），亦稱爲近震規模（Local Magnitude，M_L）。是1935年由美國加州理工學院的地震學家芮克特（Charles Francis Richter）和古騰堡（Beno Gutenberg）兩位教授所共同制定的，且使用伍德—安得生扭力式地震儀（Wood-Anderson Torsion Seismometer）來測量。由觀

測點的地震儀所記錄到之地震波最大振幅的常用對數演算而來，以沒有單位的實數表示之。但是由於地震儀的位置一般並不在震央，考慮到地震波在傳播過程中的衰減以及其他干擾因素，計算時需減去觀測點所在地的規模零地震所應有的振幅之對數。

即芮氏地震規模被定義為：使用標準扭力式伍德－安得生式地震儀（自由週期0.8秒，倍率2800倍，阻尼常數0.8）在距離震央100公里處所記錄到的最大振幅（以微米為單位）之對數值。

其公式為：

$$M_L = \log(A / A_0) = \log A - \log A_0 \tag{12.1}$$

其中M_L＝芮氏（近震）地震規模

A＝伍德－安得生（Wood-Andersion）式地震儀在測站所觀測之最大振幅

A_0＝標準地震（$M_L = 0$）時，同式地震儀在該測站所記錄之最大振幅

因此地震規模是一個統一的數值，地震本身的大小與測站的位置無關。但是地震並非都發生在距離測站100公里處，因此在計算地震規模時，我們必須考慮震央距（即震央與測站之間的距離）。

若考慮震央距的修正，則式(12.1)可以修正為：

$$M_L = \log(A) + 2.56\log(\triangle) - 5.12 \tag{12.2}$$

其中M_L＝芮氏（近震）地震規模

A＝地震記錄最大振幅，以微米（μm）為單位

$\triangle$＝震央距，以度為單位

由於當初設計芮氏地震規模時所使用的伍德－安德森扭力式地震儀的功能限制，近震規模 M_L 若大於約7.5或觀測點距離震央超過約600公里時便不適用。後

來研究人員提議了一些改進，其中以表面波規模（M_s）和體波規模（M_b）最爲常用。以地震波中特定波相的最大振幅來計算，但是這兩種計算規模的方法，對於大型地震也會有飽和的現象，也就是計算出來的所有地震規模都趨近相同。

表面波規模是根據表面波之振幅（A）及週期（T）而定的。定義中不指定使用何種儀器，僅選用週期20秒左右的最大水平地動合成振幅A（單位爲μ）來定義M_s。而在1966年蘇黎士國際地震學會上規定，計算表面波規模（M_s）時，應考慮最大振幅之外，還須考慮週期、振幅以及距離函數（亦稱檢定函數）σ，即

$$M_s = \log (A / T) + 1.66\log\Delta + 3.3 \tag{12.3}$$

對於週期20秒的表面波，上式可修正爲：

$$M_s = \log (A_{20}) + 1.66\log\Delta + 3.3 \tag{12.4}$$

其中A_{20}爲週期20秒的表面波最大振幅。值得注意的是必須考慮實際地動的振幅量，即由記錄中的最大振幅量，除去儀器的放大倍率，得出眞正的地動量。表面波規模的優點是任何儀器都可以使用，但是缺點則是無法測定較深的地震。

1945年古騰堡研究體波之振幅衰減曲線$Q(\Delta)$，乃根據體波之振幅（A）及週期（T）而定義遠地地震體波規模M_b，如下式：

$$M_b = \log(A/T) + Q(\Delta) \tag{12.5}$$

由以上的地震規模（M_L、M_s、M_b）都可用一個通式來表示：

$$M = \log A + f(d, h) + C_S + C_R \tag{12.6}$$

其中M＝規模

　　A＝除去儀器效應後所記錄到的地震波真實振幅

　　f(d, h)＝計算關於震央距離及震源深度的函數

　　C_S, C_R＝測站（Station）及區域（Region）計算出的修正值

　　因為所記錄的週期不夠長或是有儀器使用限制的關係，所以以上的地震規模對於能量較大或深度較深的地震，並無法完全定出其規模，也就是說對於規模較大的地震，有所限制，無法表示出來。所以希望能有一種地震規模，可以適用於所有大小、深度及位置的地震，而這種規模是由地震矩（Seismic Moment）發展出來的。

　　地震矩規模是由 Kanamori 教授所發展。因為地震的主要原因為岩層之錯動，而錯動處稱為斷層，所以地震震源本身之大小與造成岩層錯動的作用力有直接的關係。因此，總力矩為表示震源大小的一個很重要且直接的參數。震源機制之總力矩稱為地震矩，而造成單一斷層之地震的地震矩可簡化為：

$$M_0 = \mu \cdot S \cdot D \tag{12.7}$$

其中μ＝被錯斷岩層的剛硬係數（Rigidity或Shear Modulus）

　　S＝斷層的面積

　　D＝斷層的平均位移

　　地震矩（M_0）的單位為 dyne-cm，一般地震的地震矩值約為10^{12}～10^{30}dyne-cm。根據地震矩（M_0）所發展出來的地震矩規模（M_w）為：

$$M_w = 2/3 \, (\log M_0 - 10.7) \tag{12.8}$$

　　即由計算得到的M_0，即可得出相對的M_w。它可適當的描述地震的大小，對大地震亦無飽和現象。

12.2.2　地震強度

　　一次地震儘管規模是固定的，但隨著離開震央的距離愈遠，地震所引起的地表震動之強度則愈弱，因之對建築物的影響也是遞減的。因此，為了表示地震時震動強度隨著震央距加大而產生的漸弱現象，以及距離震央一定距離的地方的震動強度，即以地震震度或地震強度來計量。地震規模與地震強度雖然有著不同的意義，但是其間的關係卻是非常密切；通常地震規模愈大，則在同一震央距離的地方其震度就愈大。

　　地震強度多採用由弱到強劃分為I至XII度的劃分法。它係根據地震時人的感覺、建築物的破壞、器物振動，以及自然表象來判定。我國所採用的震度階級則共分為0～VII級（見表12.1）。

表12.1　我國地震強度（震度）階級表

震度	名稱	震動程度	我國現用震度階（CWB）	日本氣象聽震度階（JMA）	新麥卡利震度階
0	無感	地震儀有記錄，人體無感覺。	0.8gal以下	0.8gal以下	0 0.5gal以下
I	微震	人靜止時，或對地震敏感者可感到。	0.8～2.5gal	0.8～2.5gal	0.5～1.0gal
II	輕震	門窗搖動，一般人均可感到。	2.5～8.0gal	2.5～8.0gal	1.0～2.1gal
					2.1～5.0gal
III	弱震	房屋搖動，懸物搖擺，靜止汽車明顯動搖。	8.0～25.0gal	8.0～25.0gal	5.0～10gal
					10～21gal
IV	中震	房屋搖動甚烈，較重傢具移動，可能有輕微災害。	25～80gal	25～80gal	
V	強震	牆壁龜裂，招牌傾倒，設計不良之建築有相當的損害，大多數人因驚嚇而不安。	80～250gal	80～250gal	21～44gal
					44～94gal
VI	烈震	房屋倒塌，山崩地裂，地面顯著裂開，地下導管破裂，建築基礎破壞。	250～400gal	250～400gal 烈震	94～202gal
					202～432gal
				400gal以上 激震	432gal以上

震度	名稱	震動程度	我國現用震度階（CWB）	日本氣象聽震度階（JMA）	新麥卡利震度階
VII	劇震	房屋倒塌，幾乎所有家具都大幅移位或摔落地面，山崩地裂，地層斷陷，地下導管破裂，鋼軌彎曲。	400gal以上		

上述震度階由於缺乏定量標準，以致尺度不夠精確，對於工程防震設計而言，需要定量指標做依據，俾可計算地震力對建築物破壞的影響，因此需要其他的定量尺規。

目前工程界大多以與震動有關的某一物理量來定地震強度，亦即反應地震力破壞大小的強度，而不是地震造成後果輕重的強度。最常用的是地震時地面運動的物理量，如地面最大位移、速度、地面加速度等。而其中最常採用的是地面加速度峰值。一般而言，地震強度每增加一級，加速度與速度也大致增加一倍。

根據強度表可以對某一次地震的震域進行震度調查，劃分地震強度，將強度相同的地區用等震度線連結成封閉的曲線，成為一張等震度圖。其中最大強度的中心點即為震央。

12.2.3 地震能量

地震能量的計算，不但可以研究地震的發生及地震的本質，而且在工程地質、核子試爆等方面也具有相當的重要性。地震所釋放的能量與震波之振幅有關，而地震之規模與地震記錄之振幅成對數關係，所以地震所釋放的能量與地震規模也應為對數關係。

根據1966年Bath所建議的經驗公式，能量（E）與規模（M）的關係式為：

$$logE = 5.24 + 1.44M \tag{12.9}$$

一般地震的能量相當於2×10^{13}爾格，地震規模每增加1級，則釋放的能量增加約為32倍。例如一個規模8的地震所釋放的能量大約是一個規模4的地震所釋放

出的100萬倍！

就地震能量而論，根據芮克特教授的統計，全球在1918年至1955年間所發生的地震，其規模、震源深度及發生頻率具有明顯的相關（見表12.2）。一般而言，震源越淺，其規模越大，而頻率則越小。

表12.2　1918～1955年全球發生的地震次數與地震規模及震源深度之關係（Richter, 1958）

地震規模	淺層地震 （0～70km）	中層地震 （70～300km）	深層地震 （＞300km）
≧8.6	9	1	0
7.9～8.5	66	8	4
7.0～7.8	570	214	66

12.3　地震的破壞效應

在地震作用影響所及的一定範圍內，於地表所造成的各種震害與破壞統稱為地震效應。地震效應與地質條件、地震規模及離震央距離等因素有關。

地震的破壞效應大體上可以分成振動破壞效應及地表破壞效應兩方面。

12.3.1　振動破壞效應

破壞效應是由地震力直接引起的建築物破壞，一般包括建築物的水平搖動或晃動，以及共振等，於地震效應中算是主要震害。地震時由於震波在地殼表層及地面傳播，使之產生瞬間振盪，建築物的上部結構也發生振動。當結構的振動超過其容忍限度時，即造成破壞。

不同規模的地震對建築物的破壞程度也有所不同。小於規模2的地震人們感覺不到，稱作微震；規模2到4的地震叫做有感地震；規模5以上就引起不同程度的破壞，統稱為破壞性地震；規模7以上的地震稱為強烈地震（見表12.3）。需要注意的是由於地震規模還受當地地質條件等因素的影響，表中描述的乃是極端

影響程度。現有記錄的地震規模最大不超過9，此因岩石強度無法忍受超過規模9的彈性應變能，全世界大約每20年就要發生一次這麼大規模的地震。

表12.3　不同的地震規模與其破壞程度

破壞程度	芮氏規模	地震影響	發生頻率（全球）
極微	< 2.0	很小，沒有感覺。	約每天8000次
甚微	2.0-2.9	人一般沒有感覺，儀器可以記錄得到。	約每天1000次
微小	3.0-3.9	通常有感覺，但是很少會造成損害。	估計每年49000次
弱	4.0-4.9	室內的物品會搖晃出聲，不太可能有大量損害。當地震強度超過4.5級時，已足夠讓全球的地震儀器監測得到。	估計每年6200次
中	5.0-5.9	可以在小區域內對設計/建造不佳或偷工減料的建築物造成大量破壞，但對設計/建造優良的建築物則只會有少量的損害。一般會出現牆壁均裂。	每年800次
強	6.0-6.9	可摧毀方圓100英里以內的居住區。	每年120次
甚強	7.0-7.9	可對更大的區域造成嚴重破壞。	每年18次
極強	8.0-8.9	可摧毀方圓數百英里的區域。	每年1次
超強	> 9.0	摧毀方圓數千英里的區域。	每20年1次

地震力是由地震波在傳播過程中使地殼岩體中的質點產生加速度的慣性力，而使建築物發生破壞的主要是水平方向的力量。質點在地震力的作用下，其最大水平加速度可以下式表示之：

$$a_{max} = \pm\, A\,(2\pi/T)^2 \tag{12.9}$$

式中，a_{max} = 最大水平加速度

　　　A = 振幅（質點的最大位移量）

　　　T = 振動週期

如果將a_{max}除以重力加速度g，其值稱爲水平地震係數，以Kc表示。它是一個很重要的地震係數。當Kc = 0.1時，建築物即開始受到破壞；而Kc = 0.5時，建築物將受到嚴重破壞。

加速度與震度的關係，可以心理學家韋伯—費科納的法則來解釋：即刺激的程度（加速度，a，單位爲公分／秒²）成等比級數增加時，感覺的程度（震度，I）將以等差級數增加。中央氣象局現在所採用的震度階級，與加速度的關係式如下：

$$\log(a) = I/2 - 0.6 \tag{12.10}$$

根據上式，若震度相差1級，則加速度增減3倍；震度相差2級時，加速度增減約10倍。烈震（震度爲6級）的加速度約爲微震（震度爲1級）的300倍（見表12.1）。

一般而言，在震央區，垂直向的地震力不能忽略，但是遠離震央區，垂直加速度則大爲減弱。在一般的情況下，垂直加速度約爲水平加速度的1/2至2/3。一般建築物較能承受垂直方向的地震力。因此，一般建築物可以不考慮垂直方向的地震力之影響。但是在水平推力的作用下，有傾覆、滑動危險的結構，如擋土牆、壩體或計算高震度地震區的邊坡穩定時，則需考慮垂直地震力的負載。

當某一週期的地震波與土層的自振週期相近時，地震波的振幅即得到放大，建築物的破壞因而加劇，這種現象稱爲共振作用。一般土層的自振週期大約是0.15至0.4秒，鬆軟土層大約是0.3至0.7秒，而岩盤只有0.1至0.2秒。

建築物的自振週期也會影響到它的破壞程度。一般而言，建築物的自振週期都在0.1至2.5秒的範圍內（台北盆地的共振週期大約是1.3秒）。低層建築物的自振週期較短，而高層建築物的自振週期較長。因此，長週期的地面振動常使較高的高樓大廈遭受破壞；而低層建築物卻安然無恙。

建築物的破壞與鬆軟土層的厚度也有密切的關係。許多地區的震害顯示，當沖積層的厚度很大時，建築物的破壞較爲嚴重，尤以高層建築物爲甚。這說明巨厚沖積層地區的地面振動週期較長。其間的關係式如下：

$$T = 4H / Vs \qquad (12.11)$$

式中，T = 振動週期

　　　H = 土層厚度

　　　Vs = 震波速度

　　　一般而言，當地震波從緊密的結晶岩到沉積岩及鬆散的沖積層傳播時，其振幅會增大，但速度會降低。在鬆散或飽含地下水的沉積物內，地振動會持續得久一點，因此震害也較嚴重。故岩盤上的建築物一般受害較小，而人工填土上的建築物則至為危險（見圖12.1）。

　　　如果地震發生於海域，且規模大於6.3，又震源深度小於80公里時，可能就會引起海嘯，對沿海地帶會造成嚴重災害。例如2004年聖誕節的翌日發生在印尼蘇門答臘外海的亞齊省裂震（規模9.0），其震源只在水下3公里深處。它所衍生的海嘯造成10公尺高的巨浪，以排山倒海之勢，且以超過800公里的時速，幾乎全毀了印度洋沿岸的低地，造成30萬人以上的傷亡，成為21世紀以來的第一個，也是20世紀以來排名第四的劇烈地震。又如2011年3月11日發生在日本東北外海的規模9.0地震，其震央位於宮城縣首府仙台市以東的太平洋海域，震源深度只有24.4公里，衍生了最高達40.5公尺的海嘯。這次地震引起了本州島的位移，甚至使得地球的地軸發生偏移。因地震所觸動的海嘯波源範圍，則南北長約500公里，東西寬約200公里，創下日本海嘯波源區域最廣的記錄。

12.3.2　地表破壞效應

　　　地震的地表破壞效應，按其形成條件及破壞規模與範圍，可大體歸納為地面斷裂效應、地基破壞效應及邊坡破壞效應等三大基本類型，如表12.4所示。

表12.4　強震引起地表破壞效應的類型及特徵

主要類型	破壞型式	主要特徵
地面斷裂效應	地震斷層	為位於地下深處的發震斷層延展到地表的斷層，屬於地表斷裂現象；往往由一個或數個破裂帶組合而成，規模大、延伸長，不受地形控制。
	地裂縫	受地質及地形控制的次生破裂效應，多半以張性裂縫為主，一般與主斷層在地下斜交，其長度不長。
地基破壞效應	地盤下陷	多半由砂質土壤的振動壓密所引起，並伴有噴砂、冒水的現象，有局部的、也有大範圍的。
	砂土液化	飽水的細粒砂層因振動，造成孔隙水壓上升，終至喪失抗剪強度，失去承載能力，為平原地區、河谷地段或古河道危害最大的地表破壞效應。
	塌陷	發生於溶洞、礦坑或隧道處，造成頂磐塌陷，屬於局部性災害。
邊坡破壞效應	落石	岩體或半風化岩體的石塊掉落，多見於高陡邊坡。
	崩塌	岩、土體受震後發生崩落，多發生在高山峽谷地區。
	表層滑動	坡上的殘積物沿著岩盤面發生後退式的牽引滑動，滑動體的長度遠大於厚度；橫剖面呈階梯狀。
	側滑	地下的飽水土體發生蠕變式的緩慢移動，引起上覆土層的滑動及解體，面積寬廣；多發生在平緩的斜坡上。
	土石流	發生於河谷源頭的碎屑堆積物於受震時或受震後因降雨而沿著山溝或河谷快速流動。

　　強烈地震發生時，大多在地表會出現地震斷層及地裂縫。在宏觀上，它們係沿著一定方向，分布在一個狹長地帶內，綿延數十至數百公里，對地表造成嚴重的破壞。如果變形或變位大時，幾乎沒有任何結構物可以抵擋得了。

　　強震時地震加速度很大，如果建築物的地基強度較低，就會導致地基承載力的下降、喪失，以致錯開、移動，由此造成建築物的破壞（見圖12.2）。

　　地震時由於強烈振動的影響，使得地基的土壤被振密而迅速下陷。如果地基岩性不同或在層厚不同的情況下，則會發生不等量沉陷，均對建築物發生破壞效應。地盤下陷主要發生於疏鬆砂礫層、鬆軟黏土以及人工填土等地基中。

　　塌陷則大多發生於岩盤內，如石灰岩的溶洞、人為開挖的礦坑、隧道、地下工事等。

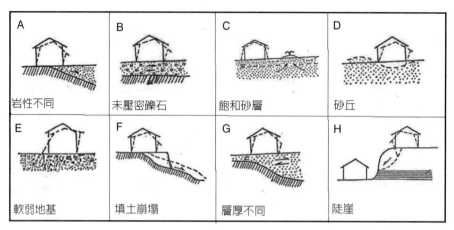

| A 岩性不同 | B 未壓密礫石 | C 飽和砂層 | D 砂丘 |
| E 軟弱地基 | F 填土崩塌 | G 層厚不同 | H 陡崖 |

圖12.2　在不同地質及地形條件下地基失效所造成的建築物破壞（守屋喜久夫，1978）

　　地震導致的砂土液化往往是區域性的，可使廣大地域內的建築物遭受破壞。它主要發生於飽和疏鬆砂層廣泛分布的海濱、湖岸、沖積平原，以及河川地、低階地、人工填土、海埔新生地等地區。

　　邊坡破壞效應包括地震導致的落石、崩塌、滑動、土石流等，主要發生在山區及丘陵地區。如果地震前長期下雨，則地震發生時，不但崩塌災害會加劇，而且還易發生土石流，震害將更加慘重。

12.4　強震區的工址選擇

　　地震強度很高的地區，建築基地的選擇至為重要。因此需要謹慎的進行工址的地震效應評估及震害預測，然後選出抗震性良好，且震害較輕的地段作為工址。

　　從事工址調查時應先蒐集及研析地質及地震相關的文獻圖資，利用衛星影像，研判區域的地震地質背景，如岩盤類型、地質年代、構造特徵、斷層分布情況、第四紀地層的覆蓋厚度及其成因、年代等，然後結合工址及其周圍地區的震央分布與震度資料，規劃勘查工作。

選址時應重視下列要點：

1. 重要工程應避開活動斷層及大斷裂破碎帶。活動斷層是地震危險帶，地震時地表斷裂及錯動會直接破壞建築物，而大斷裂破碎帶可能會使震害加劇。按照美國的法規，如果活動斷層的跡線可以精確的定位及追蹤，則將其左右各15公尺的狹長帶列爲禁建帶。如果活動斷層的跡線不能精確的定位及追蹤，則將其左右各30公尺的狹長帶列爲禁建帶。

2. 儘可能避開具有強烈振動破壞及地表破壞之影響帶。此種地段包括強烈沉陷的淤泥層、厚塡土層、可能產生液化的飽和砂土層，以及可能產生不均勻沉陷的地基。

3. 避開不穩定的斜坡或可能發生斜坡破壞效應的地段。包括已有崩塌及地滑段，尤其是大規模崩塌的復發帶，還有高陡山坡。

4. 避開孤立突出的地形，而選擇地形平坦開闊的地方。

5. 儘可能避開地下水位太淺的地段，地下水位不得淺於10公尺。

6. 避開地下水位很淺或覆蓋層很薄的石灰岩溶洞地區。

7. 避開採煤或有廢棄礦坑分布的地區。

8. 岩盤地區的岩性應堅硬均一，或上覆較薄的覆蓋層。如果覆蓋層較厚，則應選擇比較密實者。

9. 岩盤最好沒有斷裂；如果含有斷裂，則需與發震斷層無關，且膠結較好者。

工址選定後，即應根據地質條件選擇適宜的承載層與基礎型式。於選擇承載層時應注意：

1. 基礎要砌置於堅硬、密實的地基上，避免選擇鬆軟地基。

2. 基礎的砌置深度要大些，以防止地震時建築物發生傾倒。

3. 同一建築物不要採用幾種不同型式的基礎。

4. 同一建築物的基礎不要分別坐落在性質顯著不同或厚度變化很大的地基上。

5. 建築物的基礎要以剛性強的聯結樑連成一個整體。

於設計基礎型式時應注意：

1. 高層建築物的基礎需砌置於堅硬的地基上，並以有多層地下室的箱型基礎最佳。

2. 高層建築物的基礎亦可採用墩式基礎及管柱樁基礎，支承於堅硬的地基上，切不可採用摩擦樁。

3. 在中等密實的土層上，一般建築物可採用一般的淺基礎。

4. 在可能液化及高壓縮性的土層區，宜採用筏式、箱型或樁基礎；也可將地基土預先振動壓密進行地質改良。

12.5　活動斷層的性質

12.5.1　活動斷層的定義與分布

活動斷層與地震具有依存關係。一般認為目前正在活動，或者近期曾有過活動，而且不久的將來也可能重新活動的斷層為活動斷層。因此，活動斷層是一種很年輕的斷層。例如車籠埔斷層於1999年又復活，所以確定是一條活動斷層。至於活動斷層為什麼要以年紀來定義呢？主要是根據統計結果，發現愈近發生的斷層，其復發的機率愈大。

工程上，對於「近期」的定義需視工程的重要性而有所不同。對於一般建築物而言，凡是在10000年（全新世開始的年代）內，也就是距今10000年間所發生的斷層就是活動斷層。對於重大工程，如大壩、核能電廠、海域工程等而言，則定義在35000年內，這是碳14同位素定年的可靠上限；因此，後者是一種比較嚴格的定義。至於「不久的將來」，一般指的是工程的壽命年限，最好取100年為宜。

活動斷層一般是沿著已有的斷層進行活動。而活動的方式有兩種，一種是連續緩慢的潛移（Creeping），稱為蠕動斷層；另外一種是突然的錯動，稱為發震斷層。後者才是產生震害的斷層。

一般而言，發震斷層係發生於堅硬的基岩內。當基岩發生斷層作用時，其上

覆的土層具有吸收變形與位移的能力,即地表的位移要比基岩的位移小。當覆蓋層增厚時,地表下的發震斷層於往上伸展時可能會被覆蓋層所吸收,也就是地震斷層不一定會穿出地表。這種地下斷層稱為盲斷層。盲斷層上方的地表有時會出現土壤液化,或噴砂、噴水的現象呈線狀排列;或者地裂(屬於張力裂縫)或撓曲呈現雁行排列。對走向滑移斷層而言,不需要很厚的覆蓋層即可吸收斷層的位移,而不會產生地表斷裂。但是對正斷層及逆斷層而言(特別是逆斷層),其出現地表斷裂的可能性比較大(見圖12.3)。目前已可採用解析法及有限元素分析法計算和預測斷層錯動時,周圍地表的變形及副斷層的位移量。

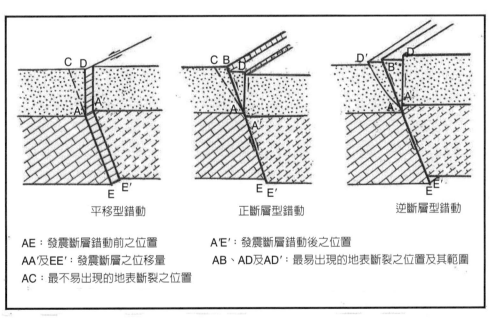

圖12.3　活動斷層的類型與其地表破裂寬度的關係(Wang and Law, 1994)

活動斷層對於建築物及工程體的影響主要有三方面,一種是地面的錯動,那是所有結構體所無法抵擋的破壞;第二種是錯動過程中在地表所伴生的地表變形與地裂,一般會將結構體拱起及破壞;第三種就是發震斷層所產生的地震波,對大範圍的建築物發生影響,並且附伴二次災害,如邊坡破壞、土壤振密、土壤液化、地下孔洞的塌陷等。

　　台灣的活動斷層主要分布在西部麓山帶與平原交界處及東部花東縱谷區域。根據經濟部中央地質調查所發表之2010年版「2萬5千分之一活動斷層圖」，台灣共有33條活動斷層，另有4條存疑性斷層未列入編號（見表12.5及圖12.4）。在33條活動斷層中，有20條屬於第一類，即發生於距今10000年間（全新世）；另外13條則屬於第二類，即發生於距今10,000～100,000年間（更新世晚期）。

12.5.2　活動斷層的特性

　　活動斷層的特性可以分成規模（包括長度及位移量）、活動度（包括活動速率及頻率）及繼承性三方面來說明。

一、規模

　　活動斷層的長度（地震時的地表錯動長度）及最大位移量與地震規模的大小有非常密切的關係。根據已有資料證明，斷層的錯動長度愈長，地震的規模愈大。一般而言，地震的規模愈大、震源的深度愈淺，則地表的斷裂愈長，斷層的位移量也愈大。根據實測資料顯示，一般而言，規模大於7.5的淺源地震均伴有地表錯斷，而規模小於5.5者則少見；但也有規模3.5的地震伴有地表錯斷的例外（Bonilla, 1970）。

　　地表錯動長度（L，以公里計）與地震規模（M）的關係式舉其代表性的就有（地質研究所，1977）：

$$美　　　國：\log L = 0.88M - 1.77 \tag{12.12}$$

$$日　　　本：\log L = 0.60M - 2.90 \tag{12.13}$$

$$中 國 大 陸：\log L = 0.48M - 1.57 \tag{12.14}$$

$$台灣核電廠：\log L = 1.006M - 3.232 \tag{12.15}$$

$$世　　　界：\log L = 1.57M - 9.80 \tag{12.16}$$

表12.5　台灣的活動斷層分布（中央地質調查所，2010年版）

斷層編號	斷層名稱	活動斷層分類	斷層性質
台灣北部			
1	山腳斷層	二	正移斷層
2	湖口斷層	二	逆移斷層
3	新竹斷層	二	逆移斷層
4	新城斷層	一	逆移斷層
台灣中部			
5	獅潭斷層	一	逆移斷層
6	三義斷層	一	逆移斷層
7	大甲斷層	一	逆移斷層（盲斷層）
8	鐵砧山斷層	一	逆移斷層
9	屯子腳斷層	一	逆移斷層
10	彰化斷層	一	逆移斷層
11	車籠埔斷層	一	逆移斷層
12	大茅埔一雙冬斷層	一	逆移斷層
台灣西南部			
13	九芎坑斷層	二	逆移斷層兼具右移性質
14	梅山斷層	一	右移斷層
15	大尖山斷層	一	逆移斷層
16	木屐寮斷層	二	逆移斷層
17	六甲斷層	一	逆移斷層
18	觸口斷層	一	逆移斷層
19	新化斷層	一	右移斷層
20	後甲里斷層	二	正移斷層
21	左鎮斷層	二	左移斷層
台灣南部			
22	小岡山斷層	二	逆移斷層
23	旗山斷層	一	逆移斷層
24	潮州斷層	一	逆移斷層兼具左移性質
25	恆春斷層	二	逆移斷層
台灣東部			
26	米崙斷層	一	逆移斷層兼具左移分量
27	嶺頂斷層	二	左移斷層兼具逆移分量
28	瑞穗斷層	一	逆移斷層兼具左移分量
29	奇美斷層	二	逆移斷層
30	玉里斷層	一	左移斷層兼具逆移分量
31	池上斷層	一	逆移斷層兼具左移性質
32	鹿野斷層	一	逆移斷層
33	利吉斷層	二	逆移斷層

另有南崁斷層、大平地斷層、竹東斷層、斗煥坪斷層暫列存疑性活動斷層，末列入上表。

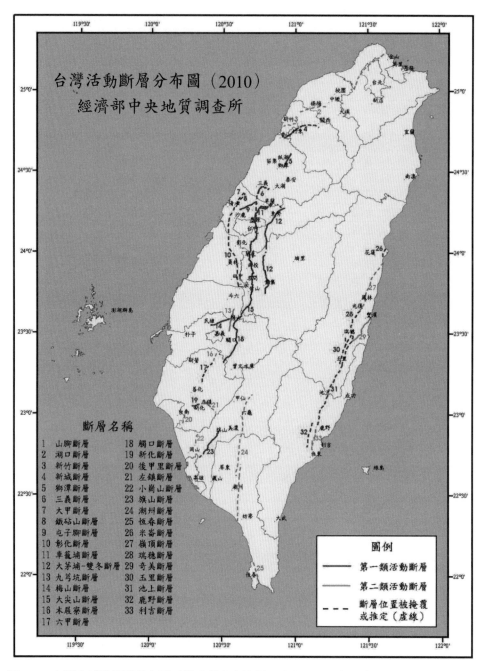

圖12.4　台灣的活動斷層分布圖（經濟部中央地質調查所，民99年最新版活動斷層分布圖）

（彩圖另附於本書494頁）

近年的研究指出，根據斷層的斷裂面積（Rupture Area）更能精確的預測地震規模，即地震矩規模（M_w），其關係式如下（Wyss, 1979）：

$$M_w = 4.07 + 0.98 \, (logA) \tag{12.17}$$

上式中，A為斷層破裂面的面積，以平方公里計。

當某次地震已知其規模時，即可按上列關係式估算地表錯斷的最大長度，最適用於平移斷層的估計。利用上列關係式也可以從活動斷層的活躍長度來預估未來的地震規模。

地震斷層的位移量與地震規模也有明顯的關係。岡本舜山（1973）歸納出下列關係式（D的單位以公尺計）：

$$美　國：logD = 0.57M - 3.91 \tag{12.18}$$
$$日　本：logD = 0.60M - 4.00 \tag{12.19}$$
$$世　界：logD = 0.55M - 3.71 \tag{12.20}$$

從活動斷層的位移量也可預測未來地震的規模，如下式：

$$M_w = 6.69 + 0.74 \cdot logD_{max} \tag{12.21}$$
$$M_w = 6.93 + 0.82 \cdot logD_{ave} \tag{12.22}$$

上式中，M_w ＝ 地震矩規模

D_{max} ＝ 最大位移量，公尺

D_{ave} ＝ 平均位移量，公尺

從活動斷層在地下的破裂寬度（W，以公尺計），我們也可以依據下式來預測地震矩規模：

$$M_w = 4.06 + 2.25 \cdot \log W \tag{12.23}$$

此外，活動斷層在地表的最大位移（D，英呎）與地表的錯斷長度（L，英哩）也呈現下列關係式（Bonilla，1970）：

$$\log D = 0.86 \cdot \log L - 0.46 \tag{12.24}$$

如果將活動斷層的最大位移（D，公分）及地表錯斷長度（L，公里）與地震規模（M）的關係一起連結起來考慮，則可採用下式進行預估：

$$M = 1.1 + 0.4 \cdot \log(L^{1.58} \cdot D^2) \tag{12.25}$$

以上陳列了很多關係式，但是應用起來必須特別小心，例如地震時地表錯動的長度往往僅是該已知活動斷層總長度的一段而已。根據美國加州的資料，地震時錯動的長度只是活動斷層全長的1/5至1/2而已。另外，一定長度的地震斷層所產生的位移量，係隨著斷層的類型而異。例如幾十公里長的平移斷層可能只產生1公尺左右的位移，但是一條只有10公里長的逆斷層，則可能會產生2～3公尺的位移。

統計世界上歷次主要地震發生時地震斷層的位移量，發現大多數的地表最大位移很少超過6公尺者，且平均位移量小於最大位移量的1/2。工程設計時，可取3公尺作為平均位移量，而最大位移量則採用7～8公尺。

二、活動度

活動斷層的活動方式基本上只有兩種，已如前述。一種是間歇性的突然錯動，另外一種是連續性的緩慢滑動，前者稱為發震斷層，後者稱為蠕動斷層。

發震斷層發生於圍岩強度高及斷裂帶的鎖固能力大，能不斷的累積應變能。當應力達到一定極限後，才產生突然斷裂，迅速且強烈的釋放應變能，因而造成地震。沿著這種斷層往往有週期性的地震活動。至於蠕動斷層則發育在圍岩

強度低，斷裂帶內含有軟弱充填物或孔隙水，或者地溫的高異常帶內，且斷裂帶的鎖固能力小，不能累積較大的應變能，在滑動過程中慢慢的將應變能持續的釋放掉，所以不至於發生地震，如果有，也只是小震而已。在地震學上，將能夠產生規模3以上的有感地震之活動斷層才稱為發震斷層。

活動斷層的活動度包括錯動速率及錯動週期，它們是地震預報的重要參數。

活動斷層的錯動速率一般要經過精密的地形測量（包括精密水準及三角測量），以及研究第四紀沉積物的年代與位移量來取得，故常需詳細的野外地質調查，包括槽溝調查在內。

根據錯動速率的大小，一般將活動斷層的活動度分為5級，如表12.6所示。被研究最多的美國西部聖安德魯斯斷層（右移斷層），有些段落的錯動速率可以達到4.4cm/a（極活躍級），平均也有2～3cm/a。台灣的花東縱谷斷層（左移斷層）約為3cm/a（也是極活躍級）；紐西蘭的阿爾卑斯斷層，其最大速率可達7cm/a，但平均為2cm/a。活動斷層的錯動速率並不均勻，臨近地震發生之前往往會加速，地震後又逐漸減緩。

表12.6　活動斷層錯動速率及活動度的分級

活動度	錯動速率（cm/a）
極活躍（AA級）	1～10
高活躍（A級）	0.1～1
中活躍（B級）	0.01～0.1
低活躍（C級）	0.001～0.01
不活躍	< 0.001

活動斷層的發生頻率一般用錯動週期（或稱再現期，Recurrence Interval）來表示。活動斷層兩次突然錯動之間的時間間隔可以根據保存在近代沉積層中的地質證據加以判定，即古地震的證據，主要包括近代沉積中的埋藏斷層跡線（通常需要以挖溝的方法來揭露斷層）以及近代沉積物的層面被錯斷後的錯距等。錯動

時代晚於被錯開的最新沉積，但早於上覆未被錯開的最老沉積。利用碳14定年法即可測定各層的絕對年齡及兩次錯動的時間間隔。由於較老的沉積地層受到錯動的次數多於較新的沉積地層，所以其累積錯動量也較大，因此測量它們之間的錯距差，除了可以判定錯動速率外，還可以判斷錯動次數，並分別判定每次的錯動時代。實際案例的說明請見12.6.2節。

活動斷層的再現期一般可以由幾十年一次到上千年一次。如果僅僅依據某一較長觀測時期（例如50年）內，沿某一斷層沒有再發生過地震，就逕自認定該斷層不再活動，那是不可靠的。重要的還是要有近期活動的地質證據。

活動斷層在歷史上可能發生的錯動次數（頻率）與其位移量具有密切的關聯性。一般而言，位移量較小的活動斷層，發生的次數多（週期短），而位移量較大的活動斷層，發生的次數反而少（週期長）。以能量的觀點來看，位移量小，釋放的能量也小，所以必須發生較多的次數（週期短），才能釋盡能量；相反的，位移量大，發生錯動的次數可以比較少（週期長），即可釋出同等的能量。

式12.26即表示活動斷層的活動度（即錯動速率）與再現期及地震規模的關係：

$$R = 10^{0.6M-1} / S \qquad\qquad (12.26)$$

式中，R = 再現期，年
　　　M = 地震規模
　　　S = 錯動速率，mm/a

一般而言，在同一個錯動速率下，發生地震的規模愈大，再現期就愈長；在發生同一個地震規模下，錯動速率愈快，再現期就愈短，因為岩體很快就到達破壞點的關係。也就是，位移量大，再現期長；位移速率大，再現期短。

三、繼承性

從大量的宏觀調查證實，絕大多數活動斷層均是多次反覆活動，即在時間

上，發生週期性的錯動；同時在空間上還具有很高的繼承性，也就是發生在一個狹長的區帶內。在所有的地質災害中，以活動斷層及土石流兩種災害的繼承性最高，因為它們都是在一定的條帶內反覆又交替的發生。因此，這兩種災害的空間預測之精準度非常高。

活動斷層往往是繼承老的斷裂帶而繼續發展，而且現今發生地面斷裂的地段，過去也曾經多次發生過同樣的斷層活動。一些活動構造帶的古地震震央，大多沿著活動斷層分布，岩性與地形的錯開在歷史上不斷的重複發生。一般來說，由於錯動的累積疊加結果，其岩層愈老，錯距愈大。

12.6　活動斷層的調查

12.6.1　地面調查

活動斷層的調查除了要確定它的位置及變形與變位之外，還需評估它的活動度，如活動速率及活動週期等。一般斷層的證據在活動斷層的調查仍可適用，但是因為活動斷層的生成年代較新，或者還在活動中，所以容易顯現一些新鮮的證據。

地形上的證據包括：

1. 深切的直線形水系（見圖8.9）。
2. 肘狀水系向同一個方向錯開。
3. 線型兩側的地形單元及水系型態完全不同。
4. 斷層三角面呈一字排列。
5. 一系列的崩塌地或地滑成排分布。
6. 直線型的山前有一系列沖積扇成排分布。
7. 平原與山地的交界處出現一排窪地、水塘、跌水、泉水、溫泉等。
8. 山脊、山谷、階地及沖積扇被截斷或錯開。
9. 山脊與山谷突然相接（山脊堵住山谷），並在山谷形成堰塞湖。

地質上的證據包括：

1. 錯動全新世的地層。

2. 全新世的地層與更老的地層成斷層接觸。

3. 老地層騎在全新世的地層之上。

4. 線型兩側的全新世地層之岩性不同。

5. 新地層的沉積物嵌入老地層之內。

6. 斷層破碎帶尚未膠結（這一點不能當作唯一的證據，因為少數老斷層也可能完全沒有膠結）。

7. 沿著斷層帶出現地震斷層的斷裂及地裂縫。

12.6.2　槽溝調查

槽溝調查（Trenching）幾乎是活動斷層的必備調查。由槽溝調查可以獲取一些防災的設計參數，尤其是確切的斷層位置、寬度、錯動距離、錯動關係，及求得再現期（Recurrence Interval）。

槽溝一般橫跨斷層開挖，深約2～4公尺（必須要在地下水位之上），為了維持溝壁的穩定，有時需加橫撐，或者採用台階式開挖法（見圖12.5）。槽溝調查的重點在於詳細觀察橫跨斷層的最新沉積物是否被斷層所錯動，及其錯動距離；同時要想辦法採取地層或斷層帶內的含碳物質樣品，以便確定活動斷層的錯動時間（活動斷層的錯動時間比被錯斷的地層之沉積年代還要晚）。

槽溝調查需作詳細的地質測繪及地層對比，發現重複錯動的證據，譬如較老的地層比新地層的錯距要大，因為較老的地層受到錯動的次數多於較新的地層，所以其累積錯動量比較大。由此項資料可以求得斷層的錯動速率及間歇錯動的時間間隔。

圖12.6即是根據上述原則而求得再現期的實際案例。已知該活動斷層曾於1968年再度活動，且錯動了10公分。為了研究它的活動史，乃採用槽溝挖掘進行調查。

從圖12.6可見，地質剖面上有三個重要的指準層，從上至下，分別稱為A、B、C三層。經過同位素定年及精確的測量結果，已知A層形成於860年前（B.P.表示Before Present，距今多少年的意思），且被錯開56公分；B層沉積於1,230年前，且被錯開74公分；C層則沉積於3080年前，且被錯開170公分。

圖12.5　活動斷層的槽溝調查實例（A：槽溝開挖介紹，車籠埔斷層保存園區（www.tritontv. com; B：BHHS-trench-logging(www.primesourcepm.com)）

　　現在以年代爲橫軸，錯距爲縱軸，將上述三點，加上1968年的一次，一共四點，分別標示在圖上，它們可以很漂亮的連成一條直線，表示該條斷層的活動速率是非常的均勻。該直線交於橫軸，其交點距離0年爲205年（以1968年錯動的那一年爲0年）；表示從1968年開始，如果維持原來斷層的活動速率，經過了205年，該斷層將重新復活，使其縱軸的位移量歸零，然後又周而復始，進入下一個週期。因此，這個205年就是該斷層的再現期。從上圖中可以見到，A層在下降盤的沉積厚度比較大，而且在斷層帶內，A地層的沉積物墜入老地層之中，這些都是活動斷層的有力證據。

　　不過，年代×位移圖如果不是一條直線，而顯現一條不規則的曲線，則不可能求出再現期。

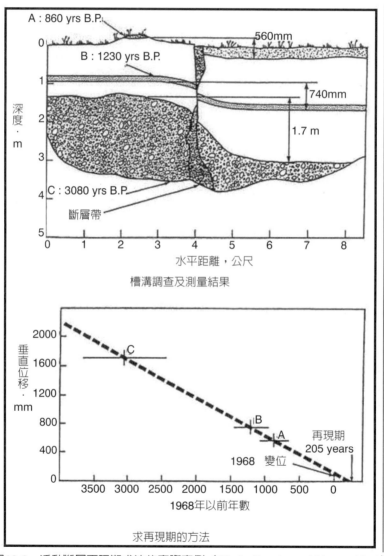

圖12.6　活動斷層再現期求法的實際案例（Clark, Grantz and Meyer, 1972）

12.7　活動斷層的防災措施

國內外的建築法規都會要求，在活動斷層的兩側必須退縮一段距離，以作為禁建緩衝帶。至於退縮的距離必須因斷層類型的不同而有異。對於平移斷層而言，因為斷層面甚陡，而且是水平錯動，所以穿出地表的斷層帶最窄，因此退縮距離最小；同時，它穿出地表的位置是在基岩斷層的正上方（即垂直投影的位置），而不是斷層面的延伸方向，這一點必須特別小心（見圖12.3）。

對於逆斷層而言，當它從基岩穿入覆蓋層時，即開始分叉，而且在上盤的破裂寬度要比下盤的還要寬（即圖12.3右的BD > BD′）。因此，上盤的退縮距離一定要比下盤的退縮距離還要寬。至於正斷層，因為是在張力狀態下發生的，所以破裂帶產生於上盤，下盤幾乎不受斷層作用的影響。因此，退縮距離只要設置於上盤即可，而且可以比逆斷層的退縮距離還要小。美國對於平移斷層的退縮距離為斷層兩側各15公尺；如果斷層的確實位置未能確定，則需各退30公尺。

發震斷層對於鐵、公路的影響表現在地表的錯動及變形，因此選線時應該儘量避開；如果難以繞避時，則應選擇斷層帶較窄的地方，以簡單的路基工程，且以大交角的方式通過。對於一般的建築物，則宜從結構上加以防備，例如在斷層兩側可以採用相互分離的獨立結構，且在連結處允許產生垂直及水平的變位。如果空間上許可，應該將建築物安置在下盤。

第13章

遙測地質讓我們見林又見樹

13.1　前　言

　　遙測影像可以提供地表地物的空間資訊，經過人為判釋之後始知其屬性。例如地形圖的製作就是一種利用航空照片進行測量的技術。目前衛星影像已經達到50公分解像力的精度，直逼航空照片。解像力為25公分的衛星取像儀器已在設計中，其技術可行性也無庸置疑。最大的限制還是在國防機密的考量。美國政府目前只准50公分解像力的衛星影像出口。

　　遙測影像不僅可以用於測量，它們還有更多的功用是應用於農林、氣象、地質礦產、水文與水資源、土木水利、海洋、環境保護、水土保持、資源永續、天然災害防治、地形地物變遷等項目的調查研究與監測，甚至連考古、蒐證、作戰指揮等等都能應用上。目前綜合運用遙測技術的深度與廣度正在不斷的擴大。

　　遙測技術已開始從定性的判讀朝向資訊系統應用模型及專家系統支持下的定量分析發展，且從靜態的研究朝向多時相的動態預測技術研發。另外，利用遙測科技的定量分析，逐漸的實現了從區域性專題研究朝向全球的綜合性研究發展。因此，在電腦科技的支持，及地理資訊系統科技的輔助下，遙測科技的未來發展是無可限量的。

　　遙測方法的優點是快速、精確，以及省時間與省人力，且不受天候的影響，也不受限於困難地形的無法接近；同時，在廣域的通視下，常能見到地面所見不到的情景，也常能發現前所未見或未知的新發現。

13.2　岩性判釋

13.2.1　鬆散堆積物

　　鬆散堆積物是指沒有膠結、呈鬆散狀，或者膠結不良、用怪手即可開挖的土壤類物質。它的成因主要是靠重力及水力等自然力的搬遷，從發源地運送到堆積地所堆積而成的地質材料。第四紀的殘留土、崩積土、沖積物、土石流堆積物、淤積物等都是屬於鬆散堆積物，它們都是經歷過顆粒重整的過程，廣泛分布於下

邊坡、山間盆地、山麓的沖積扇群、河谷的洪氾平原、河口三角洲、海岸平原、
水庫、湖泊、潟湖等地區。

一、重力式鬆散堆積物

靠重力堆積而成的鬆散堆積物必須停積在安息角的條件之下，通常稱為崩積
土，它的地面坡度大約在30餘度左右。因此它與其他岩性的交界線會有一個明顯
的坡度轉折（Slope Break），尤其是在上邊界處，其邊坡的坡度由上而下會由陡
變緩（即轉為30餘度），如圖13.1所示。

圖13.1　崩積層與陡崖之接觸帶常形成明顯的坡度轉折

崩積土會將侵蝕溝填滿，所以坡面非常均勻，常形成30餘度的均一斜坡。又
因為它的孔隙多，所以不容易發育出水系，這些也是成為辨認它的重要特徵（潘
國樑，民國98年）。

二、水力式鬆散堆積物

由水力攜帶所堆積的堆積物大多形成於緩坡處，或位於地形坡度由陡變緩的地方，如坡趾部、河谷、主支流匯合口、河口、入湖或入庫的地帶（見圖13.2及圖13.3）。地質圖上以Q作標記的地層即屬於此類，通常用黃色表示。它們的影像特徵是地形平坦或以微小的角度緩緩傾斜，一般不超過10°，以此很容易與重力式鬆散堆積物有所區別。如果堆積的地方是一個開闊的地形，則堆積物會形成錐狀的沖積扇（由水沖積而成）或堆積扇（由土石流堆積而成）。

水力式鬆散堆積物常發育在谷口、入海口、河谷的洪氾平原、河階台地、三角洲、海岸平原等地。地面平坦是它們最顯著的特徵。

圖13.2　形成於河谷中的鬆散堆積物

圖13.3　沉積於盆地、三角洲、水庫及河谷的鬆散堆積物

13.2.2　沉積岩

　　沉積岩最重要的影像特徵是呈現條帶狀的延伸與分布，每一個條帶即代表一種岩性。因為台灣的植被覆蓋非常濃密，所以不能依賴岩層的本色來辨認不同的條帶。條帶的認別需要依賴岩層受差異侵蝕後所形成的地形差別。以下就台灣常見的幾種主要沉積岩再加以說明。

一、礫岩

　　台灣地區主要出露的礫岩層從新至老有：中壢層、店子湖層（林口層）及頭嵙山層（包括六龜礫岩），分布於低丘地帶。其中年代較新的礫岩，膠結比較鬆散，易受雨水沖刷及指溝（即侵蝕溝）侵蝕。

　　礫岩的層理不如砂岩明顯，所以不顯示沉積岩特有的條帶影像。因其岩性疏鬆，透水性好，不容易孕育孔隙水壓，所以邊坡可以站立陡峭。但常被侵蝕溝深切，多呈V型溝槽，造成地形崎嶇，紋理（Texture）粗糙，陰影發達，有如惡地，如圖13.4所示。

圖13.4　礫岩的影像特徵及其與其他岩性的區別

二、砂岩

在所有沉積岩中，以砂岩最容易在影像上辨認。由於它比較耐侵蝕，所以在地形上總是呈現正地形，即凸出的地形。又由於砂岩比較透水，地表逕流量比較小，所以受沖蝕也比較少，因此水系密度比較疏。

砂岩因為連續性比較佳，又常形成正地形，所以在影像上比較容易追蹤；因此，在研究構造時，常以砂岩為指準層（Key Bed）。尤其在變質岩的單調岩性中，如果中間夾有一層變質砂岩，則可利用它進行追蹤，這樣比較容易建立地層的上下關係，也比較容易解釋地質構造。

砂岩的判釋要領在於其地形突起，且呈條帶狀延伸，如圖13.5所示。因為砂岩常受X型節理的切割，所以位態傾斜的砂岩常形成三角面（見圖13.5及圖13.6），因此三角面也是辨認砂岩的極佳標誌。

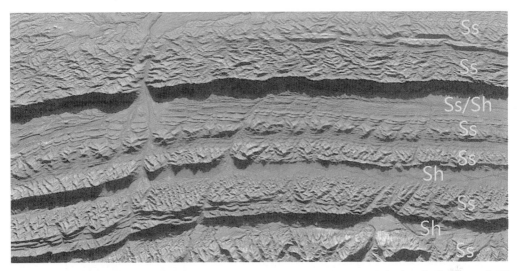

圖13.5　在無植被覆蓋下，砂岩呈現突出的正地形，而且三角面很發達（Ss為砂岩、Sh為頁岩、Ss/Sh為砂岩頁岩互層）

圖13.6　在植被的覆蓋下，還是可以看出地形凸出的砂岩（Ss），其三角面也很明顯；夾於兩層砂岩間的凹入岩層可能是頁岩，也可能是砂岩、頁岩互層，因為受到植生的掩蓋，厚度較薄的砂岩不能顯露其突起地形的影像特徵（可與圖13.5比較）

三、頁岩／泥岩

　　頁岩或泥岩在地球表面的分布比砂岩還廣，在台灣亦復如是。它們都是主要由細顆粒的黏土所組成，只是前者具有頁理，由細微的片狀礦物平行相疊而成，兩者在結構上有所不同而已。它們的難透水性及不耐侵蝕性其實都是一致的。

　　頁岩或泥岩的影像特徵必須分成兩種類型來說明。一種是與砂岩成互層的狀況，由於差異侵蝕的關係，頁岩或泥岩比砂岩容易被侵蝕，所以常形成負地形，即凹入上、下兩層砂岩之間（見圖13.7）；同時，頁岩或泥岩幾乎不會形成三角面。另外一種類型是它們呈廣泛分布的狀況，其難透水性致使其發育出比砂岩還密的水系；有時甚至形成惡地形，如高雄的月世界即是（見圖13.8）。

　　頁岩或泥岩的強度比砂岩還弱，所以其站立的邊坡斜度比較和緩，砂岩則較陡峻，這也是它們之間在影像上的重要區別。

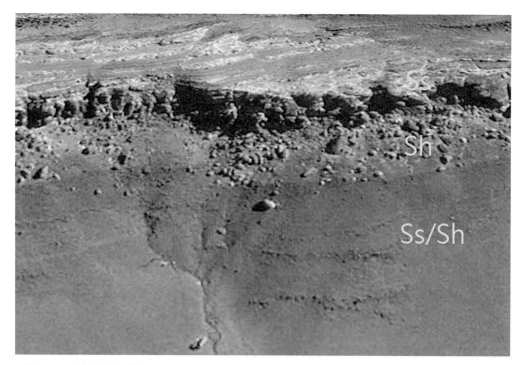

圖13.7　在無植被覆蓋下，紅色頁岩（Sh）顯示負地形，凹入地面，同時邊坡角度也比較小

圖13.8　台灣西南部泥岩顯示惡地形（俗稱月世界），水系密集切割，寸草不生

四、石灰岩

石灰岩的最大特性是在溫暖濕潤的氣候下具有可溶性，常表現獨特的卡斯特（岩溶）地形。這是識別石灰岩最重要的標誌。但是在乾旱地區，石灰岩卻非常堅硬，在地形上反而非常突出。

石灰岩一般呈淺色調，其層理不太明顯，往往缺乏條帶狀延伸。但是節理發達，呈多組出現，其水系呈矩狀或菱形狀。在卡斯特地形中常可發現落水洞（Sinkhole）及消失河（見圖13.9）。

圖13.9 墾丁國家公園內的恆春石灰岩因受岩溶作用而發育出不少落水洞（S），有些落水洞則因透天而露出地下水面（L）；箭頭處可能是落水洞回填的結果

13.2.3 變質岩

變質岩是所有岩類中最難辨識的，這是因為有葉理的變質岩具有沉積岩的影像特徵，如片岩、千枚岩、板岩等。另外沒有葉理的變質岩則具有火成岩的影像特徵，如片麻岩等。除此之外，大理岩則有時也具有石灰岩的卡斯特地形特徵。

為了防止誤判，判釋前預先了解調查地區的既有地質資料是非常重要的，所以知道調查地區的位置及其地質概況是減少誤判的最佳法則（潘國樑，民國98年）。

具有葉理的變質岩中，以板岩及片岩比較容易從影像中認別出來。它們的共同特徵是在縱向的垂直剖面上（即順著葉理的方向切剖面），會出現絲絹狀的密集細線條，稍呈波浪狀起伏（見圖13.10及圖13.11）。如果從水平面上看，則會見到許多縱長但不在同一高度的葉理面並排發展，組合成酷似百葉窗的結構。

　　從水系的發育型態觀察，一般而言，沿著葉理的走向常會看到許多侵蝕溝（Gully）；而沿著葉理的傾向則會發育出一級水系，其定向性及連續性甚佳，且間距約略相同。

　　板岩與片岩分別都具有明顯的板理及片理，但是這兩種葉理在影像上的分辨率卻非常低。一般而言，板理的水系切割稍微密一點，而片理的水系切割稍微疏一點；但是疏密的區別卻很模糊，其不確定性很高。

　　具有葉理的變質岩地區，其山脊的方向性比沉積岩的明顯，且多平行於葉理的方向。

　　預先了解變質岩的分布地區，有助於提升判釋的效率與正確性。

圖13.10　廬山層的板理及酷似百葉窗結構的板理面之影像特徵

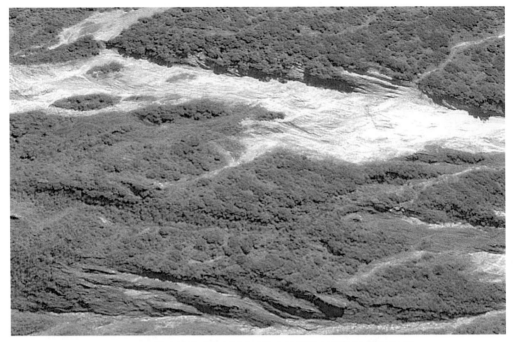

圖13.11　片岩的片理及酷似百葉窗結構的片理面之影像特徵

13.2.4　火成岩

　　火成岩可以分爲侵入岩及噴出岩兩種次分類。前者在影像上主要表現爲色調相對均一的團塊狀或不規則狀侵入體。後者則多爲火山錐或平頂山，岩性以安山岩或玄武岩爲主。台灣北部的大屯火山群及基隆火山群即爲安山岩質，而澎湖地區則爲玄武岩。

一、侵入岩

　　火成岩在影像上缺乏沉積岩的帶狀構造，其顏色及紋理（Texture）比較均勻。當它侵入沉積岩時，會使圍岩產生環狀的八字傾斜（環八字），有如柚子被撥開一半，露出其內部果肉一樣。因此火成岩侵入沉積岩時比較容易辨認。

　　因爲火成岩的邊界會截斷沉積岩的層理（即條帶狀構造），所以在影像上會

形成獨特且明顯的團狀構造。其輪廓常呈圓形、橢圓形、透鏡狀、脈狀或不規則狀（見圖13.12）；其邊界有時有乳突狀或脈狀物侵入圍岩。規模較大的侵入岩體，常具放射狀、環狀等類型的水系、節理或岩脈群。火成岩的節理常在三組以上，有時呈弧形。

　　火成岩被深度風化後，常殘留一些比較堅硬的遺留體，缺乏植被覆蓋，零落且孤獨的聳立在地表上。

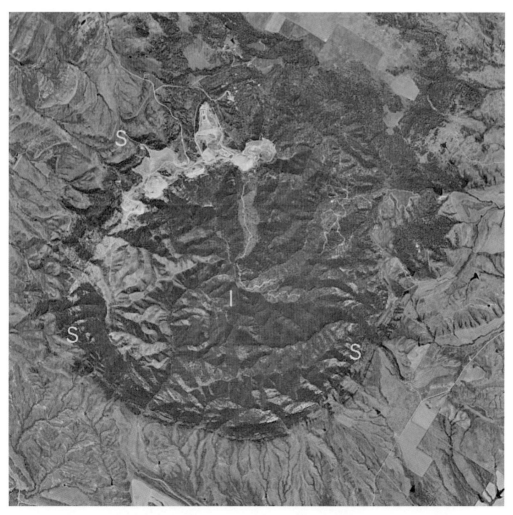

圖13.12　侵入岩（I）侵入沉積岩（S），造成後者被掀開，形成柚子結構

二、噴出岩

噴出岩因噴出地表，並且覆蓋在原有地形上，所以造成極不調和的地形組合。它掩蓋了原地面，同時充填低窪的地方，差異侵蝕之後，反而形成高地。

當火山的岩漿噴出地面後，其黏滯性較高者（酸性至中性岩漿，如安山岩岩漿）流動不遠，常形成火山錐，且在中央部位出現下凹的火山口，稱為中心式噴發。火山口的一側或四周有熔岩流出，在地表上形成舌狀、糖漿狀流體，其色調及地形表現與外圍岩體形成強烈對比（見圖13.13）。中心式噴發形成的火山集塊岩及角礫岩常呈層狀，多分布在較高大的火山口附近；而細粒的凝灰岩則分布於火山錐的外圍，也具有明顯的成層性。

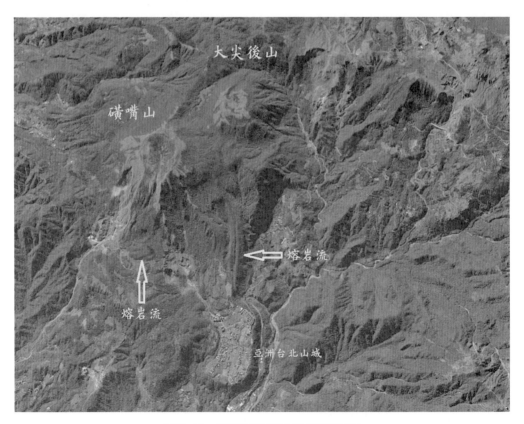

圖13.13　安山岩質火山口及其熔岩流

　　岩漿的黏滯性較低者（鹼性岩漿，如玄武岩岩漿）比較容易流動，稱為溢流
式噴發。它的火山錐一般比較低矮，其熔岩流則覆蓋在廣大的地表，形成熔岩台
地（見圖13.14）。

　　噴出岩在冷卻的過程，因為體積縮小，所以常形成直立的柱狀節理，可以在
影像上辨認出來。火山錐則很容易發生土石流或順向坡滑動。

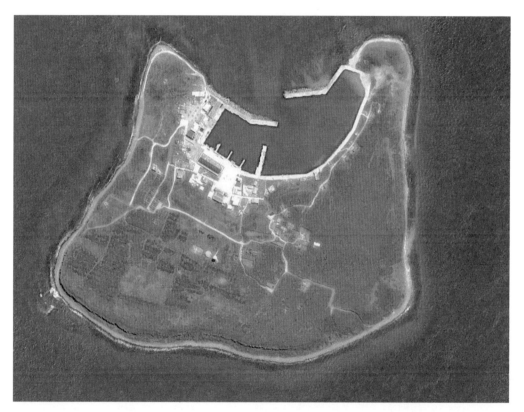

圖13.14　澎湖縣的桶盤熔岩台地，玄武岩質；其台地崖的鋸齒狀邊緣即為柱狀節理

13.3　位態判釋

　　岩層位態係以走向、傾角，及傾向三要素加以定向。根據傾角的大小，岩層
可大略分為水平岩層、直立岩層，及傾斜岩層三種。傾角小於5°的岩層稱為水

平岩層，大於80°的稱為直立岩層，傾角介於5°～80°者為傾斜岩層。

水平岩層的岩層界線一直追隨著地形等高線延伸；垂直岩層的岩層界線則一直追隨著岩層走向線，完全不受地形等高線的影響，而呈線型延伸。因此，這兩類位態在影像上很容易辨認。它們只有在岩層被褶皺或錯斷後，才會改變走勢。

13.3.1 岩層傾向

地表絕大多數岩層都具有傾斜的位態，它是最常見的岩層位態。受到位態及地表切割程度的不同，傾斜岩層可以形成各種複雜的影像特徵。在地勢平坦的地區，因為未受侵蝕切割，所以其影像特徵與直立岩層相似。在強烈切割地區，傾斜岩層表現為一系列平行的折線狀、鋸齒狀或弧線狀的影像特徵。

傾斜岩層的走勢受到岩層位態及地形的雙重控制，成有規律的變化。要從影像上辨識岩層的傾向有兩種方法可茲運用，如下述：

一、V字規則

當傾斜岩層被河流直切或斜切，其走向線過河時會向上游，或向下游發生偏轉，過河後又回到原來的走向，因而形成V字轉折。這個V字的指向與岩層的位態之間的關係，可歸納為三種情況，如圖13.15所示。

1. 當V指向上游，則岩層可能向上游傾斜

V指向上游，岩層可能向上游傾斜，但也可能向下游傾斜。一般而言，V指向上游時，岩層向上游傾斜（見圖13.15A）；但是如果岩層向下游傾斜，且其傾角小於河流的比降時，則V也會指向上游（見圖13.15C）。因此，當V指向上游時，要判斷岩層的傾向就會變成模稜兩可。

2. 當V指向下游，則岩層必向下游傾斜

岩層被河流橫切時（河流的流向與岩層的走向大角度相交），如果V字尖頭指向下游，可以確定岩層係向下游傾斜（見圖13.15B）。這是在遙測影像上立刻可以確定岩層位態的唯一一條準則。

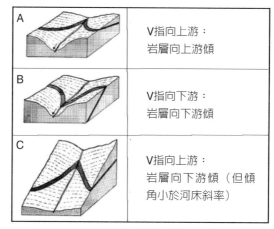

圖13.15　岩層被河流橫切時，其走向線呈V字轉折的三種情況

3. 當V指向上游，且河道的縱向陡度比岩層的傾角還大時，則岩層向下游傾斜

　　以上三條規律中，只有第2條的判定是肯定的，即V指向下游，則岩層一定向下游傾斜。當V指向上游時，則有兩種可能性，不易確定，因此需要利用岩層三角面，找出順向坡，再由順向坡確定岩層的位態（見圖13.16）。

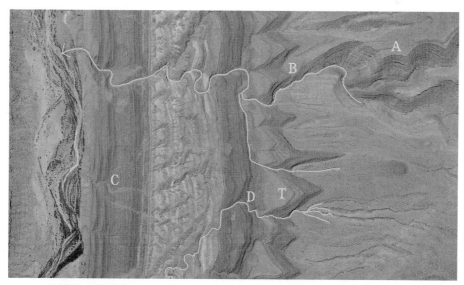

圖13.16　V字規則（圖中的D）及岩層三角面（T）均可用來判定岩層的傾向，其中岩層三角面法是比較快速的判定法

　　由V的開口大小及其尖銳度常可推測岩層傾角的大小及相對強度。在影像上，V的夾角（或三角面的頂角）大小與岩層的傾角大小成正比，即V角越大，岩層的傾角越大（見圖13.16的C及圖13.17）。相反的，V角越小，則岩層的傾角也越小（見圖13.16的B及D）。當V為180°時，岩層為直立。

　　一般而言，V角越尖銳，岩性越堅脆；V角呈圓鈍時，岩性較柔弱，如圖13.17所示。

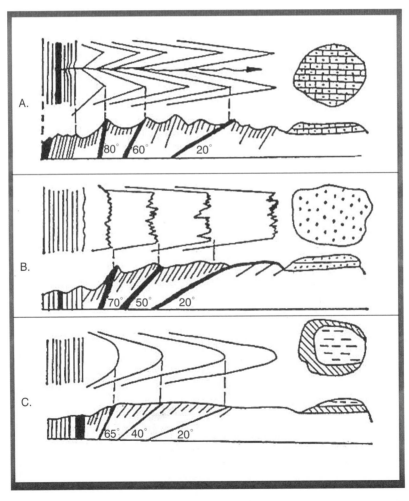

圖13.17　V角的大小及尖銳度與岩層傾角的陡緩及岩性的軟硬之關係

二、岩層三角面

　　有時候V字在影像上不明顯，則可利用兩條相鄰的水系，其中間所夾的谷間嶺會形成一系列疊瓦狀的岩層三角面（見圖13.16的T），該三角面的頂點比較明顯，底邊則被遮蔽。三角面的頂面平整坦順，即為順向坡，其位態約略相當於岩層的位態。有時候如果遇到三角面的傾向不明，則可從其頂點向底邊劃一假想的直交線，從頂點至底邊的方向即為岩層的傾向。如果谷間三角面及河谷的V字都很明顯，則利用谷間三角面法為宜，因為只要一個步驟即可判斷。利用V字規則需要先判斷水系的流向，多了一個步驟；同時，如果V字指向上游，就很難下判斷。不過，岩層三角面與V字規則都是研判岩層位態的最佳方法（潘國樑及張國楨，民國103年）。

　　岩層三角面受岩性及侵蝕的影響，可以是三角形、熨斗形、半月形、梯形等各種形狀（見圖13.18）。三角面沿著岩層走向繼續相連，可以形成鋸齒狀、波浪狀，或不規則的折線狀。

圖13.18　岩層三角面雖然有各種形狀，但是它們的頂面都很坦順，立即可以判定岩層的傾向及分辨順向坡與逆向坡。圖中岩層係向1點鐘方向傾斜

12.3.2　順向坡／逆向坡

　　地表絕大多數岩層都具有傾斜的位態，它是最常見的岩層位態。受到位態及地表切割程度的不同，傾斜岩層可以形成各種複雜的影像特徵。在地勢平坦的地區，因為未受侵蝕切割，所以其影像特徵與直立岩層相似。在強烈切割地區，傾斜岩層表現為一系列平行的折線狀、鋸齒狀或弧線狀的影像特徵（見圖13.16及圖13.17）。

　　傾斜岩層如果都向同一個方向傾斜，根據其傾角的陡緩及堅硬程度的不同，可形成單面山、豬背嶺等不同地形。其中和緩至中等傾斜的堅硬岩層，在影像上呈現山脊互相平行，延伸很遠，且兩坡不對稱，一坡陡而短，一坡緩而長者，稱為單面山（Cuesta）（見圖13.19A）。與岩層傾斜一致，且與層面近乎平行的一坡，稱為順向坡（Dipslope），其坡面長而緩，且平滑單調，又稱為後坡；與岩層傾向相反的一坡，稱為逆向坡，其坡面短而陡，且凹凸不平，又稱為前坡。順向坡上的水系一般長而疏，呈平行狀；逆向坡上的水系一般短而密集，呈樹枝／平行狀。

　　豬背嶺是單面山的一種特殊類型，形成於岩層傾角超過30°的情況下。因此，順向坡與逆向坡的斜度幾乎相同，形如豬背，故名之（見圖13.19B）。在豬背嶺的地形，硬岩構成陡而窄的順向坡，而軟岩或軟硬岩的薄互層則組成寬而緩的逆向坡。如果仔細觀察，順向坡的平滑坡面仍可辨認。

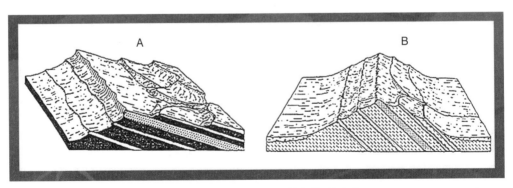

圖13.19　單面山（A）與豬背嶺（B）在地形及地質上的區別（Miller and Miller, 1961）

　　有時候順向坡的坦順面或三角面不容易辨認，以至無法區分順向坡與逆向坡。此時可以利用逆向坡上獨特的水平及平行條帶進行區分（見圖13.20A）；順向坡上幾乎不會出現這種特徵（潘國樑及張國楨，民國103年）。

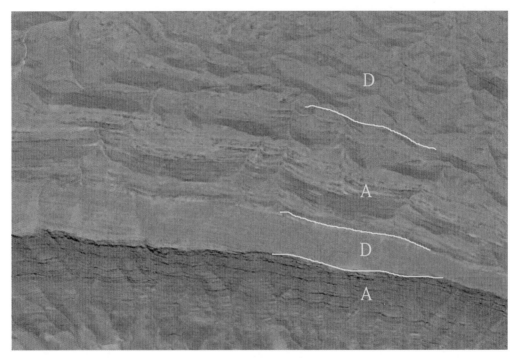

圖13.20　逆向坡（A）具有水平及平行的條帶，順向坡（D）幾乎沒有這種影像特徵

13.4　構造判釋

13.4.1　褶　皺

　　褶皺是遙測影像上最美觀的地質景象。從遙測影像上辨認褶皺構造比在野外調查還要快速及肯定得多，因為從遙測影像可以更容易的追蹤岩層，而且更確定的判斷其位態。同時，褶皺的尾端如果傾沒（Plunge）時，岩層就會發生轉折，形成非常顯著的迴轉彎，在遙測影像上比在現場更容易看出來。

　　褶皺的型態主要可以分為背斜及向斜兩大類。地質學上定義構造中心的岩層較老者為背斜，構造中心的岩層較新者為向斜。但是在遙測影像上不容易判斷岩層的相對年紀，所以只要褶皺軸兩側的岩層向外傾斜者即認定為背斜；相反的，兩側岩層向內傾斜者即為向斜。不過，有時候褶皺的兩翼均向同一個方向傾斜，也就是有一翼的岩層被倒轉了（Overturned），表示老岩層壓在新岩層之上。雖然兩翼的岩層傾向相同，但是從迴轉彎的岩層位態仍可判斷背斜或向斜，其規律為：凡是順向坡朝外發散者即為背斜，順向坡朝內收斂者即為向斜。褶皺構造通常以背斜構造在地形上比較凸顯，而向斜構造則比較隱晦。

　　在影像上，褶皺兩翼（側）的岩層會呈對稱性的重複出現，雖然岩層的傾角及露頭寬幅不一定相同。如果岩層沒有倒轉，則兩翼（側）岩層均向外傾斜者即為背斜（見圖13.21），均向內傾斜者即為向斜（見圖13.22）。如果有一翼的岩層發生倒轉，則兩翼岩層均會向同一個方向傾斜。此時需要找到迴轉彎，如果調查區沒有迴轉彎，則要到外圍去找。在迴轉彎處，如果順向坡都朝外，即為背斜；如果順向坡均朝內，則為向斜（見圖13.23）。在該處，背斜會呈現向外展開（撒開狀）的扇狀水系（見圖13.21的左端）；向斜則呈現向內收斂（聚斂狀）的扇狀水系（見圖13.22A）。

　　判斷岩層的對稱性時，宜選擇性質堅硬、層厚適中，且影像特徵明顯的岩層作為指準層（如圖13.21的3）。如果找不到適當的指準層，則以岩層的組合作為追蹤的指標，也可以達到追蹤岩層的目的。

　　背斜與向斜通常相鄰並存。一般而言，兩背斜之間常為向斜，或兩向斜之間常為背斜。

圖13.21　背斜呈現兩翼的岩層對稱，且均向外傾斜的典型構造，其迴轉彎表現右尖左圓，但均可辨認其順向坡向外發散，在圓端尚可看到撒開狀的扇狀水系

圖13.22　兩端傾沒的向斜，除了兩翼岩層的對稱性及向內傾斜的典型構造之外，其迴轉彎也呈現左尖（B）右圓（A）的形狀，且順向坡均向內；在圓端（A）尚可見到收斂型的扇狀水系

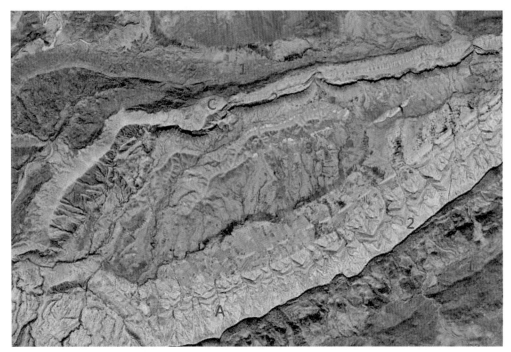

圖13.23　褶皺兩翼的岩層均向左上方傾斜（見1及2），表示其中有一翼的岩層是倒轉的。但從迴轉彎觀之（見A及B），順向坡均向內傾斜，故可以判定這是一個向斜構造

13.4.2　斷　層

在遙測影像上要研判斷層的種類，首先必須知道斷層面的位態。因為斷層面是面狀的地質體，與層面雷同，所以與判斷岩層的位態一樣，利用V字法則或斷層三角面的方法即可。接著要研判斷層兩側斷塊的相對運動方向。一般有兩種方法可以採用：第一種方法是順著岩層傾向移動的斷塊為上升塊（Down Dip=Up Thrown）（見圖13.26）；第二種方法是觀察斷層兩側相接觸的岩層之相對年紀，其年老的一側為上升側（見圖13.24及圖13.26）。

岩層的相對年紀也有兩種方法可以運用：第一是逆傾向（Up-dip）的岩層逐漸變老；第二是背斜的核心岩層較老，向斜的核心岩層較年輕。要判斷岩層相對的錯動方向最好選取指準層（Key Bed）來進行比對。

影像上一般可以觀察到斷層的一種或多種特徵：

1. 線形表現：斷層帶的岩層比較破碎，容易被侵蝕，所以常形成線狀凹槽，或者成為通水帶或阻水帶（見圖13.24～圖13.27）。在遙測影像上都會呈現暗色線型，但線型在影像上可能忽寬忽窄，時隱時現，藕斷絲連。

2. 地形單元被錯開：山稜線、河谷等被錯開。

3. 線狀構造被錯開：岩層界線、褶皺軸、斷層線、不整合面、河道、古河道、岩脈等發生位移、錯斷；河道被錯斷就形成肘狀河（見圖13.27）。

4. 地形單元不調和：不同類型的地形單元呈線狀接觸，如丘陵與沖積扇、山丘與河谷、山脈與平原等（見圖13.27）。

5. 水系型態或密度不調和：不同水系型態或水系密度呈線狀接觸。

6. 一套岩層被錯開：一套岩層全部向同一方向被錯開。

7. 斷層崖或斷層三角面：指示斷層帶的位置及斷層面的位態（見圖13.27）。

8. 岩層的不連續：斷層兩側岩層發生錯開、重複或缺失。

9. 岩層位態的不調和：斷層兩側岩層的位態突然改變或不調和（見圖13.25）。

10. 異常水系：異乎常態的水系，其展延突兀且不規律。

11. 線狀水系：河道的一小段順著斷層發育（見圖13.24）。

12. 肘狀水系：河道像N字型，表示斷層將同一條河道錯開（見圖13.27）。

13. 矩狀水系：支流以直角或菱角匯入主流。

14. 線列水系：兩條河流呈直線排列，尤其是山脊兩側的河流呈線形排列。

15. 逆向水系：河流向山區呈逆向流動。

16. 線狀排列的微地形單元：

    (1) 河流的遷急點。

    (2) 瀑布。

    (3) 泉水。

    (4) 崩塌地。

    (5) 沖積扇。

(6) 小褶皺。

(7) 積水窪地。

12. 水體的邊界呈直線或折線狀：

(1) 湖泊。

(2) 水庫。

(3) 海岸線。

圖13.24　線型ab兩側的岩層有錯動跡象，造成右側高、左側低的情形；進一步觀察bc兩側的岩層也不連續；例如在bd線段，老岩層1唐突的與年輕岩層3相接觸，所以判斷右方的斷塊相對的向上抬升（以U表示），也就是左方的斷塊相對的向下錯動；由於左方斷塊為上盤，故推測這是正斷層

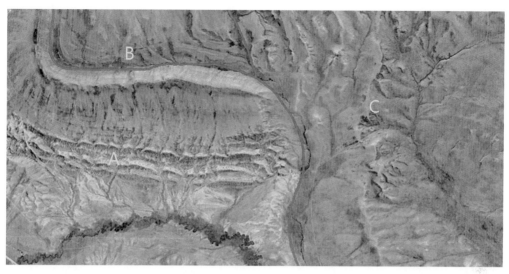

圖13.25　首先發現A、B、C三區的岩層，其位態都不相同，故它們可能都受過擾動。再觀察它們的接觸帶都呈現線型構造（紅色線條），且發育有水系，故推測為斷層接觸。因為線型呈浪狀，且曲率很大，故推測為逆斷層

圖13.26　首先觀察到紅色線型兩側的岩層左右錯開，由於線型的走勢彎彎曲曲，並不平直，所以推測是一條逆斷層。再看錯開後的岩層，在a、b處，老岩層1（即a）接觸到新岩層2（即b），所以a側應為上升側，以U表示。如果採用岩層錯動的方向來推測，則a側係順著傾向錯動，故為上升側（Down Dip = Up Thrown），與前法的推測結果一樣

圖13.27　平直的線型（見a-e-f）是本張影像最凸顯的特徵，這是平移斷層的主要證據；又因水系A、B、C均向右拐，然後順著線型去連結錯斷的段落，故推測這是一條右移斷層。其他的證據尚包括地形的不調和，如沖積平原與丘陵地的線形接觸（見a）、河口被脊嶺堵住（見b、d、e）以及斷層三角面（見b及d）等等

13.4.3　不整合

　　不整合現象表示沉積過程的中斷；在不整合的形成過程中，地殼先被抬升，接受侵蝕；接著發生沉降，又恢復沉積。由於有過侵蝕的過程，所以不整合面常會遺留古土壤或古地形面。又恢復沉積時，最先沉積的一般是礫岩，所以不整合面也常常出現底礫岩（Basal Conglomerate）。

　　在第二次沉積時，沉積物的層理會與不整合面平行，這是不整合與斷層最大的區別所在。

　　不整合面是個弱面，因為它既有古地形面，又可能有底礫岩，所以不但強度弱，而且還可能透水，因此工程遇到不整合面時需特別留意，尤其是大壩工程。

　　在影像上，不整合常截斷岩層的界線；但在不整合面的另一側，岩層的層理則與其平行，以此可與斷層區別。

　　不整合面以上的整套岩層如果未被擾動，則會呈現水平位態，其露頭線在影像上的表現與水平岩層完全相同。不整合面之下可能是火成岩或變質岩，而火成

岩或變質岩被整齊的截切，很可能是不整合所造成（見圖13.28）。

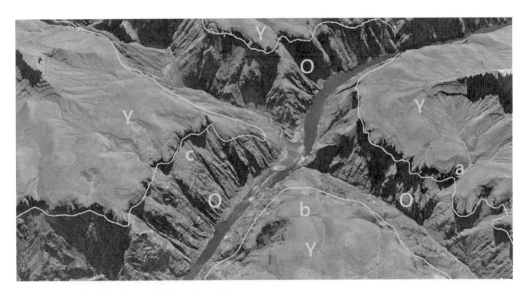

圖13.28　黃色線條為不整合面，它明顯的分隔了老地層（O）及新地層（Y）；因為兩套地層的位態相差很大，老地層幾乎是直立，而新地層卻接近水平，又因黃色面的位態與新地層一致（見a，向右上方微傾），故推斷它是一個不整合面。注意不整合面在水平面（見b）及垂直面（見c）上的表現

13.4.4　節　理

　　節理在遙測影像上常以線型構造（Linear）呈現。顯示一組色調異常或凹槽地形，朝著某一方向有規律的線狀展佈，其長短及間距大多一致。且常呈多組出現，其方向各異，互相交叉，切割岩層。節理大多發生在堅脆的岩層內，如砂岩、石灰岩等。

　　為了工程上的目的，節理可以分成構造節理及解壓節理兩類，兩者對工程均造成不利。構造節理是由地質力所造成，而解壓節理則是岩體內的剩餘應力，直交於自由面（與空氣接觸的地面或坡面）慢慢釋放的結果，所以是由張力造成。

一、構造節理

有規律的線形分布，且都成組出現，其長度及間距大致相同。常以不同的色調、陰影、凹槽等影像特徵呈現。一般會以不同的方向，呈多組分布，且互相交叉。

大多分布於堅脆的岩性內，如砂岩、石灰岩、火成岩等。常與其他構造，如褶皺、斷層等共生在一起（見圖13.29）。

圖13.29　背斜體內的構造節理，特別注意X型節理及迴轉彎的弧型與扇狀節理

二、解壓節理

解壓節理在台灣非常普遍，因為台灣島受到板塊擠壓，岩體內貯存著很大的壓應力，一旦暴露於外，就會慢慢解壓。在解壓的過程中，岩體內會產生一組節理，平行於自由面，如公路邊坡、河岸或海岸，甚至隧道的內襯；節理的間距會隨著距離自由面的深度而漸寬。

解壓節理與構造節理的主要區別在於解壓節理會平行於自由面，而且呈百葉窗式的內插疊置（見圖13.30a及b）（潘國樑及張國楨，民國103年）。

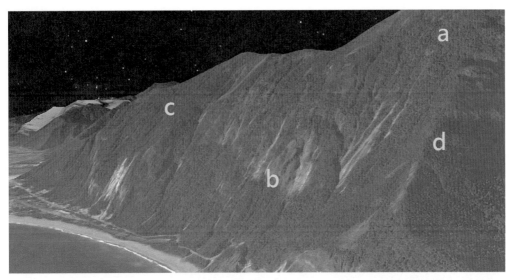

圖13.30　花蓮縣崇德附近的海岸，其解壓節理非常發達，它們最大的特徵是成組平行於自由面，且呈百葉窗式的疊置關係（見a及b）。c與d之間形成一個凹槽，顯示解壓節理間所夾的薄岩板不斷的發生順向坡滑動，所以造成邊坡逐漸後退

13.5　落石與崩塌判釋

13.5.1　落　石

　　落石常發生於岩石堅硬、節理發達的地區。在陡坡的坡腳堆積成岩錐（落石堆），其表面形成約為30餘度的穩定坡度，稱為休止角。

　　具備坡高、坡陡、節理密切切割，或礫石鬆弛等條件是發生落石的主要原因。在硬岩與軟岩相間的地方，如果硬岩在上時，則因為差異侵蝕的關係，容易形成凸凹坡，因而造成凸出而且具有垂直節理的硬岩懸空，如此也會發生落石。又膠結鬆散的礫岩或崩積層受到雨水沖刷時，其細粒的基質很容易流失，沒有支撐的礫石就會墜落，並且堆積於坡腳。逆向坡及孤立山頭的崖坡也是經常發生落石的地方。

　　落石區的影像特徵以高陡的邊坡，且陰影非常發達為著（見圖13.31s）。它的原岩坡度通常超過60°，且高度通常大於30公尺。同時，陡崖的下方有淺色的

錐狀落石堆，坡度約30餘度，與上、下邊坡有坡度轉折（Slope Break）的現象（見圖13.31t）。新形成的，或堆積中的岩錐缺乏水系，且植生稀疏。

落石區的另一項影像特徵是堅強的岩體常被兩組以上的不連續面所密集切割，因此在崖邊會形成鋸齒狀的曲折邊界（見圖13.31j）。

圖13.31　落石區的影像特徵，其中j為岩體被節理切割後所形成的鋸齒狀邊界，s為高陡邊坡所形成的陰影，而t則為落石發生後在邊坡所堆積的落石堆，其坡度約30餘度，與上、下邊坡形成顯著的坡折

13.5.2　崩塌

崩塌是一種介於落石與地滑之間的塊體運動（見圖13.32），其崩落面陡峭，是一種張力面。塊體崩落後完全潰散，崩落面也完全露出。雖然崩塌與落石一樣，都是沿著張力面發生，但是落石發生在高而陡的邊坡上緣，而且主要是岩塊的崩落。而崩塌一般是岩土體的崩落，含有土壤的成分在內，且邊坡的陡度較落石區為緩，我們人為的將界線定在60°。

剛發生的崩塌，其反射率強，色調淺，非常耀眼，容易辨認。但有很多耀眼的地物不一定是崩塌地，所以色調不是唯一的判釋指標，需要有其他的佐證。

　　崩塌體的冠部常呈弧形，崩崖不明顯，甚至沒有。其外形呈紡錘形、柳葉形或眼淚狀；長寬比大，其長軸方向不一定與邊坡的傾斜方向一致，但常直交或接近於直交坡趾部的水系。

　　在小比例尺或解像力不好的影像上，崩塌體常與人造物體難以區別，它們都是淺色的。一般而言，人造物普遍具有規則的外形，如直線、直角、弧形、四方形、圓形等，可與崩塌體區別。

　　隨著發生時間的推移，崩塌體的反射率會逐漸弱化植生復育時，反射率會趨於與植被相近，但是疤痕（微地形）可能還會存在。從植生的密度及種類的不同，或淺凹的地形可加以識別。

圖13.32　崩塌與落石及沖積物的區別：崩塌與落石都是以重力為主的塊體運動，且崩塌（a）發生於邊坡較緩的地區，是一種包含石塊與砂土混雜在一起的崩落，而落石（r）則發生於邊坡高陡的地區，且以大石塊的崩落為其特徵。沖積物（b）則是重力與水力的共同作用所形成，故會出現流線型的弧線。c為大崩塌體中的小崩塌，不具有滑動面

13.6　地滑判釋

　　地滑會有一個主滑動面，而且滑動後會露出其中的一小部分，也就是冠部至頭部之間的主崩崖（Main Scarp）部分。主崩崖一般都非常陡峻，寸草難生，反

射率很強，所以成爲辨認地滑的最重要指標。

根據滑動面形狀的不同，地滑一般可以分爲弧型滑動及平面型滑動兩大類；但是有時候同一個地滑會兼具弧型及平面型的複合型滑動。

13.6.1 弧型滑動

顧名思義，弧型滑動的滑動面呈圓弧形，整體來看就是呈碗狀，或盤狀。大多發生於土壤，或者極端破碎或風化的岩盤。弧型滑動也會發生於逆向坡，其冠部的圓弧不但會侵入順向坡，而且還會切入岩盤，這種作用稱爲邊坡襲奪。逆向坡可以襲奪順向坡，但是也有順向坡襲奪逆向坡的情形。

弧型滑動體最重要的影像特徵就是它的弧形冠部，以及冠部之下有如新月形的主崩崖。主崩崖一般都非常陡峻，植生難長，所以有時候陰影濃暗，有時候卻光亮如雪，端看太陽的方位而定（見圖13.33的S1、S2、S3）。主崩崖的後方（上邊坡）有時候會出現多條張力裂縫，呈同心弧狀。弧型滑動體的外形大

圖13.33　地滑上的地滑，此區是一種多塊、多層、及多時期的大規模地滑。最新的一期是S3，其弦月形的主崩崖既陡峻又光亮，滑體的上半部（a）出現兩級階地，次崩崖也是既陡且亮，同時可以看到階地面明顯的向後仰；滑體的下半部（b及c）發現擠壓現象，可以看到滑體隱約的向上擠出，其剪出線大約是在c的位置。S3的兩側邊界可以從地形上的不調和加以鑑別。在d處可以看到雁行排列的水系，可能是沿著右雁行裂縫發育而成

多呈馬蹄形、畚箕形、舌形或不規則形；其長寬比接近於1，其比值比崩塌地小。滑體的上半部處於張力狀態，所以常出現正斷層造成的階梯狀地形（見圖13.33a）；下半部則處於壓應力狀態，所以常發現逆斷層所造成的擠壓現象，顯示出亂丘地形（見圖13.33b及c）。而在張力與壓力的接觸帶即為滑動面的轉曲點位置。在滑動面蹺起的部位常造成岩層的反位態，即形成反向傾斜。一般而言，新滑體或非古老的滑體常缺乏水系，且植生枯死。

滑體的趾部（前緣）常形成舌狀或浪狀，並將道路或河道往前推進，造成弧形轉彎（見圖13.34），這種現象也是辨認滑動的重要特徵。

圖13.34　大規模的弧型地滑，至少裂成四塊（圖中的1到4），它們可能發生在不同時期；a及a'原來應屬同一層面。從滑塊的崩崖及兩側的剪裂面（見b、c、d）不難定出其邊界。大規模滑動的結果明顯的將河道往外推移而形成河灣（見e）

滑體的兩側處於剪力狀態，故形成平移斷層。其右側（人站高處往下邊坡看）為右移斷層，左側為左移斷層。有時候右側會出現右雁行裂縫（見圖13.33d），左側會出現左雁行裂縫，但很少兩側都出現，通常只有一側有（潘國樑及張國楨，民國103年）。滑體兩側如果久受侵蝕，則會形成凹槽，且不斷的

向源延伸，終究形成雙溝同源，這是辨認古滑動非常重要的證據之一。

　　對於大規模地滑而言，其滑體常裂成數塊，滑動時間不一定同時，且滑塊上的岩層位態也都不盡相同。滑動面更是多層而複雜。所以遇大規模地滑時要注意多塊、多層及多時期的特性（見圖13.34）。

　　地滑不論其規模大小，在適當條件的配合下可能會造成堰塞湖。如果是發生在流量比較大的河流上，其潰壩的結果常造成很大的損害（見圖13.35及圖13.36）。

圖13.35　地滑（S1及S2）堵塞河道而造成堰塞湖（見L）。在地形上看到河道突然變寬，而在上、下游縮緊，形如胃臟，通常指示是堰塞湖的遺跡

13.6.2　平面型滑動

　　平面型滑動的滑動面呈平面形，或起伏不大的凹凸面。一般發生於岩盤內的不連續面，如層面、節理面（尤其是解壓節理面）、斷層面、葉理面、不整合面、岩土的界面、深度風化的岩盤與新鮮岩盤的界面、崩積土與岩盤的界面等等。

　　平面型滑動的冠部通常呈線形，其主崩崖幾乎直立，而冠部與頭部之間呈U形，類似斷層中的地塹（Graben），地塹的底部即為滑動面出露的地方；而滑體的兩側則常為線型所限，如果滑移的距離足夠長，有時可從U槽的底部見到擦痕。

　　順向坡滑動是最常見的平面型滑動。順向坡的坡趾如果被人為砍除或者被河流淘空或下切，以致滑動面被揭露，則在此情況下最容易發生順向坡滑動（見圖13.36及圖13.37）。順向坡滑動不一定是純平面型滑動，有時候在其前、末兩端是弧型滑動。順向坡趾部的弧型滑動將使岩層反翹，如果未做大區域調查，很容易被誤判為逆向坡滑動，故必須審慎研判。

　　順向坡滑動在國內被過度關注，因而忽略了逆向坡的問題。其實逆向坡除了也有逆向坡滑動（大多為弧型滑動）之外，逆向坡上常堆積一層錐狀的崩積土，只要稍加擾動，即發生滑移；同時，逆向坡還常發生落石。

　　逆向坡與順向坡常發生互相襲奪的現象，兩坡相交的稜線遂發生轉折，其凸出的方向即為侵奪的方向（見圖13.38）。如果轉折凸向順向坡，則為逆向坡滑動所造成（見圖13.38A）；如果轉折凸向逆向坡，則為順向坡滑動所造成（見圖13.38B）。

圖13.36　平面型滑動造成堰塞湖（L），其滑動面（a—b）明顯的露出，雖然絕大部分的面積被滑體（c—d）所掩蓋，但是從側面方向（c—b）仍可觀察到其整個剖面。在滑動面全露的部位（a—c）可清楚的看出滑動過程中所造成的擦痕

圖 13.37 草嶺地滑是經常復發的順向坡滑動，滑體的趾部不斷的被清水溪淘掘，所以滑動面越滑越深；A是1999年921大地震時造成的滑動，現在（影像為2014年取得）又演育出兩個新滑動面，B淺C深，看它們滑出的舌狀前端，將清水溪的河道擠緊，即知它們的滑動速率旗鼓相當

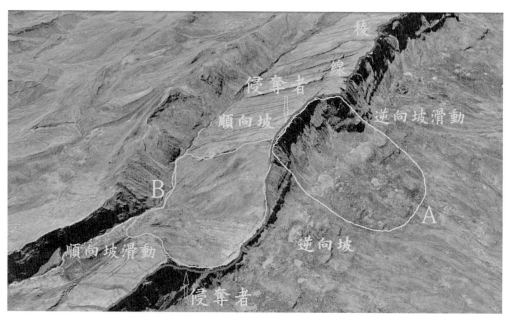

圖13.38 邊坡襲奪現象；順向坡與逆向坡相交之稜線發生轉折，其凸出的方向即為襲奪的方向

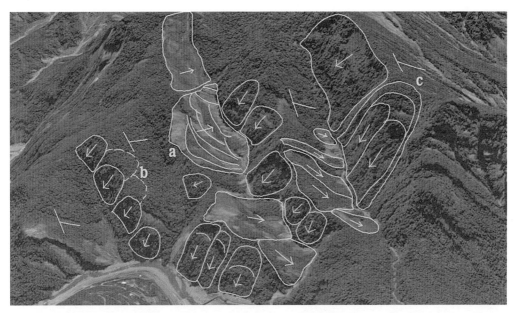

圖13.39　順向坡（黃色部分）與逆向坡（藍色部分）均有滑動潛勢。從圖中同時發現，順向坡多為平面型滑動，而逆向坡多為弧型滑動。當平面型滑動面加深時，順向坡會侵襲逆向坡（見a）；當弧型滑動面加深時，逆向坡會侵襲順向坡（見b及c），這種現象稱為邊坡襲奪。在襲奪的段落，順向坡與逆向坡交接的稜線會指向被襲奪的一坡

13.7　土石流判釋

　　土石流系統包括發源地、流通段及堆積區三個地形單元（見圖13.40），其涵蓋範圍比較狹長，其長者可達數公里，甚至十數公里，因此遙測影像是辨認土石流的最佳工具。

　　土石流系統最關鍵的部位在發源地，它是土石流的根源，其痕跡被保存得最久，所以是鑑定土石流最重要的地形單元，它常以匯水窪地的微地形顯示在影像上。發源地常顯示碗狀或魚骨狀的凹地，前者呈現指狀水系；後者呈現非字狀水系。凹地內常見崩塌或地表水沖刷的痕跡，常無植生發育。如果有植生發育，則其品種、生長期及植覆率不但與其四周的植被有顯著的差異；即使同一條土石流的發源地內，也會在不同的區位出現不同的植被密度與生長期，由此而分辨土石流的週期性及交替性（潘國樑及張國楨，民國103年）。

圖13.40   小型的土石流系統，每次發生時，其發源地及流通段的位置都不變，表示遺傳性很高。堆積扇的位置雖然很接近，但是範圍卻變化很大，需視土石流的規模及流動性而定

　　土石流的流通段常被土石流深切，顯示兩壁刷深及變陡，可從陰影予以辨認。土石流的刷深及側蝕之共同作用造成兩壁的邊坡滑落（Slump），在溝槽的兩側常可見到排成一列的崩塌三角面，狀似鋸齒，且齒尖向外（指向河槽的外側）。有時候慢速的滑落會將河道外推，造成曲流；大規模的滑落則會堵塞河道，在上游形成堰塞湖。使用精密的衛星影像，有時可辨認河道中佈滿著巨石，由其陰影造成凸顯的效果。又土石流因有超高及爬高的特性，所以在其兩側常見自然堤（見圖13.41）。

　　土石流在谷口常形成堆積扇，呈扇狀，其扇頂位於谷口，扇緣向外，呈弧形，或不規則的參差狀（見圖13.42）。整體上堆積扇呈三角錐狀，其錐頂位於谷口，錐體則表現中間高、兩側低的特殊地形，以此可與河階台地區別。後者橫跨谷口，且與谷口的位置無關（河階台地不一定要位於谷口，但是堆積扇一定是位於谷口），其階地面平坦，或微微向下游傾斜。堆積扇有時候可能被自然（例

如大河的河水所摧毀）或人為的因素破壞掉而消失，也可能被開發行為或其他擾動而模糊掉。

圖13.41　土石流的超高及爬高特性常在其流通段的兩側留下自然堤，此為辨認土石流的重要標記之一

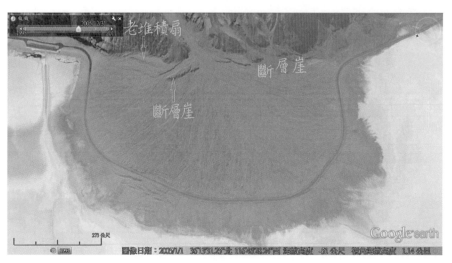

圖13.42　土石流多期堆積扇的疊置關係，因為新土石流常下切舊土石流的堆積扇，所以像河階堆積一樣，老堆積扇常站在高位；但是例外的情形很多，也有新土石流覆蓋舊土石流的

13.8 大規模崩塌的判釋

　　自從2009年莫拉克風災造成小林滅村的事件發生之後，國人開始注意深層滑動的案例。但因深層的定義難下，於是另創大規模崩塌一詞，指其體積大、滑面深之意。國內對於體積大於10萬立方公尺，或面積大於10公頃，或滑面深度大於10公尺者，都認定為大規模崩塌。

　　從莫拉克風災所造成的大規模崩塌，我們發現它可以分成兩大類，一種是我們比較熟悉的重力式滑動，發生於邊坡，其與水系的關聯性不大（見圖13.43）；另外一種則與水系密切相關，通常發生在水系的源頭，顯然與降雨有很大的關聯性（見圖13.44）。這種分類方法對研究極端降雨的專家學者可能有很大的幫助。

圖13.43　重力型大規模崩塌的發生與水系無關

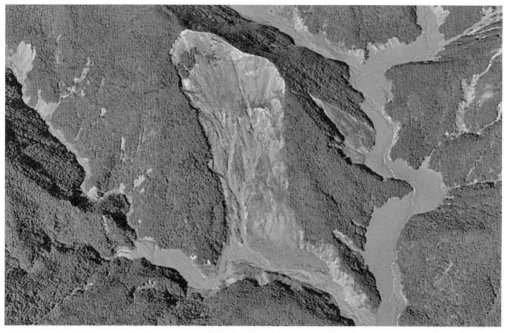

圖13.44　水力型大規模崩塌大多發生在水系的源頭或其兩側

　　大規模崩塌的範圍廣闊，在衛星影像上比較容易辨識。它的運動機制大多以滑動為主，其滑動面切入岩盤，且弧型或平面型的都有，當然也有兩者的複合型。一般地滑的影像特徵它都具有（見13.6節），而且更加容易判斷，因為形體較大，且影像特徵更加明顯，尤其滑體的邊界比較更加容易辨認。其中微地形、植被，及水系三者是辨認及診斷大規模崩塌所不可或缺的三個主要標誌。

　　大規模崩塌在真正發生滑動之前常以張力裂縫為警示（見圖13.45），其預警期通常在1年以上，所以我們有足夠的時間可以採取防備行動。因此，發現有潛在滑體時應即進行監測。

圖13.45　大規模崩塌在真正滑動之前常出現張力裂縫作為預警（a—b—c為最後面的張力裂
　　　　縫，也是最深的滑動面，切入岩盤；d—e—f為較淺滑動面出露的弧線，滑體已有下
　　　　陷的跡象；g處則出現更密集的次要張力裂縫）

13.9　復發帶的判釋

　　地質災害中，以土石流及活動斷層的遺傳性最高，它們大多在同一個條帶上
週期又交替的重複發生。這種在同一個地段週期性發生同一類型災害者即稱為復
發帶。從遙測影像的很多研究中發現，崩落及地滑也有復發帶的存在。

　　復發帶的特徵在於不同時期發生的塊體運動都會留下明顯的痕跡，它們大
多發生在同帶而不同位，且規模大小不一，互相交截疊置，如圖13.46所示。因
此，復發帶有可能成為災害預測的有力標註。

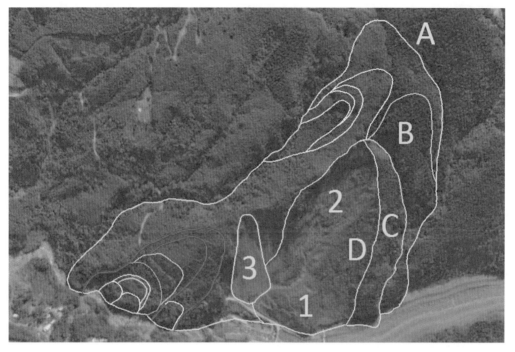

圖13.46　新竹土場的地滑復發帶

　　圖13.46是新竹土場的一個地滑復發帶，D乃是民國93年遭艾莉颱風肇使的地滑區，後來又發生了2及3的局部滑動。而A、B、C則是更老的地滑，留下明顯的滑崖及邊界陳跡。A即是本書所稱的復發帶，在其體內不斷的發生大小不定的滑動。

第14章

工址調查得知地下事

　　工址調查是在選線或選址調查之後所進行的地質調查，也是設計之前的詳細調查。它的目的就是為了設計而取得設計參數。一般除了地表調查（即基地調查）之外，還有地下調查，甚至還有取樣、試驗及監測。

14.1　地面調查的目的與精度

　　工址調查的目的就是要確定建築物的具體位置、取得設計參數、決定結構及基礎型式及規模，以及各相關建築物的布置方式，還要考慮施工及經費預算。由於地點或路線已經選定，所以調查的範圍已經大為縮小，一般只限於工址及穩固工程（如擋土牆、切坡、大填方、防災工程、地質改良等）的所在地而已。此時的地面調查工作也只集中於地質條件比較複雜，以及工程較為重要及巨大的地帶。測繪比例尺一般多在1：5000或更細的精度。

　　工址調查的精度可以用單位面積內的平均觀測點來加以比較。通常不論底圖的比例尺多大，一般都以圖上每1平方公分（即1cm×1cm）內有一個觀測點來控制精度，例如以1：5000的調查來論，每50公尺×50公尺的範圍內平均就要有一個觀測點；如果是1：1000的調查，則平均每10公尺×10公尺就要觀測一點。當然觀測點最好能夠均勻的分布，不能集中在一些路線上或區塊上；但是有一個例外，就是關鍵的地點要密一些，如斷層帶、軟弱帶、邊坡破壞處、滲水處、岩性變化處等。

　　在天然露頭不足時，一般必須採用人工露頭來補充，所以在大比例尺調查時，常需配合清壁、剝土、探溝、試坑等人工揭露的方式才行。尤其在草木密蓋、風化很深、天然露頭非常稀少的地帶，清山壁及剝覆土是常用的方法，例如在山壁或山溝邊可將雜草清理乾淨，使岩土層都能露出，既可看到土壤潛移、岩土層的接觸關係、還可看到岩盤的風化程度，同時還可得到一個清晰的剖面。

　　調查精度還可從地質單元的大小來衡量，一般認為岩層厚度在圖上的最小投影寬度大於2mm（0.2公分）時均應按比例尺反映在圖上。厚度或寬度小於2mm的重要地質單元，如軟弱夾層、斷層帶等則應採用超比例尺或特殊符號的方法在圖上表示出來。又地質圖上的各種界線，如地層界線、地滑體界線、崩塌地界線

等，其誤差不得超過1mm（0.1公分），所以有時在繪製比較精細的地質圖時，必須採用測量儀器（如平板儀）來定點或定線。

　　由於台灣的地形複雜、岩層風化深、又被濃密的植被所覆蓋，要取得完整的面的調查資料確實有困難，但是因爲現在遙測技術已經非常進步，其精細度已經到了約50公分的程度，尤其Google Earth提供了一個涵蓋全球的衛星影像之平台，可做初步判釋應用，因爲操作起來靈活方便，而且免費，所以應該善加利用。

14.2　地面調查的方法及重點

　　在眞正進行野外調查之前，首先應蒐集地質圖、地質文獻及遙測影像，先從室內研讀及分析開始，第一步要對區域地質（Regional Geology）進行了解。地質學對『區域』一詞的定義常被誤解爲小範圍，即英文的Local。其實正好相反，地質學的區域地質指的是大範圍的地質，因爲工址的安危常受一些大構造的制約，例如一條很長的斷層、一個延伸很遠的含煤地層、一個很大的褶皺構造、或一條從很遠直衝到工址的土石流等等。這些地質情況都會影響到工址的安全，所以在了解工址地質之前必須先了解「區域」地質。

　　對區域地質的了解要以工址爲中心，約20至30公里的半徑爲範圍，研究地層分布、岩層位態及地質構造。確定工址是位於順向坡、逆向坡、亦或側向坡；判斷工址在整個地質大局之內的定位與關係，之後才正式進行野外調查。

　　調查的方法應沿著一定的觀察路線做沿途觀察及測量，在觀測關鍵點上應進行詳細觀察與描述。觀察路線的布置應以最短的路線觀測到最多的地質狀況爲原則。一般應以穿越岩層的走向（即直交於岩層走向）與及追蹤岩層的界線爲佈線的指導。在調查過程中，最重要的是要把點與點，及線與線之間所觀察到的現象串聯起來，並及時進行資料整理與分析，才能在野外現場及時發現問題與遺漏，並進行必要的補充及補漏調查，避免回到室內後才發覺調查之不足而重臨現場。

　　工址調查的重點偏重在確定工程體的承載層，以及其承載力與沉陷量，並且要評估場址是否存在著不利的地質條件等等。所以工址調查必須要有鑽探及地球

物理探測的配合,也就是說工址調查不但有地表調查,而且也需要作地下勘查;同時還得求取力學設計所需的參數。以下即列出本期的調查重點。

一、工址調查部分

1. 岩盤地質

    (1)岩層。

    (2)岩層對比。

    (3)岩層分布與延伸。

    (4)有無軟弱岩層或膨脹性岩層。

    (5)岩層的物理特性(如顏色、粒徑、膠結、層理、葉理、硬脆性等)。

    (6)岩層的化學性質(如膠結物的成分、風化情形、換質情形等)。

    (7)風化作用(風化程度、風化層與岩盤的界面等)。

    (8)受地質作用之影響(如侵蝕、落石、崩塌、滑動、土石流等)。

2. 構造地質(包括層理、葉理、節理、其他不連續面、褶皺、斷層、不整合、火山活動等)

    (1)位態(走向與傾斜)。

    (2)構造單元的分布與延伸。

    (3)相對年代。

    (4)對岩盤的影響。

    (5)順向坡與逆向坡。

    (6)斷層的特殊性狀(如斷層帶、錯動性質、活動性等)。

    (7)構造節理、解壓節理,及其他不連續面的影響。

3. 表層地質(如沖積層、崩積土、風化層、表土、砂丘、回填土、棄土等)

    (1)產狀、分布、相對年代。

    (2)厚度與延伸。

    (3)地形表現。

    (4)物質組成。

(5)物理及化學性狀（如含水量、膨脹性、張力裂縫等）。

(6)物理特徵（如顏色、粒徑、硬度、堅實度、膠結性、黏滯性等）。

(7)有無問題土壤、軟弱土層、汙染土壤等。

(8)受地質作用之影響（如侵蝕、下陷、潛移、崩塌、滑動、土石流等）。

4. 水文（包括地面水及地下水）

(1)水系分布（如河川、水池、沼澤、泉水、滲水、地下水庫等）。

(2)水系密度（地表切割程度）。

(3)水系與岩性及地形的關係。

(4)地下水與地質的關係（如含水層、阻水層、地下水受壓性、斷裂、斷層通水性等）。

(5)水源與永久性。

(6)水量或水位的依時變化（如間歇泉、洪水等）。

(7)以前有過地下水存在的證據（如植生、礦物質沉澱、歷史記載等）。

(8)地表水與地下水的交換。

(9)地下水流向及流速。

5. 環境地質

(1)加速侵蝕（如惡地形、崩塌地、開礦、開路、伐木、開挖、墾山等）。

(2)向源侵蝕（如懸崖、台地崖、道路下邊坡等）。

(3)礦坑、溶洞、隧道等。

(4)地盤下陷（下陷盆地、積水、張力裂縫、小斷層、錯動現象、傾斜等）。

(5)礦渣堆積。

(6)膨脹性土壤。

(7)潛移。

(8)崩塌、落石、地滑。

(9)土石流。

(10)洪水或淹水。

(11)活動斷層。

二、工址評估部分

1. 潛在災害評估

(1) 地形學評估。

(2) 邊坡穩定性評估。

(3) 地下孔洞或採礦遺跡。

(4) 淹水、侵蝕、淤積的可能性。

(5) 受基地外的災源來襲之可能性（如地滑、泥流、土石流等）。

(6) 衍生災害的可能性。

2. 挖方區

(1) 預測將遭遇何種岩土層及地質構造。

(2) 預測邊坡穩定性，特別注意順向坡、岩土交界、崩積層等。

(3) 施工時可能遭遇的問題，如遇到非常堅硬的岩層、非常破碎的岩層、膨脹性岩層、流塑型岩層、地下水湧出等。

(4) 是否需要改變開挖地點、開挖方向、開挖高度，或降低開挖坡度等。

(5) 邊坡的防蝕措施。

(6) 開挖材料的再利用性。

(7) 棄土位置。

3. 填方區

(1) 採用山溝充填或單邊填方。

(2) 填方體基座的處理（清除植生、剝土、堅固層的位置、階梯的切削、樺槽的位置、地下排水設施等）。

(3) 填方材料的可適性評估。

(4) 填土方法之建議。

4. 擋土牆區

(1) 牆背的地質狀況。

(2) 基礎的砌置深度，是否發生潛移。

(3)背填材料的透水性。

(4)牆頂的自然排水。

5. 特別建議

(1)不宜擾動的保留區。

(2)崩塌地／崩積土的處理。

(3)落石防護。

(4)防洪措施。

(5)波浪侵蝕的預防。

(6)地下水問題的處理。

(7)活動斷層兩旁的退縮距離。

(8)山崩及土石流的影響範圍。

三、地震影響評估部分

1. 區域性評估

(1)含工址在內的區域地震史（如震央、規模、時間等）。

(2)含工址在內的活動斷層。

2. 工址評估

(1)活動斷層的位置、年代及錯動效應（如線型溝槽、岩層錯斷、水系擾亂、斷層崖、斷層三角面、沉陷池、橫阻山脊等）。

(2)地震可能引發的二次效應（如海嘯、噴砂、沉陷、土壤液化等）。

(3)有無液化土層。

(4)地下水位的深度。

3. 特別建議

(1)預測將來活動斷層的錯動性質、位移方向，即可能的位移量。

(2)劃定高危險區。

(3)建議在高危險區內的土地利用限制。

(3)評估土壤液化的可能性。

(4)評估地震所引發的崩塌可能性。

14.3　地球物理探勘

　　經過地面地質調查之後，對工址的地質環境及地質條件已經有了一定程度的瞭解，但是從地表所取得的資訊，如何延伸到地表之下，仍然處於推測的階段。因此有必要從事更深進一層的探測，使推想的地質模型（Geological Model）獲得證實。而最常用的地下探測方法就是地球物理探勘及鑽探。

14.3.1　物探的常用方法

　　地球物理探勘（簡稱物探）是一種間接的探勘工作。它是以專門儀器來探測地殼淺層各種地質的物理場，從而進行岩土層的劃分、判定地質構造，及研究水文地質條件或岩土體的滑動面等等，可以迅速的探測地下地質情況。它常與地面地質調查互相配合，然而其探勘資料的解釋卻需藉助於鑽探結果作為參據，才能取得比較肯定的判釋結果。職是之故，地面地質調查變成是工址調查的基礎，也是工址調查的首位工作，然後由地質調查的結果來配置物探的測線及鑽孔的位置。三者實在沒有孰優孰劣的問題，而是具有互補的關係。只是在工程進行的階段中，相對的工作量會逐漸增減而已。一般而言，地面調查總是走在前鋒，且與物探配合。鑽探主要用來驗證物探結果及取得基本剖面。隨著工程的進階，為了取得工程的設計參數，鑽探的工作份量才逐漸加重；而物探與鑽探的角色於焉互換，此時物探成為鑽探的輔助，物探可以將鑽孔與鑽孔之間的資料連結起來。

　　物探的方法很多，但是應用在工址調查上的主要有電探及震測兩種，新發展的透地雷達及聲測技術也值得在此一提。本節僅將這四種方法作一個簡單的介紹。

一、電探法

利用天然或人工的直流或交流電場來探查地下地質情況的方法，就是電探法。它又可分成很多種方法，而在工址調查上應用最廣的是電阻率法。

電阻率法又分成電測深法及電剖面法兩種。電測深法又稱爲電阻率垂向測深法：它是研究指定地點近乎水平的岩層沿垂直方向的分布情況之電阻率法。在對地面上某一點進行探測時，原則上將測量電極（M、N）距保持不變，而將供電電極（A、B）距不斷的擴大，稱爲Schlumberger 擺設法（見圖14.1的I）。當供電電極距加大時，即可以增加探測的深度。因此，在同一測點不斷加大供電電極距所測出的電阻率的變化，就反應該測點由淺到深的電阻率有差異的岩層，在不同深度的地方之分布情形。

在野外探測時，於數次增大A、B之後，要相應增大M、N一次，最好保持$(AB/30) \leqq MN \leqq (AB/3)$，以利於探測。本法在理論上是假定地面是爲平的，岩層的電阻率爲均勻的，且各岩層的分界面與地面平行。實際上要求絕對符合這些假設條件是不太可能的。一般認爲，使用電測深法時，應具備以下幾個地形地質條件：

1. 地形平坦（一般要求坡度小於30°），起伏不大，且有一定的範圍便於佈設極距。
2. 地表面的岩層岩性較爲均勻，且厚度變化不大，岩層的傾角一般要小於20°。
3. 探測區內的岩層層數不多，而且其中應有電性標準層存在。該標準層能控制探測區的地質構造，且其電阻率在水平及垂直方向上均保持穩定，與上、下岩層的電阻率差異較大，在電測深曲線上能反應出明顯的厚度，傾角不大於20°，深度不太大，且在其上無蔽障層存在。
4. 被探測的地質體在水平方向上延展較廣，一般應超過該地質體在地面下深度的10倍以上。

電測深法主要可以應用於下列幾個探查項目：

1. 確定不同的岩性，進行地層岩性的劃分。

2. 調查褶皺的型態、尋找斷層破碎帶等。

3. 調覆蓋層的厚度、岩頂（Rockhead）的起伏，及風化層的厚度。

4. 調查地下水面位置、含水層的分布情形、厚度及埋深。

5. 調查通水裂隙或通水斷層的方向。

6. 圈定鹹水與淡水的分布範圍。

7. 尋找古河道。

8. 調查河床覆蓋層中的砂、礫石透鏡體。

9. 調查滑動面。

10.調查借土區或骨材，圈定其分布範圍，估計其貯量。

11.調查地下溶洞及人工洞穴等（Dobecki and Upchurch, 2006）。

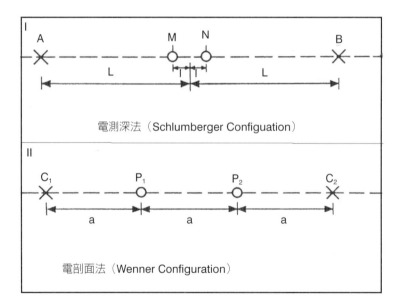

圖14.1　電測深法（Schlumberger Configuration）及電剖面法（Wenner Congiguration）的電極佈設

　　電剖面法的特點是供電電極（C_1、C_2）距及測量電極（P_1、P_2）距之間的相對位置保持不變，整個裝置沿著測量剖面線移動，逐點觀測沿剖面的電阻率之變化，稱為Wenner擺設法（見圖14.1的II）。由於電極距不變，探測深度就保持

在同一個範圍內，因此分析電阻率沿剖面的變化，便可以了解某一個深度下，沿著測線的水平方向上，不同電性地質體的分布情形。在野外佈線時，要使電極C_1、C_2相距很遠（一般是大於探測目標深度的4～6倍），電位電極P_1、P_2則儘量靠近，並固定其間的距離（等於或大於探測目標的深度，但不得大於1/3．C_1C_2）。為了使電剖面法發揮較佳的效果，須注意它的一些適用條件：

1. 地形比較平緩，起伏坡度不要超過15°，不能有深溝切割。
2. 應沿著地質結構變化最大的方向布置測線，而且要求褶皺構造的形體明顯，破碎帶或電性相差較大的岩層接觸面之傾角較大。
3. 要探測鬆散堆積物之下的基岩起伏狀況時，覆蓋層的厚度不宜太大。

電剖面法主要用於探測陡傾的層狀或脈狀岩層、劃分陡立的岩體接觸帶、探索斷層破碎帶、地下暗河等。地質體的傾角愈大，探測效果愈佳。

1. 確定含水破碎帶。
2. 判斷斷層破碎帶的傾向。
3. 估計良導電地質體頂端的埋深及厚度。
4. 確立陡立岩體接觸界面。
5. 探索古河道。
6. 探查岩溶的發育帶及裂隙水。
7. 確立基岩的起伏狀況。
8. 探測地裂縫。

一般而言，如果有正確的測量布置及解釋，電測深法可以獲得比電剖面法更為豐富及準確的地質資訊。

二、震測法

震測法是地球物理探勘的主要方法，也是應用效果較佳的方法。它是使用由人工震源（如錘擊、爆炸、電火花、空氣槍等）激發所產生的地震波，在岩層內傳播的現象來探測地質體的一種物探方法，且被廣泛應用於工址調查上。

震測法所依據的理論是岩石的彈性。由於岩石的彈性波性質不同，彈性波在其中的傳播速度也有差異。利用這種差異可以判斷岩層岩性、地質構造等。人工

震波的產生方法一般用鐵鎚敲擊法或炸藥爆炸法。現在已有一種震源車，具有驅動引擎、重錘及升降裝置，可以在崎嶇的地形移動，具有良好的機動性，並可產生P波及S波的震源。由此震源車產生的震波可解析約兩百公尺深的地層。

在操作時，當震波通過不同岩層的界面，即產生反射、折射及透射等現象。接收其中不同的波，就分別稱為反射波法、折射波法及透射波法等。縱波探測是震測法中應用最廣的方法，近年來橫波及表面波的探測也有發展。又根據探測對象及目標層的深度不同，震測法又可分為淺層、中層及深層等三種。在工址調查的應用上，主要運用淺層震測，其探測深度小於200公尺。

折射法是淺層震測中使用較久，且較成熟的一種方法（見圖14.2）。它是利用高頻（< 200～300Hz）地震波在速度界面上形成的折射波來探測覆蓋層的厚度、岩盤的起伏、褶皺、斷層、古河道等。探測深度大約在100公尺以內。它的操作原理主要是在地下淺處裝入炸藥，稱為引爆點；或用重錘高高落下，以產生震波，並在地面排上一排震波接收器（Geophone），以接收最早到來的震波（稱為初達波）。當震波發射後，有的波直接沿著地表傳到震波接收器，稱為直接波。有的波則遇到岩層界面時發生反射，傳回地表。但當入射角等於臨界角時，震波發生全反射，乃沿著岩層界面傳遞，亦即沿著震波速度較快的第二層之最上部行進（見圖14.2A）。界面物質受到震波的激發，在界面上產生新的射線，折射到地表，分別被整排的接收器所接收。由於折射面下的岩層具有比其上的岩層較快的波速，所以折射波在一定距離內就能趕上上層中傳播的直達波，而在某一震波接收器之後領先到達。我們稱直達波與折射波同時到達的距離為臨界距離Xc，由此距離即可求得折射波的深度Z，即：

$$Z = (Xc / 2) \cdot [(V_2 - V_1) / (V_2 + V_1)]^{1/2} \tag{14.1}$$

從上式可知，Xc恆大2Z，故在野外實測時，一般採用Xc = 3Z，表示震波接收器的排列不能比3Z還短，否則收不到第二層快速層內的折射波。上式中波速值V_1及V_2可用初達波的時距曲線的延長線與時間軸在t_i相交，t_i稱為截距時間，從此也可計算折射面深度Z，即：

$$Z = t_i / 2 \cdot [(1/V_1)^2 - (1/V_2)^2)]^{\frac{1}{2}} \tag{14.2}$$

這樣就可從震測記錄中直達波與折射波初到時，確定上、下兩層的波速及第二層的深度。

在上述計算深度及波速的方法只限於水平的折射面，對於傾斜的折射面就不適用。遇到這種情況時，必須沿著上傾（Up-dip）及下傾（Down-dip）的方向施做兩次相反的探測。又上述計算只適用於兩層的探測，當遇到多層時，折射剖面的時距曲線就變得很複雜了。

高頻淺層折射震測法主要在探測深度在100公尺以內的地質體。它主要在解決下列問題：

1. 測定覆蓋層的厚度。
2. 確定基岩的深度及起伏變化。
3. 探查斷層破碎帶及破裂密集帶。
4. 研究岩石的彈性性質，即測定岩石的動態彈性模數及動態浦松比。
5. 測定風化層的厚度及新鮮基岩的起伏變化。
6. 劃分岩層的風化帶。
7. 探測河床的覆蓋層厚度及岩盤面的起伏形狀。

中頻（< 50～60Hz）地震波一般用於探測深度大於100公尺的淺層地質體，如越嶺隧道即是。而低頻（< 15～20Hz）地震波則主要用於探測大區域的深部構造，即用於評估區域穩定性的問題。

震波速度Vp在工程上還有一個很大的用途是用來決定岩層的開挖方法。一般而言，岩層的Vp小於每秒1.3公里時就可以用一般挖土機械施工；Vp介於每秒1.3到1.9公里時即可用齒耙機剝刮；當Vp超過每秒1.9公里時則非用爆破不行。

折射震測法的使用也會受到一些限制，例如低速層不能位於高速層之下，以及岩層厚度不能太薄，否則低速層及薄層皆無法被發覺。折射震測法一般適用於下列情況：

1. 地形變化較小的地方，而不適用於起伏很大的複雜地形。
2. 地質體的界面比較平坦，無破碎帶或破碎帶少。

3. 地質體界面以上的岩層，其岩質較均一，且無高速層屏障。

4. 地質體界面的上、下或其兩側的地質體有較明顯的波速差異。

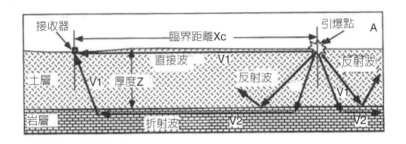

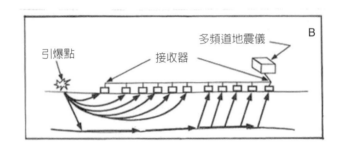

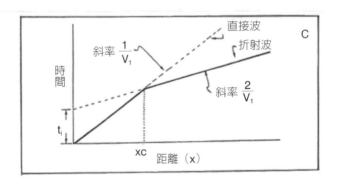

圖14.2 折射震測法的原理（Turner and Schuster, 1996）

　　國內近年來普遍應用淺層反射震測法於工址調查，以提供高解析度的岩層層次及地質構造的資訊。它（中層及深層）是石油探勘使用已久的一種主要震測法，而淺層反射法是近年才發展起來的新技術。與傳統的折射法相比，淺層反射法具有所需震源能量較小、探測場地要求較少、不受地層速度倒轉的限制、分

層能力較強，以及探測精度較高等多項優點。但是淺層反射法所受的干擾因素較多，如較強的表面波、折射波初達區的干擾、近地表不均勻性的影響等，使反射波難予識別，而且其資料處理也遠較折射波複雜。近年來因為硬體的進步，加上電腦軟體的研發，所以淺層反射法才引起更多的關注與興趣。

反射震測法的原理是當震波從震源向岩層中傳播，遇到性質不同的岩層界面時，遵循反射定律而發生反射現象。形成反射面的條件是界面上、下介質的密度及傳播速度的乘積（稱為介質的波阻抗）不相等。反射波回到地面所需的時間與界面的深度有關。因此，如果測得反射波到達地面所需的時間，即可作出反射波的時距曲線，由此曲線即可推求反射界面的深度。

反射震測法具有比折射震測法分辨率高的優點，但是反射法的資料分析不如折射法的清晰及直接可靠。與折射法相比，反射法在野外施測時，從引爆點到受波器的距離可以縮短很多，因此無需利用強大的震源。另外，因為近爆點接收的關係，所以當反射界面較深時，入射波與反射波的路徑基本上是近乎鉛直的。這些都是反射震測法的明顯優點。又因為反射震測法無需很強的震源，所以可以利用較弱的非爆炸震源（如落錘、氣槍、爆竹、機械震動源等），進行連續多次發震及記錄，從而將各次記錄適當的疊合起來。當對淺層（10～30公尺）岩層進行探測時，幾乎多採用非爆炸震源。至於測線的方向一般都採取直交於地質體的走向進行佈設。

三、透地雷達

透地雷達檢測技術（Ground Penetrating Radar，簡稱GPR），係利用電磁波（俗稱雷達波），以 80MHz～2.5GHz之頻率射入地下或被探測體，遇到不同電性介質之界面時，就會產生全反射或部分反射的物理現象，藉由對反射訊號的判讀，而瞭解被探測體內部或岩層的剖面狀態。一般的探測深度從幾公分到30公尺不等；其受地下水位的影響甚鉅。

實務上，透地雷達儀具係由發射機及接收機共同組成。發射機以脈衝方式發射雷達波（電磁波），一部分沿著空氣與地面的界面傳播，直接到達接收機的天線，為其所接收，稱為直達波。另一部分則傳入地下，在地下如果遇到電性（介

電常數）不同的地質體（如其他岩層、洞穴、地下水面等），就發生反射及折射，然後回到接收天線，稱為回波。直達波比回波的路徑短、速度快，所以最早到達接收天線。根據接收到的兩種波及其傳播時間，即可判斷地質體的存在，並估算其深度。一般而言，雷達波的頻率越高（波長越短），解析度越高，但是穿透能力越低；反之，頻率越低（波長越長），解析度越低，而穿透能力越高。

　　由於透地雷達對施測目標不具破壞性，而且所測得的資料為一剖面影像，所以能清楚的反映出被探測目標的狀況。近幾年來，更由於儀器設備與軟體的不斷發展及更新，已經可以將不同的剖面結合成一個擬似3D的剖面，對於該地區的地下情況可以作出整體性的判讀，因此透地雷達對於淺層岩層的探測已經具有相當的實用性。

　　透地雷達係利用探測體的複介電常數（Dielectric Constant）之差異性大小來分辨不同的物體（例如空氣與混凝土或岩層的對比就相當大），此因複介電常數控制著雷達波對一個物體的反射能量與穿入能量之比例。一般具有高複介電常數的物體，為很好的雷達波反射體，它們吸收很少的雷達波，如水就是屬於這一類。反之，低複介電常數的物體，將雷達波吸收，很少反射。所以，複介電常數越大的物體，其反射能力越強，影像就越亮。相反的，複介電常數越小的物體，其吸收的雷達波就越多，以致雷達波穿入該物體越深，因之反射能力越弱，影像就越暗。

　　複介電常數顯著的受到含水量的影響，此因水的複介電常數高達80，而乾燥的岩石及土壤之複介電常數卻只有3到8而已。因此水份是非常敏感的一個因素。一般的情況，探測體內含有蜂窩、空洞或水份時，都可以被偵測出來。不過，當透地雷達遇到鐵質的物體（如螺栓、鋼筋等）時，比較不利於判釋。

　　跟震測法相比，透地雷達的透地深度很淺，像粉砂、黏土、鹹水、地下水面，以及其他導電的物質都會嚴重的阻礙雷達波的透地能力。不過，透地雷達卻很成功的應用於地表淺層的土層探勘、管線調查、裂縫調查、淺埋的鐵桶及淺處坑洞探查、廢棄物場址調查、古蹟調查、道碴調查、道路鋪設調查、鋼筋混凝土完整性調查、襯砌完整性與厚度調查、襯砌背後的狀況調查等等。

四、聲測法

聲測或聲波探測是藉聲波在岩體內的傳播特徵來研究岩體性質及完整性的一種物探方法。與地震波相類似，聲測也是以彈性波理論為基礎。兩者的主要區別在於工作頻率範圍的不同。聲波所採用的信號頻率要大大高於地震波的頻率（通常可以達到 $n \times 10^3 \sim n \times 10^6 Hz$），因此具備較高的分辨率。但是在另外一方面，由於聲源激發，其能量一般不大，而且岩石對其吸收作用大，因此傳播的距離較小，一般只適用在小範圍內，對岩體進行較細緻的研究。因為聲波具有簡便、快速及對岩石沒有破壞作用等優點，目前已經成為測定岩石特性不可或缺的一種方法。

岩體的聲測可分為主動式及被動式兩種方法。主動式測定所用的聲波是由聲波儀的發射系統，或錘擊等聲源所激發；而被動式測定所用的聲波則是來自岩體遭受到自然界或其他作用力時，在變形或破壞過程中，由它自身所產生的。因此，兩種探測的應用範圍也不相同。

目前聲測主要應用於下列各方面：

1. 根據波速等聲學參數的變化規律進行岩體分類。
2. 根據波速隨著應力狀態的變化，圈定開挖（如隧道開鑿）造成的圍岩鬆弛帶；為確定合理的襯砌厚度及岩栓之長度提供依據。
3. 測定岩體或岩石樣品的力學參數，如楊氏彈性模數、剪切模數及浦松比等。
4. 利用聲速及聲幅在岩體內的變化規律，評估岩體邊坡或地下坑洞圍岩的穩定性。
5. 探測斷層、溶洞的位置及規模，張開裂隙的延伸方向及長度等。
6. 調查岩體風化層的分布。
7. 工程灌漿後的品質檢測。
8. 天然地震及地壓等災害的預測。

研究和解決上述問題，為工程計畫及時而準確的提供設計及施工所需的資料，對於縮短工期、降低造價、提高安全性等都非常重要。

　　一般而言，岩體（包含不連續面的岩層）新鮮、完整、堅硬、緻密時，其聲波速度就高；反之，岩體破碎、不連續面密集、風化程度深時，其聲波速度就會慢。因之，利用聲波速度的不同，我們可以進行岩體的分類。以下就介紹幾個參數（這些參數也可以用地震波的速度求得）：

1. 完整性係數

$$Ki = (Vpr / Vps)^2 \tag{14.3}$$

式中，Ki＝岩體的完整性係數

　　　　Vpr＝岩體的縱波速度

　　　　Vps＝岩石樣品的縱波速度

2. 切割係數

$$Fd = (Vps^2 - Vpr^2) / Vps^2 \tag{14.4}$$

式中，Fd＝岩體的切割係數

3. 風化係數

$$Kw = (Vpf - Vpw) / Vpf \tag{14.5}$$

式中，Kw＝岩體的風化係數

　　　　Vpf＝新鮮岩體的縱波速度

　　　　Vpw＝風化岩體的縱波速度

　　根據上述各種參數進行綜合評估，我們可以將岩體分成5大類，如表14.1所示。

表14.1　根據岩體的完整性與切割情形之簡略分類法

符號	岩質	RQD	Vp (km/s)	Vp/Vs	完整性係數	切割係數	風化係數
A	極佳	90～100	4.0～6.0	1.7	>0.75	<0.25	<0.1
B	佳	75～90	3.0～4.0	2.0～2.5	0.50～0.75	0.25～0.50	0.1～0.2
C	尚可	50～75	2.0～3.0	2.5～3.0	0.35～0.50	0.50～0.65	0.2～0.4
D	劣	25～50	1.0～2.0	>3.0	0.20～0.35	0.65～0.80	0.4～0.6
E	極劣	0～25	<1.0	—	<0.20	>0.80	0.6～1.0

註：一般稱硬岩的Vp> 3km/s；中硬岩的Vp = 2～4km/s； 軟岩的Vp = 0.7～2.8km/s；土壤的Vp = 0.3～0.8km/s。

　　由上表的參數值顯示，A級岩體係屬於新鮮、完整、堅硬的岩層；B級岩體呈塊狀、不連續面稍微發育、極少張開、沿節理稍微風化、岩塊內部新鮮堅硬；C級岩體呈碎裂狀、不連續面發育、風化程度中等；D級岩體則為鬆散狀、不連續面很發達、風化程度深（強風化）；E級岩體也呈鬆散狀、不連續面極為發達、且嚴重風化、岩體強度顯著弱化。

五、電視井測

　　在鑽孔內進行地球物理探測稱為井測（Well Logging）。主要係利用探測器直接探測或觀測孔壁的岩層，其目的之一就是探測孔壁岩石的性質，有時為了減少岩心的採取，以提升鑽探效率，就有利用井測的方法來替代。應用於工程上的需要，井測有電阻井測、自然電位井測、放射性井測、聲波井測、孔徑測量、電視井測等多種。電視井測曾被國內的實業界應用於地下水觀測井的洗井檢視。

　　電視井測法係利用孔內攝影機的光源，投射到孔壁，再反射到攝影機內的一個類似電視的攝影方法。攝影機及光源可以作360°的旋轉運動，因而可對孔壁四周進行攝影。一般而言，鑽孔的口徑如果大於10公分，深度較淺的情況下都可使用電視井測。但是光源如果太弱，在渾水中的攝影效果就會很差。另外，孔壁如果為漿水或岩粉等所附著，也將造成觀測的困難。

　　電視井測也可利用超音波向孔壁發射，然後接收從孔壁反射回來的超音波，而以電視圖像的方式顯示出來。當孔壁完整無破碎時，超音波的反射能力

強，所以圖像顯示明亮；反之，當孔壁有裂隙或孔洞時，則反射能力弱，因此圖像上出現黑線的是孔壁裂隙，而黑斑則是空洞。

　　超音波井測適用於檢查孔壁套管情況及岩盤中的岩性、傾斜、裂隙等。它的優點之一是可以在泥漿及渾水中施作。

14.4　鑽　探

　　鑽探是地下地質調查非常重要的方法，它能夠直接觀察地下地質的情況。與地球物理探測比較，鑽探可以在各種環境下進行，除了需要水源之外，它不受地形地質的限制。它的探測精度很高，且探測深度大，不受地下水的限制。但是鑽探也有一些缺點，如地質調查的重點項目之一的軟弱夾層、破碎帶、風化夾層等，有時不易取到岩心。

14.4.1　鑽探的目的

　　鑽探具有綜合性的目的，往往一個鑽孔除了用於查明地質情況之外，還要作現場試驗（即孔內試驗，包括力學、水文、灌漿等）、取樣、長期監測等。

　　它的目的在於：

1. 探查土層與岩層的層次、順序、延伸與分布。
2. 查證地質構造。
3. 查證地球物理的探測結果。
4. 取樣俾便進行物理性質及力學試驗。
5. 觀測地下水位及從事抽水試驗。
6. 從事孔內試驗。
7. 裝設監測儀器。
8. 進行特殊目的的探查，如：
   (1) 崩塌地調查。
   (2) 滑動面調查。

(3) 邊坡穩定分析。

(4) 附屬工程的基礎探查。

(5) 骨材調查。

(6) 岩盤面探查。

(7) 地下坑洞探查。

(8) 地下排水。

9. 地質改良，如灌漿、深基礎施作等。

14.4.2　佈孔的原則

在工址調查的方法中，以鑽探的費用最為昂貴，所以在程序上應該由花費較少的地面調查及地球物理探測（簡稱物探）先行，再由其探查結果來定井位。布孔規劃一定要在關鍵的地方佈點，要堅守用最少的孔數取得最多的地下資訊的原則，不要重複打或虛打（打出來的結果沒有用處）。

經過地面調查及地球物理探測（簡稱物探）之後，對調查區應該建立一個地質模型（Geological Model）的概念圖，作為佈孔的根據。其原則如下：

1. 根據地面地質調查及物探的成果，在關鍵的位置佈孔，其目的在填補上述調查的空缺，及驗證上述調查的結果。

2. 鑽孔的布置也要呼應工程的進階程序，採取不同的佈孔階段與佈孔方法。一般而言，鑽孔的布置方式應該由鑽探點，到鑽探線，再到鑽探網。佈孔範圍應該由大而小；佈孔密度應該由疏到密。

3. 鑽孔的前期布置之主要依據，應視工址地質情況的複雜程度而定。單純者疏而少，複雜者密且多。

4. 鑽孔的前期布置應該同時考慮地質、地形、水文地質等狀況，沿著其變化最大的方向布置鑽探線。鑽探線上的孔位不應該平均分布，其間距應以了解工程地質各項條件為最主要的目的。

5. 鑽孔的後期布置應隨著建築物的類型及規模而異。一般需視基礎輪廓來布置，常呈長方型、工字型及丁字型。建築物規模越大、越重要者，孔

數就要越多、越密。

　　鑽探必須遵照一定的規範施作，其結果才能進行比對。它具有如下兩項特點：

1. 孔位的布置不僅要考慮地質條件，還需結合工程及建設的類型與特性，如隧道或大壩需按其軸線布置，建築物則需按其輪廓線布置。

2. 它必須依照規範行事，每一個動作及每一個程序都非常嚴謹，絕不允許偷工減料，連設備及取樣器等都有一定的規格。

　　鑽探的佈孔方式很難作一個硬性的規定，例如我國建築技術規則明文規定，建築基地每600平方公尺或建築物基礎所涵蓋的面積每300平方公尺，應設置一個鑽孔；但是基地面積超過6000平方公尺及建築物基礎所涵蓋的面積超過3000平方公尺的部分，得視基地的地形、地層複雜性及建築物結構設計的需求，決定鑽孔的孔數。同時又規定，同一個基地的孔數不得少於兩孔，且當兩孔的探查結果有明顯的差異時，應該視實際需要而增設孔數。表14.2顯示不同工程的佈孔及鑽深之一般原則。

表14.2　不同工程的佈孔及鑽深之一般原則

工程類型或地質特性	佈孔間距	鑽深
面積廣大的處女地	·初探期以50～150m的間距為原則；任何相鄰四孔所圍的面積，約占全區的10%（約分成3格x3格）。 ·詳探期以獲得最有用的地質剖面為原則。	
工址含有軟弱或可壓縮性的岩層	·候選場址採用30～50m的間距。 ·定址後於舊鑽孔間加入新鑽孔。	
使用窄距基腳的大型建築物	·在長、寬方向各採15m的間距，必須含蓋機械的位址或電梯坑；或以獲得最有用的地質剖面為原則。	·垂直應力小於荷重的10%之深度。 ·一般需要鑽到基腳底面以下至少10m的深度。
低載重的倉庫	·至少在四角各佈1孔，並在中間的基腳位置補鑽數孔，以了解土層的剖面為原則。	

工程類型或地質特性	佈孔間距	鑽深
堅固的地基，面積 30m×30m～60m×60m	·圍繞著周邊至少3孔；根據鑽探結果，必要時再在中間補孔。	·垂直應力小於荷重的10%之深度。 ·一般需要鑽到基腳底面以下至少10m的深度。
堅固的地基，面積小於 30m×30m	·在對角處佈兩孔；如果土層延展不規則時，再在中間補孔。	
濱海的建物，如碼頭、船塢等	·不超過15m的間距；在重要位置需再補孔。	·鑽至挖掘深度以下約為離水牆高的0.75～1.5倍之深度；若遇軟層，則應鑽入堅固層為止。
長的隔離壁或泊船碼頭	·初期沿著壁面採60m的間距。 ·必要時再補中間孔，孔距約15m。 ·在壁內及壁外應布置數孔以了解壁趾部及壁後主動楔體的土層結構。	
邊坡穩定分析、深開挖或高土堤	·在關鍵的方向布置3～5孔，繪製地質剖面，以供分析。 ·對於滑動中的邊坡，應在滑動體外的上邊坡至少佈1孔。 ·必要時，應該多切幾條地質剖面。	·鑽至滑動面或潛移帶以下5m，或其下的穩定岩土層為止。 ·對於深開挖，應鑽至坑底以下1～3m；若鑽遇地下水，則應鑽穿含水層。 ·對於高土堤，應鑽至邊坡的水平寬度之0.5～1.25倍為止。若遇軟層，則應鑽入堅固層為止。
壩、滯水結構	·在地基區，初期採用60m的間距。 ·在壩軸上補孔，採用30m的間距。 ·在壩肩、溢洪道等關鍵處也應佈孔。	·對於土石壩，需鑽至底寬的0.5倍深度。 ·對於小型混凝土壩，需鑽至壩高的1～1.5倍深度，或鑽入很厚的堅硬不透水層3～6m為止。 ·研究壩基滲流或地下水的浮托力時，應鑽至不透水層，或水庫滿水位時水深之2倍。
鐵路、公路	·初期採用300m間距。 ·遇複雜地質時，採30～50m間距。	·中心線：5～10m。 ·橋墩：大於25～30m。 ·研究河水的刷深時，應鑽至河床下5～10m，或河水位最大變化量的4倍。

　　以上所列的佈孔原則比較適用於平地，而且也只是為了要求一個最低的品質要求而已。在山坡地上，地層的分布型態，以及受到地層位態及地形的合併影響，情況複雜許多。一般而言，在合理的情況下，孔數越多，歸根結底，反而是越經濟而且越安全。此因孔數多，對岩土層的了解也就越多，遇到問題土壤的機會就越少。因此，可以設計出更經濟以及更安全的基礎型式。

　　山坡地的佈孔，以最少的鑽孔要取得最多、最充分的地質資料或最有用的地質剖面為要求。採用等間距或棋盤式佈孔時，很多鑽孔會鑽遇部分相同或完全相同（如同一個順向坡上的鑽孔都會鑽到相同的岩層）的岩層，這是最浪費、最沒有效率的鑽孔布置。

　　圖14.3說明工程地質狀況的前期佈孔原則。首先要找到調查區內最具特徵，且最容易辨認的岩層（即指準層），其與下伏岩層的界線也很明顯。這條界線本書稱為指準層下界。然後找出一條剖面線，也許是預備布置的許多建築物之長軸，或者是想要了解的地質剖面線等。在平面上（地形圖或地質圖），指準層的下界線與該剖面線的交點，本書稱為首孔點，是準備要打第一孔的位置。在垂直剖面上，則以視傾角為傾角繪出該指準層的下界。這張剖面圖將作為規劃鑽孔位置的依據，本書稱為佈孔規劃剖面圖。

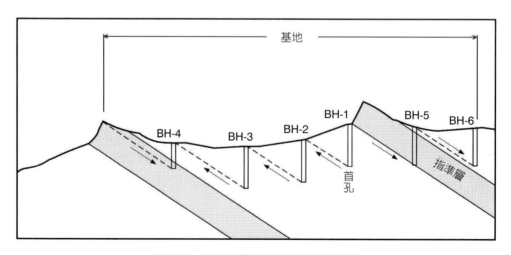

圖14.3　山坡地鑽探的佈孔規劃剖面圖

　　在首孔點佈下第一孔後（圖14.3的BH-1），即可從其孔底繪製指準層下界的平行線，且交於地面線，從交點再布置次一孔（圖14.3的BH-2）；依此程序類推下去，直到跑出基地的邊界以外爲止（注意BH-4的孔深較淺）。BH-5的決定是從首孔的頂點劃一條層面的平行線，再由井深（如20m或30m）來確定其位置。一般而言，鑽孔不宜布置在一條線上，因爲這樣無法繪製岩層的3D型態，所以應在上述剖面線之外再補上至少一孔，此孔應定位在建築物、擋土牆、大開挖、大塡方或斷層帶等處。

　　山坡地開發常會遇到要探測斷層帶寬度的情形。其佈孔原理，理論上只要在上盤的位置佈設兩孔相近的鑽孔即可（B1及B2），如圖14.4所示。兩孔的間距不要太寬，大約20公尺即可；同時兩孔都要打穿斷層帶才行。利用岩層對比的方法，觀察兩孔的岩心，其岩層無法對比起來的段落就是斷層帶的位置。把鑽孔佈在上盤的主要原因是一個鑽孔可以同時鑽穿斷層面的上、下兩盤。

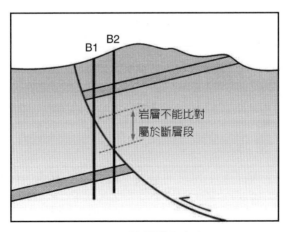

圖14.4　探測斷層帶的佈孔原理

14.4.3　鑽探過程及鑽探深度

　　鑽探過程中一般應統計岩心的回收率，及所取岩心的總長度與本回次進尺的百分比。岩心總長度包括比較完整的岩心及破碎的碎塊、碎屑、擊碎粉等物。另

外一個數據是岩心採取率，它是指比較完整岩心的長度與進尺的百分比，它不計入不成形的破碎部分，所以其值總比岩心回收率小。

鑽探對岩心的採取率之要求很高。一般而言，岩層部分不得低於80%；對重要工程或建築物的探測，即使含有軟弱夾層、破碎泥化夾層、風化夾層或斷層破碎帶，也不能低於60%。遇到後者的情況，一般要採用雙層或三層岩心管，並且要降低鑽速，縮短鑽程，或者先採用化學樹脂予以膠黏，然後再行施鑽。

鑽探過程中應隨時注意換層的深度、迴水顏色的變化、鑽具的陷落、漏漿、無迴水、孔壁的坍塌、卡鑽或湧砂等等現象及其深度。如果孔壁坍塌及卡鑽，岩心又破碎，且回收率很低，很可能暗示岩石的不連續面非常發達，或處於斷層破碎帶或滑動面（帶）的位置。

每回次取出的岩心應按順序放入岩心箱內，並應註明所取的不擾動樣品或岩樣的位置（即深度）。

至於鑽孔的深度一般無法作硬性的規定，通常需要根據建築物的類型、工程的進階、工程地質狀況的複雜程度，及鑽探的目的等綜合考慮。例如對於水工結構來講，為了評估霸基的潛在滑動面，鑽孔須穿過可能形成滑動面的軟弱層或不連續面；為了評估霸基滲漏可能性，則鑽孔深度須達到透水層以下的阻水層；又如為了評估建築物的沉陷，則孔深應達到基礎下的軟弱層或壓縮層以下。在探勘河床的覆蓋層時，鑽孔應穿過覆蓋層，並進入基岩內5公尺才能停止，以免將大孤石誤認為岩盤。

一般而言，決定鑽探深度的原則是以工程荷重的壓應力影響小於10%的深度為度。茲將一般原則陳列於下：

1. 獨立基腳或筏基：從基礎的底面再加基礎寬度的1.5倍。通常所有鑽孔至少應該鑽到基礎最低部位以下10公尺。

2. 密集的條形基礎或獨立基腳：$D + 1.5 \cdot (2S + B)$，$S < 5B$（D = 基礎深度；S = 基礎與基礎之間隔；B = 基礎寬度）。

3. 摩擦樁群：$2/3 \cdot D + 1.5B$（D = 樁群深度；B = 樁群寬度）。

4. 岩盤面：遇到岩盤時再加深3公尺，重要結構物的基礎則再加5公尺。

5. 地錨或岩錨：遇到新鮮岩層或砂層後，需再加深6至15公尺。

6. 邊坡穩定分析：滑動面下5公尺，或滑動面以下的硬岩層。

7. 公路中心線：路面下約5到10公尺。

8. 橋墩：工程荷重的壓應力影響小於10%的深度，但不得淺於25至30公尺。

9. 霸基滲流或上頂力之分析：需鑽至不透水層或水庫滿水位時最大水深的2倍。

10. 河水的刷深：應鑽至河床下5至10公尺，或河水位最大變化量的4倍以上。

11. 深開挖：鑽至開挖底寬的0.75至1倍。

12. 高填方：在比較均勻的岩土層之底座時，鑽深應達到土堤邊坡水平寬度的0.5至1.25倍；當遇到軟弱層時，鑽孔應達到硬土層的深度。

雖然依據以上的原則，有時難免在更深的地方還有軟弱岩層存在，所以為防萬一，最好能在基地內打一深孔求證之，而且該深孔要先打才行。

鑽探一般都採用垂直鑽孔，它適於調查緩傾斜的岩層及斷層、風化層厚度、基岩（Base Rock）面之上的全新世覆蓋層之厚度及性質、基岩面的形狀（高低起伏的情形）等。壓水試驗一般也都採用垂直鑽孔。當沉積岩層或斷層的傾角大於60°時，則常以與岩層或斷層傾向相反的方向斜向鑽進。這樣比較能夠取得更多的地質資料，同時還可以節省鑽探的工作量及經費。不過，斜孔鑽探常易發生孔身偏斜，而使地質的解釋工作產生誤差，在軟硬相間的岩層中鑽進，這種現象尤為嚴重。因此，採用斜孔鑽探時一定要測量孔身的方向與進尺。

14.4.4　岩心鑑定

鑽探工作耗費資金較大，所以應該儘可能的詳細觀察、計測及描述鑽探的結果。鑽探結果應該對岩心進行鑑定，描述其顏色、礦物組成、顆粒大小及紋理（Texture）、岩層的傾角大小、節理的切割情形及作正確的屬性命名；必要時得採取樣品，回到實驗室內進行岩礦鑑定。

對於節理要量測其傾角、間距，確定其類型、組別、延續性、風化程度、充

填情形，並進行節理統計（即RQD的測定）（見14.4.8節）。判斷節理時應該注意，不要與被鑽頭扭斷的斷面混淆在一起。一般而言，節理面都切得很整齊，兩壁也都有風化現象（褪色或銹染）；反觀鑽探過程中被扭斷的岩心斷面大都很新鮮，而且凹凸不平，或者呈貝殼狀。這種被人爲折斷的斷面應該算是連續岩心，必須加入RQD的計算。對於風化岩石，應將岩心按風化程度進行分帶及描述。對於疏鬆的砂、礫、泥性土壤則應觀察其緻密程度。岩心的採取率、RQD及節理的間距等三個定量指標可反應岩石的堅硬及完整程度。岩石愈堅硬、完整，其數值愈高；而愈軟弱、破碎的岩石，則其數值愈低。

　　岩心如果有任何微細的特徵都應該詳細的記錄下來，如岩心含有化石或特殊的礦物，或者具有其他特殊的性狀等；如果岩屑呈現擦痕或鏡面反射，很可能是斷層或滑動所造成的。

　　鑽探工作結束後，要將上述的觀測結果加以整理，並且製作成鑽孔柱狀圖，如圖14.5及圖14.6。將孔內的岩土層狀況，按一定的比例尺編製而成。除了要作成分及性質的描述之外，還要歸類，並且應該在相應的深度標示岩心採取率、RQD、節理間距或J_d、地下水位、岩石風化分帶、代表性的岩土物理及力學性質指標，以及取樣位置及項目等。如果在孔內有作過現場試驗（SPT），則應將試驗深度及成果也在相應深度上標明。取樣的位置及水壓計的埋設深度也應確實的標示出來。

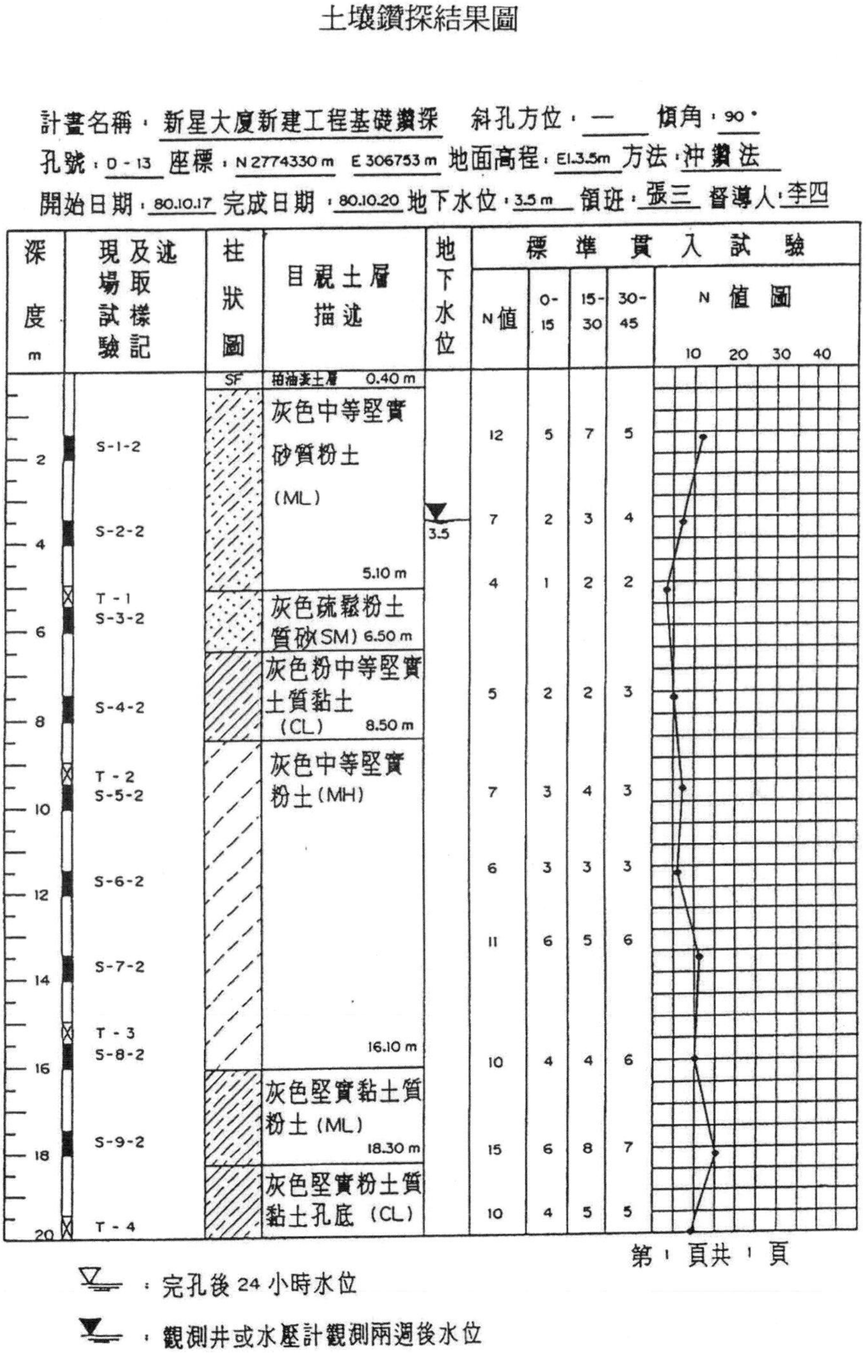

土壤鑽探結果圖

計畫名稱：新星大廈新建工程基礎鑽探　斜孔方位：—　傾角：90°
孔號：D-13　座標：N 2774330 m　E 306753 m　地面高程：El.3.5m　方法：沖鑽法
開始日期：80.10.17　完成日期：80.10.20　地下水位：3.5 m　領班：張三　督導人：李四

深度 m	現場試驗及取樣述記	柱狀圖	目視土層描述	地下水位	標準貫入試驗 N值	0-15	15-30	30-45	N 值圖 10 20 30 40
		SF	柏油混凝土層　0.40 m						
2	S-1-2		灰色中等堅實砂質粉土（ML）		12	5	7	5	
4	S-2-2			▽ 3.5	7	2	3	4	
			5.10 m		4	1	2	2	
6	T-1 S-3-2		灰色疏鬆粉土質砂（SM）6.50 m						
8	S-4-2		灰色粉中等堅實土質黏土（CL）8.50 m		5	2	2	3	
10	T-2 S-5-2		灰色中等堅實粉土（MH）		7	3	4	3	
12	S-6-2				6	3	3	3	
14	S-7-2				11	6	5	6	
16	T-3 S-8-2		16.10 m		10	4	4	6	
18	S-9-2		灰色堅實黏土質粉土（ML）18.30 m		15	6	8	7	
20	T-4		灰色堅實粉土質黏土孔底（CL）		10	4	5	5	

第 1 頁共 1 頁

▽：完孔後 24 小時水位

▼：觀測井或水壓計觀測兩週後水位

圖14.5　土壤的鑽孔柱狀圖（中國土木水利工程學會，民國82年）

岩石鑽探結果圖

計畫名稱：永安坡地開發工程地質鑽探　斜孔方位：一　傾角：90°

孔號：1A-21　座標：N 2758754 m　E 284656 m　地面高程：57.37 m　方法：旋鑽

開始日期：80.01.21　完成日期：80.01.27　地下水位：30.0 m　領班：張三　督導人：李四

孔徑套管灌漿或其他	迴水率及顏色	地下水位	現場試驗及取樣記述	深度 (m)	提取率 %	岩石品質指標 (RQD)	風化程度	目視地質描述
1/25 3.75-28.5m	灰 95/100		R-1,30cm	–21	98	30	W2	頁岩，質軟，灰白色
			R-2,25cm	21–22	98	35	W3	
				22–23	90	25		
	灰 94/100			23–24	98	0	W3	灰色至青色粉土質砂岩鬆軟，幾未膠結遇水呈粉土質砂 29.00m~29.40m 夾頁岩 29.00m~29.40m 泥岩
				24–25	97	35	W4	
			S-5,N=9/25	25–26	96	20		
				26–27	99	60		
			S-5,N=11/50	27–28	98	50		
				28–29	91	0		
				29–30	96	0		
		▽ 30.0		30–31	95	40		
				31–32	98	40		
				32–33	91	0		
				33–34	91	0		
				34–35	100	20		
	灰 90/100			35–36	97	0		
				36–37	100	0		
			R-5,18cm R-5,18cm	37–38	100	33		
				38–39	100	20		
			R-5,18cm	39–40	100	28		孔底

第 2 頁共 2 頁

▽：完孔後 24 小時水位

▼：觀測井或水壓計觀測兩週後水位

圖14.6　岩石的鑽孔柱狀圖（中國土木水利工程學會，民國82年）

14.4.5　鑽探督導

　　鑽探是一種非常重要卻非常昂貴而且程序非常繁複的地下探查方法。確實施作是鑽探過程中必須遵守的紀律與倫理；但是國內的鑽探公司良莠不齊，有些公司可以做出假的鑽探報告，或在鑽探過程中有些步驟不按規範施作。因此，鑽探工程常需由第三者（一般是工程顧問公司）來做全程督導。表14.3 表示鑽探督導工作常遇到的問題及其處理對策。

表14.3　鑽探督導應注意事項（亞新工程顧問公司）

項次	常見問題	處 理 對 策
1	針對鑽探機具、鑽探方法、及如何取樣應如何取得共識？	1.簽訂協議書時即應明確規定使用的機器及器材，且明確指出鑽探及取樣方法，並附鑽探規範。 2.現場督導工程師於施鑽前即應檢查鑽探機具及器材是否合乎規定，並與鑽探廠商溝通協調。
2	編列鑽探費用時是否應加「封孔費用」？又封孔的方法有沒有規範？	1.一般皆以回填方式封孔，很少編列封孔費用。 2.如果基地位於山區窪地，或施鑽的土層有較高的水壓時，鑽孔未來可能形成自流井，則可編列封孔費用。 3.封孔方法並無特別規定，但工程師應視實際情況及目的而做抉擇。 4.建議採用水泥皂土回填，未來應該少用土壤回填。
3	基地調查的鑽孔深度應如何取決？	1.依建築技術規則，鑽孔應均勻分布於基地內（註：此項規定不適用於山坡地的鑽探），每600平方公尺布置一孔，但每基地至少要有兩孔。如果基地面積超過5,000平方公尺，則視當地主管機關，可依實際情況規定孔數。 2.使用版基礎時，鑽孔深度應為建築物最大基礎版寬的兩倍以上，或者建築物寬度的1.5至2倍。 3.使用樁或墩基時，鑽孔深度至少應達預計樁長再加3公尺的深度；各鑽孔中，至少應有一孔的深度為前項鑽孔深度的1.5至2倍或達承載層的深度。 4.樁基設計時，鑽孔應達新鮮或承載層（如礫石層）後再加至少5公尺。
4	當地無水源或水源有限，應如何克服？（此為鑽探包商之責任）	1.利用水車。 2.設迴水坑（底部鋪防水布）。 3.利用迴水循環桶。 4.打水井。

項次	常見問題	處 理 對 策
5	鑽探的事前準備工作有哪些？	1.瞭解工作地點、範圍及工作期限。 2.瞭解相關規範、圖說、施工計畫。 3.研讀相關地質資料，預測可能鑽遇何種岩層。 4.鑽孔深度多少、應如何決定、調整原則如何。 5.取樣或孔內試驗的位置與深度，及其決定或調整原則。 6.與取樣有關的試驗室試驗項目。
6	鑽探工作前應注意哪些事項？	1.相關單位的聯絡窗口及聯絡人及其連絡方法。 2.遇到緊急狀況時的聯絡窗口及聯絡人及其連絡方法。 3.鑽探器材的檢核。 4.相關報表是否準備好。
7	哪幾種鑽探程序無法被規範所接受？	1.經由中空的取樣器噴射、洗孔，以到達取樣深度。 2.取樣前，套管的前進深度超過預定的取樣深度。 3.底部利用噴射鑽頭鑽進（魚尾鑽下沖式洗孔）。 4.無法於指定位置取到樣品，又無法利用同一孔取樣。 5.鑽孔位置不對，或深度未達要求。
8	工地最常碰到的鑽探問題有哪些？	1.魚尾鑽的噴水口注水形成Bottom Discharge而擾動土樣。 2.下套管時於接近取樣深度的地方採用Bottom Discharge而擾動土樣。 3.劈管的靴頭（Shoe）不平整。 4.孔壁未能保持垂直，致使取樣困難。 5.標準貫入試驗時因轉輪上的繩圈過多而產生摩擦力，以致影響N值。 6.標準貫入試驗時落錘高度（落距）不正確。 7.鑽孔深度計算錯誤。 8.薄管的刃口不平整或非圓形。 9.薄管壓得太滿或擠壓時分段過多。 10.薄管未放置於陰暗處，且運送時未妥善保護。 11.土樣的標籤寫錯。 12.未謹慎清除埋沒或土樣沒有立即封存，以致散失水分。 13.薄管壓不下去時硬用敲擊取樣（事先未做錨定）。 14.薄管取樣時未停留一段時間後才剪斷，且未立即將取樣器往上提。 15.鑽桿內鐵鏽太多，致使 Check Ball失效而使土樣失落。 16.薄管的Check Ball或Piston失效而使土樣失落。 17.提起薄管取樣器時振動過烈，致使土樣失落。

項次	常見問題	處理對策
9	鑽探工作於孔內試驗及取樣時應注意哪些事項？	1.相關器材之檢核。 2.位置與深度的確認。 3.孔底是否被埋沒。 4.孔內試驗及取樣的過程是否合乎規範要求。 5.樣品的封存及標示是否確實。 6.樣品的貯存方式是否恰當。 7.樣品的運送過程是否合乎規定。 8.記錄是否確實及完整，並依時提送。 9.要求鑽探領班準備一些塑膠袋，於每次SPT試驗採樣後，將多餘的劈管土樣放入袋中並編號，俟工程師檢視土樣後才能將其廢棄。 10.工程師應要求承包商確實填寫SPT時的回收率，並檢視現場多餘劈管的廢棄土是否與記錄表所填的數量相當。
10	鑽探督導遇惡劣領班或鑽工時，現場工程師應如何處理？	1.儘量避免正面衝突。 2.向承包商負責人反應。 3.儘量回報給公司主辦工程師知情。 4.請承包商更換該組領班。
11	落錘能量檢測時須檢核哪些項目？	1.落錘重量。 2.導桿長度（落距）及導桿與錘頭之接合是否緊密？ 3.鑽桿重量（可以平均重量 kg/m 乘上實際鑽桿長度求得）。 4.Calibration值之設定是否正確？ 5.劈管長度、Load Cell至砧板之距離。
12	在現場如何判定打SPT時能量有誤？	1.鑽桿的垂直度。 2.繫索架、繩索的繞圈數。 3.領班放開繩索的動作快慢。 4.重錘的重量63.5公斤（應事前檢查）及落距。 5.敲擊數與土層有絕對關係，應注意異常的敲擊數。
13	鑽探領班於進行標準貫入試驗時，若有漏打應如何處理？	1.若為落失，則可水洗50公分的長度後再補打；必要時需於他處補孔，以取代該段的SPT（由工程師視狀況而定奪）。 2.若是故意偷工，且經警告後仍然再犯，則應予廢孔並重打。
14	薄管取樣時，若薄管無法順利進尺，常以麻繩為襯墊，利用錘擊方式，記錄落錘高度及次數，請問N值應如何修正？	1.利用錘擊方式所取得的薄管，其土樣已受到擾動；一般於現場督導，非不得已應不允許領班如此施作。 2.在薄管記錄單上應詳細記錄取樣情形及刃口狀況；另外，工程師應有能力判斷取樣方法是否正確或適當；上述資料可供參考，其實並無修正公式可資引用。

項次	常見問題	處 理 對 策
15	CPT試驗的檢核項目有哪些？	1.進尺速度。 2.錐頭尺寸。 3.錐頭內的透水石需浸泡飽和。
16	當粗砂無法被迴水帶出地表而造成埋沒過大時，應如何解決？	1.利用劈管取樣器加內套管敲擊，並取出沖洗。 2.利用砂管。 3.於洗孔口加封抹布，以提升洗孔之水壓（僅留一小出水口）。 4.利用虹吸管原理（將水管插至孔底）。
17	如何判定黏土層的乾鑽地下水位（有毛細水）？	1.乾鑽地下水位為一參考資料。 2.由含水量及顏色的變化加以判斷。 3.若見水不要立即改用水洗（可能為棲止水）。 4.每日一量，以便綜合判斷。
18	乾鑽時尚未遇到地下水位即無法進尺，應如何處理？	1.無法進尺表示遇到障礙物或機械故障，應加以排除後再繼續施鑽。 2.經工程師判定，決定是否改用沖洗式鑽法或旋轉鑽。 3.或經工程師允許，調整鑽孔的位置。 4.改用大劈管施打。
19	如何判定進尺已經入岩？特別是遇到軟弱岩盤。	1.由取得的銅圈內樣品判斷是否為岩石（有膠結或節理）。 2.根據鑽速、套管速率、土樣顏色、N值等資料研判。 3.利用事前準備好的當地質資料（地層名稱）比較參考。 4.如果仍然無法判定，可與地質師討論。 5.採取岩樣，進行室內鑑定。
20	如何判定入岩深度？	1.從判定的岩盤面以下即為入岩深度。 2.與預估值互相比較。 3.參考鄰孔的資料。
21	如何判定粉質砂與風化砂岩？其工程性質有何差異？	1.於更深處如果遇到黏土或確定為土層時，則可確定為粉質砂；但如果是風化砂岩，則其下更深處將不會遇到土層。 2.完全風化至中度風化之砂岩為黃褐色，沖積層大部分為灰色。 3.利用N值為指標，粉質砂如為沖積層，其N值介於5～20；輕度風化砂岩或膠結不良的砂岩，其強度高，N值一般大於50。 4.工程性質需視所探討的目的而定。
22	遇到高度風化或膠結極差的砂岩，遇水即化時，應如何取樣？	1.降低迴水量。 2.降低鑽機的轉速。 3.改換適合的岩心管（如採用伸縮式岩心管一般效果不錯）。 4.若不需施作滲漏試驗，則可使用Polymer沖洗液，或使用Bentonite迴水。

項次	常見問題	處 理 對 策
23	當鑽探工程遇到坍孔時，應如何補救？	1.保持鑽孔內的水位。 2.加深套管至可能坍孔的土層深度。 3.利用水泥漿固結礫石層的孔壁。 4.採用皂土液做為鑽孔沖洗液，以穩定孔壁。 5.增加鑽孔內的水壓（將鑽機墊高、套管伸出地表，保持滿水位）。
24	Denison取樣器的使用時機為何？施作時應如何檢核？有哪些應注意事項？	1.Denison取樣器用於較緊密的砂層，或堅實的黏土層，或是遇到靜壓式薄管取樣有問題時用之；一般而言，它對土壤的擾動程度較大。 2.依土層的性質而決定薄管前的伸長度。 3.鑽孔的套管需較大。
25	使用活塞式薄管取樣應檢核哪些項目？	1.內桿是否移動。 2.注意各相關設備的尺寸。 3.活塞不能太鬆或太緊。 4.內桿第一支不能鎖緊，以利取出內桿。
26	活塞式薄管取樣器與靜壓式薄管取樣器在取樣過程中，對土樣的擾動程度頗為類似，它們除了可以提高取樣的成功率之外，有無差別性？	1.活塞式薄管取樣器的標準方式為加裝內桿，對於深度的掌握比較精確，而且可以確認孔底的埋沒深度；同時，將土樣上提時，Suction的作用較明確，較不易失落，擾動程度也較小。 2.靜壓式薄管取樣器則因於下薄管時，其內部已充滿水，若下壓太快，則水壓可能對上部土樣造成擾動；同時，靜壓取樣的擾動性一般較大，因無Suction的作用，土樣較易掉落。
27	岩石透水試驗應注意哪些事項？	1.套管宜下至試驗段的上方。 2.檢查封塞（Packer）是否封住試驗段。 3.注意封塞是否被套管所割破。 4.抽水機的水量加到最大。 5.注意封塞是否良好，有無漏水情形。 6.封塞的壓力與試驗壓力要維持固定值。
28	在膠結不良的岩層，常因遇水軟化，以致無法進行Lugeon Test，應如何處理？	1.若是封塞無法封住試驗段，可將套管下至預定封塞的位置，再將封塞封在套管內。 2.施作Lugeon Test的目的若是要知道岩層的透水性，則亦可將之改成變水頭試驗。 3.更改封塞的座落位置，例如往下移0.5至1公尺。 4.檢視岩心箱，設法將封塞封堵於堅硬岩層段。 5.Lugeon Test不太適合於此種岩層。

項次	常見問題	處 理 對 策
29	SM與ML應如何判別？要訣在哪裡？	1.SM與MLN：SM之判定較無疑義，而MLN於觸摸時有細緻的顆粒感，且黏滯性極低。 2.SM與MLI：MLI的感覺為黏滯性略低於黏土，且有些微顆粒感。 3.MLI與MLN：可取土樣沾水搓揉，然後置於水中搖晃，若散開即為MLN；若可搓揉成條狀，則為MLI。
30	粉質砂與砂質粉土應如何判別？	1.粉質砂較砂質粉土，前者用肉眼觀察，其顆粒較大、較明顯。 2.可各取一部分在手中搓揉，若毫無塑性者即為粉質砂；略有塑性者為砂質粉土。
31	如何分辨雲母與貝屑？	1.滴稀鹽酸，起泡沫者為貝屑。 2.臺北盆地內其土樣有大量片狀碎屑，多為貝屑。
32	水位觀測井埋設位置的深度應如何取決？	1.視工程的需要而定。 2.原狀土層的上部應加封Bentonite。 3.視砂層的深度及厚度而定。 4.視所需要觀測的地下水位之位置而定。 5.一般其埋設深度皆較水壓計為淺。 6.切勿被棲止水所誤導
33	在埋設水位觀測井時，若埋設深度以下的土層未出現低透水性土壤，則觀測井下方50公分處是否仍需使用Bentonite封層？其作用為何？	1.若該深度附近的土層非常明確地均為砂層，則理論上應可不必分層；一般而言，土層中常有黏土質及砂質的互層現象，若無百分之百的把握，建議仍應予以封層。 2.皂土封層的位置宜諮詢工程師。
34	水壓計的埋設原則為何？	1.視工程的需要而定。 2.測試段的上、下黏土層一定要封層。 3.PVC Pipe的接頭應加封膠帶，且PVC管的接頭處必須塗膠水。 4.應將透水段砂料中的細料清洗掉。 5.在埋設前要先試水，在埋設後則應測試是否為活水壓計。 6.埋設前的孔中水位及埋設後的地下水位應予測定。 7.Open Type宜設於砂層段，封層則宜設於不透水層段。
35	同一鑽孔若埋設兩支水壓計，另加一支深度桿至孔底，常造成施作上的困難，並可能降低水壓計的埋設成功率，Bentonite可能卡在上段孔中，遇此情況應如何處理？	1.同一孔埋設兩支水壓計，一般不成問題，但為防止Bentonite卡在孔中，可以在放置Bentonite時適度的搖動水壓計，並以鋁桿隨時掌握深度。 2.放置Bentonite時不宜太快，應逐粒施放，且應隨時以鋁桿檢查是否黏附在孔壁。 3.使用鋁桿搗實。 4.原則上在埋設上層水壓計時應採用大口徑的套管。 5.採用進口的皂土片。

項次	常見問題	處　理　對　策
36	傾斜管的裝設原則為何？	傾斜管的二對凹槽中，必須有一對要與可能的滑動面平行。
37	在試驗室內應如何決定試驗項目、樣品深度及圍壓大小？	1.可依據覆土的荷重決定圍壓大小。 2.CIU有效應力。 3.UUU總應力。 4.一般物理試驗可依據需求，參考鑽探日報表及合約數量，選擇適當樣品進行試驗。
38	取樣器的銅圈內若有粉質黏土與粉質細砂交替出現時，其粒徑分析結果是否具有代表性？	1.不具代表性，且可能造成誤導。 2.若要做粒徑分析，則應指明其中一種來做，不可混和後來做。

14.4.6　鑽探資料的加值利用

鑽探結果製作成柱狀圖，代表在該孔位之下所鑽遇的岩層以及它們的一些工程性質。這些資料尚可進一步的予以加值，以增大其運用價值。

一、地質柵狀圖

利用各個鑽孔的柱狀圖，依其相對的孔位，將同一岩土層進行連結（稱為岩層對比），即成一張地質柵狀圖（Fence Diagram）（見圖14.7）。它代表基地內岩土層的2維，甚至3維分布狀況。這張圖的精確度決定於岩心鑑定的嚴謹度以及鑽孔配置的密度與合理性。一般而言，岩土層的橫向延展只及於兩個鑽孔的中間；如果岩土層在橫向上無法對比，則常以尖滅或斷層加以解釋（見圖14.7的A-B-C）。

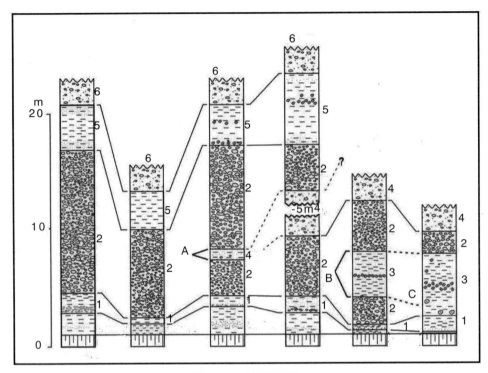

圖14.7　地質柵狀圖

二、等深圖

　　從各個鑽孔的資料（指高程）可以計算某一個地質界面（如岩盤的頂界、某一礫岩與砂岩的界面、某一斷層或某一不整合面等等）的高程，再從不同的高程即可製作一張等高線圖。從這張圖我們可以觀覽某一地質界面在地表下的地形起伏，如圖14.8所示。如果從孔口高程減去地質界面的高程，再製成等值線圖，則得該地質界面的等深圖。這張圖也有很多用途，例如可以估計打樁的長度，也可知道開挖的厚度等等。

　　國內業界對鑽探資料的依賴度不高，通常只是聊備一格。習慣上大多先有結構物的配置，再規劃鑽孔的分布，這是反其道而行。如果按照正常程序，應該先進行鑽探，對基地的地質先作通盤性的了解，再來配置建築物，則基礎設計會更

安全、更經濟。

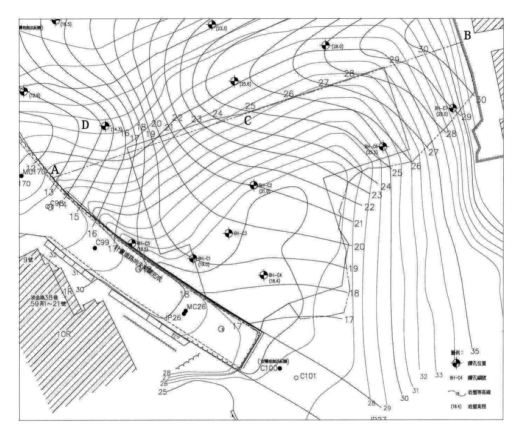

圖14.8　岩盤等高線圖（單位：公尺）（資料由高世鍊提供）

三、等厚圖

　　兩個界面之間的高程差即為某個地質體的厚度，由不同的厚度即可繪製一張等厚圖（見圖14.9）。等厚圖常用來表示土壤、承載層、挖方、填方等的厚度變化。

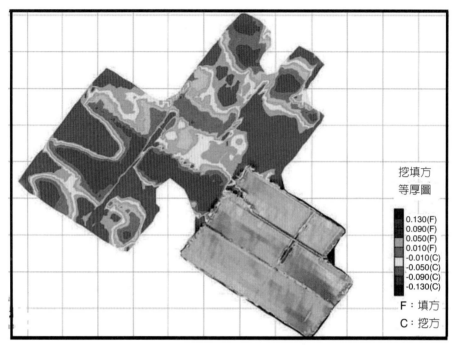

圖14.9　挖方及填方的等厚圖

（彩圖另附於本書489頁）

四、試驗結果之顯示

　　鑽探時都會同時進行孔內試驗，其中有一項必作的是標準貫入試驗（見下一節），以求得N值；同時，岩心鑑定時也會量測RQD，甚至施作點載重試驗，以求得岩石的強度。這些參數都可以合併起來，俾便加值利用，例如圖14.10就是合併利用RQD及點載重強度兩項參數，以粗略評估岩土層應該如何開挖，或者是否需要爆破。

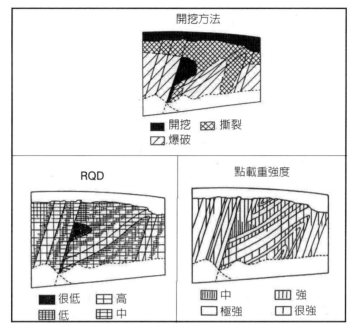

圖14.10　合併利用RQD及點載重強度粗估岩土層的開挖方法

14.4.7　標準貫入試驗

　　標準貫入試驗（Standard Penetration Test，簡寫為SPT）係以重量為63.5公斤的穿心落錘，落距為76公分，並以自由落下的方式，打擊鑽串前端所裝置的一個由兩個半圓管合成的劈管取樣器，計數其貫入土中30公分進程所需的打擊數。此值可用來確定砂質土壤的密實度，或黏性土壤的稠度、估算土層的容許承載力、推估各類土壤的剪力強度、估計黏性土的變形模數，以及評估砂質土壤的振動液化潛勢等。它係結合鑽探的過程所進行的現場試驗。

　　標準貫入試驗的進行一般以每隔1公尺，或土層性質發生改變時即進行一次。試驗時，先將取樣器打入土層15公分，但不記錄其打擊數，因為這15公分的物質可能是垮孔或坍孔掉下來的東西，不屬於孔底的原地物質，稱為埋沒物；繼之，貫入土中兩次各15公分的進程，並且分別記錄其打擊數，兩者之和即為標準貫入擊數，或者稱為N值。如果土層較為密實，打擊數較大，貫入深度未達30公

分,則需依照下式換算成標準貫入的30公分打擊數。

$$N = (30 \cdot n) / L \tag{14.6}$$

式中,N = 標準貫入打擊數

n = 未達30公分進程的打擊數

L = 與n相對應的進程,公分

N值可以應用於下列幾個方面:

1. 確定地基的容許承載力。
2. 選擇基礎型式。
3. 現場評定砂土的緊密狀態,及黏性土的稠度狀態。
4. 估計土層的內摩擦角。
5. 評定黏性土的圍壓變形模數。
6. 估算樁頭阻力及樁身阻力。
7. 判定砂土及粉砂土的液化潛勢。

14.4.8 RQD

RQD是指比較完整的岩心長度與進尺的百分比,即從岩心的樣品中,將其長度超過10公分的部分之長度總和除以鑽進的總長度,並以百分率表示之。打鑽時被機械力量扯斷的不能算是節理,也就是要以完整岩心視之。

對於同一種岩石,其節理間距愈窄,RQD就愈小,岩石的強度就降低得愈多;相反則反是。有關RQD的詳細討論請見7.2.4節。

14.4.9 地下水監測

鑽探完成後,常需選定幾個鑽孔來裝置水位計或水壓計。因為地下水位的動態變化,對計算土層的容許承載力、邊坡穩定分析、地下排水問題、施工的安全

性等都有重大的影響，所以必須在施工前就要預先進行長期觀測。一般而言，如果有下列情況發生時，就應該從事地下水的監測：

1. 當地下水位的升降會影響岩土層的穩定時。
2. 當地下水位的上升對建物產生浮托力，或對地下室及地下結構物的防潮、防水產生較大的影響時。
3. 當施工排水對工程有較大的影響時。
4. 當施工排水可能引起附近地區發生地盤下陷時。
5. 當施工或環境改變所造成的孔隙水壓、地下水壓的變化對大地工程有較大的影響時。

地下水監測的內容包括：

1. 地下水位的升降、變化幅度，及其與降雨的關係之動態觀測。
2. 對基坑開挖、隧道掘進、邊坡滑動，或地質改良等進行地下水位及孔隙水壓的監測。
3. 工程祛水對區域地下水的影響。
4. 管湧現象（Piping）及基坑突湧對工程的影響。
5. 當工程材料受到腐蝕時，對地下水進行水質監測。

水位觀測計其實只是一根開口的塑膠管，直徑1～2公分，在其下端打了孔眼，以讓地下水能進入管內，稱為豎管（Standpipe）（見圖14.11左）。管子豎立於鑽孔內，管子與孔壁之環狀空間則用砂或細礫回填；接近地表面時，則用水泥或夯實黏土加以封填，以防止地表水滲入。

測量水位時，可用捲尺或電子式浸尺；後者於浸尺碰到水面時就會發生聲響。豎管非常簡陋，其缺點是不能測量特定深度，或特定含水層的水壓；因此，它比較適合於計量未受壓含水層（自由含水層）的水位，或者地下水沒有發生上、下垂直流通的情況。為了補救這項缺陷，乃有水壓計的設計。

豎管水壓計（Standpipe Piezometer）是最簡單但卻是最可靠的水壓計。它的構造與豎管很類似，也是由一根直徑1～2公分的塑膠管所組成，在它前端裝了一個透水性非常好的陶瓷濾器，孔眼只有50～60μm而已。豎管水壓計也是豎立於鑽孔內，將濾器下到所欲測量水壓的岩層或破碎帶的旁邊，將其周圍或含水層的

段落，用砂或礫回填，但在其上、下則以水泥漿或膨土球封填，各厚約2公尺，以防止上、下含水層的地下水混進來（見圖14.11右）。水泥漿一般係使用 1：1 的水泥與膨土的混合組成。水壓計的埋置深度必須依賴準確的鑽探資料，在鑽探報告中需要明顯的標示其埋置位置。

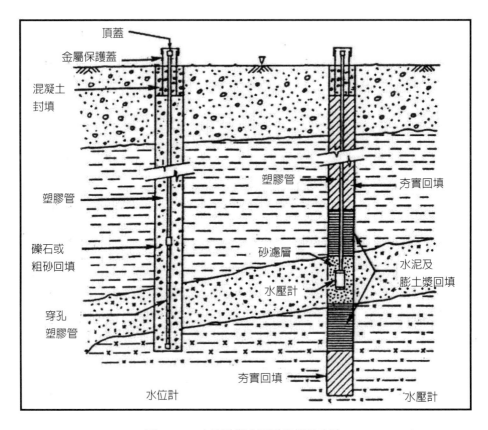

圖14.11　水位計與水壓計的埋設方法

14.5　現場指數測試

　　工址調查工作有時可以利用輕便的儀器，直接在現場取樣，並且馬上進行試驗（以力學試驗爲主）；雖然很多環境因素無法像在實驗室一樣可以嚴格的

控制，但是這種做法可以在調查的同時，即第一時間就可以大略的知道岩石的強度，顯著的提升了調查的效率及品質。再者，這種簡易試驗，其結果與實驗室的精密試驗之結果有蠻高的相關性。簡易現場試驗最普遍的就是點載重試驗及施密特鎚試驗。

14.5.1　點載重試驗

點載重試驗（Point Load Test）大約在1960年代初期起源於蘇俄，它是用來快速測定不規則形狀的岩石樣品之強度。試驗時，先取一塊直徑大約5公分的岩石樣品，將其放置在兩個錐狀的咬齒之間，並壓下油壓手扳，使其破裂。其加壓的壓力可用下式表示：

$$Is = \kappa \cdot (P / D^2) \tag{14.7}$$

式中，Is＝點載重指數（Point Load Index），MPa
　　　P＝加壓的載重
　　　D＝樣品的直徑
　　　κ＝常數（與樣品的形狀有關）

點載重指數（Is）通常都歸化為直徑為50mm的岩心來表示，寫成Is(50)。雖然不規則形狀的因素會影響試驗的結果，但是如果能夠多試驗幾次（例如15～20次），則其誤差將不會超過15%。方向性當然也會影響試驗的結果，不過可以分別試驗不同方向的樣品（例如有的垂直於斷裂面，有的平行於斷裂面），然後取其平均值。再者，樣品的含水量也會影響試驗的結果；例如砂岩飽水後，其強度會比乾燥時降低20到30%。雖然現場試驗一般都是在自然含水量的狀態下實施，但是要注意的是，剛下雨後試驗結果會發生偏低的事實。

一般而言，岩石的抗張強度大約是點載重指數（Is）的0.8倍；單軸抗壓強度則為點載重指數（Is）的20～24倍。

14.5.2　施密特錘試驗

施密特錘在1948年就已經問世了。測試時先用手頂住錘的末梢，再以緩慢的下壓方式讓錘尖頂住測試面，並壓縮內部的彈簧，等待達到一個緊縮程度時，彈簧就會放開錘心鋼棒，而直接擊打測試面，由錘心之回彈程度，即可測出試體的強度。這個數值與物體表面的硬度有關，而硬度則與強度有關。

施密特錘大約只有2.3公斤重，很容易攜帶，也很容易使用。不過，它在測試時，對不連續面非常敏感，即使一點點像髮絲大小的凹凸不平，都可以使它的讀數降低10點（稱為R值）。同時，它對含水量也很敏感。因此，使用施密特錘時，測試點最好要離開節理或石壁的邊緣6公分以上；同時，其表面一定要平坦而且乾淨。因為每一個施密特錘的特性都不太一樣，所以經常需要利用一塊鐵砧板加以校對；同時，在現場的記錄紙上記得要將儀具的編號註明清楚。

進行施密特錘試驗時，同一個點要測試5次以上，然後取其最高的讀數，而通常就是最後一次的讀數。而同一面（大約2平方公尺）則要測試20次至50次；以岩性越複雜，次數要越多。嚴謹一點時，先將讀數較低的百分之二十的部分捨棄，並將其餘的平均；後續的測試值如果沒有偏離平均值±3點時，才算完成。

14.6　現場試驗

室內試驗雖然可以在環境條件的模擬與控制之下，取得一些設計參數，但是其所用的試樣大都為完整的岩土樣品，或者是受到擾動的樣品，所以其試驗結果往往不能代表原地（In-situ）的岩土體。職是之故，為了取得比較準確可靠的力學參數，乃有現場試驗的需求。

現場試驗是在現場的條件下，直接測定岩土的性質，避免岩土在取樣、運輸及室內準備試驗過程中被擾動，因而所得的試驗結果更接近於岩土體的天然狀態，在重大工程的調查常被採用。但是現場試驗需要大型的設備，成本高，歷時長，且選擇具有代表性的試驗地段，必然有一定的侷限性及不足之處。所以必須以較多的室內試驗結果與其配合，才可以獲得比較可靠的資料及參數。

　　現場試驗的主要方法有載重試驗、圓錐貫入試驗、標準貫入試驗、十字片剪試驗、側壓試驗、現場剪力試驗、彈性波速測量、現場密度測量、透水試驗、抽水試驗、灌漿試驗、大平鈑試驗、套孔應力釋放試驗（Overcoring）、 水壓破裂試驗（Hydraulic Fracturing）等，不一而足。限於篇幅，無法作詳細的介紹。有興趣的讀者請參考有關專書，如Ervin（1983）、Clarke, Skipp, and Erwig（1996）、Yu（2000）、Schnaid（2009）、Monnet（2015）等。

第15章

地下水有利亦有弊

存在於地表下的土壤孔隙、岩石孔隙及裂隙中的水，稱爲地下水（Groundwater）。它的形成及補充主要是由於地面水向地下的土壤及岩石滲透匯集而成。這種滲透現象主要是因爲土壤及岩石中有空隙存在的關係。

地下水是地球的水圈中最主要的部分。它的分布很廣，僅在地面下800公尺深度內的地下水體積即達$417×10^4$立方公里（800公尺深度以下尚存有同等體積的地下水資源），其貯量大約是世界河流、淡水湖、水庫及內陸海水總貯量的17.5倍。而地下水總量中的一半則貯存於地面以下1公里之內的地殼表層。其中有一部分可以以地下逕流及泉等型式流入河、湖、水庫及海洋中，構成水圈大循環的重要一環。

地下水與人們的生活、生產及工程活動息息相關。它是飲用、灌溉及工業供水的重要水源之一。由於長期以來人類已經大量耗費了地表水資源，甚至還汙染了它，使得今後可供利用的地表水資源已受到限制，以致地下水資源的開發利用變得越趨重要。

但是地下水與土石的相互作用，會使土壤及岩石的強度及穩定性降低，產生許多對工程不利的現象，如崩塌、滑動、岩溶、管湧、地基沉陷等，有一些地下水還會腐蝕建築材料。所以地下水對人類是利弊兼具。因此，除了土壤與岩石之外，我們對地下水也應該有所了解。

15.1　地下水的賦存空間

地殼表層十餘公里的範圍內，或多或少都存在著空隙（Void），特別是淺部的1、2公里之內，空隙的分布較爲普遍。這就爲地下水的賦存（Occurrence）提供了必要的空間條件。

15.1.1　土壤內的孔隙

土壤、風化殼，及岩盤中，其顆粒之間，或顆粒集合體之間多多少少都存在著孔隙（Pore）。孔隙的數量、大小、形狀、連通情況及分布規律，對地下水的

分布、貯量及流動具有重要的影響。

　　孔隙體積的大小一般用孔隙率（Porosity）來度量。它是孔隙體積占土壤總體積（包含孔隙的體積在內）的百分率。對於地下水的流動而言，並不是所有的孔隙都可以提供通道，讓地下水流通，所以孔隙率可以分成絕對孔隙率及有效孔隙率兩種性質。有效孔隙率是可連通孔隙的體積占土壤總體積的百分率，它對地下水的流通較具意義。

　　一般而言，磨圓度好、分選性佳（級配差）的風成砂之孔隙率可達40%；而粗細不均的河床砂之孔隙率約為25%。如果部分孔隙被膠結物所充填，不僅會使大部分的孔隙互不連通，而且孔隙率也將大為降低。表15.1顯示各類土壤的孔隙率。通常，鬆散土壤的孔隙大小與分布都比岩石的裂隙要均勻得多，而且連通性也比較好。

表15.1　各類土壤的孔隙率

土壤類別	礫石	砂	粉砂	黏土
孔隙率，%	25～40	25～50	35～50	40～70

15.1.2　岩體內的裂隙及洞穴

一、裂隙

　　固結的堅硬岩盤（包括火成岩、變質岩及一部分沉積岩），一般不存在或只保留一部分顆粒之間的孔隙，而主要發育各種應力作用下所形成的裂隙（Fissure），包括原生裂隙、次生裂隙及表生裂隙。

　　岩石裂隙體積的大小一般用裂隙率來度量。它是裂隙的體積占岩石總體積（包含裂隙的體積在內）的百分率。裂隙的多少、方向、寬度、延伸長度、組數及充填情形等，都對地下水的流動具有重要的影響。由於裂隙體積的測定比較困難，所以在實際應用上常以面裂隙率及線裂隙率來表示。

　　面裂隙率是裂隙面的總面積占測量面積的百分率，即：

$$n_p = \sum(b_i \cdot l_i) / A \cdot 100\% \qquad (15.1)$$

式中，n_p = 面裂隙率

　　　$b_i \cdot l_i$ = 每一條裂隙的寬度與長度相乘（即面積）

　　　A = 測量裂隙率的岩石總面積

　　　線裂隙率爲在垂直於裂隙的某一測線上，裂隙寬度的總和占測線長度的百分率，即：

$$n_l = \sum(b_i) / L \cdot 100\% \qquad (15.2)$$

式中，n_l = 線裂隙率

　　　b_i = 每一條裂隙的寬度（垂直於測線量測）

　　　L = 測量裂隙率的測線之長度

　　　裂隙的發育程度除了與岩石的受力條件有關之外，還與岩性有關。例如質堅性脆的岩石，如石英岩、塊狀緻密石灰岩或砂岩等張性裂隙發達，透水性良好；質軟具塑性的岩石，如泥岩、泥質頁岩等具有閉性裂隙，透水性很差，甚至不透水，而成爲阻水層。表15.2顯示幾種常見岩石的裂隙率。通常，岩石的裂隙，無論其寬度、長度及連通性，差異很大，而且分布也不均勻。

表15.2　常見岩石的裂隙率

岩石類別	緻密火成岩及變質岩	裂隙火成岩及變質岩	裂隙玄武岩	砂岩	頁岩	石灰岩白雲岩	岩溶化石灰岩
裂隙率，%	0～5	0～5	5～20	5～10	0～3	0～20	5～50

二、洞穴

可溶性的沉積岩，如岩鹽、石膏、石灰岩及白雲岩等，在地下水的溶解作用下會產生空洞，稱為溶穴；其規模相差懸殊，大的寬達數十公尺，高達數十公尺至百餘公尺，長達數公里至幾十公里，而小的僅有幾公釐而已。

另外，地下採礦所遺留下來的礦坑及礦室（礦洞）也算是洞穴的一種。

一般稱岩土層的空隙中能夠貯存一定量的地下水，並且容易讓地下水透過的，就稱為含水層（Aquifer），如鬆散的砂礫層及裂隙多的岩盤都是良好的含水層。相反的，緻密無空隙，或空隙極其微小的，以及空隙互不連通的岩土層，很難讓地下水透過的，就稱為阻水層或不透水層（Impervious Layer 或 Aquiclude）。例如黏土的空隙雖多，但不連通，而且孔隙微小，地下水不能透過，所以是一種阻水層。有時候在較大的水頭差（水位差）之情況下，有些岩土層可以允許少量的地下水透過，而成為弱透水層，稱為難透水層（Aquitard）。

劃分含水層及阻水層的準則，並不在於岩土層是否含水，例如泥岩或黏土層都含有地下水，但是其所含的地下水不能移動，所以被歸類為阻水層。又含水層與阻水層是相對的，並不存在截然不同的界線，或絕對的定量標準。例如泥質粉砂岩如果夾在黏土層中，由於其透水能力比黏土層強，因此在這個特別情況下就被視為是含水層。

從透水的性能來看，岩土層常由透水層及不透水層相間疊置，因此在透水層的順層方向是透水的，而在垂直於層面的方向卻不透水。僅在局部發育有切穿整個不透水層的構造裂隙處才是透水的，其餘的部分仍是不透水。所以在實際工作中，必須按實際情況去分析岩土層的透水情形，並沒有一定的規則可尋。

含水層及阻水層的概念都是針對鬆散的土層建立起來的。地下水在各層的賦存雖然有異，但是在同一層中卻是連續而且均勻成層的。對於岩盤而言，當裂隙的發育良好，而且互相連通時，地下水也可以連續及均勻的分布，此時稱其為裂隙含水層尚無不妥。如果裂隙的發育是局部的，則稱其為含水帶，恐怕更恰當。

15.2 地下水的賦存狀態

　　地下水依其在岩土層內的賦存狀態可分為非飽和水、棲止水、自由水及受壓水等四種類型。

一、非飽和水

　　存在於未完全被地下水所充滿的孔隙中（稱為含氣帶）之地下水為非飽和水（見圖15.1左上）。它是受到顆粒表面的吸附力及孔隙中的毛細張力的雙重作用下，自飽和帶往上升的地下水。因此，其孔隙水壓為負值，其絕對值的大小與含水量成反比；在地下水面之上存在著一層毛細飽和帶，其孔隙水壓等於零。

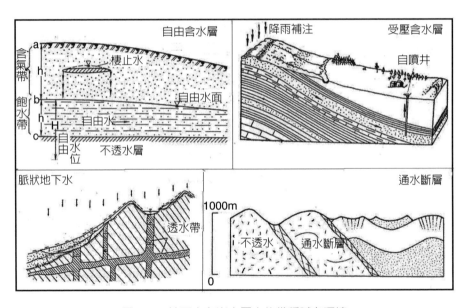

圖15.1　地下水在岩土層內的幾種賦存環境

二、棲止水

　　在地下水面之上的未飽和帶中，如果存在著一層透鏡狀的阻水層，或者局部

的難透水層，則下滲的雨水受其阻擋，乃在其上聚集，形成小規模的水體，稱為樓止水（Perched Water）（見圖15.1左上）。樓止水接近地表，接受大氣降水的補注（Recharge）；雨季時獲得補給，賦存一定的水量；乾季時水量逐漸消失。因此，樓止水的賦存很不穩定。另外，輸水管滲漏也可能形成樓止水，其賦存比較穩定。

樓止水可能影響施工，常會不期然的突然湧入基坑、地下室、地鐵或隧道的開挖面。不過，湧水量卻很快的遞減，在短時間之內即可消失。

三、自由水

自由水（Phreatic Water）是賦存於地面以下第一個穩定阻水層的上面，且具有自由水面的飽和地下水（見圖15.1左上）。自由水主要存在於鬆散的土層中，出露於地表的裂隙岩層中也會有自由水的分布。自由水的水面就稱為自由水面（Water Table）。

自由水具有如下的特性：

1. 它與大氣相通，具有自由水面，且自由水面上的壓力為1個大氣壓力。
2. 除了大氣壓力之外，自由水為不受限的無壓水（Unconfined Water）。
3. 自由含水層的補注區（Recharge Area）與分布區一致，直接接受大氣降水的補給。乾季時常以蒸發的方式排洩（Discharge）回大氣（見圖15.6）。
4. 自由水的動態受到氣候的影響較大，具有明顯的季節性變化特徵。
5. 自由水容易受到地面汙染的影響。

自由水面的形狀主要受到地形的控制，基本上與地形的傾斜一致，但是比地形平緩（見圖15.6）。在平原地區，自由水面即非常平緩，且微微向河流或排洩區傾斜，並向河流或排洩區排洩。自由水面在平面上的形狀常以等水位線來表示，類似地形等高線一樣。自由水面上任意一點的高程，稱為該點的自由水位（Water Level）。將自由水位相等的點連接，即為等水位線。用等水位線表示的圖，即為等水位線圖（見圖15.2A）。從等水位線圖上可以求取一些水文地質的特性，說明如下：

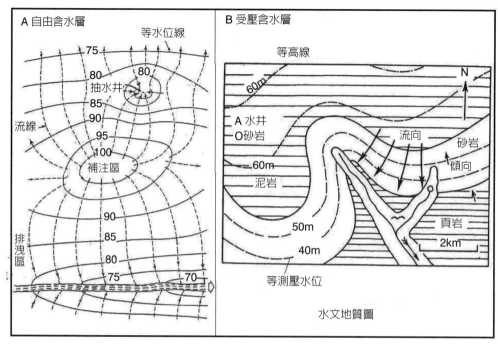

圖15.2　等水位線及水文地質圖

1. 確定地下水的流向：自由水從水位高的地方向水位低的地方流動，形成自由水流；垂直於等水位線，從高至低的方向即為自由水的流向。如圖15.2A中的虛線，稱為流線，其箭頭表示流向。

2. 計算水力梯度：在流線（自由水的流向）上，取兩點的水位差除以兩點間的距離，即為該段自由水的水力梯度（近似值）。

3. 說明自由水與地表水之間的補注關係：如果流線指向河流，則表示自由水補注河水（見圖15.2及圖15.9A）；如果流線的方向偏離河流，則表示河水補注自由水（圖15.9B）。離心的流線表示地下水的補注區；向心的流線表示排洩區或抽水區（圖15.2A）。

4. 確定自由水面的深度：如果等水位線圖上附有地形等高線，則由某一點的高程減去其自由水位，即為該點的水位深度（即從地面至地下水面之深度）。

5. 推斷含水層的厚度或岩性發生變化：等水位線變密處可能指示該處的含水層厚度變薄或透水性變差；相反的，如果等水位線的間距變疏，則可能指示含水層的厚度變厚，或透水性變佳。

四、受壓水

受壓水是充滿於阻水層之下的含水層之地下水。留住受壓水的含水層，稱為受壓含水層（Confined Aquifer）（見圖15.1右上及圖15.3），受壓含水層的上覆阻水層又稱為限制層。受壓含水層的天然補注源一般在其出露於地表的區域（這裡的地下水其實是自由水）（見圖15.1）。向斜是最適合形成受壓水的地質構造；單斜構造或原生傾斜的岩土層（如沖積扇）也常具備受壓的條件。

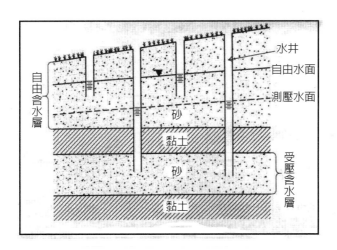

圖15.3　土壤內的自由水及受壓水

受壓性是受壓水的一個重要特徵。在阻水層之下的地下水全是受壓區；水自身承受著壓力，並且以一定的壓力作用於上阻水層的底盤。如果要證明水是否具有受壓性，只要將鑽孔打入受壓含水層內，孔內的水位將上升到含水層頂盤以上的某一定高度，才會靜止下來。

靜止水位高出含水層頂盤的距離就是測壓水頭（Piezometric Head）。孔內靜止水位的高程，就是含水層在該點的測壓水位（見圖15.3）。由每一點的

測壓水位所形成之曲面，就是測壓水面（Piezometric Surface）（見圖15.3及圖15.4）。測壓水面如果高出地表，鑽孔內的地下水就會噴出地表，稱為自噴（Artesian）現象。測壓水面是一個虛擬的面，鑽探打到這個高程是見不到地下水的，必須打到含水層的頂盤才能見到。一般而言，測壓水面不是只有一個，凡是受壓的含水層都各有其自己的測壓水面，除非含水層之間具有連通的關係。

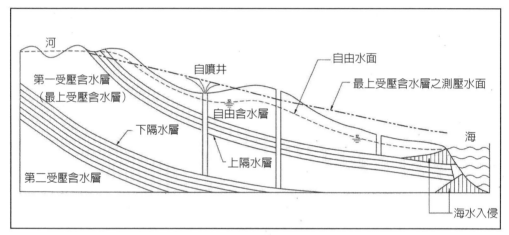

圖15.4　岩層內的受壓含水層

受壓水具有如下的特性：

1. 受壓水不具有自由水面，並且承受一定的靜水壓力。其壓力來自補注區的水頭壓力及上覆岩土層的壓力。由於覆岩壓力是一定的，所以受壓水的壓力變動與補注區的水位變化有關。當補注區的水位上升時，水頭壓力增大，地下水對上覆岩層的浮托力隨之增大，因之，測壓水頭上升；反之，補注區的水位下降，則測壓水頭也隨之下降。

2. 受壓含水層的補注區與分布區不一致，常常是補注區遠小於分布區；一般只有在補注區接受補注（見圖15.1右上）。

3. 受壓水的動態比較穩定，受氣候的影響較小。

4. 受壓水比較不易受到地面汙染。

像等水位線圖一樣，等測壓線圖（或稱等水壓線圖）也可以用測壓水位面的

等高線來表示（見圖15.2B）。等測壓線圖必須同時附上地形等高線及受壓含水層的頂盤等高線。後者表示鑽探需要鑽到什麼深度才能見到受壓水。從受壓水的等測壓線圖可以判斷受壓水的流向及計算水力梯度，確定測壓水位、水頭及其深度等。

　　受壓水的水頭壓力可能會引起基坑或地下開挖面突然湧水，釀成災變，所以在調查時應該仔細評估。

15.3　岩體內的地下水庫

　　地下水在岩盤內的富集方式可歸納爲阻水型、棲止水型、褶皺型、斷層型、接觸型、風化裂隙型、岩溶型及成岩裂隙型等8種類型來說明。

一、阻水型富集

　　含水層在順傾側（Down Dip），或者地下水的流動方向上被不透水的阻水體所橫截，使得水位被抬高。地下水遂富集於阻水體的附近之低窪處，特別是來水方向的一側，其地下水位較淺，常可提供良好的水資源（見圖15.5A）。這一類阻水體可以是大型的侵入岩體（圖15.5Aa）、岩脈（圖15.5Ab）、以斷層接觸的不透水層（圖15.5Ac），或者是急傾的不透水層（圖15.5Ad）。

二、棲止型富集

　　在透水的岩層中有水平的透鏡狀阻水層發生滯水的作用，形成棲止水的型態（見圖15.5B）。或者含水層的底部有緩傾斜的不透水層，或相對阻水層存在，地下水被滯留而積蓄於不透水層之上。這種富集的方式，一般富集量不會很大，且受季節的影響。常分布在地形較高的部位，爲缺水山區的重要水源。

三、褶皺型富集

　　由層狀或似層狀的岩層組成的褶皺構造，其不透水的岩層發揮了阻水的功能，而上覆的含水層則作爲蓄水的空間。在適宜的補注條件下，也能夠富集地下

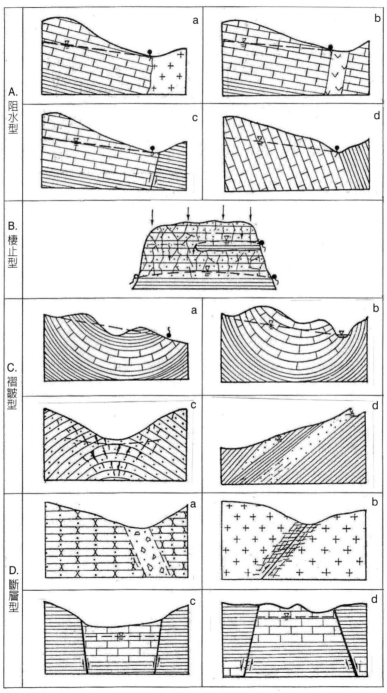

圖15.5　岩盤地下水庫的各種富水構造類型（1/2）

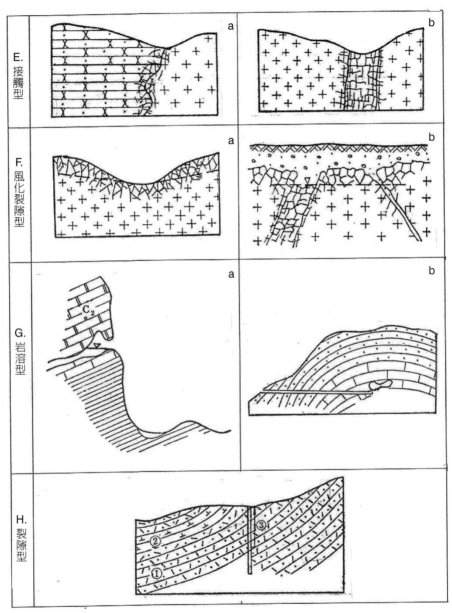

圖15.5　岩盤地下水庫的各種富水構造類型（2/2）

水。其中以向斜的蓄水能力最佳（見圖15.5Ca、Cb）。如果向斜含水層沒有不透水層的覆蓋時，則將形成自由水盆地富集（見圖15.5Cb）；如果向斜含水層之上有不透水層的覆蓋時，則將形成受壓水盆地富集（見圖15.5Ca）。當含水層的分布較廣、厚度較大時，向斜構造可以形成重要的供水來源。

如果背斜的軸部在地形上形成背斜谷或盆地時，由其張裂帶所提供的蓄水空間，也可以形成很好的地下水富集帶（見圖15.5Cc）。另外，在單斜構造中，夾在兩個不透水層之間的含水層，如果在其下傾端發生尖滅，或者透水性變小，形成封閉且受壓的蓄水構造（見圖15.5Cd）。地下水的循環只發生在有限的深度內。地下水以沿著岩層走向流動為主，向最近的河谷排洩（Discharge）。排洩區附近即為地下水的富集帶，也可以形成重要的水源。

四、斷層型富集

張性斷層（即正斷層）及剪力張性斷層的斷層角礫岩帶與破碎帶（如圖15.5Da），以及規模較大的壓性斷層（即逆斷層）及剪力壓性斷層的上、下兩盤（尤其是上盤）之影響帶（見圖15.5Db），均以兩盤的完整岩層為相對阻水的邊界。它們都具有含水的空間，其含水帶呈帶狀或脈狀，斷層各部位的富水性不很均一；但地下水受季節變化的影響較小，水量比較穩定，常形成較有價值的水源。

在地塹（圖15.5Dc）或地壘（圖15.5Dd）的地方，當兩條斷層之間的斷塊為透水層，而被兩側的相對不透水層所侷限時，兩斷層之間的斷塊及斷層影響帶，即可富集地下水。相反地，如果中間斷塊為相對阻水層，而兩側為強透水層時，則地下水將富集於斷塊兩側的斷層影響帶中。

又斷層作用使得透水層的順傾側被不透水層所阻斷時，也可以產生富水的環境，如圖15.5Ac所示。

五、接觸型富集

火成岩體或岩脈與圍岩的接觸帶通常會發育很發達的裂隙帶，也能將地下

水富集（見圖15.5E）；尤其在弱透水層的分布區形成帶狀富集帶，一般可作爲中、小型的水源。

六、風化型富集

以凹地風化殼的裂隙作爲富集的地方，類似於自由含水層一樣，以自由水爲主，其地下水面隨著地形而緩變（見圖15.5Fa）。基岩內的袋狀風化帶也可以成爲很好的富集帶（見圖15.5Fb）。

風化殼富集層係以岩盤的風化裂隙作爲含水層，而以其下伏的新鮮岩盤作爲阻水層，含水層與阻水層的界線並不明顯。風化帶的裂隙水常與其下的基岩之構造裂隙水形成密切的水力聯繫。因爲地下水係受降水的補注，所以水位及水量常受氣候的影響。其地下水位不深，水量一般也不大。

七、岩溶型富集

石灰岩內的裂隙、溶隙或溶孔，在適宜的富集環境下也可以成爲很好的地下水富集帶，如大理岩與火成岩或其他變質岩的接觸帶即是，如圖15.5G所示。

八、其他裂隙型富集

被傾斜的不透水層所夾的多裂隙含水層也可以成爲不錯的富集層。又不整合面的富集也是屬於這一類型。玄武岩的冷凝裂隙及氣孔，或者熔渣狀的玄武岩也都可以蓄集豐富的地下水。

15.4　地下水的流動

15.4.1　滲　流

地下水在岩土層內的流動稱爲滲流（Seepage Flow）。由於受到流路的阻滯，地下水的流動遠比地表水的流動緩慢。地下水在岩土層的孔隙中之流動方式可分成層流（Laminar Flow）及紊流（Turbulent Flow）兩種。前者的流動方式是

水的質點有秩序的、互不混雜的狀況。地下水在比較狹小的孔隙或裂隙中（如在砂及裂隙不寬的岩土層內）即依此方式流動；後者的流動方式是水的質點無秩序的、互相混雜的狀況。地下水在比較寬大的孔隙或裂隙中（如在卵礫石及裂隙寬大的岩土層內）即依此方式流動。一般言之，水的流速較大時，比較容易呈紊流方式流動。它們的流速可以分成線性流動及非線性流動兩方面來說明。

一、線性滲流

1856年法國水力學家達西（H. Darcy）提出地下水線性滲流定律，稱爲達西定律（Darcy's Law），其方程式如：

$$Q = K \cdot \frac{H_1 - H_2}{L} \cdot A = K \cdot i \cdot A = A \cdot V \tag{15.3}$$

式中，Q ＝ 單位時間內的滲流量，m^3/day

A ＝ 過水斷面的面積，m^2

H_1 ＝ 上游過水斷面的水頭，m

H_2 ＝ 下游過水斷面的水頭，m

L ＝ 滲流距離（上、下游過水斷面的距離），m

K ＝ 導水係數，m/day

i ＝ 水力梯度（水頭差除以滲流距離）

V ＝ 滲流速度，m/day

上式的滲流速度並不是孔隙中的平均實際流速，因爲公式中所用的斷面積不是孔隙的斷面積。爲了取得地下水在孔隙中的實際平均流速，可用流量除以孔隙所占的面積（Weight and Sonderegger, 2001），即：

$$U = \frac{Q}{A \cdot n} = \frac{V}{n} \tag{15.4}$$

式中，U＝地下水在孔隙中的實際平均流速，m/day或cm/s

　　　n＝土層的孔隙率，%

　　　Q＝單位時間內的滲流量，m³/day或cm³/s

　　　A＝過水斷面的面積，m²或cm²

　　　V＝滲流速度，m/day或cm/s

　　因為n小於100%，所以U＞V；也就是說，地下水在孔隙中的實際平均流速必大於滲流速度。

二、非線性滲流

　　地下水在較大的孔隙或裂隙中流動時係呈紊流狀態，所以線性滲流的公式並不適用。此時需採用Chezy定律，即滲流速度與水力梯度的平方根成正比，即：

$$V = K \cdot \sqrt{I} \qquad\qquad (15.5)$$

　　從Darcy及Chezy定律都可以看出，導水係數（Hydraulic Conductivity）（K）是很重要的一個參數。它可以定量的說明岩土層的滲透性能。導水係數愈大，岩土層的透水能力愈強；反之，則透水能力愈弱。K值可以從室內的滲透試驗，或在現場進行抽水試驗測定。其大約的數值可參見表15.3。

表15.3　岩土層的導水係數參考值（單位為m/day）

岩土類別	滲透係數	岩土類別	滲透係數
黏土	＜ 0.005	卵石砂土	100～500
粉砂質黏土	0.005～0.1	無充填物的卵石	500～1000
砂質黏土	0.1～0.5	玄武岩	10^{-9}
黃土／紅土	0.25～0.5	花崗岩	10^{-4}～10^{-8}
粉砂土	0.5～1.0	片麻岩	10^{-5}
細砂土	1.0～5.0	頁岩	10^{-6}～5×10^{-10}

岩土類別	滲透係數		岩土類別	滲透係數
中砂土	5.0～20.0		石灰岩	$10^{-2}～10^{-10}$
均質中砂土	35～50		砂岩	$3～8×10^{-5}$
粗砂土	20～50		稍有裂隙的岩層	20～60
圓礫砂土	50～100		裂隙多的岩層	＞60

註：1 m/day = $1.16×10^{-3}$cm/s

　　實際上，流體的滲透能力不僅與岩土層的空隙性質有關，還與液體的黏滯性有關。在相同的岩土層中，流體的黏滯性越大，流動中的摩擦阻力就越大，滲透能力則越差。因此，導水係數如果考慮流體的黏滯性在內，則變成：

$$\kappa = \frac{K\mu}{\rho g} \tag{15.6}$$

式中，κ = 滲透係數（Permeability）

　　　μ = 流體的黏度

　　　ρ = 流體的密度

　　滲透係數通常用cm^{2}或darcy作單位，是為面積的單位；1 darcy等於10^{-8}cm^2。在研究地下水流動時，因為水的黏滯性在通常的情況下，其變化不大，所以把導水係數看成單純說明岩土層滲透性能的參數。在特殊的情況下，例如研究油、氣或地熱時，就要考慮流體的黏滯性對導水係數的影響。

15.5　地下水的循環

　　地表水與地下水形成一個循環系統，互相交替更換；從地下水的立場來看，它們在交換的過程中，可以分成補注（Recharge）、逕流及排洩（Discharge）三部分來說明。

15.5.1 自由水的循環

　　自由水的補注主要來自大氣降水的滲入。由於地面至自由水面之間沒有阻水層存在，或者只有局部且不連續的阻水層（如透鏡狀的阻水層），所以在自由水的整個分布區幾乎都可以獲得天降水的補注（見圖15.6A）。

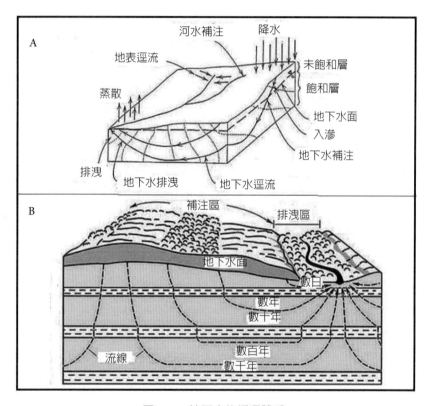

圖15.6　地下水的循環體系

　　地表水體也是自由水的補注來源之一（見圖15.9）。再者，受壓水也可以透過導水斷層或上覆的阻水層之尖滅處（稱為天窗）向上對自由水進行補注（見圖15.7）。當受壓水的水位高於自由水的水位，且自由含水層覆蓋在受壓含水層之上時，也可以發生受壓水補注自由水的現象（見圖15.8）。

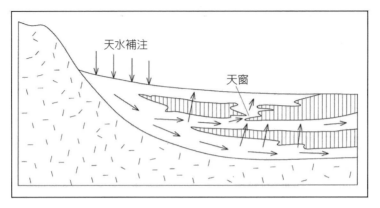

圖15.7　地下水透過上覆阻水層的尖滅處（天窗）向上補注自由水

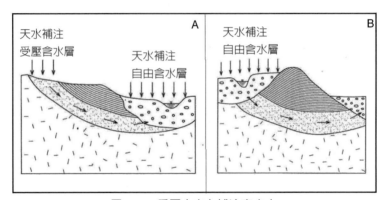

圖15.8　受壓水向上補注自由水

　　自由水面不受壓，其水體運動主要是在重力的作用下，由水位高的地方向水位低的地方逕流，形成了地下逕流。地下逕流量的大小，受到地形及岩土層的滲透特性等因素之制約。一般而言，地面的坡度越大、岩土層的透水性越佳，則逕流條件就越好。

　　自由水的排洩方式有兩種，一種是逕流到適當的地形處，以泉、逕流（地下逕流）等形式洩出地表，或者透過滲流的方式流入地表水，如河流，沼澤、湖泊、水庫、海洋等，這種方式稱爲逕流排洩。另一種是通過含氣帶或植物蒸發，成爲水氣，並向大氣逸出，這種方式稱爲蒸散排洩。

　　自由水直接經過含氣帶與大氣層及地表水體發生聯繫，所以氣象及水文因素的變動會對它產生顯著的影響。豐水季節或年份，自由水接受的補注量大於排洩量，地下水面上升，含水層的厚度增大。在乾旱季節，排洩量大於補注量，地下水面下降，含水層變薄。由於這種季節性的地下水面變動，造成河水與地下水的互為疏通。例如在高地下水位時，地下水會向河水補注（圖15.9A）；在低地下水位時，反過來河水會向地下水補注（圖15.9B）。在適當的地形狀況下，河的一岸會接受地下水的補注，在另一岸則向地下水補注（圖15.9C）。

　　自由水參與水循環，水資源易於補充恢復。由於受氣候的影響大，以及含水層的厚度有限，其資源開發時一般缺乏多年調節性。

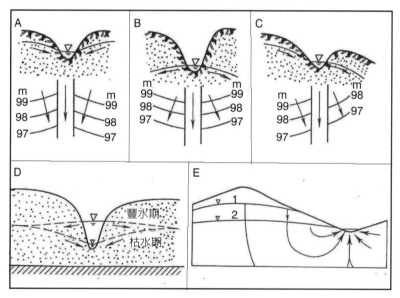

圖15.9　河水與地下水的補注關係

15.5.2　受壓水的循環

　　受壓水的補注來源是多方面的。首先來自大氣的降水，從受壓含水層的露頭處（即補注區）入滲，而獲得補給（見圖15.1右上及15.6）。如果補注區

有地表水體時（如河流、湖泊、水庫等），也可以成為受壓水的補注來源（圖15.10）。自由水可以透過其下伏的阻水層之尖滅處補注受壓水，也可以透過導水斷層向下補注（圖15.1右下）。如果水位差適宜時，淺層的受壓水可以補注深層的受壓水。如果深層受壓水的水壓高於淺層受壓水的水壓時，也可以透過導水斷層或天窗補注淺層受壓水。

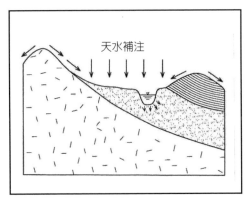

圖 15.10　地表水補注受壓水

受壓含水層的逕流是否通暢，主要要看貯水構造的補注及排洩兩個地區的水位差及含水層的透水性而定。兩地的水位差越大，含水層的透水性越佳，則逕流條件越好，地下水與地表水的交替就越順暢。

受壓水的排洩管道也是多方面的。例如在含水層下游的露頭處，往往以泉水成群的方式，流出地表。如果排洩點位於自由含水層或河床底下時，受壓水將直接洩入自由含水層或河水中。如果水系切割到受壓含水層時，受壓水即以泉的方式排出地表。又受壓水也可透過弱透水層，以越流的方式（直接滲透岩層），使受壓水與受壓水，或受壓水與自由水進行互相排洩或補注。

受壓水受到阻水層的限制，與地表水及大氣的聯繫較弱，所以氣候及水文因素的變化對受壓水的影響較小，動態比較穩定，水位的變化比較小。受壓水資源不像自由水那麼容易補充及恢復，但是由於含水層的厚度一般比較厚，往往具有良好的多年調節性能。

在接受補注或進行排洩時，受壓含水層對水量增減的反應與自由含水層有所不同。自由水獲得補注時，隨著水量增加，自由水位抬高，含水層厚度加大。進行排洩時，水量減少，水位下降，含水層變薄。對於自由水來說，含水層中的水不承受除了大氣壓力以外的任何壓力。

受壓含水層則有很大的不同。由於上覆阻水層及下伏阻水層的限制，地下水充滿於含水層中呈受壓狀態。上覆岩層的壓力是由含水層骨架與含水層中的水所共同承擔的。上覆岩層的壓力方向向下，含水層骨架的承載力及含水層中水的浮托力方向向上，上下方向的力要保持平衡。當受壓含水層接受補注時，水量增加，靜水壓力加大，含水層中的水對上覆岩層的浮力隨之增大。此時，上覆岩層的壓力並未改變，為了達到新的平衡，加之含水層受上、下阻水層的限制，含水層中水的密度勢必加大，並作用於容水空間，使含水層的空隙擴大。在進行測水壓時，測壓水位上升，受壓水頭加大。在受壓水排洩時，情況則相反。總之，可以歸納為：受壓含水層在接受補注時，增加的水量通過水的壓密及空隙的擴大而貯容於含水層之中，並造成測壓水位的上升，受壓水頭加大。如果上覆阻水層為半透水，則有部分水量將由含水層轉移到相鄰的上覆岩層中。在排洩而減少水量時，則情況相反。

受壓水的水質變化很大，從淡水到含鹽量很高的滷水都有。受壓水一般不易受到汙染，但是一旦汙染後就很難使其淨化。因此，在開發利用受壓水時應注意水源的環境保護。

15.6　水文地質試驗

15.6.1　抽水試驗

抽水試驗是以地下水井流理論為基礎，在實際井孔中抽水及觀測。試驗的目的在於研究井的湧水量與水位下降的關係，及其與抽水延續時間的關係；求得含水層及越流層的水文地質參數；研究下降錐的形狀、大小及擴展過程；研究含水層之間及含水層與地表水體之間的水力聯系；確定含水層（或含水體）邊界位置

及性質；進行開採或排水的模擬，以確定井距、抽水降深、合理井徑等設計井群時所需的參數。

依照試驗時所用井孔的多少，抽水試驗可分成單孔、多孔及干擾井群等三種類型。單孔抽水試驗只有一個抽水井而無觀測井。它的試驗方法非常簡便，且成本低廉，但是精度較差，所得參數有限，只能應用於穩定流的抽水試驗，因此多用於普查及初步探勘階段。

多孔抽水試驗是在抽水井附近還配有若干水位觀測井的抽水試驗，它能取得抽水試驗所求的許多參數，其精度也比較高。如果專門布置的觀測井多，深度也較深時，則花費成本較大，故少量用於初步探勘階段，更多用於詳細探勘階段。

干擾井群抽水試驗是在多個抽水井中同時抽水，造成下降錐相互重疊干擾的一種抽水試驗。除了抽水井之外，還配有若干觀測井，這種試驗又稱為互阻井群抽水試驗。

觀測井在平面及剖面上的布置取決於試驗的需求、精度、規模、試驗層的特徵等。為了求得可靠的水文地質參數，根據地下水逕流條件及含水層的性質可配置1～4排觀測井。如果我們站在抽水井的位置，且面對地下水的流向（即面向上游），就可以假想前、後、左、右4條線；這4條線即為配置觀測井的布置線。在前者為平行於流向，可稱之為上游線；在後者也是平行於流向，可稱之為下游線；在右者為垂直於流向，稱之為右線；在左者也是垂直於流向，稱之為左線。

當地下水的水力梯度小，且為均值的含水層時，可布置右線或左線，只要1排觀測井便夠了。如果受場地條件的限制難予佈孔時，可與流向成45°角的方向布置1排觀測井。如果含水層仍為均質，但是水力梯度較大時，則增加1排上游線的觀測井，組成L型的布置方式。對於非均質的含水層而水力梯度不大的情況，應布置3排觀測井，即1排上游線，加上左、右兩線，組成倒T型的布置方式。對於非均質的含水層而水力梯度也大時，則應布置4排觀測井，即前、後、左、右各布置1條，形成十字相交的布置型態。

為了某些特殊的目的進行抽水試驗時，觀測井的布置方式可不拘形式，以能解決問題為原則。例如為了研究斷層的導水性，可布置在斷層的上下盤；為了判斷含水層之間的水力聯系，則可布置打到各層的1組觀測井；如果為了研究河水

與地下水的關係，則應布置在岸邊。

　　觀測井的數量、間距及深度主要取決於試驗的目的、精度的要求及抽水的類型。如果需要描述下降錐，則1條觀測線上不應少於3個觀測井。如果僅求參數，對於穩定流1線應不少於2孔；對於非穩定流試驗，1線可取1～3孔，但多數是取3孔，以便使用多種分析方法。對於判定水力聯系及邊界性質的抽水試驗，觀測井都不應少於每線2孔。

　　觀測井之間的間距應採接近抽水井者小，遠離抽水井者大的原則。最遠應以能觀測到明顯水位下降，或下降值不小於10倍的允許誤差。最近的觀測井需視含水層的滲透性及抽水下降而定，由數公尺至20公尺不等。滲透性強、下降大者應遠些，這種布置既有利於控制下降錐，又能避免觀測孔位於紊流及三維流明顯的地段。因此，有的規範規定，最近的觀測井距離抽水井不得小於含水層厚度的1倍。各孔間的間距應保證孔間的水位下降要大於20公分。對於非穩定流試驗，觀測井的間距應在對數軸上分布均勻，而且孔間的間距應比穩定流試驗小。

　　在均質完整井中進行抽水試驗時，觀測井深達抽水井的最大下降即可。而在非完整井中抽水時，觀測井應深達抽水井的抽水段之中部。至於進水段的長度應不小於2公尺。除非含水層很薄，否則觀測井應深入試驗層5～10公尺。如果爲了查明水力聯系，觀測井應深入試驗層10～20公尺以上。

15.6.2　滲水試驗

　　滲水試驗是用於研究土壤含氣帶的透水性之簡易方法。一般係在淺試坑中進行有薄水層的穩定滲入。所得資料即根據古典毛細管理論來確定滲透係數。這種試驗有助於灌水、渠水、降水，尤其是降雨滲入的研究。

　　滲水試驗的裝置是由內、外圓環及馬立奧特瓶所組成，故稱爲雙環法滲水試驗。外環用以防止內環水從側方滲出，可以促使其豎直滲入。馬立奧特瓶則是一種定水頭的自動給水裝置。

　　試驗前必須在測點先挖掘一土坑，其深度約 30～50公分，坑底面積爲30x30公分，離地下水位約3～5公尺。坑底則鋪設一層厚度2公分的礫石層，以防止下

滲水的沖刷作用。開始試驗時，用兩個馬立奧特瓶分別向內、外環注水，並記錄滲入量，直到流量穩定，並延續2～4小時，即可停止注水。此時，通過內環的穩定滲流速度，即爲含氣帶土層的滲透係數。其計算方法如式15.7所示。

$$V = Q/\omega = K \cdot (H_\varkappa + h_0 + Z) / Z \tag{15.7}$$

式中，V = 滲透速度，m/day

Q = 內環穩定滲入流量，m^3/d

ω = 內環所限定的過水斷面積，m^2

K = 導水係數，m/day

$H_\varkappa$ = 含氣帶土層的毛細上升高度，m

h_0 = 內環的水層厚，m

Z = 滲入深度，m

15.6.3 注水試驗

當揚程過大，試驗層爲透水但不含水時，可用注水試驗代替抽水試驗（以注水代替抽水），近似測定土層的滲透係數。目前一般是採用穩定注水方法，不穩定注水法還很少用。

注水試驗在開始時先向井內採用定流量注水，抬高井中水位；待水位穩定並延續至符合要求時，停止注水，再觀測其恢復水位。注水穩定的時間因目的與要求不同而異，一般以延續2～8小時爲多。

15.7 水文地質調查應注意事項

水文地質調查的重點項目可以分成沖積層地區、岩盤地區及海岸地區三方面來說明。因爲它們的水文地質特性並不一樣，所以調查的內容也會有所差異（Weight and Sonderegger, 2001）。

一、沖積層地區

1. 河谷平原

(1)河谷兩側的山區，其地形、地質及水文地質的情況；山區地下水對河谷平原的地下水之補注作用。

(2)河谷類型；河階台地的類型、級數及分布範圍。

(3)河谷平原及階地的地層、岩性、厚度及分布情形。

(4)河流的變遷史；古河道的分布。

(5)水位、水壓、水質、水量、流向及流速的變化規律。

(6)地表水與地下水在不同的河谷地段及不同的時期（季節）之相互補注及排洩關係。

2. 山前沖積

(1)山區與平原的交接關係；第四紀堆積物的岩性及來源；山區的水系分布與特徵；山區河流對地下水的補注作用。

(2)沖積扇的型態及分布範圍；扇頂、扇中，及扇緣的區分、顆粒組成、坡度、自噴性等；扇間窪地的分布特徵。

(3)多期沖積扇的疊置關係；水平向及垂直向的沉積變化；扇面水系的變化及其對含水層分布的影響。

(4)沖積平原不同部位的含水層之層數、厚度、特徵、與受壓性；地下水位、水壓、水質、流速，及流量的變化規律；地下水由自由水過渡為受壓水，以及自噴的分帶規律。

(5)地下水的開發及利用狀況；大量開採所引起的水文地質及工程地質問題。

3. 沖積平原

(1)不同河流的堆積，其分布與特點；含水砂層的富集帶，其平面位置、厚度及富集段的深度變化。

(2)不同含水層組的地下水類型，及其水位、水壓、流速、水量、水質的變

化，以及它們之間的互相補注及排洩關係；地下水的流向與流速。

(3)河流的變遷史；古河道的分布。

(4)鹹水體的分布，及其在水平向與垂直向的變化情形；劃分淡水與鹹水的分界。

(5)土壤鹽漬化的程度與分布範圍。

二、岩盤地區

1. 沉積岩分布區

(1)含水層的分布、位態、富水性、受壓性，及其與岩性、地質構造的關係。

(2)水位、水壓、水質、水量、流向，及流速的變化規律。

(3)特別要注意受壓水盆地及受壓水岩層的地質構造及水文地質特徵。

(4)利用構造力學的理論，分析在不同構造的架構下，岩石裂隙的發育程度、充填情況、分布規律，及其對含水層富水段的影響。

(5)注意石灰岩及泥灰岩夾層，以及富含鈣質的砂岩及礫岩的溶蝕特性及富水性。

2. 火成岩分布區

(1)火成岩與圍岩的接觸帶之類型、寬度、破碎情況、裂隙發育程度及富水性。

(2)各種岩脈的岩性、產狀、規模、穿插關係；岩脈與圍岩的接觸帶之類型、寬度、破碎情況、裂隙發育程度，及富水性。

(3)風化帶的性狀、厚度，及分布規律，尤其是半風化帶的厚度及分布規律；注意丘陵區具有一定匯水面積的風化裂隙。

(4)各期玄武岩的噴發方式及其分布範圍；各次熔岩流之間的接觸帶之性質、分布，及其富水性。

(5)注意噴出岩的柱狀節理及氣孔構造的發育程度及富水性。

(6)火山口的地形特徵；由火山口向外圍的岩性、厚度、富水性及地下水的

水位、受壓性等。

3. 變質岩

(1)岩石的變質程度、結構，及構造特徵，尤應注意矽質石灰岩、大理岩、白雲岩，及變質砂岩、石英岩、脆性頁岩等的裂隙發育程度及富水性。

(2)大理岩中溶蝕裂隙的發育程度及其對富水性的影響；岩脈對大理岩中的地下水補注與蓄集之有利與不利影響。

(3)對於片麻岩地區，應注意風化帶的性狀、厚度、分布、匯水面積及富水性；有利的地形區之匯水條件及不同地形部位的泉水動態等。

三、海岸地區

(1)潮汐變化對地下水在水平及垂直方向的影響；確定淡、鹹水的分界。

(2)海岸砂礫、貝殼，及珊瑚礁層中，淡水透鏡體的範圍及厚度，以及水位與水量的動態變化。

(3)三角洲的形成及變遷情形；古河口三角洲、砂洲、砂壩中的淡水層之分布規律；海相及陸相堆積物的分布、岩性、厚度，及地下水的水位、水量，及水質等特性。

(4)地下水與河水、海水的水力聯繫，及互相補注與排洩的關係。

(5)淤泥層的分布及其特徵。

(6)沿海地區抽水情況，有否因超抽而引起區域性的地下水位下降、地層下陷、海水倒灌、海水入侵、水質惡化等問題。

15.8　地下水對工程的影響

雖然地下水對民生而言，是最重要的生存要素之一，但是對工程而言則是有百害而無一利。很多工程災害大多歸咎於地下水的問題，主要原因是水沒有剪力強度，自己無法站立，所以它呈現動態運動，因而對岩土層產生很多不利的物理現象，甚至釀成災變。再者，水是很重要的化學反應劑，它會加速風化作用，

使岩土層的強度降低，它與某些特殊土壤發生化學作用而使土壤的體積膨脹。同時，它可以呈現可逆式的三態，當它由液態變成固態時，自己的體積會膨脹9%左右，還有它如果含有硫酸根及碳酸根離子到達一定的量之後，對鋼筋混凝土就具有腐蝕性。現在就分門別類的加以說明。

15.8.1　毛細現象

土壤孔隙或岩層裂隙裡的毛細水主要存在於直徑為0.002～0.5mm大小的空隙中（約相當於粉砂至中砂顆粒的大小）。小於0.002mm的空隙中，一般被結合水所充滿，不太可能有毛細水的存在；至於大於0.5mm的空隙中，一般只能以毛細邊角水的形式存在於土粒的接觸處（Singhal and Gupta, 2006）。

當地下水位較淺時，由於毛細水的上升，可以助長高山地區的地基土發生凍脹現象；可能使公路的路面產生破壞；它可以使地下室顯得比較潮濕，甚至危害建築物的基礎；它可能促使土壤產生鹽漬化，而腐蝕建築材料。表15.4顯示砂質土及黏土內的毛細水之最大上升高度。

表15.4　土壤內毛細水的最大上升高度

土壤種類	粗砂	中砂	細砂	粉砂	黏土
上升高度，cm	2～5	12～35	35～70	70～150	200～400

15.8.2　地下水位的升降

地下水位常因氣候、水文、地質、人類的活動等種種因素的影響而發生變化。從地基及基礎的角度來看時，地下水位的變化常引起一些不利的後果。例如，當地下水位的升降只在基礎底面以上某一個範圍之內發生變化時，這種情況對基礎的影響不大，水位的下降僅僅稍微增加基礎的自重。但是當地下水位在基礎底面以下的壓縮層範圍內變化時，情況就完全不同了。它的後果是能直接影響工程的安全，因為地下水如果在壓縮層的範圍內上升，則地下水將浸潤及軟化岩土層，從而使地基的強度降低，壓縮性增大；有時能夠導致建築物發生嚴重的變

形或破壞。反過來，如果地下水是在壓縮層的範圍內下降，則將增加土壤的壓力（因基礎的自重增加），引起基礎的附加沉陷。如果地基的土質不均勻，或者地下水位的下降不是很均勻，而且不是很緩慢的進行，則基礎就會產生不均勻沉陷。此外，膨脹土及黏土等會因失水而發生體積收縮，也能造成建築物的變形或破壞。

　　地下水位上升後，由於毛細管作用可能導致土壤的鹽漬化，改變岩土體的物理性質，增進岩土及地下水對建築材料發生腐蝕作用；在高山地區則將助長岩土體的凍脹破壞。

　　地下水位的上升，會使原本乾燥的岩土層被地下水所飽和，因而發生軟化現象，而膨脹土則發生膨脹現象，從而降低岩土層的抗剪強度，可能誘發邊坡及水岸的岩土體發生崩塌、滑移等破壞。地下水位的上升也可能使地下空間淹沒，還可能使建築物（尤其是地下室、地下管線、下水道、地下鐵等）的基礎上浮，而危及安全。

　　反之，如果地下水位下降，則往往會引起地裂縫、地層下陷、鹽水入侵、水質惡化、地下水資源枯竭等一系列的不良後果。此因地下水位下降後，發生土壤的壓密作用，造成岩土體的體積收縮，並發生垂直及水平運動，於是在外環的部位產生張力現象，因而出現地裂縫。

　　在未固結或半固結的沖積層分布區，如果大量而且過量的抽水，因為抽水井、抽水時間、以及抽水層過度集中的關係，以致地下水位發生大面積的下降，進而誘使地面也發生廣大範圍的下陷，稱為地層下陷（Ground Subsidence）。它的形成機制源自於含水層的地下水被抽取一部分之後，降低了土層中的孔隙水壓，因而增加顆粒間的有效應力。增加的有效應力既作用於含水層，也作用於阻水層，導致含水層及阻水層都發生壓密而產生地面下陷（地面上有荷重，稱為沉陷（Settlement）；地面上無荷重，稱為下陷（Subsidence）。砂層與黏土層的壓密特性不太一樣。首先，黏土層的壓縮性比砂層還大1～2個級數，所以黏土層的壓密才是地層下陷的主要原因。再者，黏土層的透水性比砂層小很多，所以釋水壓密要滯延一段時間，不像砂層的瞬時壓密。第三是，黏土層的釋水壓密為一種塑性變形，屬於永久變形，即使採取人工補注，也不能復原。

　　台灣西南沿海地區的地層下陷，就引起了許多工程上的問題，例如地面已經下陷到海平面以下，雖然有海堤保護，但是遇雨即淹，暴潮時發生海水倒灌，建築物的基礎經常泡水，交通路線、通訊線路及管溝等則需要不時的維修等。

　　控制大面積的地層下陷之最好方法是合理的開採地下水，使多年的平均開採量不要超過平均補注量。這樣做就不會使得地下水位產生太大的變化，地層下陷也就不會發生，或是下陷量很小，不至於造成災害。在已經發生嚴重地層下陷的地區進行人工補注，雖然可以使地下水位回升，但是無法讓地面回彈；不過卻可以顯著的遏止地層繼續下陷。

　　同樣的道理，由於許多土木工程需要進行深開挖，且深及地下水位以下，所以需要人工降低地下水位。如果降水週期長、水位降深大，且土層有足夠的壓密時間，則會導致降水影響範圍內的土層發生壓密沉陷。輕者造成鄰近的建築物、道路、地下管線的不均勻下陷；重則導致建築物傾斜開裂、上、下水道及道路破壞、管線錯斷等危害。地面下陷還會引起向下陷中心的水平移動，使建築物的基礎錯位、橋墩錯動、鐵路及管線拉斷等。人工降低地下水位造成地層下陷，還有一個原因是抽水時如果設計不良，可能將土層中的粉砂及砂粒隨同地下水一起被帶出地面，使降水井周圍的土層很快的發生不均勻沉陷。另外，降水井抽水時，井內的水位下降，井外含水層中的地下水　則會形成漏斗狀的彎曲水面，稱為沉降錐（Cone of Depression）。由於沉降錐的範圍內，各點地下水下降的幅度不一致，因此會造成降水井周圍土層的不均勻下陷。

　　人為局部的改變地下水位也會引起另外一種地面下陷。例如地面水渠或地下輸水管發生滲漏，因而使得地下水位發生局部的上升；又基坑開挖時所實施的降水，則將引起地下水位發生局部的下降。由於在短距離之內出現較大的水位差，使得水力梯度變大，因而增強了地下水的淘刷作用，對岩土層進行沖蝕及淘空，結果產生空洞，並且衍生地面的下陷。為杜絕地面塌陷的發生，在重大工程施工時，應嚴禁大幅度的改變地下水位。如果必須降水時，應該降低抽水的速率，使地下水位緩慢的下降（如使用點井的方法），使地下水位不要出現太大的水力梯度。

15.8.3　地下水的浮力

當建築物的基礎底面位於地下水位以下時，地下水即對基礎底面產生一種靜水壓力，即浮力。如果基礎位於粉土、砂土、砂礫土，及節理裂隙發育的岩盤上，則可按地下水位100%計算浮力；如果基礎位於節理裂隙不發育的岩盤上，則可按地下水位的50%計算浮力；如果基礎位於黏性土壤上，則浮力較難確定，這時應結合地區的實際經驗加以考慮。

地下水不僅對建築物的基礎產生浮力，同樣也對地下水位以下的岩土層產生浮力。因此，在確定基礎的承載力時，無論是基礎底面以下土層的天然單位重，或是基礎底面以上土層的加權平均單位重，地下水位以下一律採用有效單位重。

15.8.4　地下水的受壓

如果基坑、隧道或坑洞的底面之下方有受壓含水層，且所留底盤的厚度不足，受不了下方受壓水的壓力作用，其水頭壓力即頂裂或沖破坑洞的底盤，而突然湧入坑洞內，令人措手不及，甚至成災。

15.8.5　地下水的滲流

當地下水的動水壓力達到一定值的時候，土層中的一些顆粒，甚至整個土體發生移動，從而引起土體產生變形或破壞。這種作用稱為滲透變形或滲透破壞。滲透變形可分成管湧及流砂兩種現象。

管湧（Piping）是在滲流的作用下，單個土壤顆粒發生獨立移動的現象。在過程中，細小的顆粒不斷的被沖走，使岩土層的孔隙逐漸增大，最後慢慢形成一種能穿越地基的細管狀的滲流通路，從而淘空地基或壩體，或使地基或邊坡發生變形及失穩。管湧大多發生在級配不均勻的砂礫土壤中，其中細顆粒的物質不斷的從粗粒的骨架孔隙中漸漸的被滲流所攜走。它通常是由於工程活動（如基坑的開挖）所引起；但是在有地下水滲出的斜坡、岸邊，或者有地下水溢出的地表面也會發生。

在可能發生管湧的岩土層中興建大壩、擋土牆或開挖基坑時，為了防止管湧

的發生，設計時必須控制地下水溢出帶的水力梯度，使其小於產生管湧的臨界水力梯度。茲將防止管湧最常用的方法簡要說明如下：

1. 人工降低地下水位，使它降至可產生管湧的土層之下，然後才進行開挖。

2. 打設板樁或連續壁，其目的在於強固基坑的坑壁，同時在於改善地下水的逕流條件，即增長滲流的路逕，降低水力梯度及流速，以消弭地下水的沖刷能力，如果能打到不透水層內則效果更佳。

3. 採用水下開挖的施工方法，在基坑的開挖期間，使基坑中始終保持足夠的水頭；儘量避免產生管湧的水頭差，增加坑壁的穩定性。必要時，可向坑內灌水，使坑內水向坑外反向滲流，並且同時進行開挖。

4. 可以採用冰凍法、化學灌漿法、爆破法等，以提高土層的密實度，並減小其滲透性。

當滲流作用使得一定體積的土壤同時發生移動的現象，就稱為流砂（Quicksand）。其發生機制係因鬆散的細小砂粒被地下水飽和後，在動水壓力（即水頭差）的作用下，所有的顆粒同時從一個近似管狀的通道，以懸浮的流動方式，被滲流水所沖走，故稱為流砂。其結果是使基礎發生滑移或不均勻下陷、基坑坍塌、基礎懸浮等。流砂多發生在顆粒級配均勻的砂土層或粉土層中，它通常是由於工程活動所引起的。但是，在有地下水出露的斜坡，或有地下水溢出的地表面也可能發生。管湧如果不斷的發展及演化，而且不予遏止，最後常常轉變為流砂或流土，而釀成災變。

15.8.6　地下水的化學作用

地下水是引起化學風化作用的主要因素。自然界的水，不論是雨水、地表水，或地下水都溶解有多種氣體（如氧、二氧化碳等）以及化合物（如酸、鹼、鹽等）。因此，自然界的水都是屬於水溶液。而水溶液可以經由溶解、水化、水解、碳酸化等方式促使岩石發生化學風化、使岩石的強度逐漸減弱。在高寒地帶，岩石裂隙中的地下水遇冷結冰之後，體積會膨脹9%，將對裂隙產生很大的

膨脹壓力，使裂隙的開口更擴大，且更深入岩體；當冰融化成水時，體積減小，擴大的裂隙又有水滲入。如此年復一年，就會使岩體崩裂成碎塊，為化學風化提供一個很好的作用環境。

蒙脫石黏土礦物遇水後，水分子可以無限的進入它的晶格之間，而產生體積膨脹；失水後體積又回縮。在這樣的脹縮循環過程中，岩土體很容易就龜裂，對輕型結構物造成不良的影響。

水泥與水拌合之後，會生成大量的$Ca(OH)_2$，它再與空氣中的CO_2起作用，就能在混凝土的表面生成一層$CaCO_3$的硬殼，對混凝土產生保護作用，使其內部的$Ca(OH)_2$不會被水所溶解。但是地下水中的CO_2卻可以與$CaCO_3$起作用，並生成可溶於水的碳酸氫鈣，其反應式如下：

$$CaCO_3 + H_2O + CO_2 \rightleftarrows Ca^{++} + 2HCO_3^- \qquad (15.8)$$

這種能與$CaCO_3$起反應的CO_2，稱為侵蝕性二氧化碳。如果地下水中游離的CO_2之含量超過100mg/ι，就會破壞混凝土的外殼，使混凝土中的$CaCO_3$不斷被溶解及侵蝕，稱為分解型腐蝕。如果地下水的pH值過小，也會對水泥造成有害的腐蝕作用。特別是當反應生成物為易溶於水的氯化物時，對混凝土的分解腐蝕會很強烈。一般而言，當水溶液中氯化物的含量超過4%時，就會對水泥造成有害的腐蝕作用。

如果地下水中SO_4^-離子的含量超過1%時，將與混凝土中的$Ca(OH)_2$起反應，並生成$CaSO_4 \cdot 2H_2O$（二水石膏），這種石膏再與水泥中的水化鋁酸鈣成分發生化學反應，生成水化硫鋁酸鈣。這是一種鋁和鈣的複合硫酸鹽，俗稱水泥桿菌或壁癌。由於水泥桿菌結合了許多結晶水，因而其體積比化合前增加很多，約為原體積的222%，於是在混凝土中產生很大的內應力，使混凝土的結構遭受破壞，發生鬆散、剝落、掉皮等現象。這種腐蝕稱為結晶型腐蝕。

當地下水中的NH_4^+、NO_3^-、Cl^-、Mg^{++}等離子的含量很高時，就會與混凝土中的$Ca(OH)_2$發生反應，例如：

$$MgCl_2 + Ca(OH)_2 \rightarrow Mg(OH)_2 + CaCl_2 \qquad (15.9)$$

　　反應生成物，除了$Mg(OH)_2$不易溶解之外，$CaCl_2$則易溶於水，並隨之流失。硬石膏（$CaSO_4$）一方面與混凝土中的水化鋁酸鈣起反應，生成壁癌；另一方面，硬石膏遇水產生二水石膏，發生體積膨脹，會破壞混凝土的結構。

第16章

慎重選址是趨吉避凶的
不二法則

前面的章節主要在論述地質於選址及選線方面所要考慮的幾個要項。本章及下一章則將聚焦在地質學應用於居住及生活方面的民生問題。

16.1 居住環境

人類生活於天地之間，無時無刻能夠脫離周圍的環境。地質環境在地殼的分布具有不均勻性及不平衡性。因此，客觀上存在著相對較好的，適合於人們的生活，給人們帶來安全、舒適、方便及健康的環境。但是也有相對比較危險及醜惡，給人們帶來不便及困苦的環境。在可以選擇的情況下，人們自然會本能的選擇、建設及創造一個安全及良好的宜居環境。人們置身於安全、舒適、美麗、祥和及吉利的生活空間，則在生活、生產及工作上均會感到滿意及滿足，心靈充滿著美好的情緒及崇高的理想。人人如果以此為本，將可促進事業的成功，並帶來光明的前途。

因此，選擇一個合適的居住地必須同時考慮物性面、生活面及精神面3大面向，其細節如表16.1所示。

表16.1　選擇宜居地所應考慮的因素

考慮主項		考慮細項
物性面	地形	高度、起伏度、坡向、坡度
	氣候	氣溫、降雨、濕度、風、霜雪
	植被	樹種、高度、密度、樹齡
	土壤	承載力、受蝕性、受壓性、厚度、側向變化、邊坡穩定性、排水特性
	地質	岩性、位態、褶皺、斷層、不連續面、強度、邊坡穩定性、地下資源
	水文	供水水源、地下水
	土地利用	都市計畫、非都市計畫、土地使用分區
	限制條件	地質敏感區（山崩地滑、活動斷層、地下水補注、地質遺跡）、淹水區、特定水土保持區、水源保護區、軍事用地、其他法令限制開發區

考慮主項		考慮細項
生活面	公共服務	學校、電力、通訊、瓦斯、自來水及水質、公共交通、排水、消防
	環境	日照、通風、垃圾收集、環境衛生、水汙染、空氣汙染、嫌惡設施
	安全性	偷竊、治安、公共安全、隱密性
	醫療	生產食物的岩土及水含有毒性微量元素
	就業	產業別、商業活動
精神面	景觀	自然景觀、人文景觀、視覺景觀
	風水	風、氣、水
	遊憩	公園綠地、國家公園、風景特定區、文化古蹟

16.2　基地的不利地質條件

　　基地的安全性無疑的是人們挑選宜居地的首要考慮條件。而地質即是決定基地安全性的最重要因素。這是地質學應用於民生問題的最大貢獻。基地安全性的選擇一般都採用剔除法，即先調查不利的地質條件，如果不良地質可以進行處理，則不利條件即可進行改良。在多數可供選擇的候選基地中，一般都是挑中不利條件最少，而相對安全性最高的一個做為選定的基地。一般而言，自然界並無十全十美的基地，大多具有嚴重性不等的缺陷；因此，一般都需要進行地質補強以提升安全性。

　　表16.2顯示基地一般常見的不利地質條件。基地的地質缺陷可以分成岩土的內部及外力所加的作用兩大部分。內部因素主要來自岩土層的岩性、構造及分布。軟弱的岩土層不但承載力不足，而且施加載重之後，地基容易發生剪力破壞，使得基礎產生弧型滑動，以致傾斜。另外一種岩性則具有膨脹性，例如黏土層如果含有過量的蒙脫石黏土礦物時，其吸水後即具有膨脹性。還有一種過壓密的黏土層則於覆蓋層被挖除後會立即產生地表隆起，此係內應力釋放的結果。

　　岩土層之內的不連續面不但降低岩體的強度，而且其中傾向坡外的不連續面很可能造成順向滑動，尤其以解壓節理最為明顯。側向岩性的差異最容易造成不

等量沉陷，如挖填方的交界帶中，一側為岩層，鄰側則為土層，因為兩者的壓縮性不同，所以沉陷量也就不同。因此，一般需將回填的部分滾壓到規定的密度，才能免除於受不等量沉陷之害。

　　根據經驗，基地不利的地質條件主要來自外力的作用，其中以重力及水力的地質作用最為重要，問題也最多。不過，來自外力的地質缺陷容易補救，而來自岩土內部的缺陷則不容易處理。本書所敘述的也多以外力的地質作用為主。

表16.2　基地的不利地質條件

潛災來源	潛災類型		潛災原因
內 部	基礎傾動		軟弱岩層
	不等量沉陷		岩土層側向尖滅、岩土界線側向起伏、挖填方的交界帶、古河道
	空洞或地盤下陷		溶洞、礦坑、地下水超抽、板岩沿著葉理的蠕動
	地表隆起		膨脹性岩層的覆壓減少、膨脹性黏土層吸水、火山、泥火山、噴砂
	地表下陷		砂土層液化、噴砂
	基礎滑動		傾向坡外的不連續面、解壓節理
	振壞		地震
外力	變形		岩土層潛移、基礎的不等量沉陷、滑體的下陷部及隆起部
	位移	水平	活動平移斷層
		垂直	沉陷、地盤下陷
		斜向	地滑、活動正斷層、活動逆斷層
	破裂		滑體冠部的張裂縫、解壓節理、斷層帶、崩塌地、地滑體、逆向坡襲奪順向坡的弧型裂縫、地裂（地震造成）
	被掩埋		洪水、土石流、崩塌、地滑
	被擊毀		落石、崩塌、地滑、土石流
	被淘空		地下水淘空、河彎或波浪側蝕

16.3　基地的選址

　　基地選址的範圍相當於社區及其周圍影響區的規模；其精度應不小於兩萬

五千分之一。其評估重點係以人為中心、考慮人的活動，包括工作、居住、休閒、就學、醫療、購物等6項主要活動。這些活動必須配合土地規劃及土地利用做適當的配置。

16.3.1　基地選址的地質課題

基地選址的主要地質課題有區域穩定性、地基穩定性、邊坡穩定性、供水水源及環境保護等。茲依序說明如下：

一、區域穩定性

區域穩定性直接影響社區的安全及經濟活動，是社區選址初期首應評估的重要課題。影響區域穩定性的主要因素是地震，它對建築物的危害度常以地震強度或地表加速度來表示。地震強度越高，其對建築物的破壞力就越大。由於地震往往是突然發生，常給建築物及居民造成嚴重的損失及傷亡。因此，如果震央發生在社區的附近，則可能使該社區遭受巨大的地震災害。

進行評估時，應蒐集台灣地區的震區劃分圖、台灣地區工址加速度係數圖以及歷年震央分布圖等，以確定社區在地震區劃的坐落位置，了解地震活動的特徵與趨勢，預估發生地震時的可能最大震度等。此外，還應特別注意蒐集衛星影像、航空照片，活動斷層分布圖、地震地質報告、歷史地震記錄及現今地震活動等資料，以評估未來地震對社區可能造成的震害。

一般而言，活動斷層的所在常是地震較強烈的地區，其地震強度高、地表位移量大且區域穩定性差。不過需要注意，不是活動斷層的全段都會發生地震，地震常常發生在活動斷層的閉鎖段，即不動段，那是蓄積能量的地帶。

二、地基穩定性

地基的穩定性始終是選址的重要課題，隨著設計階段的深入，該課題的重要性及所需資料的詳細程度不斷的提高。

地基穩定性主要是指土層或岩層的強度與變形（如沉陷）。地基強度通常以

承載力來表示，按其大小，可把社區基地劃分為各種不同用途的地段，如表16.3所
示。

表16.3　地基承載力的等級及用途分類表

地基等級	允許承載力，kg/cm²	地基類型	用途
優	>3	土基或岩基	高層建築
良	2～3	土基	多層及一般高層建築
中	1～2	土基	多層建築
差	0.5～1	土基	單層建築
劣	<0.5	土基	道路、公園、苗圃、綠化帶

　　此外，亦得注意地盤下陷區的不穩定性。以台灣西南部沿海及蘭陽三角洲的
海岸為例，因為這些地區超抽地下水而引起地盤下陷，最嚴重者已累積下陷達到
3公尺以上；有些地區的下陷速率高達每年15公分，已嚴重影響到高速鐵路樁基
的穩定。地盤下陷對道路工程、管線工程、排水工程及建築物基礎都造成嚴重的
破壞。更有甚者，由於地盤下陷區的地盤高程低於海平面，所以現在僅賴薄弱的
海堤來隔絕海陸；既然海水的水頭高於內陸的地盤，所以海水會透過地下而滲入
內陸，造成內陸長期積水不去。

　　有些地區需注意地基下方是否有溶洞或礦坑，這種地區也可能有地盤下陷的
後遺症。如果覆岩太薄，則可能發生坍塌，並形成落水洞（Sinkhole）。最可怕
的狀況就是隱藏式的溶洞及煤礦的斜坑（從地表通達煤層的坑道），它們常在施
工階段沒有被發覺，卻在使用階段突然發生塌陷，造成更大的災害。溶洞大多發
生在石灰岩或大理岩的分布區，開採過的煤礦則分布於大安溪以北的木山層、石
底層及南莊層三個含煤地層，所以在評估階段就要特別注意，預為防範。

三、邊坡穩定性

　　位於山坡地的社區特別要注意邊坡穩定的問題。邊坡是自然坡及人工坡的總
稱。自然邊坡是長期地質作用的產物；人工邊坡則是人類在工程構築中對邊坡進

行開挖、堆填，或在自然坡的局部坡段進行改造而成的邊坡。無論何種邊坡，它們的失穩破壞都會給人類的工程活動及其建築物帶來一定的威脅，甚至造成巨大的災難。邊坡按物質組成可分爲岩坡與土坡兩類，其破壞模式及穩定方法不盡相同，讀者可參考專門著作進行深入了解。

不過在評估階段應參閱中央地質調查所公告的山崩地滑地質敏感區圖，首先確定社區是否位於敏感區內或在敏感區附近。如果社區與地質敏感區有所重疊，則依法要進行進一步的基地地質調查及地質安全評估。而實務上應如何進行調查及評估，中央地質調查所都有詳細的規定。

四、供水水源

社區的供水是生活用水與產業用水的總和，其需求量主要決定於人口的多少及產業的性質與數量等。江河、湖泊及水庫等大型地表水體，以及地下水（來自沖積層的含水層及伏流水、岩盤的裂隙、石灰岩的溶洞等）等均可做爲社區供水的水源。

一個重要的社區，或規模大的社區往往需要兩個或兩個以上的水源，其水量必須滿足社區遠景規劃的需要。

五、環境保護

環境保護是現代人類對生活環境品質的要求。社區開發往往使環境發生變化，如大氣、土壤、地表水、地下水、熱、噪音、微波、放射性汙染等。如果社區規模過大，人口過於集中，使社區環境由過去的生活單一汙染源，變爲以產業、交通爲主的多源汙染。例如產業造成的廢氣、廢水及廢棄物，還有生活汙水、垃圾等，都需好好加以處理，否則通過大氣降水的淋濾（Leaching）及地表水的滲入，將造成地下水的汙染，使人類的健康受到很大的威脅。

16.3.2　良好基地的必備條件

基地的選定首先要根據社會及經濟發展的需要與趨勢，同時要考慮當地的自

然因素、環境特點、資源情況、交通情形等，在數個候選地區中依照下列四個方面的條件，選擇較為優良的基地。

一、地理條件

地理條件的優越性最好是位處平原、地勢高而開闊、氣候條件適宜、日照充足且交通條件良好。

二、自然資源條件

自然資源條件的優越性最好是能源資源及天然建材的取用方便、水源充足、水質優良、水量能滿足遠景規劃的要求，兼顧風景優美或有名勝古蹟地區。

三、地形條件

地形條件的優越性在於地形簡單、平坦寬闊，無難以治理的不良地質情況。地形坡度一般為1～5%，局部地區可達10～20%，相對高差不超過50～60公尺，土地的開發與利用能夠滿足未來的發展。台灣由於地狹人稠，所以山坡地的開發繁多，但是山坡地開發的工程成本高昂，而且偶而會發生一些地質災害。

四、地質條件

地質條件的優越性在於地震少、震度低且附近無活動斷層。岩性單純、覆蓋層較厚、地下水位較深、土質均勻、承載層的厚度大且強度夠、土層中無飽和且軟弱的夾層或淤泥、土壤不會因振動而液化等。

在山坡地的地區要選擇坡度緩和均一、不必大挖大填、土壤不易被沖刷、邊坡容易穩定、地基不易發生差異沉陷、其下方無廢棄煤礦或溶洞等。

歸納起來，一個良好的基地必須是：

1. 有良好的日照（見圖16.1），不要夾在兩棟高樓大廈之間，不要終日躲在樹陰底下，不要位於狹窄的峽谷內，但不要位於山頂上。

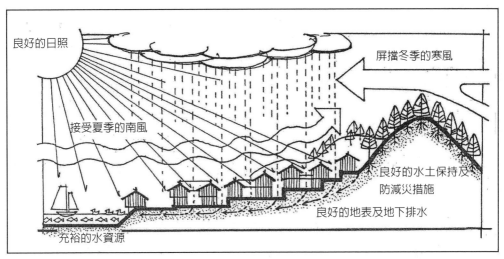

圖16.1　良好的居住環境示意圖

2. 能接受夏天的南風及躲避冬天的北風，所以屋前要開闊，屋後要有屏障，如高樓、山坡之類。

3. 空氣要容易流通，不要藏納烏煙髒氣或有毒氣體；最好位於化工廠的上風處。

4. 有良好的排水，地表水要容易排除；不要淹水，也不要積水；地下水面要深，不要讓地基浸水。

5. 地基的強度要足夠，不要藏有軟弱岩層、孔洞或容易液化的砂土層等。

6. 地基的沉陷要均勻，不要一邊是軟土，一邊是硬土或岩盤；不要藏有厚薄不等的土層或透鏡狀的夾層。

7. 地下水不能有腐蝕性，不要曾經是鹽湖、鹽田、泥炭、淤泥等地。

8. 要位於河灣的內側（凸岸），不要位於河灣的外側（凹岸），該處容易被河水側蝕，基礎容易被淘空。

9. 要位於河流源頭的旁側，不要位於河流源頭的正上游，因為假以時日，河流會延伸到基礎的地方，這種自然作用稱為河流的向源侵蝕。

10.屋後的山坡要穩定，不要潛藏著崩塌、地滑、落石、土石流等地質災害。

11. 屋後遠方的集水盆地不要有潛在土石流，且不要位於古土石流的發源地、流通段或堆積扇上。

12. 不要位於河流剛出谷的山口上，因為那是土石流或河流將土石卸下的地方，土石流或山洪一來就會再度被掩（淹）埋或被沖毀的地方。

13. 在山坡地上，比較寬闊的高位河階地是較佳的選擇，但必須提防來自後山及前門的潛在危險。

14. 不要位於廢棄的煤礦或地下隱藏著溶洞（尤其是石灰岩、珊瑚礁石灰岩或大理岩分布的地方）的地表，因為那裏可能會發生地盤下陷，基礎容易均裂及傾斜。

15. 不要位於礦渣堆上，因為沉陷量很大，或容易發生不均勻沉陷、邊坡失穩及容易被流水沖刷等。

16. 不要位於經過回填的池塘上方，因為池塘的底床隱藏著軟弱土層，而且沉陷量大、地下水富集、基礎的承載力不足。

17. 不要位於古潟湖上，因為地基隱藏著軟弱土層，且地下水豐富；如有必要，需要進行地質改良。

18. 不要位於地層下陷區，因為基礎容易沉陷，房子會發生傾斜，地下管線容易拉斷或易位，經常淹水等。

19. 不要位於膨脹性黏土層分布的地帶，如有必要，基礎土壤一定要經過適當的處理，或者基礎要經過適當的防水，地下水的水位不能在黏土層內發生升降的狀況。

20. 不要位於活動斷層帶上，因為活動斷層一旦復發，幾乎沒有結構物可以忍受其錯動。

21. 不要位於容易液化的砂土層上，因為地基的剪力強度會趨近於零。

第17章

風水說並非無稽之談

風水的現代意義就是考察山川地理環境，包括地質、水文、生態、微氣候及環境景觀等，然後擇其吉地，而營建城鎮、屋宇、陵墓等。這其實就是基地調查、評估及選址的體現，只是古代尚無地質學的知識，且尚無選址的理論基礎。但是古人運用統計的手段，漸漸形成風水之說。以現今的地質學驗之，其實在很多地方是相通的。

17.1 風水之說

古人所謂的「風」，是取其山勢之藏納（納氣及藏風）、土質之堅厚、不沖冒四周之風，與無所謂地風者也。所謂「水」者，取其地勢之高燥，它可以導氣，也可以止氣。那麼「氣」是什麼？氣是指流動但不定形的物質，如水氣、雲氣、氣味等，古人視爲天地萬物的最基本構成單位。更進一步講，在風水說的哲理思維中，氣被視爲萬物之源，即所謂元氣。簡言之，從字面上看，風是指流動的空氣，水是大地的血脈、萬物生長的本源。

有風有水的地方就有生命及生氣，萬物就能生長，人類就能生存。風水好的地方環境優美、地質安全、萬物生氣勃勃、欣欣向榮；風水差的地方環境惡劣、地質不穩、萬物枯萎無氣、危機四伏、生存受到威脅。

以現代科學觀之，風水就是地理、地質，與環境。風水的勘查就是考察山川地理環境，包括地形、地質、水文、生態、微氣候、景觀及環境等。然後挑選吉地及好方位，做爲定居的基地。

從以上所述，現代風水其實涵蘊了三層意義：

1. 風水有好有壞，並不是每個區位都很好，其中好的區位也不一定就是十全十美；所以風水不好的區位要避開，風水堪稱好的區位也都要經過某種改善。

2. 人們必須按照科學風水的原理，詳細勘查候選場址的地形地質及地理環境，分析及評估其穩定性及宜居性，然後從中挑出一塊吉祥寶地。

3. 住在風水寶地的人或其後代會因此而得到吉氣的蔭護與福佑，且寶地的安全性高、生命不受威脅、可以永續發展。

17.2　風水術

風水術又稱相宅、堪輿、地理等。宅是指人類的居住地，也指死人的埋葬場所；前者稱為陽宅，後者稱為陰宅。相宅就是選擇可以平安居住之地的意思；住起來可以趨吉避凶納福，也就是平安、健康、發達、子子孫孫可以永續發展之意。

17.2.1　風水術的基本理論

風水術最基本的原則是宅地要依山傍水，或背山面水。風水思想最重視的就是山川形勢。形是近觀，勢是遠景，所以形比勢還小。形是單座的山頭，勢則是起伏的山脈。良好的宅地，其背後有主峰（稱為主山），左右有次峰（如果與屋前同向，左邊稱為青龍砂山，右邊稱為白虎砂山）；前面有月牙形的池塘或彎曲的水流；水的對面還有比較低矮的案山，遠方有比較高聳的朝山（見圖17.1）。風水說將綿延不斷的山脈稱為龍脈。

看風水首先要搞清楚來龍去脈，要順應龍脈的走勢。依山的形勢講究三面有群山的環繞，及三面要環山，南面要敞開，屋宇則居其中，此種山川形勢稱為龍穴，這是宅址的最佳選點。宅屋在主山之前，山水環抱的中央，被認為是萬物精華的氣之凝聚點，是最適合居住的福地。宅前的平地稱為明堂，明堂的大小要適中，太寬闊不能藏風，太狹窄則氣侷促。

看風水要先觀山形，後觀水勢。風水注重在河道的兩旁選址，以屋被水流環抱為最佳風水。不論在水北或水南都可以被接受，但一定要是河灣的汭（音瑞）位。汭位就是河灣的凸岸（即河灣的內側）。如果汭位是位於水北，那就是絕佳的風水。

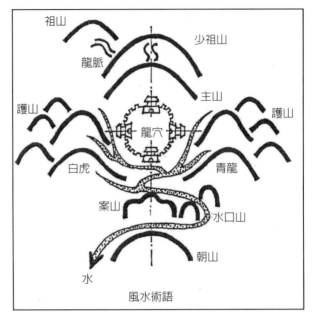

圖17.1 理想的風水格局

(1) 玄武、後山、後辰、背山、樂山、枕山
(2) 青龍、左翼、左輔
(3) 白虎、右翼、右弼
(4) 朱雀、賓山、前山

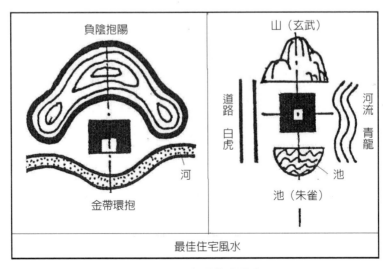

圖17.2 理想的住宅風水

17.2.2　風水術的科學觀

　　風水術談藏風聚氣。氣會隨風而散，遇水則止。因此，大地的生氣雖然會隨風而散去，但是遇到水則會聚集起來，所以風水最忌諱氣被風所吹散，而最喜歡水的存在。因此，古代的房子如果不能依山傍水，無論如何也要在屋前挖一口池塘，用以藏氣。

　　風水術講究方位，不論城鎮、村落或者住屋，都喜歡在北邊有山爲屏，可以遮擋來自北方的寒風。南邊有河或塘，可以聚氣、取水及洗滌。南邊又有寬闊的明堂，便於耕作及活動。再者，大門開向南邊可以吸收更多的陽光，因爲位於北半球的地區，太陽每日的相對軌跡都是從南邊掠過。舉台灣爲例，太陽在夏至那一天，才從嘉義（北回歸線）的正上空橫過，其他時間都是從嘉義以南通過。

　　處於上述這種方位及環境下，人們站在宅前，放眼遠方低地就會顯得心曠神怡。這樣的環境與景觀對人們的生活、生產及身心是多麼的愜意與清爽；不但心情上會非常愉快，而且也可以獲得健康的身體（潘國樑，民國94年b）。

　　風水理論認爲房子的後面要有高山爲依靠，它有擋住寒風的作用。而房子的前面要有矮山，其中接近門前的是小而矮的山，稱爲案山；離門前較遠的是大而高的山，稱爲朝（音潮）山。傳統的風水術認爲案山在前，有如貴人據案，使得宅前不會曠蕩，氣不會被吹散。案山宜低矮，且以端正、圓巧、秀麗、整齊、環抱爲吉。

　　一般來說，人得陽氣而生。因爲天空是陽性光，所以當四周高山聳立，只露出一線天空的地方是不適於居住的。如果晚上看不到北斗七星的靈光，則這種地方會有一種陰氣。一旦陰氣占據優勢，則將導致健康的問題。

　　朝山是對宅之山，有如賓客見屋主，峙立朝拱，彬彬有禮。朝山可以擋風聚氣，也可以形成很雄偉的景觀，予人以美的感覺；其意象重在空間心理的感受上。一般最好的山形是高峻挺拔，以秀麗、雅潔及柔和爲要，應盡量避開稜線蠢笨疲軟而缺乏生氣的山脈。如果朝山是崎嶇醜陋的石山、傾斜的孤山（由山崩造成）或窺峰（即躲在山脈背後呈半掩半露的山峰）即不是好山。如果山峰的輪廓沒有崎嶇不平、醜惡可厭的形貌，則爲吉山。

　　緊接著宅門如果有高山擋住視線，將無法看到美景，也不利於進出。如果山是在大門的南邊，則將擋住陽光，日照時間會縮短許多；同時，冬天的北風被高大的前山所擋，將產生迴旋氣流，直射宅門，門雖朝南，其實無異於朝北，寒氣逼人。相反的，夏天的時候宅前的高山擋住了南風，以致酷熱難耐。

　　在平原的地方沒有朝山怎麼辦？傳統的風水師就會以田埂或土堤作為朝案。

　　風水理論又認為水可以聚氣，所以水飛走則生氣散，水融注則內氣聚。一般人無法生活在無處取水的地方。宅地應有溪流，然後它才能產生出吉祥神妙的變化力量（生化之妙）。

　　溪流應以三面環繞纏護著宅地為吉。這種形勢稱為金帶環抱，又稱為玉帶。宅前的玉帶水象徵著富貴。所以古代的宮前常有人工河的設置，民宅前也常有半月形水池。在實際生活中，玉帶水確實能給人們的生活及安全帶來很多便利，如飲用、洗滌、通航、設險、禦敵等。從科學風水的眼光來看，宅地傍水的選擇，首先要考慮的是有無水害或淹水，最典型的莫過於河曲處的選擇。

　　河流由於地球自轉而形成的偏轉力，即柯里奧力（Coriolis）的效應，它會使北半球運動中的物體漸漸向右偏轉，在南半球的則會向左偏轉。因此在北緯的地方，即使原為直行的河道，最後也會形成河曲（河灣）。例如河水向東流，往往會向南形成河曲；如果河水向南流，則會向西形成河曲。

　　在河曲的地方，水流會做曲線運動，因為受到離心力的影響，所以在河曲的凹岸處往往被淘蝕而形成深潭，而在凸岸處則接受堆積而形成淺灘。日久之後，河床也發生了側向移動，致使凹岸不斷後退，而凸岸則不斷前進，使得河流的蛇曲愈來愈發育。

　　職是之故，宅地一定不要選在凹岸側，即河灣的外側，而應該選在凸岸側，即河灣的內側，風水書稱為汭位，這樣自然就形成玉帶環抱的形勢。

　　科學理論是非常明顯的，主要是河灣的外側受到河水的沖擊，致使河岸的趾部不斷的被淘刷，因而不斷的後退，有朝一日將會後退到宅地的地方。同時，河灣的外側難免讓人感覺到離經叛道，反目而去的心理作用。相反的，河灣的內側因為產生淤積，所以地盤不斷擴大，宅地可以獲得更寬廣的面積。如果汭位的北

側還有山的屏障，那就更屬吉利，因爲大山可以擋住寒冷的北風，而且這樣可以使得冗地藏風得水，屬於絕佳的風水。

17.3　宅地的風水條件

人們應該如何選擇吉祥宅地才能與周圍的自然及人文環境協調共處，因而從中汲取利益？風水說認爲最重要的是要選擇有利的宅地、選擇房子的朝向、確定房子的空間布置、要建造圍牆及決定什麼人要住哪裡。

一、選擇有利的宅地

從理論上講，宅地應當依山傍水，因爲依山可以取得豐富的生活資源及防止水澇；傍水則有利於灌漑、洗滌及食用。吉利的宅地也要求有「四神砂」（即青龍、白虎、玄武、朱雀）及周圍的水道。

實際上，當一個人想在一塊有人居住的地方建設或買一棟房子，在選址上就沒有太多可供選擇的餘地。但是不管怎麼樣，還是要從更大的範圍（如一個社區或整個城鎮）去評估，地形、地質及環境仍然是最基本的考慮因素。

二、宅第最好坐北朝南

位於北半球的宅第最好是坐北朝南（俗稱子午向）。當然，退而求其次，以南偏東或南偏西爲不錯的選擇。坐北朝南的房子，在炎夏可以避開陽光的直接照射，在寒冬可以充分取暖、殺菌及得到維他命D的滋潤。

三、宅第的點與面要和諧

每一個宅第與周圍環境都是點與面的關係。點面和諧才能使人「得山川之靈氣，受日月之光華」。大環境以百尺爲形、千尺爲勢，形注於內而勢注於外，一般即稱爲地貌。

小環境則以水口、明堂至關重要。水口是指某一地區水流進或水流出的地方；從水入到水出的段落就是水口的範圍。水口所包容的面積決定了居住密度。

如果水口虧散空闊，即使該地擁有大片農田或高大住宅，興旺繁榮的家境也不能延續給下一代；住在那裏的家族將散居各地，最終消聲匿跡。

明堂本爲古代天子理政、百官朝見的場所，風水說引申爲宅前之地。明堂有內外大小之別，不可太寬，寬則曠蕩不藏氣；但也不能太窄，窄則偏促不顯貴。明堂要不卑濕，且不生惡石；要有諸山環繞，眾水朝拱，生氣聚合爲佳。

四、宅第的基地要適中

風水師稱宅地爲穴，相地爲點穴。穴有高有低、有肥有瘦、有寬有窄。有缺陷的穴則稱爲病穴。

風水說對穴的要求是高而不危、低而不沒、顯而不彰揚暴露、靜而不幽囚啞噎、奇而不怪、巧而不劣。

五、宅第的結構應當講究美感及實用

宅第規模要注重勻稱，庭院、堂廡及寢室要井然有序。宅第不宜太窄、也不宜太寬，不宜前低後高，不宜四角欠缺，不宜宅小窗大，不宜宅大人少，不宜有堂無室，不宜樑大柱小，不宜將臥室對著灶房、茅廁或客廳大門。

六、綠化環境

風水說主張在宅第周圍植樹，因爲草木繁盛則生氣旺盛，護蔭地脈。

此外，宅第的周圍需令有路，可以往來；屋宅不可以無鄰家，慮有火燭，無人救應；宅之四周如無溪流，當爲池井，以防火災。

總而言之，風水之說起碼已流傳了近兩千年，從信仰的人來說就非常廣泛，上至皇帝，下至官吏、老百姓；從知識份子到工人、農民，三教九流，各行各業，幾乎都有它的信徒。風水術語中，使用最多的是「水口」，其次是「案山」、「龍砂」、「脈」、「龍」等。水口就是通常人們所說的鎮口，是一個城鎮的門戶，是一個地方的門衛，對捍衛城鎮的安全有十分重要的意義。從地質學來看，水口其實就是水系穿鑿岩層而過的狹谷，稱爲Water Gap。如果河流以高

夾角切過岩層的走向線，則在逆向坡（即前坡）這一側的谷地就是吉地。

　　風水與地質及地理具有密切的關係，它們之間雖然不能等同，但是相互之間的滲透卻非常明顯。今天我們爲了防災而調查、研究及預測地質災害，這就是一種風水的現代化，稱爲科學風水可也。

結語

　　地質學（Geology）是研究地球的一門自然科學，它主要研究固體地球的組成、構造、形成及演化的規律。其研究重點是地殼，以及與它有密切關係的部分。

　　而地殼與人類的生存、生活及生產具有極密切的關係。然而，地殼的發展演化除了與地幔及地核息息相關之外，其與外部的大氣、水及生物也有密切的關係。現在隨著太空科技的發展，地質科學也跟著進展到對其他星球的研究。可見地質學的研究領域正在不斷的深入及擴大。

　　從實用面觀之，地質學應用於人類的生存、生活及生產方面都有很大的貢獻。如：

　1. 與生存有關的應用，如地質災害、環境地質、地震地質等。

　2. 與生活有關的應用，如工程地質、水文地質、遊覽地質等。

　3. 與生產有關的應用，如探勘地質、石油地質、煤田地質等。

　　本書將重點完全聚焦在前面兩項，希望對其他領域的專家學者，在需要了解地質學知識時有所幫助。

參考資料

一、中文部分

中國土木水利工程學會，民國82年。工址地盤調查準則：中國土木水利工程學會，台北市，共42頁。

林朝宗等，民國87年。經濟部中央地質調查所八十六年度年報：經濟部中央地質調查所，台北縣，第59頁。

何春蓀，民國75年。臺灣地質概論──臺灣地質圖說明書，增訂第二版：經濟部中央地質調查所，台北縣，共164頁。

林啓文等，民國89年。台灣活動斷層概論（第二版）：經濟部中央地質調查所特刊，第13號，共122頁。

洪如江，民國91年。初等工程地質學大綱：地工技術研究發展基金會，台北市。

徐明同，民國72年。明清時代破壞大地震規模及震度之評估：氣象學報，第29卷，第4期，第1-18頁。

陳培源，民國95年。台灣地質：台灣省應用地質技師公會，台北市（科技圖書公司總經銷），共28章。

陳肇夏、吳永助，民國60年。台灣北部大屯地熱區之火山地質：中國地質學會會刊，第十四號，第5-20頁。

鄭富書，顏東利及潘國樑，民國87年。挪威隧道工法及其評估：地工技術，第67期，第83-98頁。

潘國樑，民國80年。坡地開發與調查：詹氏出版社，台北市，共471頁。

潘國樑，民國88年。區域國土開發保育防災基本資料（山坡地之地質環境）：內政部營建署。

潘國樑，民國94年a。環境地質與防災科技：地景企業公司，台北市，共406頁。

潘國樑,民國94年b。防災科技與科學風水:詹氏書局,台北市,215頁。

潘國樑,民國96年。山坡地的地質分析與有效防災:科技圖書公司,台北市,共279頁。

潘國樑,民國98年。遙測學大綱—遙測概念、原理與影像判釋技術(第二版):科技圖書公司,台北市,共300頁。

潘國樑,民國102年。工程地質通論(第二版):五南圖書出版社,台北市,共779頁。

潘國樑及張國楨,民國103年。遙測影像判釋原理:五南圖書出版社,台北市,共342頁。

日本土質工學會,1990。傾斜地と構造物:日本土質工學會,東京市,共334頁。

今村遼平等,1991。画でみる地形、地質の基礎知識:鹿島出版會,東京都,共232頁。

武田裕幸及今村遼平,1997。應用地學ノート:共立出版(株),東京都,共447頁。

徐九華等,2001。地質學:冶金工業出版社,北京市,共316頁。

栗林榮一、龍岡文夫、吉田精一,1974。明治以降の本邦の地盤液化履歴:土木研究所彙報,第30號,共181頁。

奧園誠之,1986。斜面防災100點:鹿島出版會,東京市,共173頁。

二、英文部分

Bell, F. G., 2007a. Engineering Geology (2nd. ed.): Butterworth-Heinemann, N. Y., 592pp.

Bell, F. G., 2007b. Basic Environmental and Engineering Geology: Whittles Publishing, Dunbeath, U. K., 342pp.

Bieniawski, Z. T., 1973. Engineering Classification of Jointed Rock Masses: Transactions, South African Institution of Civil Engineers, vol. 15, pp. 335-

344.

Bieniawski, Z. T., 1984. Rock Mechanics Design in Mining and Tunneling: A. A. Balkema Publishers, Rotterdam.

Bieniawski, Z. T., 1989. Engineering Rock Mass Classificaion: John Wiley & Sons, Inc., Penn., pp.38. 191~194.

Bieniawski, Z. T., 2004. Engineering Rock Mass Classifications-A Complete Manual for Engineers and Geologists in Mining, Civil and Petroleum Engineering: Wiley-Interscience, N. Y., 272pp.

Billings, M. P., 1972. Structural Geology, 3rd ed. ： Prentice-Hall, New Jersey, 606pp.

Bureau of Reclamation , United States Department of Interior, nd. Engineering Geology Field Manual: Denver, Colorado, pp. 301~302.

Chen, H. and Lee, C. F., 2004. Geohazards of slope mass movement and its prevention in Hong Kong: Engineering Geology, vol. 76 (1-2), p.3-25.

Clarke, B., Skipp, B., and Erwig, H., 1996. In-Situ Testing of Soils and Weak Rocks: Kluwer Academic Publishers, 384pp.

Deere, D. U., and Deere, D. W.,1988. The rock quality designation (RQD)index in practice: Rock Classification Systems for Engineering Purposes, ASTM STP 984, Louis Kirkaldie, Ed., American Society for Testing and Materials, Philadelphia, pp. 91-101.

Drury, S. A., 1987. Image Interpretation in Geology: Allen & Unwin, London, 243pp.

Ellen, S. D. and Fleming, R. W.,1987. Mobilization of debris flows from soil slips, San Francisco Bay region, California: Geological Society of America Reviews in Engineering Geology, vol. 7, pp.31-40.

Ervin, M.C., 1983. In-Situ Testing for Geotechnical Investigations: Aa Balkema, 131pp.

Fernando Schnaid, 2009. In Situ Testing in Geomechanics: The Main Tests: CRC Press, 352pp.

Grabau, A. W., 1920. A Textbook of Geology: D.C. Heath & Co., Boston.

Hai-Sui Yu, 2000. In-Situ Soil Testing: Springer Netherlands.

Harms, J.C., Southard, J.B., Spearing, D.R., and Walker, R.G., 1975. Depositional environments as interpreted from primary sedimentary structures and stratification sequences: SEPM Short Course no. 2, 161 p.

Harrison, J. P., and Hudson, J. A., 2000. Engineering Rock Mechanics: Elsevier Science, N. Y., 896pp.

Hendron, A. J., 1968. Mechanical properties of rock, in K. G.. Stagg and O. C. Zienkiewitz (eds.), Rock Mechanics in Engineering Practice：John Wiley, New York, pp. 21-53.

Hoek, E. and Bray, J. W., 1981. Rock Slope Engineering: The Institution of Mining and Metallurgy, London, 358pp.

Irfan, T. Y. and Dearman, W. R., 1978. Engineering classification and index properties of a weathered granite: Bulletin of the International Association of Engineering Geology, vol. 17, pp. 79-90.

Jacques Monnet , 2016. In Situ Tests in Geotechnical Engineering:Wiley-ISTE.

Juang, H., 2002. Soil Liquefaction: Clemson Univ., SC., USA. (http://www.ces.clemson.edu/chichi/TW-LIQ/Homepage.htm)

Kiersch, G. A., 1964. Vaiont Reservoir disaster: Civil Engineering, v. 34, no. 3, pp.32-39.

Miller, V. C. and Miller，C. F., 1961. Photogeology: McGraw-Hill, N. Y., 248pp.

Mitchell, J. K., 1956. The fabric of natural clays and its relation to engineering properties: Proc. Highway Res. Board, No.35, pp. 693-713.

Monnet, J., 2015. In-situ Tests in Geotechnical Engineering, New York, Wiley-ISTE, 398pp.

National Coal Board, 1975. Subsidfence Engineers' Handbook: NCB (UK), London, 11pp.

Oskin , B., 2015. San Andreas Fault Facts: Livescience

Pampeyan, E. H., 1986. Effects of the 1906 earthquake on the Bald Hill outlet system, San Mateo County, California: Association of Engineering Geologists Bulletin, v. 23, pp.197-208.

Pierson, L. A., Davis, S. A., and van Vickle, R., 1990. The rockfall hazard rating system-implementation manual: Technical Report FHWA-OR-EG-90-01, FHWA, U. S. Department of Transportation.

Price, D. G., 2007. Engineering Geology-Principles and Practice: Springer, N. Y., 440pp.

Roberts, A., 1977. Geotechnology: Pergamon, New York.

Sabins, F. F., 1996. Remote Sensing-Principles and Interpretation, 3rd ed.: W. H. Freeman, 494pp.

Schnaid, F., 2009. In-Situ Testing in Geomechanics-The Main Tests: Taylor & Francis, 329pp.

Selby, M. J., 1993. Hillslope Materials and Processes(2nd ed.): Oxford University Press, Oxford, 451pp.

Singhal, B. B., and Gupta, R. P., 2006. Applied Hydrogeology of Fractured Rocks: Springer, N. Y., 400pp.

Turner, A. K., and Schuster, R. (eds.), 1996. Landslide-Investigation and Mitigation: Transportation Research Board, National Research Council Special Report 247, National Academy of Sciences, Washington, D. C., 673pp.

University of Georgia, nd. GEOG 1113 Study Guide.

Varnes, D. J. 1978, Slope movement types and processes, in Schuster, R. L., and Krizek, R. J. (eds.), Landslides, Analysis and Control: Transportation Research Board, National Research Council Special Report 176, National Academy of Sciences, Washington, D. C., 129pp.

Weight, W. D., and Sonderegger, J. L., 2001. Manual of Applied Field Hydrogeology: MaGraw-Hill Professional, N. Y., 608pp.

West, T. R., 1994. Geology Applied to Engineering: Prentice Hall, New Jersey,

560pp.

Wood, J. and Guth, A., nd., - East Africa's Great Rift Valley- A Complex Rift System: Michigan Technological University.

Yu, H. S., 2000. Cavity Expansion Methods in Geomechanics: Kluwer Academic Publishers, 385pp.

Zaruba, Q., and Mencl, V., 1976. Engineering Geology: Elsevier, New York, 504pp.

圖2.2　玄武岩的柱狀節理及其風化層（澎湖）

圖2.3　席狀節理與構造節理的區別（新疆）

圖 3.23　在一個陡直的邊坡上出現一組平行於邊坡的解壓節理（西藏）

圖3.25　頭料山層火炎山相（Qt）與紅土礫石層（Ql）的不整合接觸關係

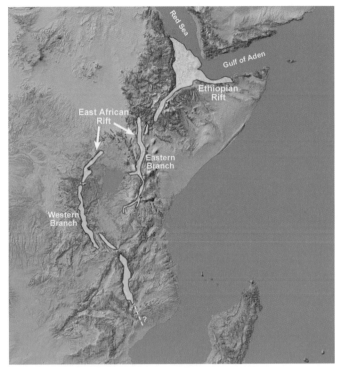

圖4.1　醞釀中的板塊離散邊界──東非裂谷（Wood and Guth, nd）

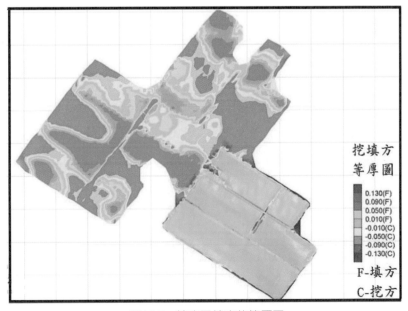

圖14.9　挖方及填方的等厚圖

圖4.4　洋蔥狀風化

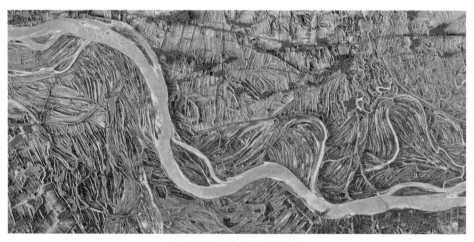

圖4.5　松花江的迂迴扇

圖6.2　崩積層與河階堆積物的區別

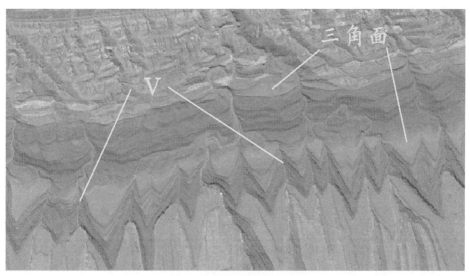

圖8.3　岩層三角面及河谷V

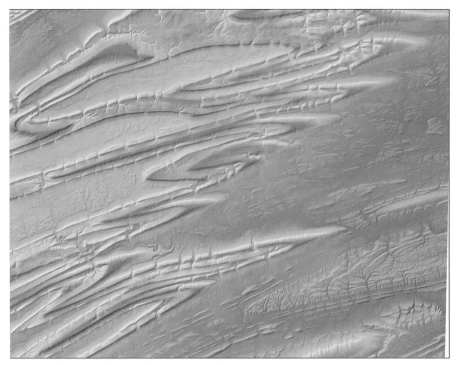

圖8.6　由傾沒褶皺群所組成的之字型山脊（雷達影像）

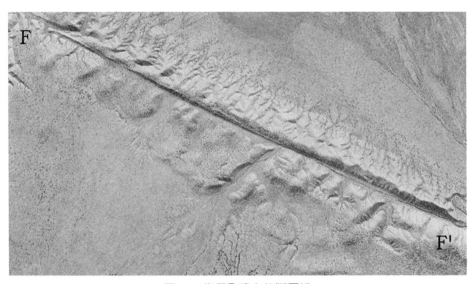

圖8.8　衛星影像上的斷層槽

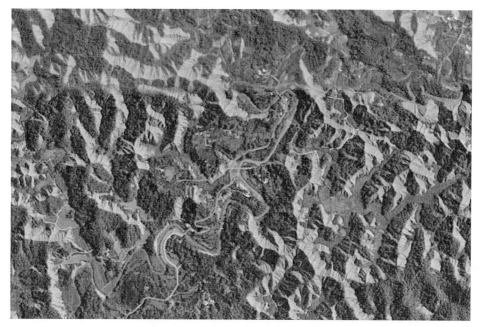

圖8.18　高雄月世界所顯現的惡地形

圖10.1　落石、崩塌與滑動之間的區別（A：落石，R：落石堆，S：發生過後的崩塌形狀，T：
　　　　正在演育中的崩塌，L：弧型滑動）

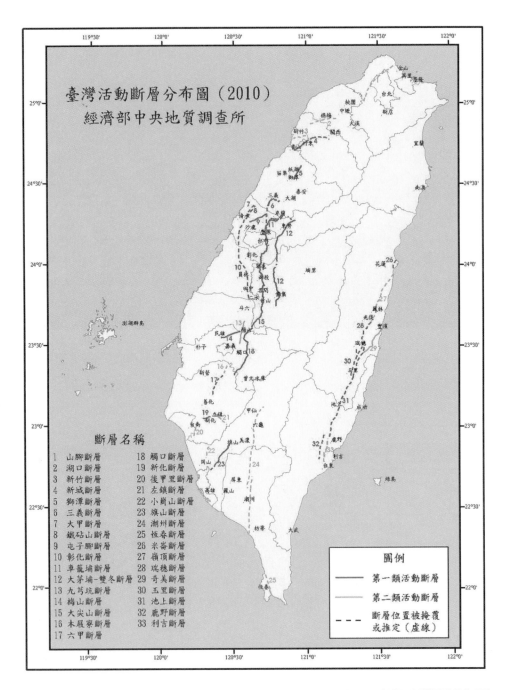

圖12.4 台灣的活動斷層分布圖（經濟部中央地質調查所，民99年．最新版活動斷層分布圖）

國家圖書館出版品預行編目資料

應用地質學／潘國樑著. -- 初版. -- 臺北
市：五南圖書出版股份有限公司, 2015.11
　　面；　公分
　ISBN 978-957-11-8382-4（平裝）

1.地質學

350　　　　　　　　　104021703

5H12

應用地質學
Applied Geology

作　　者 ― 潘國樑

發 行 人 ― 楊榮川

總 經 理 ― 楊士清

總 編 輯 ― 楊秀麗

主　　編 ― 高至廷

責任編輯 ― 張維文

封面設計 ― 小小設計有限公司

出 版 者 ― 五南圖書出版股份有限公司

地　　址：106台北市大安區和平東路二段339號4樓

電　　話：(02)2705-5066　　傳　　真：(02)2706-6100

網　　址：https://www.wunan.com.tw

電子郵件：wunan@wunan.com.tw

劃撥帳號：01068953

戶　　名：五南圖書出版股份有限公司

法律顧問　林勝安律師事務所　林勝安律師

出版日期　2015年11月初版一刷
　　　　　2022年 3 月初版三刷

定　　價　新臺幣690元

經典永恆·名著常在

五十週年的獻禮——經典名著文庫

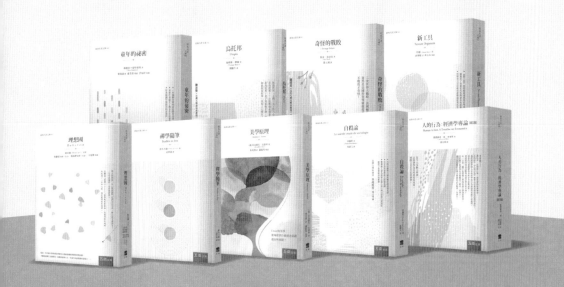

五南，五十年了，半個世紀，人生旅程的一大半，走過來了。

思索著，邁向百年的未來歷程，能為知識界、文化學術界作些什麼？

在速食文化的生態下，有什麼值得讓人雋永品味的？

歷代經典·當今名著，經過時間的洗禮，千錘百鍊，流傳至今，光芒耀人；

不僅使我們能領悟前人的智慧，同時也增深加廣我們思考的深度與視野。

我們決心投入巨資，有計畫的系統梳選，成立「經典名著文庫」，

希望收入古今中外思想性的、充滿睿智與獨見的經典、名著。

這是一項理想性的、永續性的巨大出版工程。

不在意讀者的眾寡，只考慮它的學術價值，力求完整展現先哲思想的軌跡；

為知識界開啟一片智慧之窗，營造一座百花綻放的世界文明公園，

任君遨遊、取菁吸蜜、嘉惠學子！